Meinert/Mittnacht
Integrierter Pflanzenschutz

Georg Meinert
Anton Mittnacht

Integrierter Pflanzenschutz

Unkräuter, Krankheiten und Schädlinge im Ackerbau

80 Abbildungen
75 Tabellen

VERLAG
EUGEN
ULMER

Dr. Georg Meinert, Landesanstalt für Pflanzenschutz, Stuttgart
Dr. Anton Mittnacht, Regierungspräsidium, Pflanzenschutzdienst, Stuttgart

Die Zeichnungen wurden von Helmuth Flubacher, Fellbach, nach Vorlagen der Verfasser angefertigt.

Die Deutsche Bibliothek - CIP-Einheitsaufnahme

Meinert, Georg:
Integrierter Pflanzenschutz : Unkräuter, Krankheiten und Schädlinge im Ackerbau ; 75 Tabellen / Georg Meinert ; Anton Mittnacht. - Stuttgart : Ulmer, 1992
ISBN 3-8001-4080-2
NE: Mittnacht, Anton:

Wollgrasweg 41, 7000 Stuttgart 70 (Hohenheim)
Printed in Germany
Lektorat: Freya Müller
Herstellung: Thomas Eisele
Einbandgestaltung: Alfred Krugmann, Freiberg a. N.
Mit einem Foto von Eckhard Jedicke, Wettenberg
Satz: Steffen Hahn FotoSatzEtc., Kornwestheim
Druck und Bindung: Friedrich Pustet, Regensburg

Vorwort

Nach jahrzehntelanger Arbeit am Konzept des Integrierten Pflanzenschutzes durfte es guten Gewissens unternommen werden, die Erfahrungen und gesicherten Ergebnisse für den Ackerbau zusammenzustellen. Dies ist auch notwendig, weil die Grundsätze des Integrierten Pflanzenschutzes fachlich und rechtlich als richtungweisend für die nächsten Jahrzehnte anerkannt sind.

Im Vordergrund steht die Integration von Maßnahmen zur Befallsminderung oder -verhütung mit den Möglichkeiten der direkten Bekämpfung. Diese schwierigen Zusammenhänge sind in ihrer Komplexizität noch längst nicht alle bekannt. Doch sollen die bereits vorliegenden zahlreichen Erkenntnisse zum Integrierten Pflanzenschutz von den Landwirten praktisch umgesetzt werden. Dazu ist neues Wissen in großem Umfange erforderlich. Die hierfür benötigten konkreten Anleitungen und Einblicke in die vielseitigen Wechselwirkungen der in einem integrierten System bedeutsamen Faktoren will dieses Buch zumindest in Teilbereichen geben.

Von den vorbeugenden Maßnahmen wurden nur solche näher beschrieben, die Auswirkungen auf den Pflanzenschutz haben. Somit wurde auch der Rahmen für den Integrierten Pflanzenschutz in der Integrierten Pflanzenproduktion abgesteckt. Damit werden die zentrale Bedeutung, aber auch die Aufgaben des Integrierten Pflanzenschutzes deutlich. Von den direkten Maßnahmen spielen die chemischen Pflanzenschutzmittel nach wie vor eine wichtige Rolle, wenngleich ihre Anwendung als letzte Stufe in der Bekämpfungsstrategie des Integrierten Pflanzenschutzes gesehen wird.

Dieses Buch richtet sich in erster Linie an die Landwirte, aber auch an die Berater im Pflanzenschutz und Pflanzenbau, an alle Lehrer der Berufsbildenden Schulen und an die Studenten der Agrarwissenschaften.

Dem Verleger Herrn Roland Ulmer und seinen Mitarbeitern, insbesondere Frau Freya Müller im Lektorat, danken wir für ihr Entgegenkommen und die gute Zusammenarbeit bei der Gestaltung des Buches. Unser besonderer Dank gilt unseren Ehefrauen für ihre ständige Geduld und Mithilfe.

Alle Angaben in diesem Buch wurden nach bestem Wissen gemacht, doch kann für eventuelle Fehler keine Haftung übernommen werden. Der aktuelle Stand der Zulassung der Pflanzenschutzmittel verändert sich laufend, weil u. a. die Zulassungsdauer sehr kurz ist.

Stuttgart, im Frühjahr 1992

Georg Meinert
Anton Mittnacht

Inhaltsverzeichnis

Entwicklung zum Integrierten Pflanzenschutz

1 Zur Geschichte des Pflanzenschutzes

Der Pflanzenschutz ist so alt wie die systematische Landnutzung. Aus der Antike sind Verfahren und Mittel überliefert, die wir auch heute noch kennen, wie Abschreckungs-, Lock- und Räuchermittel, Leimringe an Obstbäumen und Vogelscheuchen. Gesetzliche Vorschriften wurden erlassen und sogar die Religion und Kirche wurden im Kampf gegen Pflanzenkrankheiten und -schädlinge bemüht. In Gebeten flehte man um den Schutz der Früchte auf den Feldern vor Dürre, Pestilenz, Brand, Heuschrecken oder Raupen. Mit Kirchenbann und Landesverweisung, wie Vertreibung von Schlangen und Gewürm von der Insel Reichenau durch den Heiligen Pirmin (774) oder die Bannung der Mücken durch den Heiligen Bernhard (1121), wollten die Menschen die Plagen loswerden. Auch Prozesse vor geistlichen Gerichten gegen Maikäfer (1320) in Avignon und gegen andere Insekten zeugen von der Machtlosigkeit der Menschen gegen die gefräßigen »Tischnachbarn«. So breiteten sich Krankheiten (Epidemien) und Schädlinge (Kalamitäten) seuchenhaft aus und verursachten katastrophale Hungersnöte. Über 1 Million Menschen wanderten um 1845 wegen der Mißernten durch die explosionsartige Ausbreitung der Kraut- und Knollenfäule an Kartoffeln von Irland nach Amerika aus. In Deutschland war die Hungersnot, ebenfalls verursacht durch die Kraut- und Knollenfäule, einer der Gründe für die Revolution 1848. Noch 1916/17 hungerten Millionen Deutsche wegen dieser Krankheit im berüchtigten »Steckrübenwinter« (Tab. 1).

In der zweiten Hälfte des 18. und im Verlaufe des 19. Jahrhunderts wurde das Wesen der Pflanzenkrankheiten durch Wissenschaftler wie H. A. DE BARY (1831–1888) und J. KÜHN (1825–1910) erkannt, wie die Ursachen der Kraut- und Knollenfäule, der Rost- und Brandpilze. Zur Abwehr wurden veschiedene Verfahren empfohlen, wie Auswahl widerstandsfähiger Sorten, richtige Pflege und Ernährung der Kulturpflanzen, schnelle Entfernung kranker Pflanzenteile, Ausrotten der Zwischenwirtspflanzen, Fruchtwechsel, Vermeidung ungeeigneter Bodenverhältnisse und gemeinsames Vorgehen gegen Pflanzenkrankheiten.

Direkte Bekämpfungsmaßnahmen gegen Krankheiten, Schädlinge und Unkräuter waren bis zum Ende des 2. Weltkrieges nur in wenigen Fällen möglich. Mit Kupferkalkbrühe wurde 1882 erstmals die Reben- und Hopfenperonospora in Frankreich bekämpft. Gegen Schädlinge und Krankheiten wurden die sehr giftigen Nikotin- und Arsenmittel, Obstbaumkarbolineum, quecksilberhaltige Beizmittel, Schwefel und die Pflanzenpräparate Derris, Quassia und Pyrethrum eingesetzt. Unkraut im Getreide wurde mit Kupfer- und Eisensulfat ab 1910 bekämpft. Übrigens wurde schon 1911 der *Bacillus thuringiensis* entdeckt, die Grundlage für das seit 1960 produzierte biologische Pflanzenschutzmittel.

Mit der Entdeckung der insektiziden Wirkung des DDT 1939 begann das Zeitalter der synthetischen chemischen Pflanzenschutzmittel. In schneller Folge

Tab. 1. Schäden durch Krankheiten und Schädlinge im Ackerbau (ausgewählte Angaben aus der Literatur, nach HANF 1987)

Jahr	Gebiet	Schadensursache	Schaden
1891	Deutsches Reich	Getreiderost	170 Mio. Mark
1910	Deutsches Reich	Phytophthora an Kartoffeln	139 Mio. Mark
1911	Bayern	Gelbrost	26 Mio. Mark
	Deutsches Reich	Phytophthora an Kartoffeln	17 Mio. Mark
1916	Prov. Sachsen	Gelbrost	47 Mio. Mark
	Deutsches Reich	Phytophthora an Kartoffeln	33 % der Ernte
1917	Deutsches Reich	Erdraupen an Rüben	50 % d. Fläche umgepflügt
1919	Rheinprovinz	Weizensteinbrand	15 Mio. Mark
1922	Deutschland	Auswinterung Weizen	10 % d. Fläche betroffen
1922/24	Preußen	Schneeschimmel an Roggen	13 % d. Fläche umgepflügt (= 400 000 ha)
1924	Deutschland	Auswinterung Roggen	12 % d. Fläche umgepflügt
		Auswinterung Weizen	7 % d. Fläche umgepflügt
		Auswinterung Gerste	15 % d. Fläche umgepflügt
1926/27	Bayern und Württemberg,	Schneeschimmel an Roggen	50 % d. Fläche umgepflügt
	Oberpfalz		90 % d. Fläche umgepflügt
1928	Deutschland	Herz- u. Trockenfäule	50 % d. Ernte
		Getreidehalmwespe an Weizen,	150 000 RM
1930	Kreis Nördlingen	Roggen und Gerste	je 90 000 RM
	Insel Fehmarn	Weizengallmücke	450 000 RM
1932	Ostpreußen	Schwarzrost	32 Mio. RM
1933	Insel Fehmarn	Weizengallmücke	300 000 RM

wurden ab Ende des 2. Weltkrieges Wuchsstoffmittel und Harnstoffderivate gegen Unkräuter und Ungräser in Getreide entwickelt, Triazine (Simazin 1956 und Atrazin 1958) gegen Unkräuter im Mais, in den 60er Jahren Herbizide in Rüben, Kartoffeln und Raps. Gegen Schädlinge wurden Insektizide aus der Gruppe der chlorierten Kohlenwasserstoffe (DDT, Aldrin, Lindan, Endosulfan u. a.), der organischen Phosphorverbindungen (E 605, Dimethoate u. a.), der Karbamate (Aldicarb, Propoxur) und Pyrethroide (Ambush, Decis u. a.) gefunden. Lange Zeit spielten bei den Fungiziden die anorganischen Mittel Kupfer, Schwefel und Quecksilber eine große Rolle. Die pflanzenverträglichen organischen Fungizide wie Thiokarbamate (Maneb, Mancozeb, Propineb u. a.) lösten in den 50er Jahren die anorganischen Verbindungen weitgehend ab. Erst relativ spät (ab 1970) wurden systemische Fungizide, wie die Benzimidazole (Benomyl, Cercobin, Derosal u. a.) oder die Azole (Bayleton, Desmel, Sportak, Folicur u. a.), entwickelt.

Diese nicht vorhersehbare revolutionäre Entwicklung chemischer Pflanzenschutzmittel gab den Landwirten eine scharfe, zunächst zuverlässig wirkende Waffe gegen die Schadorganismen in die Hand. Damit war eine wichtige Voraussetzung zur Linderung der Not nach dem Krieg und für die ab 1950 geforderte Rationalisierung und Mechanisierung der Landwirtschaft gegeben. Erst die praktische Unkrautfreiheit durch Herbizide erlaubte den Einsatz von Vollerntemaschinen. Gleichzeitig konnte durch die Herbizide der akute Arbeitskräftemangel in der Landwirtschaft, bedingt durch höhere Löhne in der Industrie, aufgefangen werden. Niedrige Preise für landwirtschaftliche Produkte und hohe Kosten für Maschinen, Löhne und Betriebsmittel zwangen aber laufend zu Mehrerträgen und damit zu höherem Düngemitteleinsatz und leistungsfähigeren Sorten. Ohne den Schutz der Ernten durch die chemischen Pflanzenschutzmittel wäre diese Entwicklung nicht möglich gewesen.

Es zeigten sich jedoch auch Nachteile der Pflanzenschutzmittel bei großflächiger Anwendung, und erste Zweifel über die enthusiastisch bewerteten Mittel kamen auf. Die außerordentlich hohe Persistenz (Verweildauer) von DDT in Boden, Wasser und Luft, die Anreicherung im Fettgewebe von Warmblütern und Akkumulation in der Nahrungskette schreckten die Fachwelt auf. Hinzu kamen erste Fehlschläge durch Resistenzerscheinungen verschiedener Schädlinge in den Baumwoll- und Luzernekulturen Amerikas. In Deutschland wurde die Rote Spinne an Apfelbäumen durch Resistenz gegen Insektizide aus der Gruppe der Phosphorsäureester und vor allem durch die Vernichtung ihrer natürlichen Feinde durch DDT-Behandlungen zu einem Hauptschädling. In der landwirtschaftlichen Praxis nahmen Probleme infolge der Vernachlässigung acker- und pflanzenbaulicher Grundsätze und des intensiven Pflanzenschutzmitteleinsatzes zu. Die erhebliche Ausweitung von Weizen und Gerste in den Fruchtfolgen bis hin zu Monokulturen, auch weil Futterflächen für Zugtiere nicht mehr gebraucht wurden, führte zu einem verstärkten Auftreten der Krankheiten, gegen die mehrmals Fungizide eingesetzt werden mußten. Bisher nicht gekannte Krankheiten wie *Helminthosporium* (= *Drechslera*) *tritici-repentis* (HTR, Blattdürre) oder weniger bedeutende Krankheiten wie *Septoria tritici* (Blattseptoria) wurden zu bekämpfungswürdigen Schaderregern. Auch der nicht standortgerechte Anbau von Kulturpflanzen mit den Folgeproblemen wie verstärkter Krankheits- und Schädlingsbefall wurde durch die Pflanzenschutzmittel ermöglicht.

Die Öffentlichkeit betrachtete die Pflanzenschutzmittel seit Erscheinen des Buches »Der stumme Frühling« (1962) der Amerikanerin Rachel Carson mit zunehmender Skepsis und Ablehnung. Die Sorge um die Gesundheit führte 1966 zur ersten Höchstmengenverordnung, die die Höhe der noch verbleibenden Rückstände von Pflanzenschutzmitteln auf den Lebensmitteln regelt. Auch wenn heute von den untersuchten Verdachts- und Verfolgsproben etwa 80% nicht nachweisbare Rückstände, 19% Rückstände unter der erlaubten Höchstmenge und höchstens 1% Rückstandsüberschreitungen aufweisen, bleibt das Rückstandsproblem in der Diskussion.

Der Gesetzgeber reagierte auf das Mitte der 60er Jahre aufkommende Umweltbewußtsein der Bevölkerung und die bekanntgewordenen Nebenwirkungen der chlorierten Kohlenwasserstoffe mit der Einführung der pflichtmäßigen amtlichen Prüfung und Zulassung von Pflanzenschutzmitteln im 1968 erlassenen Pflanzenschutzgesetz. Der bedenkliche Artenrückgang, Fehlanwendungen von Pflanzenschutzmitteln und nicht zuletzt verbesserte und verfeinerte Untersuchungsmethoden waren 1986 Anlaß, auch die Anwendung von Pflanzenschutzmitteln gesetzlich zu regeln und nochmals die Zulassung hinsichtlich ihrer Auswirkung auf den Naturhaushalt zu verschärfen.

Trotz dieser laufenden gesetzlichen Anpassungen an die neuen wissenschaftlichen Erkenntnisse haben sich die Ängste der Bevölkerung vor der Anwendung von Pflanzenschutzmitteln und damit auch vor der befürchteten Vergiftung der Lebensmittel sogar noch verstärkt. Möglicherweise spielen auch ethische Gründe in dieser Haltung mit. Es wird eine Wirtschaftsweise abgelehnt, bei der die Natur und schließlich auch der Mensch zum reinen Produktionsfaktor zu verkommen droht. Der Mensch sollte sich wieder mehr als Teil und nicht als Herr der Schöpfung fühlen und jedem Lebewesen über den wirtschaftlichen Nutzen hinaus seine Daseinsberechtigung zugestehen (Philipp 1988).

2 Bedeutung und Notwendigkeit des heutigen Pflanzenschutzes

Die geringe Akzeptanz des chemischen Pflanzenschutzes, und vor allem die stets ausreichende, teilweise sogar überreichliche Versorgung mit preiswerten Nahrungsmitteln stellt die Notwendigkeit der derzeitigen Pflanzenschutzverfahren durchaus in Frage. Verschiedene Parteien, Verbände und Gruppierungen verlangen deshalb die Hinwendung zum alternativen Landbau, d. h. Verzicht auf mineralische Dünger und chemische Pflanzenschutzmittel. Damit würde die Umwelt nicht belastet und durch die etwa 30% niedrigeren Erträge wäre gleichzeitig das Problem der Überschüsse entschärft. Durch direkte Einkommensübertragung könnte den Landwirten, Gärtnern, Obstbauern und Winzern ein angemessenes Einkommen gesichert werden. Diesen Forderungen und Vorschlägen stehen die derzeitigen Leistungen und Schwierigkeiten der Landwirte gegenüber.

2.1 Aufgabe des Pflanzenschutzes in der Landwirtschaft

Die Landwirtschaft ist wegen der tendenziell fallenden Produktpreise in der EG auf eine optimale Ertragsgestaltung und Qualitätserzeugung angewiesen, um ihr Einkommen zu sichern. Der Abstand des landwirtschaftlichen zum außerlandwirtschaftlichen Einkommen lag im Gesamtdurchschnitt 1987/88 um 37% und 1988/89 nur noch um 18% unter dem Vergleichslohn. Die temporär positive Entwicklung beruht auf dem zufälligen Zusammentreffen mehrerer günstiger Faktoren wie Auswirkung der Marktentlastung bei Milch, Überwindung des zyklischen Preistiefs bei Schweinen und der steigenden Preise bei Schlachtrindern. Die Getreidebauern mußten dagegen von 1983/84 bis 1988/89 einen Preisrückgang von 25% hinnehmen (Agrarbericht 1990).

Mit Pflanzenschutzmaßnahmen streben die Landwirte an:

- Sicherung der Erträge und der Vorräte vor Befall durch Schadorganismen (Unkräuter, Schädlinge, Schadpilze, Viren u. a.),
- Erzeugung guter Qualitäten und Verbesserung der Haltbarkeit der Erntegüter,
- Einsparung von teuren Arbeitskräften sowie Einsatz von Pflege- und Vollerntemaschinen in praktisch unkrautfreien Beständen.

Sicherung der Erträge und der Vorräte
Pflanzenschutzmaßnahmen, insbesondere Pflanzenschutzmittel, sind notwendig, um die Erträge zu sichern. Denn die ständig steigenden Vorleistungen für die angestrebte Ertragshöhe müssen vor der Ernte erbracht werden (Tab. 2). Die Verluste an der Marktleistung durch Schadorganismen wirken sich überproportional negativ auf den Deckungsbeitrag aus (Tab. 3). In dem Beispiel wird durch

Tab. 2. Vorleistungen[1] für den Bereich Landwirtschaft im Bundesgebiet in Mio. DM (Böttcher 1990)

Vorleistungen für:	1960/61	1980/81	1985/86	1987/88	Anteile in % 77/78	Anteile in % 87/88
Futtermittel	3 164	11 217	10 522	9 479	40,8	32,1
Düngemittel	1 485	4 747	4 638	3 859	13,9	13,1
Energie	987	5 112	5 402	4 092	13,5	13,8
Unterhaltung						
Maschinen	1 640	3 360	3 880	3 770	11,4	12,8
Wirtschaftsgebäude	510	855	1 120	1 080	3,1	3,7
Allgemeine Wirtschaftsausgaben	1 265	3 245	3 820	3 865	9,6	13,1
Saatgut	153	1 028	1 363	1 235	3,2	4,2
Pflanzenschutz- und Schädlings-bekämpfungsmittel	160	975	1 190	1 380	2,9	4,7
Vieh	6	193	224	293	0,6	1,0
Sonstige Vorleistungen	179	394	379	513	0,9	1,7
Insgesamt	9 594	31 126	32 538	29 566	100	100

[1] ab 1970/71 ohne Mehrwertsteuer

Tab. 3. Einfluß der Ertragsminderung durch Schadorganismen auf den Deckungsbeitrag (Beispiel)

	Fall I	%	Fall II	%
Marktleistung (70 dt Weizen × 35 DM)	2 450,–	100	1 960,–	80
Variable Kosten				
Saatgut	160,–		160,–	
Düngung	420,–		420,–	
Pflanzenschutz	300,–		300,–	
Hagelversicherung + Trocknungskosten	120,–		120,–	
Maschinen u. a.	330,–		330,–	
Summe	1 330,–		1 330,–	
Deckungsbeitrag	1 120,–	100	630,–	56

die Reduzierung der Marktleistung um 20% der Deckungsbeitrag um 44% vermindert. Zum anderen kann durch die Anwendung von Pflanzenschutzmitteln die spezielle Intensität im Betrieb verbessert werden. In der Abb. 1 werden drei Intensitätsstufen gegenübergestellt. Durch den Einsatz von Fungiziden werden die ertragsmindernden Faktoren durch das steigende Düngungsniveau abgeschwächt und der Ertragsabfall weiter hinausgeschoben. Die Erlöse steigen von 895 DM über 1009 DM auf 1123 DM in der dritten Intensitätsstufe mit Fungizideinsatz.

Allgemein ist zu bemerken, daß durch Pflanzenschutzmittel das angestrebte Ertragsniveau gehalten wird. Finanziell dramatische Ertragseinbrüche, wie noch Ende der 60er Jahre durch fehlende Getreidefungizide, werden vermieden.

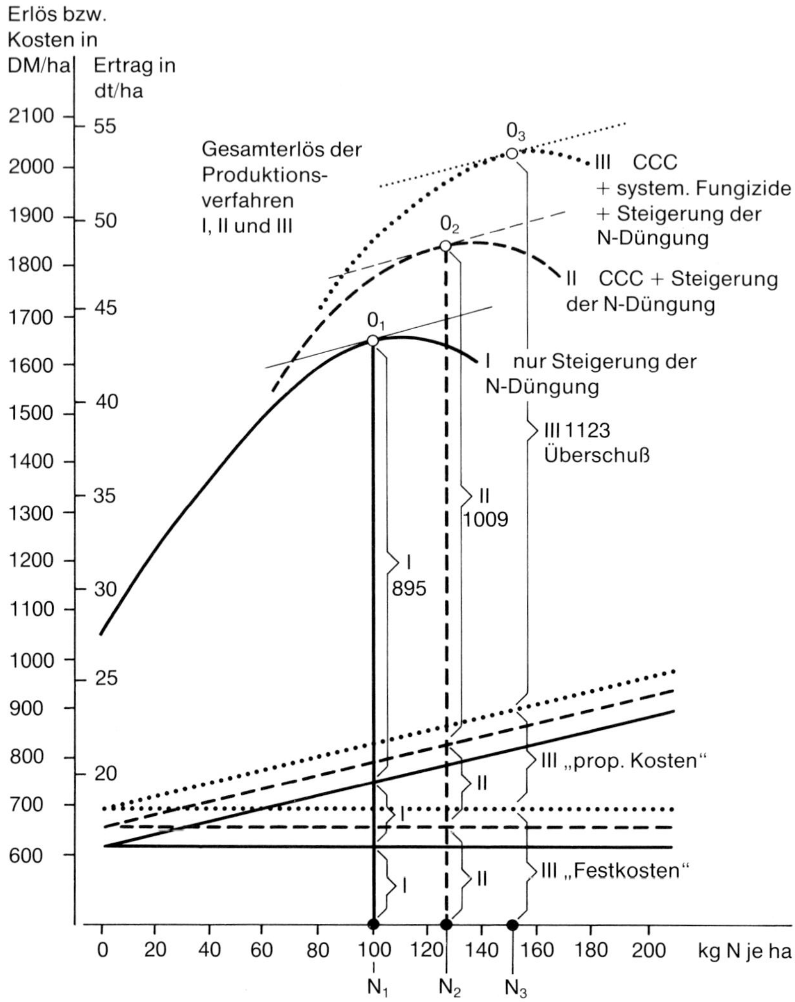

Abb. 1. Ermittlung der optimalen speziellen Intensität im intensiven Getreidebau (aus Diercks 1986).

Erzeugung guter Qualitäten und Verbesserung der Haltbarkeit von Erntegütern

Die Produktion qualitativ hochwertiger landwirtschaftlicher Erzeugnisse ist in unserer Überflußgesellschaft von größter Bedeutung. Auch wenn Verbraucher verbal bei Umfragen auf äußere Qualität keinen großen Wert legen, zeigen marktorientierte Untersuchungen, daß äußerlich makellose Ware bevorzugt gekauft wird. Vermadete Äpfel, Kirschen, Rettiche oder Möhren sind nicht verkäuflich. Auch nach den Rechtsvorschriften über Handelsklassen müssen für den menschlichen Verzehr bestimmte Produkte von einwandfreier Beschaffenheit sein. Bereits kleine »Schönheitsfehler«, wie ein Schorffleck auf einem Apfel,

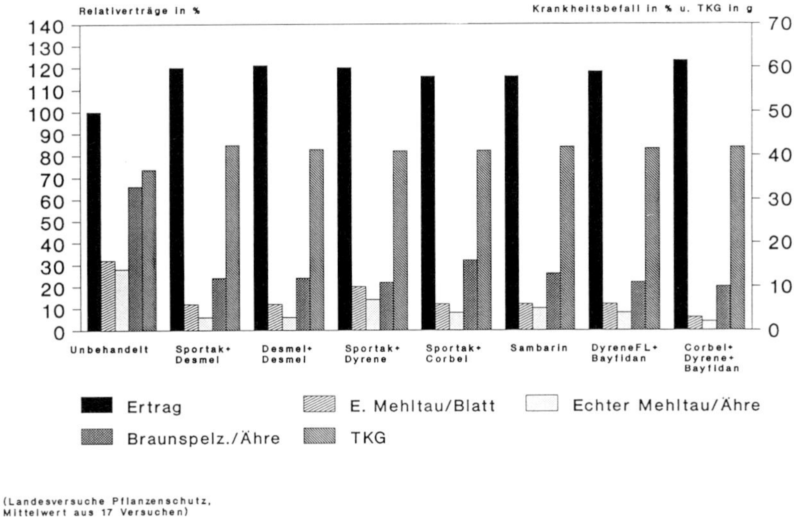

Abb. 2. Einfluß der Fungizide auf den Ertrag, die Krankheiten und das Tausendkorngewicht von Winterweizen.

führen zur Rückstufung in eine niedere und damit schlechter bezahlte Handelsklasse, zumal Überschüsse auf EG-Ebene die Preise drücken. Der Ruf nach Entschärfung der Handelsklassenregelung wird deshalb wie bisher wirkungslos verhallen.

Bei Obst und Gemüse sind Qualitätskriterien von besonderer Bedeutung. Sie spielen auch im Ackerbau eine große Rolle. Fusariumbefallener Weizen hat schlechte Backeigenschaften. Gleiches gilt für Weizen mit hohem Pilzbefall, der das Tausendkorngewicht und damit den Ertrag herabsetzt (Abb. 2). Pilzbefall an Braugerste vermindert den Vollgerstenanteil und die Brauqualität. Steinbrand und Zwergsteinbrand verursachen bei Weizen einen intensiven Geruch nach Fischlake und eine Schwarzfärbung, so daß weder eine Verwertung als Mehl noch als Futtergetreide möglich ist.

Die Haltbarkeitsdauer der Produkte ist neben optimalen Lagerbedingungen vom Befall mit Schädlingen sowie pilzlichen und bakteriellen Schaderregern abhängig. Von Kraut- und Knollenfäule befallene Kartoffeln verderben sehr schnell. Das Rübenkopfälchen verursacht Qualitätsminderungen durch Fäulnis an Futterrüben. Silage von beulenbrandverseuchtem Mais ist ungenießbar für Tiere, obwohl gesundheitlich ungefährlich. Gesundheitliche Schäden sind durch Verzehr oder Verfütterung von mit bestimmten Pilzen oder Bakterien befallenen Lebens- bzw. Futtermitteln zu befürchten. Diese speziellen Pilze oder Bakterien enthalten nämlich giftige Inhaltsstoffe oder produzieren giftige Stoffwechselprodukte, die Mykotoxine. Im Mittelalter starben in Frankreich im Jahre 994 etwa 40 000 Menschen am »heiligen Feuer« oder der »St.-Antonius-Krankheit«. Diese wurde durch den Verzehr von Brot ausgelöst, der aus Roggenmehl mit hohem Mutterkornanteil gebacken wurde. Mutterkorn enthält Alkaloide, besonders Ergotamin, das Übelkeit, Schwindel, Krämpfe, Ablösen des Muskelfleisches vom

Tab. 4. Giftigkeit und Höchstmengen von Mykotoxinen, Konservierungsstoffen und Fungiziden (nach FRANK 1981)

Stoff	zulässige Höchstmenge in Lebensmitteln (mg/kg)	LD_{50}/oral (mg/kg Versuchstier)
Aflatoxin B_1	0,005	7,2
Patulin	0,050	30
Ochratoxin A	–	20
T-2-Toxin	–	3,8
Fusarenon X	–	4,4
Malformin	–	4,0
Citrinin	–	50
Strychnin	–	7,5
zugelassene Fungizide	0,05–100	100–15 000

Knochen und Schwarzwerden des Fleisches verursacht. Heute werden die Alkaloide des Mutterkornpilzes *(Claviceps purpureum)* als Medikamente für die Geburtshilfe (Mutterkorn!) verwendet.

Von verschiedenen, häufig an Obst auftretenden pilzlichen Schaderregern sind Mykotoxine wie Aflatoxine, Patulin, Citrinin und Penicillinsäure bekannt. Ihre akute Giftigkeit ist sehr hoch. So ist das Aflatoxin B_1 ähnlich giftig wie Strychnin (Tab. 4).

Vergiftungen durch bestimmte Inhaltsstoffe in den Pflanzen und durch Pilzgifte treten auch beim Vieh immer wieder auf. LOHNER (1989) berichtet über tödliche Vergiftungen von 25 tragenden Sauen nach mehrmaliger Aufnahme von 2 kg Gras pro Tag, das mit Blättern und Fruchtständen der Herbstzeitlosen und damit mit dem giftigen Inhaltsstoff Kolchizin belastet war.

Mit Mutterkorn verseuchtes Futter führte in einigen Fällen zum Tod von Ferkeln. Bei Sauen war die Trächtigkeitsdauer verkürzt. Weniger Futter wurde aufgenommen, die Milchproduktion war vermindert, das Verhalten apathisch u. a. (BARNIKOL et al. 1982).

Von den Fusariumpilzen produzierte Mykotoxine kommen besonders bei feuchter Witterung an Mais, Weizen, Gerste und Hafer vor. Wichtig sind die beiden Fusariumtoxine **Zearalenon** und verwandte Toxine sowie **Trichothecene**.

Zearalenon wirkt bei Schweinen wie das weibliche Geschlechtshormon Östrogen. Es treten verschiedene Symptome an den äußeren und inneren Geschlechtsteilen der weiblichen Tiere bis hin zu Fruchtbarkeitsstörungen auf. Wird zearalenonhaltiges Futter während der Trächtigkeit verabreicht, können die Geburtsgewichte stark schwanken und lebensschwache Ferkel eingehen. Die Trichothecene (T_2-Toxine) im Futter führen zur schlechten Futteraufnahme oder gar zur Futterverweigerung, Erbrechen und Durchfall. Sie wirken haut- und nervenschädigend. Durch T_2-Toxine in Weizenkleie (1 bis 4 mg/kg) in Verbindung mit geringen Mutterkorngehalten im Sauenfutter (0,03%) kam es zum Absterben der Schwänze und Ohrspitzen bei neugeborenen Ferkeln (BARNIKOL 1989).

Einsparung teurer Arbeitskräfte

Dramatische Veränderungen in der Landwirtschaft seit den 50er Jahren konnten nur durch Rationalisierung und Mechanisierung aufgefangen werden. Die Lohn-

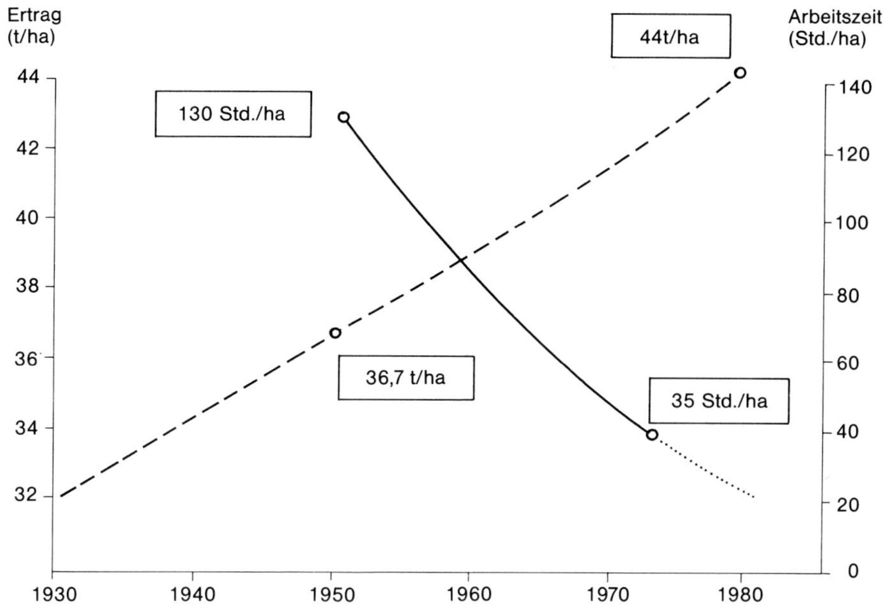

Abb. 3. Entwicklung im Zuckerrübenanbau 1930–1950–1980. Steigender Ertrag bei sinkendem Arbeitsaufwand.

kosten stiegen in der Landwirtschaft von 1970/71 bis 1987/88 um 300%, die Erzeugerpreise um 30%, die Einkaufspreise für landwirtschaftliche Betriebsmittel um 41% und die Motorleistung erhöhte sich von 205,9 kW auf 400,7 kW (+ 95%). Die Arbeitskräfte wurden je 100 ha von 11,0 AK auf 6,4 AK reduziert.

Diese Entwicklung konnte die Landwirtschaft nur durch arbeitssparende Verfahren überstehen. So wäre der früher handarbeitsintensive Rüben- und Maisanbau in größeren landwirtschaftlichen Betrieben mit wenig Arbeitskräften ohne den Herbizideinsatz nicht möglich. Der Arbeitsaufwand für den Zuckerrübenanbau wurde durch verbessertes Saatgut, Säverfahren und nicht zuletzt durch Herbizide von 135 AKh auf 35 AKh gesenkt (Abb. 3), im Getreidebau von 30 AKh auf 15 AKh. Im Möhrenbau beträgt der Arbeitsbedarf im biologisch-dynamischen Betrieb ohne Pflanzenschutzmittel bei günstigen Verhältnissen 190 AKh/ha, im konventionellen Betrieb 73 AKh/ha (Merz 1975). Denn der Unkrautbesatz erschwert auch die Pflege- und Erntearbeiten. Für das Vereinzeln der Rüben auf Endabstand wird in einem praktisch unkrautfreien Bestand weniger Zeit benötigt als in einem verunkrauteten Schlag. Die Ernte von Winterweizen mit starkem Klettenlabkrautbesatz dauert doppelt so lange wie auf einer unkrautfreien Fläche. Die Rüben- und Kartoffelernte wird durch Spätverunkrautung erheblich erschwert. Die vollmechanisierte Erbsenernte ist durch die Blütenköpfchen von Ackerdistel und Kamille oder durch Beeren des Schwarzen Nachtschattens in Frage gestellt, weil durch die Reinigung diese Unkrautsamen von den Erbsen nicht getrennt werden können (Koch und Hurle 1970).

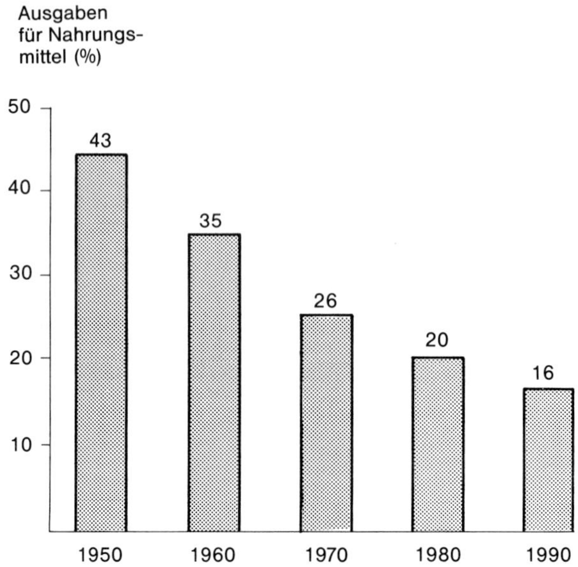

Abb. 4. Anteilige Ausgaben für Nahrungsmittel in einem Vier-Personen-Haushalt.

2.2 Vorteile für den Verbraucher

Der Verbraucher hat von der bisherigen Produktionsweise in der Landwirtschaft profitiert. Er wird mit qualitativ hochwertigen, gesunden und preisgünstigen Lebensmitteln ausreichend versorgt. Nur 16% des Einkommens verwendet ein Vier-Personen-Haushalt für den Kauf von Nahrungsmitteln, so daß zunehmend auch für die Freizeitgestaltung finanzielle Mittel zur Verfügung stehen (Abb. 4). Einen hohen Anteil an dieser Entwicklung haben der Pflanzenschutz und insbesondere die amtlich geprüften und sachgerecht und bestimmungsgemäß angewandten Pflanzenschutzmittel. Dieser Vorteil auch aus der Anwendung der Pflanzenschutzmittel wird von der Mehrheit der Verbraucher nicht gesehen. Im Gegenteil, die Akzeptanz der chemischen Mittel liegt mit nur 7% an letzter Stelle von neun Kriterien und wird beispielsweise auch von der Kernkraft mit 23%iger Akzeptanz überholt (Abb. 5).

Sicherlich ist hinsichtlich der Information der Öffentlichkeit einiges versäumt worden. Zu lange waren die Fachleute von der Notwendigkeit des Pflanzenschutzes mit seinen verschiedenen Methoden und den ständigen rechtlichen Anpassungen an die wissenschaftlichen Erkenntnisse überzeugt, ohne die Öffentlichkeit in diesen Prozeß einzubeziehen. Eine Öffentlichkeit übrigens, die zu 90 bis 95% zur landwirtschaftlichen Produktion kaum noch Beziehungen hat und der tiefere acker- und pflanzenbauliche Kenntnisse fehlen.

Hinzu kommt das Unverständnis für die Überproduktion, die zunehmend die Weltmärkte belastet und deren Beseitigung viel Geld kostet. Eine grundlegende Neuordnung mit neuen Perspektiven wie Möglichkeiten zur Extensivierung, nachwachsende Rohstoffe, Pflege von Bachläufen und Hecken sowie Erhaltung der Kulturlandschaft, verbunden mit gleichzeitigem Einkommensausgleich, werden diskutiert und erste regionale, aber auch EG-weite Ansätze sind in Sicht (Marktentlastungs- und Kulturlandschaftsausgleich). Denn auf Dauer kann die Landwirtschaft nicht gegen die Meinung der Öffentlichkeit produzieren.

3 Konsequenz: Integrierter Pflanzenschutz

Unübersehbar ist somit die Sackgasse der alleinigen Anwendung von Pflanzenschutzmitteln bei gleichzeitiger Mißachtung anbautechnischer Grundsätze. Die Folge sind Resistenzerscheinungen der Schadorganismen gegen chemische Mittel, Zunahme der Fruchtfolgeschädlinge und -krankheiten, Vernachlässigung der Bodenfruchtbarkeit und -struktur und letztlich auch eine vermeidbare Belastung von Wasser, Boden und Luft durch die Pflanzenschutzmittel als Fremdstoffe.

Ohne oder mit nur sehr wenigen Pflanzenschutzmitteln kommt der alternative Landbau aus. Offensichtlich ist diese Produktionsweise nicht die Lösung für die allgemeine Landwirtschaft. Bisher praktizieren, allerdings mit steigender Tendenz, nur 0,38% der Landwirte auf 0,46% der landwirtschaftlichen Fläche den alternativen Landbau. Die Gründe für die Zurückhaltung der Landwirte sind Ertragsunsicherheit, Qualitätsminderung hinsichtlich der Haltbarkeit der Produkte sowie die außergewöhnlich hohe Arbeitsbelastung. Zudem ist der Abnehmerkreis der etwa 100% teureren Lebensmittel eng begrenzt. Die hohen Erzeugerpreise sind wegen des niedrigeren Ertragsniveaus um etwa 30%, der großen Ertragsschwankungen und des hohen Arbeitsaufwandes gerechtfertigt, denn im betriebswirtschaftlichen Vergleich eines 25 ha großen Betriebes schneiden beide Erzeugervarianten etwa gleich ab (Agrarbericht 1990).

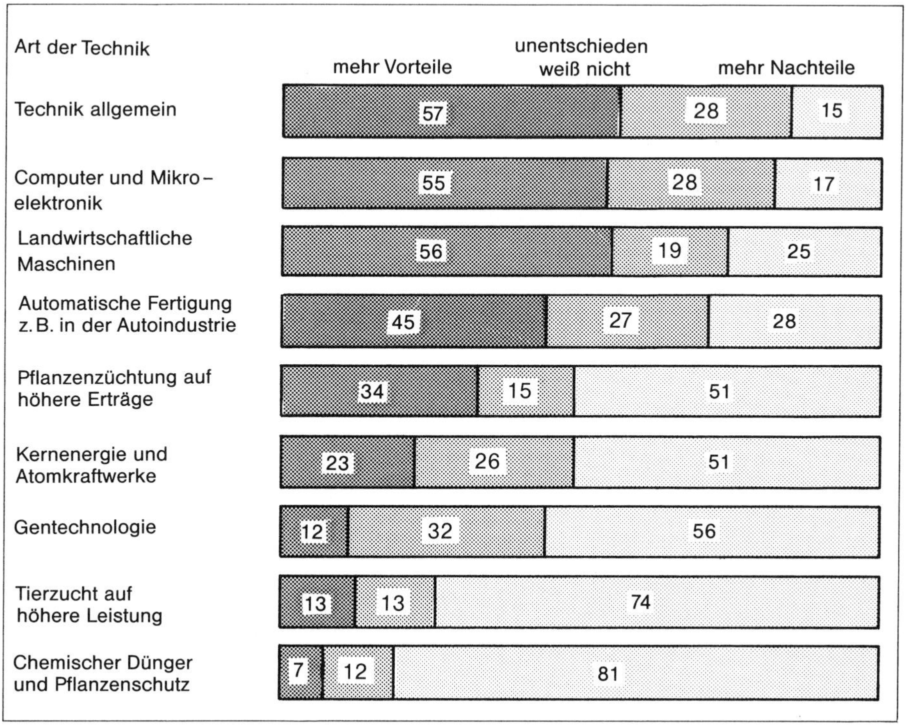

Abb. 5. Beurteilung der Agrartechniken im Vergleich zu allgemeinen Techniken durch Verbraucher (nach VON ALVENSLEBEN 1990).

Die biologische Schädlingsbekämpfung als mögliche Alternative hat vor allem im Gartenbau unter Glas in jüngster Zeit erfreuliche Erfolge zu verzeichnen. Im Ackerbau gibt es als einziges biologisches Verfahren den Einsatz von *Trichogramma evanescens* (Schlupfwespe) gegen den Maiszünsler. Nur wenige biologische Pflanzenschutzmittel auf der Grundlage von Viren und Mikroorganismen sind bisher vor allem für den Obstbau entwickelt worden. Es zeichnet sich für das nächste Jahrzehnt keine grundlegende Verbesserung ab.

Völlig ohne Pflanzenschutzmittel ist demnach eine wettbewerbsfähige, soziale landwirtschaftliche Produktion kaum möglich. Aus wirtschaftlicher Sicht benötigt der Landwirt Pflanzenschutzmittel, um sichere Erträge und gute Qualität zu produzieren und damit ein vergleichbares Einkommen zu sichern und die wöchentliche Arbeitszeit von derzeit 65 Stunden nicht noch zu erhöhen. Zudem ist die oft erhobene Forderung, die modernen Arbeitsmethoden der Landwirtschaft teilweise durch Handarbeit zu ersetzen, schlichtweg inhuman. Durch die preisgünstigen Nahrungsmittel bleibt letztlich das gesamte Preisgefüge in der Bundesrepublik relativ konstant. Die breite Öffentlichkeit befürwortet allerdings nicht den bisherigen Einsatz von Pflanzenschutzmitteln, zumal dadurch auch die Überschüsse von Nahrungsmitteln auf EG-Ebene indirekt gesteigert werden (Tab. 5).

Aus diesem Dilemma führt der Integrierte Pflanzenschutz in eine für den Landwirt und die Gesellschaft akzeptable Richtung der Abwehr und Bekämpfung von Schadorganismen. Er ist eine sinnvolle Kombination aller möglichen Verfahren, um den Schaden durch Unkräuter, Schädlinge und Krankheiten wirtschaftlich zu begrenzen und gleichzeitig die Umwelt weitgehend zu schonen. Die Pflanzenschutzmittel werden dabei auf ein unumgänglich notwendiges Maß beschränkt, weil sie erst dann angewandt werden, wenn die vorbeugenden Maßnahmen zur Befallsbegrenzung nicht ausreichen.

Tab. 5. Selbstversorgungsgrad bei landwirtschaftlichen Erzeugnissen in den EG-Mitgliedstaaten im Wirtschaftsjahr 1987–88

Erzeugnis	B/LUX	DK	GR	E	F	IR	I	N	PG	GB	D	**EG**
Getreide (insgesamt)	50	120	110	99	218	96	80	27	53	105	96	**114**
davon:												
Weichweizen	70	127	80	107	247	53	62	41	47	100	107	**121**
Gerste	66	119	73	108	206	133	63	39	47	140	95	**118**
Zucker	202	194	76	101	193	180	112	176	1	59	122	**124**
Gemüse	116	55	151	125	87	79	124	207	121	78	33	**106**
Frischobst	63	20	144	107	96	13	133	55	90	19	40	**84**
Wein	7	-	114	122	108	-	113	-	131	0	60	**103**
Rapsöl	7	181	-	75	333	-	17	5	-	66	112	**144**
Sonnenblumenöl	-	-	85	112	93	-	134	-	18	-	0	**103**
Fleisch (insgesamt)	130	295	64	97	101	275	72	240	95	82	91	**102**
davon:												
Rind- + Kalbfleisch	135	290	27	99	121	692	59	182	80	84	118	**107**
Schweinefleisch	162	338	67	96	81	118	67	288	100	71	87	**103**
Geflügelfleisch	84	188	95	98	137	94	99	209	100	98	61	**106**
Milch	102	202	67	-	124	226	70	239	-	85	105	**109**

4 Definition und Ziele des Integrierten Pflanzenschutzes

Nach dem **Pflanzenschutzgesetz** (1986) ist der »Integrierte Pflanzenschutz eine Kombination von Verfahren, bei denen unter vorrangiger Berücksichtigung biologischer, biotechnischer, pflanzenzüchterischer sowie anbau- und kulturtechnischer Maßnahmen die Anwendung chemischer Pflanzenschutzmittel auf das notwendige Maß beschränkt wird«.

Eine andere, weltweit anerkannte Definition der Internationalen Organisation für biologische Schädlingsbekämpfung (OILB) und der Europäischen Pflanzenschutzorganisation (EPPO) besagt:

»Der Integrierte Pflanzenschutz ist ein Verfahren, bei dem alle wirtschaftlich, ökologisch und toxikologisch vertretbaren Methoden angewandt werden, um Schadorganismen unter der wirtschaftlichen Schadensschwelle zu halten, wobei die bewußte Ausnutzung natürlicher Begrenzungsfaktoren und vorbeugende Maßnahmen im Vordergrund stehen.«

Letztere Definition stellt neben der Nutzung verschiedener Verfahren insbesondere die bewußte Ausnutzung natürlicher Begrenzungsfaktoren wie freilebende Nützlinge, klimatische und standortbedingte Faktoren heraus. Dadurch sollen die Schadorganismen unter die wirtschaftliche Schadensschwelle gedrückt werden.

Beide Definitionen sehen im Integrierten Pflanzenschutz nicht ein besonderes Verfahren oder eine höherwertige Variante des konventionellen Pflanzenschutzes, sondern **den Pflanzenschutz** der nächsten Jahrzehnte. Der Integrierte Pflanzenschutz richtet sich auch keineswegs gegen die Anwendung chemischer Pflanzenschutzmittel. Diese stehen aber nicht mehr am Anfang einer mehrstufigen Pflanzenschutzmaßnahme, sondern erst am Ende einer Kette von vorbeugenden und direkten Abwehrmaßnahmen.

Bestimmend und charakteristisch für den Integrierten Pflanzenschutz sind:

- Die gedankliche und praktische Verknüpfung (Integration) verschiedener vorbeugender Maßnahmen, um die Schadenswahrscheinlichkeit bzw. den Befallsdruck durch Krankheiten, Schädlinge und Unkräuter herabzusetzen.
- Die Berücksichtigung natürlicher Begrenzungsfaktoren wie Nützlinge, die als Räuber oder Parasiten eine Massenvermehrung von Pflanzenschädlingen durchaus verzögern oder sogar verhindern können.
- Reichen vorbeugende Maßnahmen und die Hilfe der Nützlinge nicht aus, um Schadorganismen unter der wirtschaftlichen Schadensschwelle zu halten, dann können direkte Abwehr- und Bekämpfungsmaßnahmen ergriffen werden. Dazu gehören beispielsweise die mechanische Unkrautbekämpfung, biologische Bekämpfungsverfahren und die Anwendung biologischer und auch chemischer Pflanzenschutzmittel, wobei stets aus ökonomischen und ökologischen Gründen die sparsame und gezielte Anwendung der Mittel zu beachten ist.
- Das Ziel des Integrierten Pflanzenschutzes ist der Schutz der Kulturpflanzen und damit die Sicherung des landwirtschaftlichen Einkommens durch ökologisch verträgliche Strategien der Pflanzenproduktion, um die Vielfalt und Funktionsfähigkeit des Agroökosystems zu erhalten.
- Die dafür erforderlichen Verfahren sind auf den Einzelbetrieb auszurichten und müssen ständig weiterentwickelt und den Gegebenheiten angepaßt werden.

Erstmalig wurde der Begriff des Integrierten Pflanzenschutzes (integrated control = integrierte Bekämpfung) von dem Amerikaner STERN im Jahre 1956 verwendet. Seit dieser Zeit wird mit unterschiedlicher Intensität in dieser Richtung gearbeitet. Bei nüchterner Betrachtung ist die Erfolgsbilanz im Vergleich zu den Aufwendungen durchaus positiv. Beispielsweise wird im Kernobstanbau der Integrierte Pflanzenschutz nach jahrzehntelangen grundlegenden Arbeiten in der Landesanstalt für Pflanzenschutz, Stuttgart, nun auch bundesweit betrieben. An Modellen beim Stein- und Beerenobst und im Ackerbau wird gearbeitet. Prognoseverfahren, wirtschaftliche Schadensschwellen und Nützlinge sind heute gängige Begriffe in der Praxis. Die Einstellung der Praktiker zu den Pflanzenschutzmitteln ist kritischer geworden. Dennoch dürfen die bestehenden Unzulänglichkeiten im Integrierten Pflanzenschutz nicht übersehen werden. Es fehlen Schadensschwellen für mehrere Schadorganismen in verschiedenen Kulturen und selektive, nützlingsschonende Pflanzenschutzmittel. Nichtchemische Bekämpfungsverfahren stehen nur in beschränktem Umfang zur Verfügung. Unsere Kenntnisse über die Wechselwirkungen zwischen natürlich vorkommenden Nützlingen und Schadorganismen sind noch dürftig. Die praktische Durchführung der bereits vorhandenen integrierten Möglichkeiten ist noch längst nicht Allgemeingut.

Aber nicht nur der Pflanzenschutz hat Probleme - die Landwirtschaft ist in Schwierigkeiten geraten. Nitrat im Grundwasser, Bodenerosion und Rückgang von Tier- und Pflanzenarten führen zu Überlegungen, um die Pflanzenproduktion wirtschaftlich, aber gleichzeitig umweltschonender, zu gestalten. Unter den verschiedenen Begriffen »Integrierte Pflanzenproduktion«, »Integrierter Pflanzenbau«, »Integrierte Landbewirtschaftung« oder »Integrierter Landbau« wird diese Absicht zusammengefaßt. Eine umfassende und anspruchsvolle Definition des Integrierten Landbaus geben DIERCKS und HEITEFUSS (1990):

»Der Integrierte Landbau umfaßt standort- und umweltgerechte Systeme der Pflanzenproduktion, in denen unter Beachtung ökologischer und ökonomischer Anforderungen alle geeigneten und vertretbaren Verfahren des Acker- und Pflanzenbaus, der Pflanzenernährung und des Pflanzenschutzes in möglichst guter Abstimmung aufeinander unter Nutzung sowohl des biologisch-technischen Fortschrittes als auch natürlicher Begrenzungsfaktoren eingesetzt werden, um langfristig sichere Erträge und betriebswirtschaftlichen Erfolg zu gewährleisten.«

Aus der Definition wird deutlich, daß diese Vorstellungen nur mit allgemeinen, nicht immer eindeutig bestimmten Begriffen dargelegt werden können. Es wird noch großer Anstrengungen bedürfen und viel Geld und Zeit kosten, um konkrete Ergebnisse zu erarbeiten, die für die Praxis hilfreich sind. Nur so können diese neuen Begriffe mit Inhalt gefüllt werden.

Der Integrierte Pflanzenschutz ist ein wichtiger zentraler Teilbereich in der Integrierten Pflanzenproduktion. Er muß, wie schon seit Jahrzehnten, weiter entwickelt werden. Neue Verfahren sind fortlaufend zu erarbeiten, die dann in das Gesamtkonzept der Integrierten Pflanzenproduktion eingebaut werden. Nur wenn alle Teilbereiche des Pflanzenbaus und des Pflanzenschutzes Ergebnisse beisteuern, kann das anspruchsvolle Ziel einer Integrierten Pflanzenproduktion erreicht werden.

Elemente des Integrierten Pflanzenschutzes und ihre praktische Bedeutung

Das Ausmaß der Verknüpfung folgender Elemente des Integrierten Pflanzenschutzes ist bestimmend für den erreichten Grad der praktischen Umsetzung dieser richtungsweisenden Entwicklung: Schonung und Förderung natürlich auftretender Nützlinge, Berücksichtigung der wirtschaftlichen Schadensschwellen aufgrund eigener Beobachtungen sowie der Vorhersagen und Mitteilungen des amtlichen Warndienstes, überlegte Gestaltung der Fruchtfolge, auf den Bedarf abgestimmte Düngung, Auswahl gesunder oder wenig anfälliger Sorten, standortgemäße Bodenbearbeitung, gesundes Saatgut und günstige Saat- und Pflanztermine.

1 Natürliche Begrenzungsfaktoren

Eine Schlüsselstellung im System des Integrierten Pflanzenschutzes nehmen die natürlichen Begrenzungsfaktoren gegen die Übervermehrung der Schädlinge und Krankheiten ein. Sie umfassen sowohl die klima- und standortbedingten Einflüsse als auch die natürlichen Feinde. Diese sind in den letzten Jahrzehnten durch die Intensivierung der Landwirtschaft stark reduziert und artenmäßig vereinfacht worden. In Schleswig-Holstein werden in Wintergetreide auf Lehmboden nur noch ein Drittel der Arten und ein Fünftel der Individuenzahlen von bodenbewohnenden Käfern und Ameisen in Bodenfallen gefangen als vor 30 Jahren. Noch bedrohlicher sieht es bei den Laufkäfern aus, die früher in sehr großer Individuen- und Artenzahl unsere Felder besiedelten. Während 1950/51 auf den Feldern in Schleswig-Holstein pro Falle und Monat noch im Mittel 74 g Carabiden gefangen wurden, waren es 1980/81 noch 0,7 g, ganze 0,9% (HEYDEMANN 1983). Maßnahmen zur Erhöhung der Artenvielfalt und Individuenzahlen dieser Tiere sind aus der Sicht des Pflanzenschutzes dringend erforderlich. Denn die natürlichen Feinde wirken sogar in einem Reinbestand eines Feldes einer Übervermehrung der Schädlinge entgegen. Auf diese Wechselwirkung ist neben den Witterungseinflüssen das jährlich unterschiedlich starke Auftreten von bestimmten Schädlingen wie Getreidehähnchen, Blattläusen, Fritfliegen u. a. zurückzuführen. Leider spielen sich diese Vorgänge nicht in einfacher, zeitlich vorhersehbarer Weise und sichtbar für jedermann ab, sondern es sind sehr komplexe, teilweise längerfristige Wirkungen zwischen allen Lebewesen auf dem Feld. Ferner werden sie beeinflußt von Witterung, Fruchtfolge, Bodenbearbeitung, Zwischensaaten, Düngung, Pflanzenschutzmitteln und nicht zuletzt von Hecken, Feldrainen, Waldrändern und Schutzstreifen an Oberflächengewässern. Wenn auch in den vergangenen Jahren die wissenschaftlichen Erkenntnisse über diese Wechselwirkungen verbessert wurden, so wissen wir um die praktisch bedeutsamen Zusammenhänge doch noch wenig. Das ist wohl einer der Gründe für die bisherige skeptische Beurteilung des wirtschaftlichen Nutzens der Nützlinge. Die bereits vorhandenen Ergebnisse von langjährigen Untersuchungen beispielsweise auf dem Lautenbacher Hof bei Heilbronn und in Ahlum bei Braunschweig sollten deshalb den Landwirten entsprechend aufbereitet und zugänglich gemacht werden. Dies ist eine sehr wichtige Aufgabe der Pflanzenschutzberatung, wenn der Integrierte Pflanzenschutz stärker von den Praktikern übernommen werden soll.

1.1 Natürlich auftretende Nützlinge und ihre Bedeutung

Die Vielzahl der als Räuber (Prädatoren), Parasiten oder Krankheitserreger von Schädlingen auftretenden Nützlinge überrascht (Tab. 6). Ihr Nutzen für die Landwirtschaft wird in den hohen Vertilgungsraten von Schädlingen deutlich. Es ist erstaunlich, daß die bekannten Räuber wie Marienkäfer *(Cocciliniden)* und ihre Larven bis zu 3000 Blattläuse in ihrem Leben fressen, die Larven der Florfliege zwischen 200 und 1000 und die Larven der Schwebfliege *(Syrphiden)* etwa 700 Blattläuse.

Meist weniger spezialisiert auf bestimmte Nahrung sind die im Ökosystem bedeutenden Laufkäfer *(Carabiden)*. Sie verzehren verschiedene Schädlinge wie Insekten, Schnecken und auch Fliegeneier bis zum dreifachen ihres Gewichts pro Tag. Ähnliche Bedeutung haben Weich- oder Soldatenkäfer *(Canthariden)*, die neben Blattläusen auch Raupen, Blattwespenlarven und andere Insekten fressen. Ihre Larven bevorzugen kleine Schnecken und Insektenlarven. Auch für die Käfer aus der über 2000 Arten umfassenden Familie der Kurzflügler *(Staphyliniden)* reicht die Nahrungspalette von Blattläusen über Milbeneier, Pollen, Pilze und Algen. Spinnmilben und wiederum Blattläuse sind bevorzugte Nahrungsquellen für Raubwanzen *(Anthocoriden u. a.)*, Raubfliegen *(Asiliden)* und räuberische Gallmilben *(Decidomyiden)*. Raubmilben leben von kleinen Insekten, Mikroorganismen und auch von verschiedenen Nematoden.

Die Netzbauer unter den Spinnentieren *(Araneen)* fangen geflügelte Blattläuse, Gallmücken, Fliegen und Blattwespen. Jagdspinnen gehören zu den wichtigsten Bodenräubern im Ackerland. Während die Räuber unter den Nützlingen ihre meist kleinere Beute aussaugen oder fressen, leben die Larven der Parasiten innerhalb oder außerhalb ihrer Wirtstiere und ernähren sich von deren Körperflüssigkeit und Organen, so z. B. die Schlupfwespe *Trichogramma evanescens* in den Eiern des Maiszünslers. Andere Schlupfwespen legen ihre Eier in die Larven oder Puppen der Schädlinge, die dann von innen aufgezehrt werden.

Auch unter den Nematoden befinden sich parasitische Formen. Sie werden häufig in toten Insekten gefunden, wie beispielsweise in Maikäfern und deren Engerlingen. Kommerziell wird die Nematodenart *Rhabditis* gegen die Dickmaulrüßlerlarve erfolgreich eingesetzt. Sie ist dabei auf hohe Feuchtigkeit angewiesen.

Neben den Räubern und Parasiten sind die für den Menschen ungefährlichen Viren, Bakterien und Pilze gegen Schädlinge von großer Bedeutung. So wird der etwa Mitte Juli regelmäßig eintretende Zusammenbruch der Blattlauspopulation in Zuckerrüben und Getreide auf den Befall mit Pilzen und anderen Gegenspielern zurückgeführt. Mit dem natürlich vorkommenden Pilz *Beauveria brongniartii* wird seit einigen Jahren die Bekämpfung des Maikäfers und seiner Engerlinge versucht.

Tab. 6. Wichtige Nützlinge, ihre Bedeutung, Lebensweise und Fördermöglichkeiten (nach Häni et al. 1987, geändert)

Nützling	Bedeutung/Ernährung	Lebensraum	Möglichkeit zur Förderung
Marienkäfer	Die meisten der etwa 50 Arten sind Vertreter der blattlausvertilgenden Insekten (bis zu 3000 Stück im Leben).	Leben beispielsweise überwiegend in Kraut-Gras-Schicht von Naturwiesen mit artenreicher Pflanzenzusammensetzung.	Schonung und Pflege bzw. Neuanlage von Hecken, Feldrainen.
Marienkäferlarven	Die Larve vertilgt etwa 600 Blattläuse.	Überwinterung unter schützenden Hecken bzw. deren Laub am Boden.	Reifungsfraß ermöglichen durch Verzicht bzw. späteren Einsatz chem. Mittel zur Bekämpfung der Blattläuse.
(Coccinellidae)	Bedeutung: Können den Massenwechsel der Blattläuse wesentlich beeinflussen, einige Arten ernähren sich von Schildläusen, andere von Mehltaupilzen.	Wanderung zu verschiedenen Wirtspflanzen der Blattläuse bis Reifungsfraß abgeschlossen, dann Eiablage.	Schadensschwellen für Blattläuse beachten! Einsatz schonender Präparate, reduzierte Dosierung.
Schwebfliegen	Wichtige Vertreter blattlausvertilgender Insekten (nur die Larven); durch hohe Mobilität großer Wirkungskreis der erwachsenen Tiere.	Benötigen Blütennektar als Nahrung, leben daher in naturbelassenen Wiesen und Standorten, die Pflanzenvielfalt bieten.	Schonung und Pflege von Wiesen und Feldrainen (Doldengewächsen).
Schwebfliegenlarven	2 oder mehr Generationen pro Jahr möglich; große Population - großer Nutzeffekt.	Larven ernähren sich von Blattläusen.	Bekämpfung der Blattläuse erst bei Überschreitung der wirtschaftlichen Schadensschwelle.
(Syrphidae)	Larve frißt 400–700 Blattläuse im Leben.	Überwinterung an Standorten mit Frühblühern und Doldengewächsen.	Einsatz schonender Präparate, reduzierte Dosierung.

Fortsetzung Tab. 6.

Nützling	Bedeutung/Ernährung	Lebensraum	Möglichkeit zur Förderung
Florfliegen Florfliegenlarve (Chrysopidae)	Bedeutender Nützling, da hohe Population und räuberische Lebensweise. Larve vertilgt etwa 200–500 Blattläuse oder Spinnmilben (dav. 30–50 pro Stunde), vernichtet auch andere Schädlinge. Hohe Mobilität → großer Wirkungskreis →hoher Nutzen. Einfache Züchtung möglich und daher gezielt (z. B. in Gewächshäusern) einsetzbar.	Bevorzugt blütenreichen, von Artenvielfalt gekennzeichneten Lebensraum, der genügend Pollen, Nektar, Honigtau und Blattläuse aufweist. Überwintert an wind- und kältegeschützten Standorten, auch in Häusern.	Erhalt und Pflege des Lebensraumes. Bei Schädlingsbefall schonende Präparate einsetzen. Züchtung und gezielter Einsatz.
Laufkäfer (Carabidae)	Gekennzeichnet durch hohe Mobilität und Gefräßigkeit, in Mitteleuropa etwa 500 Arten In puncto Nahrung nicht spezialisiert; fressen Eier, Larven und ausgewachsene Insekten, auch Schnekken. Tägliche Nahrungsaufnahme kann bis zum Dreifachen des Eigengewichtes gehen.	Organisch gedüngte, möglichst bedeckte Böden. Viele Arten wandern aus Überwinterungsquartier (Erdspalten im Dauergrünland, unter Hecken oder an Feldrändern) in Kulturbestände ein, andere überwintern im Acker.	Schonende Bodenbearbeitung. Bodenbedeckung durch Untersaaten schaffen. Unkrautbekämpfung nach wirtschaftlichen Schadensschwellen. Verzicht auf unspezifisch wirkende Insektizide.

Fortsetzung Tab. 6.

Nützling	Bedeutung/Ernährung	Lebensraum	Möglichkeit zur Förderung
Weichkäfer (Cantaridae)	Knapp 2000 Arten in Mitteleuropa, leben überwiegend räuberisch, sind aber nicht auf bestimmte Nahrung spezialisiert, fressen andere Insekten, Larven, Schnecken, Puppen, Raupen - bevorzugt Blattlauskolonien in Getreide.	Buschiges oder krautiges Gelände. Überwintern als Puppen in Laub, Moos oder unter Steinen und wandern in Ackerkulturen ein.	Böschungen, Wiesen an Hanglagen z. B. unbewirtschaftet stehen lassen. Abtrift von Pflanzenschutzmitteln in angrenzende, naturbelassene Grundstücke vermeiden.
Kurzflügler (Staphylinidae)	Insekten und Larven leben räuberisch, über 1080 Arten bekannt. Nicht auf bestimmte Nahrung spezialisiert, greift aber nur kleinere Insekten oder Larven an. Bedeutung vor allem bei Blattlausvertilgung.	Nicht spezialisiert, wird aber in Feuchtgebieten häufiger angetroffen.	Schonende Bodenbearbeitung. Untersaaten vermehrt in Fruchtfolge einbringen. Breit wirkende Insektizide vermeiden.
Raubwanzen (Anthocoridae, Nabidae, Miridae)	Ausgesprochene Milben- und Blattlausfeinde, Larven vertilgen 300–600 Spinnmilben oder 100–200 Blattläuse, ausgewachsene Wanzen verzehren 100 Spinnmilben pro Tag, saugen auch Eier, Larven und Raupen anderer Insekten aus.	Kommen überall vor, bevorzugen aber Naturbiotope. Sichelwanzen bevorzugen Brennesselbestände.	Pflege von Naturwiesen ohne chem. Mittel.

Fortsetzung Tab. 6.

Nützling	Bedeutung/Ernährung	Lebensraum	Möglichkeit zur Förderung
Spinnen (Araneidae)	Entsprechend angepaßt an ihren Lebensraum fangen Spinnen Fluginsekten in Netzen oder bodenbewohnende Insekten durch Jagd. Alle Spinnen leben räuberisch, sind aber meist nicht auf bestimmte Nahrung spezialisiert.	Je nach Fangmethode verschieden, entweder auf Pflanzen, oder auf dem Boden.	Feldrandbewuchs und Büsche nicht beseitigen. Bodenbedeckung in Form von Untersaaten fördern. Möglichst wenige Insektizide und Herbizide einsetzen.
Raubfliegen (Asilidae, Empididae)	Hohe Mobilität und nichtspezialisierter Beutefang sind kennzeichnend. Larven leben nur z. T. räuberisch.	Sehr anpassungsfähig entsprechend dem Nahrungsangebot - häufig in der Nähe von Dunglager.	Verzicht auf Leimtafeln oder Fliegenfänger in Stallanlagen.
Räuberische Gallmücken (Cecidomyiidae)	Larve vertilgt etwa 60 Blattläuse oder Milben/Tag. Läßt sich leicht züchten und ist daher gut im Gewächshaus einsetzbar.	Naturbelassene Standorte.	Pflege der Natur allgemein. Verzicht auf Insektizide soweit möglich.

Fortsetzung Tab. 6.

Nützling	Bedeutung/Ernährung	Lebensraum	Möglichkeit zur Förderung
Raubmilben (Phytoseiidae)	Beweglicher als Spinnmilben und vor allem deren Feinde. Leben als Parasiten an Nematoden und Insekten und schädigen diese oder töten sie. Züchtung bestimmter Arten und Einsatz in Gewächshäusern.	Hecken, Waldränder. Spezialisierte Formen leben im Boden.	Schonende Bodenbearbeitung.
Schlupfwespen (Aphelinidae)	Verschiedene Arten haben sich als Parasitoide spezialisiert; die verschiedenen Arten belegen ihre verschiedenen Wirte mit einem bis mehreren Eiern. Die sich daraus entwickelnden Larven (1–3000) fressen ihren Wirt (z. B. Blattläuse) von innen her völlig auf. Auch Eier von Faltern werden (von *Trichogramma*) belegt und so zerstört. *Trichogramma* hat besondere Bedeutung erlangt, weil sie gut zu züchten ist und z. B. gegen den Maiszünsler gezielt eingesetzt wird.	Angepaßt an den Lebensraum der Wirte.	Verzicht auf Insektizide. Restverunkrautung belassen. Schädlinge unterhalb der Schadensschwellen dulden.

Fortsetzung Tab. 6.

Nützling	Bedeutung/Ernährung	Lebensraum	Möglichkeit zur Förderung
Parasitische Nematoden			
1. Rhabditiden	Leben in Symbiose mit Bakterien. Diese werden von den Rh. über den Verdauungstrakt in die Körperhöhle des Wirtes gebracht. Dort vermehren sie sich und töten dadurch das Insekt, indem sie eine übelriechende Flüssigkeit produzieren, in der sich wiederum die Nematoden entwickeln und vermehren.	Paaren sich im Boden und legen dort ihre Eier ab, die vom Wirt als vermeintliches Futter aufgenommen werden. Entwicklung und Vermehrung finden dann im Wirtsinsekt statt.	Verzicht auf Nematizide. Duldung von Drahtwürmern, Schnellkäfern und verschiedener Raupen bis zur Schadensschwelle.
2. Mermithiden	Ernähren sich direkt von Körpersäften und Organen des Wirtes und töten diese dadurch.		
Niedere Pilze	Sind sehr spezialisiert auf ihre Wirte. Infektion binnen 8 oder 12 Stunden. Tod des Wirtes binnen 3–7 Tagen. Je mehr Wirtsinsekten, um so häufigeres, bis zu seuchenhaftes, Auftreten.	Ausbreitung und die Infektion der Wirte erfolgt durch Konidiosporen. Überwinterung erfolgt in Form von Dauersporen in oder außerhalb befallener Insekten.	Überleben nur in naturbelassenen Wiesen- oder Waldflächen, wo auch Wirtsinsekten leben. Sehr empfindlich gegen Fungizide.

1.2 Möglichkeiten zur Schonung und Förderung der Nützlinge

Diese positiven, vielfältigen Wechselwirkungen können nur dann für den Integrierten Pflanzenschutz genützt werden, wenn den Nützlingen optimale Lebensbedingungen geboten werden.

Eine Reihe von Nützlingen wie Marienkäfer, Raubwanzen und Laufkäfer überwintern in Hecken, Böschungen, Feldrainen und Waldrändern. Schlupfwespen, Weichkäfer und Laufkäfer benötigen ebenfalls natürliche Rückzugsgebiete. Viele Nützlinge überwintern und leben im Boden, wie z. B. Käfer aus der Familie der Kurzflügler sowie Spinnentiere und Raubmilben.

Die Nützlingsförderung kann sich deshalb nicht nur auf die Erhaltung, Pflege und Neupflanzung von Hecken konzentrieren, sondern stützt sich insbesondere auch auf natürliche Rückzugsgebiete wie Böschungen, Feldraine, nichtbewirtschaftete Flächen, Schutzstreifen an Oberflächengewässern u. a. Zu wenig wird der Boden als Lebensraum und Überwinterungsort für die Nützlinge beachtet. Der schonende Umgang mit dem wertvollsten Kapital des Landwirts ist deshalb die Grundlage für ein relativ stabiles Agroökosystem.

Neben der schonenden Bodenbearbeitung sind auch Kenntnisse über den Einfluß von Fruchtfolge, Untersaaten, Düngung und Anwendung von Pflanzenschutzmitteln auf die natürlich vorkommenden Nützlinge erforderlich.

Auch für eine ständig »fließende« Nahrungsquelle für die Nützlinge muß gesorgt werden. Am Beispiel der blattlausvertilgenden Schwebfliegen wird die Bedeutung einer planmäßigen »Fütterung« deutlich. Die im April frischgeschlüpften Schwebfliegen benötigen Pollen, um zur Eireife zu gelangen. Frühblühende Pflanzen in Heckensträuchern und frühblühende Unkräuter bzw. blühende Ackerrandstreifen sichern im April–Mai die Futtergrundlage. Eingesäte Phacelia bzw. angebauter Gelbsenf blühen bereits Ende Mai und die übrigen Feldrainpflanzen haben ihre Hauptblütezeit in den Sommermonaten Juni bis September. Im Herbst sollen die Feldraine mit den spätblühenden Pflanzen nicht gemäht oder durch Erntearbeiten beeinträchtigt werden (Welling 1988). Selbstverständlich dürfen Feldraine nicht mit Pflanzenschutzmitteln behandelt werden.

1.2.1 Naturnahe Landschaftselemente

Hecken

Die aus Sträuchern, halbhohen Bäumen sowie ein- und mehrjährigen krautigen Pflanzen und Gräsern bestehenden Hecken erfüllen wichtige ökologische Funktionen in der Kulturlandschaft:

- Lebensraum für zahlreiche Tier- und Pflanzenarten und deren Lebensgemeinschaften,
- Schutz des Oberbodens vor Wasser- und Winderosion,
- Befestigung im Hangbereich,
- Verbesserung des Kleinklimas und des Wasserhaushalts,
- Erhalt der Kulturlandschaft (ästhetische Funktionen).

Voraussetzung hierfür ist ein Verbundsystem mit Feldgehölzen und Feldrainen, nicht aber eine Insellage. Die Entfernungen zu anderen Landschaftselementen sollen nicht mehr als 400 m betragen.

Als Lebensraum dient die Hecke einer Vielzahl von entomophagen (insektenfressenden) Insekten, wie Marienkäfern, Florfliegen, Schwebfliegen, Laufkäfern,

Netzflüglern, Weich- oder Soldatenkäfern, Kurzflüglern, Wanzen, Ohrwürmern, Spinnentieren, Schlupfwespen u. a. Von der Hecke aus besiedeln sie die Kulturpflanzen bzw. benachbarte Ackerflächen. Die Anzahl der Nutzarthropoden ist zwischen den Feldhecken bis auf wenige Ausnahmen höher als außerhalb (Tab. 7). Ihre Verteilung ist deutlich vom Heckenstandort geprägt (Abb. 6). Offensichtlich nimmt wegen des höheren Nützlingsbesatzes zwischen den Hecken die Dichte bestimmter Schädlinge ab. So konnte im Rahmen des Modellvorhabens Integrierter Pflanzenschutz im Ackerbau in Lautenbach eine Abnahme von Getreideblattläusen *(Sitobion avenae, Metopolophium dirhodum)*, Getreidehähnchen (*Oulema* spp.) und Blasenfüßen *(Thysanoptera)* auf Getreide festgestellt werden. Auf Zuckerrüben waren weniger Moosknopfkäfer *(Atomaria linearis)*, Rübenfliegen *(Pegomyia hyoscyami)* und Schwarze Bohnenlaus *(Aphis fabae)* zu finden. In Erbsen wurden dagegen häufiger Erbsenblattläuse *(Acyrthosiphon pisum)* festgestellt (Bosch 1986).

In den Hecken leben und überwintern aber auch Schädlinge. Gefunden wurden Rapsglanzkäfer *(Meligethes aeneus)*, Kohlschotenrüßler *(Ceuthorrhynchus assimilis)*, Getreidehähnchen *(Oulema* spp.*)*, verschiedene schädliche Wanzenarten und Schmetterlingsraupen, Blattlausarten wie Grüne Pfirsichblattlaus *(Myzus persicae)*, Schwarze Bohnenlaus *(Aphis fabae)*, Bleiche Getreideblattlaus *(Metopolophium dirhodum)*, Hafertraubenkirschenlaus *(Rhopalosiphum padi)* (Schäfer 1987). Auch Krankheiten wie Getreidemehltau und Braunspelzigkeit können durch die geringere Verdunstung gefördert werden.

Trotz der Schädlinge kommt es aber nur selten zu Massenvermehrungen und zum Einwandern in die landwirtschaftlichen Kulturen, weil die Nützlinge in der Hecke ein wirksames Regulativ sind.

Zahlreichen Vogelarten wie Goldammer, Heckenbraunelle, Dorn-, Garten-, Zaun- und Mönchsgrasmücke bietet die Hecke Schutz, geeignete Brutplätze und Nahrung. Häufig sind die Nester in Schlehen, Weißdorn, Rosen und Brombeeren

Tab. 7. Aktivitäten verschiedener Tiere zwischen zwei Hecken im Vergleich zum angrenzenden heckenfreien Bereich (Bosch 1990)

	ohne Hecke	mit Hecke
Laufkäfer (Carabidae)	242	428
Kurzflügler (Staphylinidae)	286	404
Kurzflügler-Larven	17	36
Moosknopfkäfer *(Atomaria linearis)*	521	812
Nestkäfer (Catopidae)	49	204
Fliegen (Diptera)	1586	1152
parasit. Wespen (Hymenoptera)	664	904
Blattläuse (Aphididae)	75	243
Springschwänze (Collembola)	6125	5661
Spinnen (Araneae)	2434	2694
Asseln (Isopoda)	5	74
Hundertfüßer (Diplopoda)	0	7
Milben (Acari)	835	1114

Aktivitätsdichten: Fänge aus je 5 Barber-Fallen in Sommerweizen zwischen 2 Hecken und im angrenzenden heckenfreien Bereich.
Lautenbach, 28. 2.–2. 8. 1989.

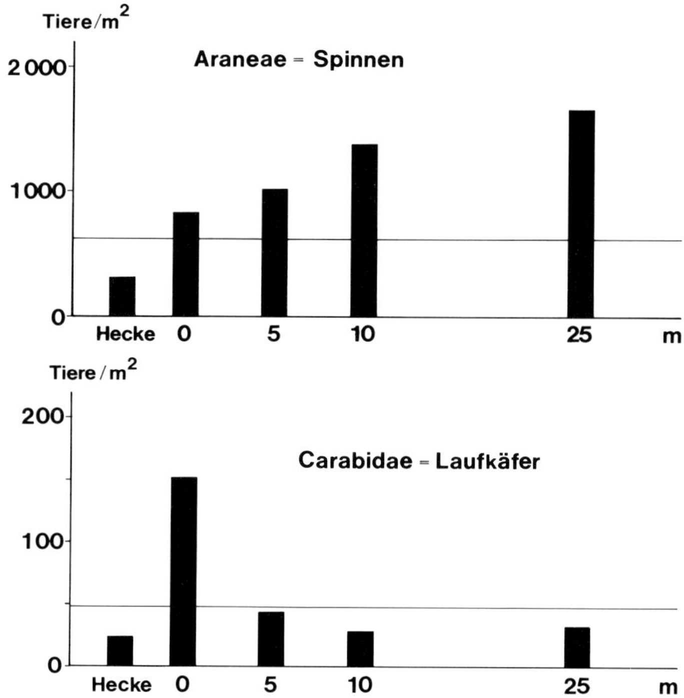

Abb. 6. Populationsdichten bzw. sommerliche Produktionsrate von Spinnen und Laufkäfern in einem Sommerweizenfeld in verschiedenen Entfernungen von einer Hecke und in der Hecke selbst. Waagrechte Linie = Wert auf freiem Feld. Eklektorenfänge, Lautenbach 21. 2. 1989 bis 3. 8. 1989 (Bosch 1990).

angelegt, weil in den dornigen Sträuchern ein besserer Halt und Schutz vor Räubern gegeben ist. Amseln, Singdrosseln, Heckenbraunellen, Goldammern und Buchfinken bauen ihre Nester in Astgabeln und Quirlen. In den einzelnen Bäumen finden auch Baum- und Höhlenbrüter Nistgelegenheiten, so Ringeltauben, Elstern und Meisenarten.

Vögel ernähren sich von tierischer und pflanzlicher Nahrung. Über ihre Bedeutung als Schädlingsvernichter liegen nur wenige Untersuchungen vor (Knauer 1988).

Bei Neupflanzungen von Hecken ist auf den geschichteten Aufbau einer Baum-, Strauch- und Krautschicht mit heimischen Pflanzenarten zu achten. Dabei soll auf Wirtspflanzen für gefährliche Krankheitserreger und Schädlinge, wie Feuerbrand *(Erwinia amylovora)* und verschiedene Virusarten, verzichtet werden (Tab. 8). Die Standbreite sollte 5 bis 6 m betragen, wobei auf beiden Seiten ein 1 bis 1,5 m breiter begehbarer Rand eingerechnet ist. Um die Beschattung der Kulturpflanzen in Grenzen zu halten, soll die Höhe 5 bis 8 m nicht übersteigen.

Die Pflege der Hecken erstreckt sich im ersten Jahr auf den Schutz vor Wildverbiß. Später ist ein Verjüngungsschnitt erforderlich.

Die Nachteile und Kosten einer Hecke werden meistens überschätzt. Die Erschwernis der Bewirtschaftung ist ab 3 ha großen Schlägen kaum zu quantifizieren. Die Erträge zwischen den Hecken dürften gleich, wenn nicht sogar höher

Tab. 8. Heckenpflanzen mit ökologischer Bewertung (nach Bosch 1990)

Art	Deutscher Name	Erreichbare Höhe in m	Ökolog. Wert
Crataegus spp.[1]	Weißdorn	3–6	+++
Prunus spinosa	Schlehe	2–3	+++
Prunus spp.[2]	Traubenkirschen u. a.	5–10	+++
Rosa spp.[3]	Rosen	2–4	+++
Salix caprea	Salweide	7–10	++
Acer campestre	Feldahorn	5–6	++
Corylus avellana	Haselnuß	3–8	++
Sorbus aucuparia	Vogelbeere	5–8	++
Sambucus nigra	Schwarzer Holunder	3–7	++
Sambucus racemosa	Roter Holunder	3–4	++
Lonicera xylosteum	Heckenkirsche	2–3	++
Viburnum lantana	Wolliger Schneeball	2–5	+
Viburnum opulus	Schneeball	2–3	+
Cornus mas	Kornelkirsche	2–5	+
Cornus sanguinea	Roter Hartriegel	2–4	+
Rhamnus catharticus	Kreuzdorn	3–5	+
Ligustrum vulgare	Liguster	2–4	+
Ribes spp.	Stachelbeeren und Johannisbeeren	1–2	+

[1] *C. monogyna*, *C. oxyacantha*
[2] *P. padus*, *P. mahaleb*
[3] *R. canina*, *R. rubiginosa*, *R. rugosa*, *R. multiflora* u. a.

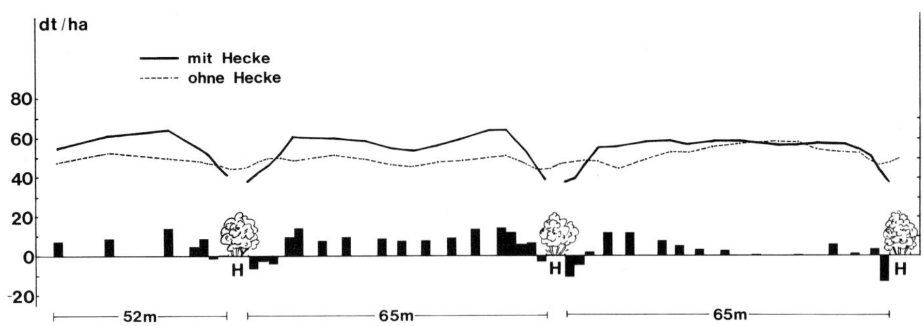

Abb. 7. Erträge von Sommerweizen zwischen drei Heckenreihen und im angrenzenden heckenfreien Bereich. Säulen = Ertragsdifferenz (Ertrag mit Hecke abzüglich des Ertrages ohne Hecke; Lautenbach 1989).

als außerhalb des Einflußbereiches der Hecken sein (Abb. 7). Nur in einem schmalen Streifen von etwa 2 bis 5 m direkt an der Hecke sind Ertragsverluste durch Beschattung, Wasser- und Nährstoffkonkurrenz zu erwarten. Der Flächenbedarf für die Neuanlage einer Hecke kann nicht einkommensmäßig kompensiert werden und ist gegebenenfalls finanziell auszugleichen. Für den Ertragsausfall durch eine 4 m breite Hecke sind 3 DM/lfd. m und durch eine 7 m breite Hecke 5,30 DM/lfd. m in einer günstigen Ackerbaulandschaft zu kalkulieren (Zeddies und Jarosch 1989). In ausgeräumten Feldlandschaften ist die Anpflanzung von Hecken eine notwendige Voraussetzung für den Integrierten Pflanzenschutz.

Ackerrandstreifen

Ackerrandstreifen sind ein Teil der bewirtschafteten Fläche, die mit für Insekten attraktiven gelb oder weiß blühenden Pflanzen ohne Düngung und Pflanzenschutzmittel bestellt wird. Dadurch sollen Nützlinge angelockt werden. Die Einsaat von Gelbsenf oder Phacelia in 1 m breite Randstreifen hat zur Anreicherung der angrenzenden Getreidebestände mit Laufkäfern *(Carabiden)*, Kurzflüglern *(Staphyliniden)*, Schwebfliegen *(Syrphiden)* u. a. geführt. Allein eine unterlassene Düngungs- und Pflanzenschutzmaßnahme auf einem 6 m bewirtschafteten Randstreifen erhöhte in England in 14 Wochen die Zahl der Schmetterlinge von 297 (behandelt) auf 868 (unbehandelt). Der Brutumfang des Rebhuhns nahm von fünf auf acht und der Fasanen von drei auf sieben Küken zu. Damit bestätigt sich die für die Entwicklung der Rebhuhnküken notwendige pflanzliche bzw. tierische Nahrung aus Unkrautsamen bzw. Insekten (El Titi 1989).

Hinsichtlich bedrohter Pflanzenarten können Randstreifen nur dann hilfreich sein, wenn für die gewünschten Wildpflanzen auch der natürliche Standort und ein entsprechender Samenvorrat vorhanden sind. In einem langjährigen Versuch auf verschiedenen Standorten in Baden-Württemberg wurde der Einsatz bzw. Verzicht von Pflanzenschutz- und Düngemitteln auf die Unkrautflora in 190 bis 385 m^2 großen Parzellen geprüft. Im vierten Versuchsjahr wurden auf acht Standorten Zunahmen der Unkrautarten ermittelt: Sieben Arten bei Unterlassung des Dünge- und Pflanzenschutzmitteleinsatzes, vier Arten bei Verzicht auf Pflanzenschutzmittel, drei Arten bei Verzicht auf Düngung und zwei Arten bei Anwendung von Pflanzenschutzmittel und Dünger. In keinem Falle handelte es sich um gefährdete Pflanzenarten (Hurle et al. 1988). Auch Ösau (1987) fand auf 173 Ackerrandstreifen keine der als ausgestorben oder verschollen geltenden Pflanzenarten aus ruhendem Samen nach Wegfall des Herbizideinsatzes.

Feldraine

Landläufig gelten Feldraine als Sammelstellen für den Ausgangsbefall von Mäusen, Quecken, Winden und Disteln. Sie werden deshalb umgepflügt oder wenigstens sehr schmal gehalten. Erst in den letzten Jahren wurde begonnen, ihre Bedeutung für Nutzinsekten zu untersuchen (Welling et al. 1988). Erste Ergebnisse weisen Feldraine von 1,5 m Breite mit den Doldenblütlern Pastinak *(Pastinacea sativa)* und Wilde Möhre *(Daucus carota)* für parasitäre Hymnopteren als attraktiv aus. Ackervergißmeinnicht *(Myosotis arvensis)* wird von den sehr aktiven Tanzfliegen (Empididae) und auch den wichtigen Schwebfliegen (Syrphiden) besucht, die im Sommer besonders auch die Gänsedistel *(Sonchus arvense)* bevorzugen. Kaum von Schwebfliegen besucht war dagegen das Acker-Stiefmüt-

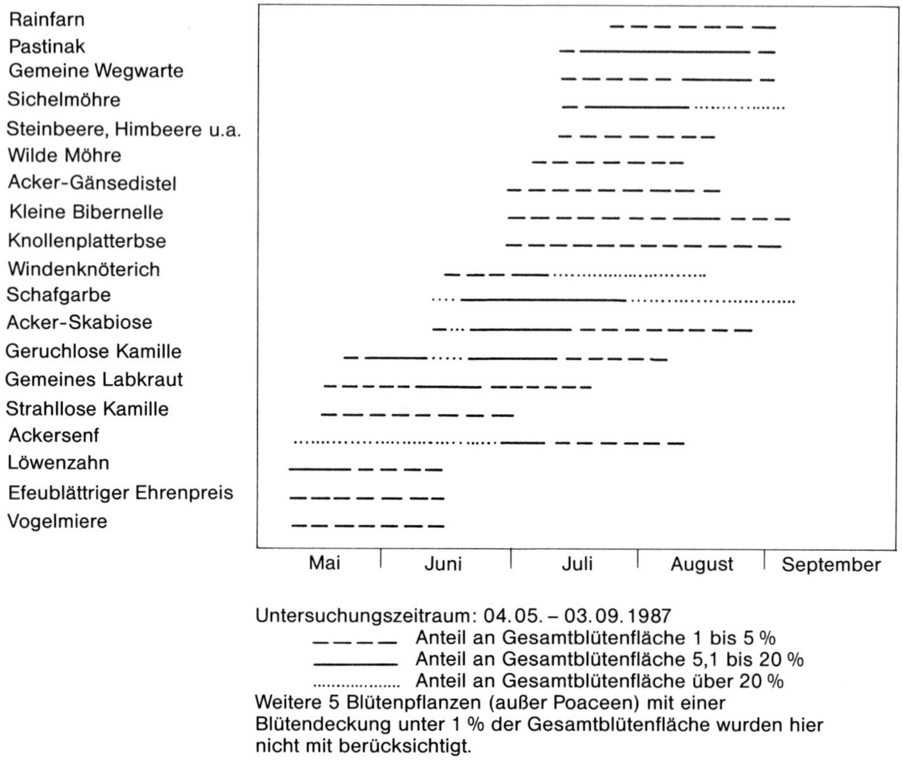

Abb. 8. Blühkalender eines 1,5 m breiten Feldrains im Hessischen Ried (Welling et al. 1988).

terchen *(Viola arvensis)*. Auch für Laufkäfer (Carabiden) bieten 1,5 m breite – im Gegensatz zu 0,5 m – Feldraine ausreichend Deckung, Nahrung und Überwinterungsmöglichkeiten. Überraschend ist das langanhaltende Nahrungsangebot für die Nutzinsekten durch Blütenpflanzen auf den Feldrainen. Feldraintypische Pflanzen wie Pastinak *(Pastinacea sativa)*, Wilde Möhre *(Daucus carota)*, Gemeine Schafgarbe *(Achillea millefolium)* und Gemeine Wegwarte *(Cichorium intybus)* sind wegen ihrer Blütenmorphologie für Nutzinsekten besonders geeignet (Abb. 8).

Auch wurden nichtgetreidespezifische Blattläuse auf den Feldrainpflanzen bereits im Frühjahr gefunden, so daß sich die Blattlausräuber schon frühzeitig aufbauen können. Ihre Wirkung auf Blattläuse konnte bis 10 m in einem Weizenfeld festgestellt werden.

Feldraine sind deshalb wertvolle Refugien für viele Nützlinge. Gleichzeitig können sie isoliert stehende naturnahe Restbiotope zu einem Biotopverbundsystem verknüpfen. Nicht zuletzt erfreuen farbenfrohe Feldraine die Menschen und lockern das teilweise uniforme Landschaftsbild auf.

1.2.2 Anbau- und kulturtechnische Maßnahmen

Die Auswirkungen anbau- und kulturtechnischer Maßnahmen auf die Nützlinge bzw. die gesamte Tier- und Pflanzenwelt auf dem Acker sind künftig stärker im Integrierten Pflanzenschutz zu berücksichtigen.

Fruchtfolge
Fruchtfolgen können sich auf die Zusammensetzung und die Anzahl der Tierarten auswirken. Die Biomasse der Regenwürmer in einem Zuckerrübenfeld betrug beispielsweise das dreifache, wenn als Vorfrucht Leguminosen im Vergleich zu Getreide angebaut wurden. Hoher Getreideanteil in der Fruchtfolge begünstigt langfristig die Entwicklung von Blattläusen. Durch den zeitlich unterschiedlichen Nachbau einer Kultur können bekanntlich bestimmte Fruchtfolgeschädlinge und -krankheiten gefördert oder gehemmt werden.

Untersaaten und Zwischenfrüchte
Die Zwischenfrüchte Phacelia, Klee, Sonnenblumen, Ölrettich, Senf, Tagetes, Buchweizen u. a. sind im blütenarmen Spätsommer noch Nahrungsquellen für die Nützlinge. Untersaaten fördern die Bodenfauna. Durch Kleeuntersaaten im Winterweizen kann die Zahl der nützlichen Insekten im Vergleich zu herbizidbehandelten Vergleichsflächen erhöht werden. Die pollen- und nektarspendenden Unkräuter haben offensichtlich Schweb- und Florfliegen begünstigt. Dagegen wurden andere Raubinsekten nicht gefördert. Der Blattlausbefall wurde durch die Nützlinge um etwa 50% reduziert (Grosse-Wichtrup 1984).

Tab. 9. Einfluß nicht wendender Bodenbearbeitung auf Schadorganismen im Vergleich zur wendenden Bodenbearbeitung (nach Literaturangaben)

Schadorganismus	nichtwendende Bodenbearbeitung
Halmbruchkrankheit *(Pseudocercosporella herpotrichoides)*	–
Schwarzbeinigkeit *(Gaeumannomyces graminis)*	±
Blattdürre *(Septoria tritici)*	+
Echter Mehltau *(Erysiphe graminis)*	–
Rhynchosporium-Krankheit *(Rhychosporium secalis)*	+
Braunspelzigkeit *(Septoria nodorum, S. tritici)*	+
Netzfleckenkrankheit *(Drechslera teres)*	+
Wurzelbrand (*Pythium* spp. u. a.)	–
Gallmücken *(Cecidomyiidae)*	–
Brachfliege *(Phorbia coarctata)*	–
Springschwänze *(Collembolen)*	+
Maiszünsler *(Ostrinia nubialis)*	+
Ackerfuchsschwanz *(Alopecurus myosuroides)*	+
Flughafer *(Avena fatua)*	+
Quecke *(Agropyron repens)*	+
Klettenlabkraut *(Galium aparine)*	+
Rote Taubnessel *(Lamium rubrum)*	±
Echte Kamille *(Matricaria chamomilla)*	±
Efeublättriger Ehrenpreis *(Veronica hederifolia)*	–
Ackerdistel *(Cirsium arvense)*	+

– Abnahme; + Zunahme; ± keine Änderung

Bodenbearbeitung

Die Arten der Bodenbearbeitung (wendend, nichtwendend, rotierend) haben einen großen, bisher teilweise unterschätzten Einfluß auf die Bodenflora und -fauna (Tab. 9).

Einfluß auf die Bodenfauna: Untersuchungen in den 50er Jahren mit Wendepflug und Fräse ergaben eindeutige unterschiedliche Wirkungen auf die Bodenfauna (Krüger 1952). Die Pflugarbeit wirkte sich schonender auf die Tierwelt des Bodens aus als die Fräse und der Schälpflug (Tab. 10). Die rotierenden Geräte verursachten besonders im Frühjahr hohe Ausfälle bei den Regenwürmern, während im Herbst durch die trockene Witterung ein großer Teil der Regenwürmer in tiefere, nicht bearbeitete Schichten abwanderte, und die Schäden deshalb geringer waren. In einem mit Mulch (Stroh) abgedeckten Ackerstreifen bewegten sich die Bodenlebewesen nach oben, Springschwänze und Milben besiedelten sogar die untere Strohschicht.

Eine Reihe von Arbeiten befaßt sich neuerdings mit den Auswirkungen der wendenden und nichtwendenden Bodenbearbeitung auf die Bodentiere, Mikroorganismen, Schadpilze und auch Unkräuter (Paul 1987, Knab 1988).

In zweijährigen Versuchen auf dem Lautenbacher Hof wurde auf den Parzellen mit nichtwendender Bodenbearbeitung (Schichtengrubber) eine erhöhte Aktivitätsdichte der Bodentiere gegenüber der Pflugparzelle (wendend) festgestellt.

Auf der gepflügten Fläche traten in beiden Jahren die Tausendfüßer *(Diplopoden)* häufiger auf, ebenso die Kurzflügler *(Staphyliniden)*. Auch die bedeutenden Laufkäfer *(Carabiden)* wurden 1986 öfter gefangen als auf der gegrubberten Fläche. Möglicherweise ist dieses Ergebnis durch das massenhafte Auftreten des

Tab. 10. Wirkungsgrad der geprüften Geräte auf die Tierwelt des Bodens (relative Tierzahl der verschiedenen Parzellen zu der des Normalpfluges = 100) (Krüger 1952)

	Ackergerät			
Tiergruppe	Fräse 1. Gang	Normalpflug	Fräse 2. Gang	Schälpflug
Regenwürmer				
1. Zahl	98,5	100	83,0	75,6
2. Gewicht	71,5	100	67,6	80,0
3. Oberfläche	79,6	100	60,5	76,9
Schlupfwespen	91,0	100	75,0	73,8
Doppelfüßer	56,0	100	90,0	77,5
Hundertfüßer	64,4	100	119,3	103,0
Springschwänze	52,5	100	107,5	79,0
Milben	77,5	100	84,7	87,8
Käferlarven	84,0	100	95,0	97,0
Fliegenlarven	115,0	100	93,5	88,0
Durchschnittswert	79,0	100	88,5	83,8
Durchschnittswert der Makrofauna	82,5	100	86,6	84,9

ökologisch wenig anspruchsvollen *Trechus quadristiatus* in der Pflugparzelle zu erklären. Besonders auffällig war die Bevorzugung der gegrubberten Flächen durch den unter Naturschutz stehenden Großen Goldlaufkäfer *(Carabus auratus)* und durch den Blattlausräuber *Platynus dorsalis* (PAUL 1987).

Offensichtlich wird die Bodenbiozönose durch die nichtwendende Bodenbearbeitung weniger gestört als durch den Wendepflug. Die oberflächlich eingearbeitete organische Substanz kann durch streuverzehrende Bodentiere wie Regenwürmer, Springschwänze, Zweiflügler und deren Larven, Asseln, Tausendfüßer und anderen sowie von Mikroorganismen besser abgebaut werden. Dadurch wird die Bodenstruktur durch den Aufbau von Ton-Humus-Komplexen stabilisiert. Als Folge der erhöhten Regenwurm-Aktivität wird auch die Wasserführung verbessert.

Einfluß auf die Bodenflora: Bei nichtwendender Bodenbearbeitung werden organische Reste nicht tief eingearbeitet, so daß der Kohlenstoff(Humus)gehalt in den obersten Bodenschichten ansteigt. Mikroorganismen reichern sich in diesem Bereich an. Die Umsetzungsprozesse sind deshalb auf einen kleinen Raum konzentriert und laufen langsamer als beim Pflügen ab. Die organische Substanz wird länger konserviert, was zur Verbesserung des Wasserhaushalts im Boden führt (DOMSCH 1988).

Das Auftreten bestimmter Schadpilze wird durch die nichtwendende Bodenbearbeitung gehemmt. Die Gründe für diese Unterschiede sind vor allem auf Änderungen im Boden im Vergleich zur Pflugarbeit zurückzuführen, wie schnellere Zersetzung des Strohs bessere Wasserführung und gute Bodendurchlüftung. Andere Krankheiten wie Blattdürre an Weizen, Netzflecken- und Blattfleckenkrankheit an Gerste werden dann gefördert, wenn das Stroh nach der Ernte nicht sorgfältig eingearbeitet wird, was durch die nichtwendende Bodenbearbeitung durchaus zu befürchten ist.

Einfluß auf die Unkräuter: Bodenbearbeitungsverfahren beeinflussen die Zahl der Arten und der Unkräuter. Die mehrjährigen Unkräuter wie Quecke, Ackerwinde, Ackerdistel werden durch die Fräse und den Grubber im Vergleich zum Pflug gefördert, wobei das Direktsaatverfahren mit Abstand den größten positiven Einfluß hat. Auf die verschiedenen einjährigen Unkräuter wirken sich die Bodenbearbeitungsverfahren fördernd oder hemmend aus. Ackerfuchsschwanz, Windhalm, Flughafer, Klettenlabkraut und Vogelmiere werden zahlenmäßig durch die nichtwendende Bodenbearbeitung begünstigt. Bei nur einmaliger nichtwendender Bodenbearbeitung treten weniger Rote Taubnessel, Ackerhellerkraut, Windenknöterich und Persischer Ehrenpreis auf (KNAB 1988). Die Samengehalte der Unkräuter im Boden waren nach sieben bis zehn Jahren Bodenbearbeitung mit dem Schichtengrubber höher im Vergleich zum Pflug. Gleichartig verhielten sich die Zahlen der aufgelaufenen Unkräuter, mit Ausnahme der in den Pflugparzellen weniger auftretenden Knöterich-Arten. Allerdings stieg das Niveau der Verunkrautung innerhalb drei Jahren in der integrierten Parzelle nicht an (WAHL et al. 1988), so daß keine höhere Intensität der Unkrautbekämpfung auf den nichtwendenden Flächen erforderlich wurde.

Vor der Entscheidung über das Verfahren zur Bodenbearbeitung muß sich der Landwirt über Vor- und Nachteile im klaren sein. Dazu gehören auch die Auswirkungen auf Schädlinge, Krankheiten und Unkräuter sowie auf das Bodenleben, die Erosionsgefährdung und die Bodenverdichtung.

1.2.3 Mulchsaat

Die Mulchsaat wird vornehmlich im Zuckerrüben- und Maisanbau praktiziert. Ihre Vorteile liegen in
- Verminderung der Wasser- und Winderosion,
- Bindung von Nitrat in der grundwasserbildenden Zeit,
- Futternutzung,
- Auflockerung der Fruchtfolge,
- Förderung der natürlich vorkommenden Nützlinge und
- Reduzierung des Rübennematoden.

Der Anbau der Zwischenfrüchte für die Mulchsaat hängt von den betrieblichen Gegebenheiten wie Fruchtfolge, Standort, Bodenbearbeitungsverfahren u. a. ab. Nach einer Sommerfurche mit Packer oder Schwergrubbereinsatz werden bevorzugt die abfrierenden Zwischenfrüchte Gelbsenf, Phacelia oder Ölrettich Anfang August bis Anfang September eingesät. Das Saatbett muß für Phacelia (Büschelschön) unbedingt feinkrümelig sein, weil sonst der gleichmäßige Auflauf gefährdet ist. Im Herbst nicht gekeimte Phacelia kann dann im Frühjahr auflaufen und große Probleme als Unkraut bei der Hauptfrucht verursachen. Gelbsenf und Ölrettich begnügen sich mit einem mittelfeinen Saatbett. Um

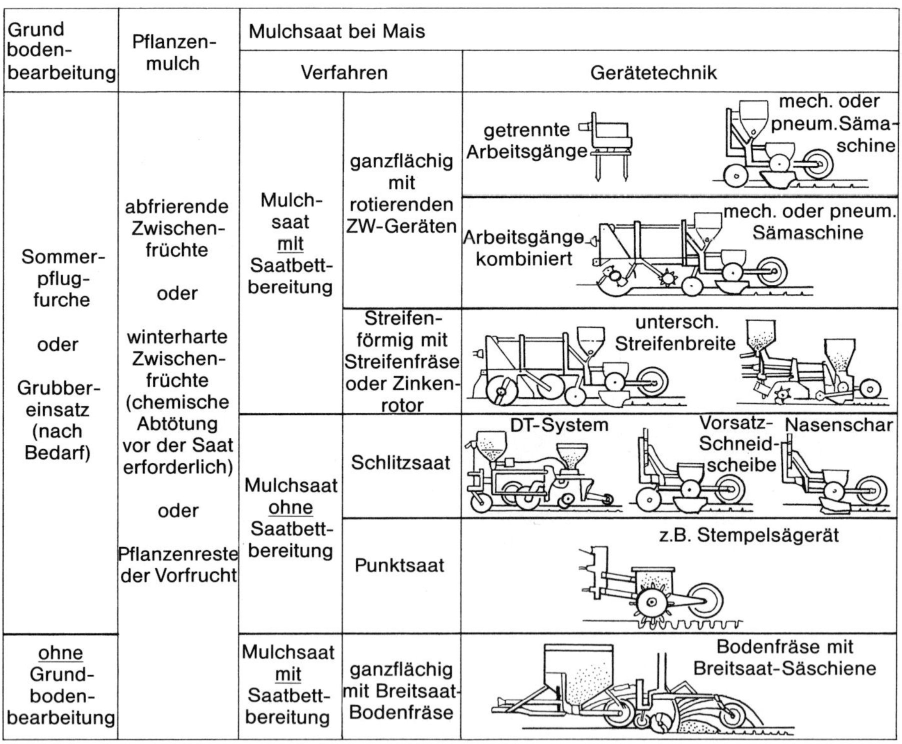

Abb. 9. Übersicht über Mulchsaatverfahren für Mais (Estler et al. 1990).

das Wachstum zu fördern und zu beschleunigen sind, abhängig vom Nachlieferungsvermögen des Bodens, bis zu 40 kg Stickstoff bzw. 20 m^3 Gülle je Hektar als Startgabe erforderlich. Es muß schnell genügend Pflanzenmasse gebildet werden, um den Boden zu bedecken, das Unkraut zu unterdrücken und genügend Nitrat zu binden. Die abgefrorenen Zwischenfrüchte bilden eine abgestorbene Pflanzendecke. Die Mulchsaat kann bei ganzflächiger bzw. streifenförmiger Saatbettvorbereitung erfolgen oder ohne jede Saatbettvorbereitung. Meistens wird vor der Saat mit der Kreiselegge die Mulchdecke bearbeitet, um dann mit den üblichen Sägeräten die Saat auszubringen (Abb. 9). Auf manchen Standorten hat sich auch der Einsatz des Grubbers auf noch gefrorenem Boden (etwa im Februar) bewährt. Ohne Saatbettvorbereitung ergeben sich bei der Aussaat in die

Tab. 11. Unkrautunterdrückung durch Zwischenfrüchte (nach Kees 1990)

	Unkraut-unter-drückung	Saatzeit	N-Düngung 50–60 kg	Bemerkungen
Abfrierende Arten				
Phacelia	++(+)	bis Mitte August	+	hohe Anforderungen an das Saatbett, Pflanzenmasse zerbröselt gut im Frühjahr
Senf	+++	Mitte August bis Mitte September	+	rasche Jugendentwicklung, bei früher Saat Störungen bei Anwendung der Kreiselegge möglich
Alexandrinerklee	+(+)	bis 10. August	–	empfindlich gegen Frühfröste, Lichteinfall fördert Unkrautentwicklung
Hülsenfrüchte	++	bis 10. August	–	große und zähe Stengel der Ackerbohnen beeinträchtigen die konventionelle Bestelltechnik
Winterharte Arten				
Winterraps	++	bis Ende August	+	relativ langsame Jugendentwicklung, chemische Abtötung vor der Saat im Frühjahr
Weidelgräser	++(+)	bis Ende Juli	+	Abspritzung des Bestandes möglichst im Spätherbst mit Roundup, relativ gute Befahrbarkeit
Winterroggen	+++	bis Anfang Oktober	+	Abspritzung mit Roundup 1,5–2 l/ha + SSA ca. 2 Wochen vor Maissaat

+++ = sehr gut; ++ = gut; + = weniger gut; (+) = Abschwächung

Tab. 12. Nebenwirkung von Pflanzenschutzmitteln auf Nützlinge – Ergebnisse internationaler Laborprüfungen (auszugsweise, Stand 1989) (aus DIERCKS und HEITEFUSS 1990)

Beurteilung der Spritzmittel
+ = schonend
○ = schwach schädigend
- = mittelstark schädigend
-- = stark schädigend
keine Angabe = Mittel nicht geprüft

Mittel (Wirkstoff)	geprüfte Konzentration (%)	Kleine Schlupfwespe (*Trichogramma*)	Kleine Schlupfwespe (*Encarsia*)	Mittelgroße Schlupfwespe (*Phygadenon*)	Große Schlupfwespe (*Coccygomimus*)	Florfliege (*Chrysopa*)	Schwebfliege (*Syrphus*)	Raupenfliege (*Pales*)	Marienkäfer (*Semiadalia*)	Laufkäfer (*Bembidion*)	Laufkäfer (*Pterostichus*)	Raubwanze (*Anthocoris*)	Spinne (*Coelotes* oder *Chiracanth.*)	Raubmilbe (*Phytoseiulus*)	Raubmilbe (*Amblyseius*)	Insektenpilzkrankheit (*Verticillium*)	Wirkung[2]
Mittel gegen Insekten und Spinnmilben																	
Ambush (Permethrin)	0,020	--	--	--	--	--	--	--						--	--		über 30 Tage
Basudine Vloeibar (Diazinon)	0,038	--	--	--	--	--	--		--	-	--	+	--	+	--	+	5–15 Tage
Birlane (Chlorfenvinphos)	0,132	--	--	--	--	-	--		--	+	+	--	-	--	--	○	über 30 Tage
Decis (Deltamethrin)	0,060	--	--	--	+	-	--	--		○	+	--	-	--	--	+	über 30 Tage
Dimilin (Diflubenzuron)	0,050	+	+	+	+	--	+	+							+		
Dipel (*Bacillus thuringiensis*)	0,100	+	+	+	+	+	○	+							+		
Dursban (Chlorphyriphos)[1]	0,250	--	--	--	--	--	--		--	--	--	+	--	--	--	+	über 30 Tage
Gusathion (Azinphosmethyl)	0,200	--	--	--	--	--	--	--		--	+			-	--	--	über 30 Tage
Hostaquick (Heptenophos)	0,100	--	--	--	+	+	--			--	+	+		--	--	+	über 30 Tage
Kelthane Hoechst (Dicofol)	0,150	-	-	○	+	+	--	-							--		5–15 Tage
Metasystox (i) (Demeton-S-methyl)	0,100	--	--	--	○	--	--	-				--					16–30 Tage
Pirimor-Granulat (Pirimicarb)	0,100	--	--	--	+	+	-	--							-		bis 5 Tage
Rubitox (Phosalon)[1]	0,200	--	--	--	--	+	-	--							--		über 30 Tage
Spruzit-Nova-fl. (Pyrethrum)	0,100	--	--	+	+	+	--	--									über 30 Tage
Thiodan 35 (Endosulfan)[1]	0,100	--	--	--	--	+	--	--							○		über 30 Tage
Unden (Propoxur)	0,150	--	--	--	--	--	--	-						-	--		5–15 Tage

Fortsetzung Tab. 12.

		Mittel gegen Pilzkrankheiten															
Afugan (Pyrazophos)	0,050	--	--	--	--	-	--	--							--		über 30 Tage
Bayleton (Triadimefon)	0,100	+	+	+	+	+	O	+						+	+		
Cercobin-M (Thiophanatmethyl)	0,100	+	+	+	+	+	O	+							--		
Corbel (Fenpropimorph)	0,170	--	--	+	+	+	+		O	-	+	+	+		+	--	bis 5 Tage
Daconil 500 (Chlorthalonil)	0,300	+	+	+	+	+	+			+	+		+	+	-	O	
Derosal (Carbendazim)	0,050	+	+	+	+	+	+	+						-	--		
Milgo E (Ethirimol)	0,180	+	O	+	+	+	+		-	+	+	+	+		+	+	
Morestan (Chinomethionat)	0,100	--	--	--	-	-	-			+	+		+	-	-	-	über 30 Tage
Nimrod (Bupirimat)	0,040	+	+	+	+	+	+	+							+		
Polyram-Combi (Metiram)	0,420	--	-	+	+	+	-		+	+	+	+	+		--	O	über 30 Tage
Ronilan (Vinclozolin)	0,500	+	+	+	+	+	+	+						+	+		
Sportak (Prochloraz)	0,187	--	+	+	+	+	-			+	+		+	+	-	--	16–30 Tage
Thiovit (Schwefel)	0,400	--	--	+	O	+	O	O				+		+	-		über 30 Tage
		Mittel gegen Unkräuter und Ungräser sowie Wachstumsregler															
Aresin (Monolinuron)	0,750	--	--	--	+	O	-	--						-	--		
Avenge (Difenzoquat)	1,000	--	--	+	+	+	--	--						--	--		6–15 Tage
Betanal (Phenmedipham)	2,250	+	O	+	+	O	--	+							--		
Certrol B (Bromoxynil)	0,330	--	--	+	+	+			+	+	+	+	+		--	-	6–15 Tage
Cycocel Extra (Chlormequat)	0,700	-	+	+	+	+	+			+	+		+	+	+	-	16–30 Tage
Fusilade (Fluazifop-butyl)	0,250	+	O	+	+	+	--		O	-	+	+	+		+	+	
Gesaprim (Atrazin)	0,670	O	+	+	+	+	O		+	--	+	+	+		+	+	
Gesatop 50 (Simazin)	0,375	+	+	+	+	+	+	+	O	+	+		+	+	+	+	
Illoxan (Diclofop-methyl)	0,750	O	+	+	+	+	O	+									
Ramrod (Propachlor)	1,000	--	--	--	+	+	-	-						-	-		6–15 Tage
Roundup (Glyphosat)	1,000	O	+	+	+	O			O	-	+	+	+		+	+	
Semeron (Desmetryn)	0,250	--	+	+	+	+	+	+						O	+		6–15 Tage
Ustinex PA (Amitrol + Diuron)	1,000	O	O	--	+	+	--			+	+		+	--	--	--	

[1] Spritzpulver. [2] Wirkungsdauer des Mittels bei der sog. Persistenzprüfung, getestet an der Kleinen Schlupfwespe *(Trichogramma)*.

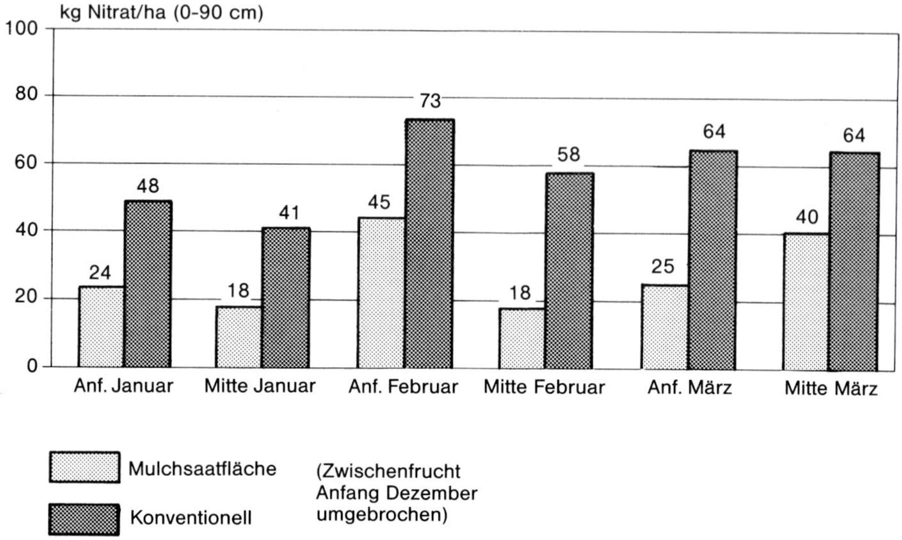

Abb. 10. Verlauf der N_{min}-Gehalte im Winter 1990. Vergleich Mulchfläche zu konventioneller Bewirtschaftung (nach BROCKERHOFF 1990).

Mulchdecke doch erhebliche technische Probleme und zudem trocknet der Boden später ab. Der Erosionsschutz ist bei diesem Verfahren am deutlichsten.

In milden Wintern frieren Phacelia und Ölrettich teilweise nicht ab, so daß mit einem Herbizid, z. B. Roundup + Schwefelsaures Ammoniak (1,5 l + 5 kg/ha in 200 l Wasser) nachgearbeitet werden muß, wobei gleichzeitig aufgelaufene Unkräuter, Ungräser und Ausfallgetreide bekämpft werden. Diese Wirkung sollte bei der späteren Unkrautregulierung in Mais und Rüben genutzt werden, indem gezielt Nachauflaufherbizide nur dann angewandt werden, wenn die Schadensschwellen überschritten sind (Tab. 11).

Winterharte Zwischenfrüchte wie Weidelgräser, Winterroggen, Winterrübsen oder Alexandrinerklee werden im Frühjahr rechtzeitig mit einem Herbizid zum Absterben gebracht (z. B. Roundup + SSA 3,0 l + 10 kg/ha). Die Saatbettvorbereitung erfolgt bei Welschem Weidelgras mit dem flacharbeitenden Grubber und anschließender Kreiselegge, bei den übrigen winterharten Zwischenfrüchten (Roggen, Winterrübsen) genügt die Kreiselegge allein.

Bei der Auswahl der Zwischenfrüchte ist die Fruchtfolge zu beachten. Hoher Zuckerrüben- und Rapsanteil verbietet Gelbsenf als Zwischenfrucht, es sei denn, die teureren nematodenresistenten Sorten wie 'Maxi', 'Emergo' oder 'Serval' werden angebaut. Hingewiesen wird auch auf die Verbreitung von *Sclerotinia sclerotiorum* durch Raps, Senf, Erbsen und weitere 350 Wirtspflanzen. Ansonsten ist der Gelbsenf preisgünstig und spätsaatverträglich. Auch bei Ölrettich gibt es eine nematodenresistente Sorte 'Pegletta'. Phacelia ist eine nematodenneutrale Pflanze. Die Nitratbindung der Winterzwischenfrüchte ist höher als die der abfrierenden Zwischenfrüchte. Weidelgräser liefern gleichmäßig Stickstoff während der gesamten Vegetationsperiode. Diese Tendenz ist bei Winterrübsen und Winterroggen weniger ausgeprägt (ESTLER und WISTUBA 1990). Gelbsenf, Ölrettich und Phacelia binden zwischen 120 und 165 kg Stickstoff je Hektar. Die N_{min}-Werte liegen bei Mulchsaat im Vergleich zur Zwischenfrucht mit Häckseln und Umbruch Anfang Dezember erheblich niedriger (Abb. 10).

1.2.4 Pflanzenschutzmittel

Bei der Anwendung von Pflanzenschutzmitteln muß auch die direkte und indirekte Wirkung auf Nichtzielorganismen berücksichtigt werden. Insektizide, Akarizide, Herbizide, Fungizide und Wachstumsregler können vorhandene natürliche Gegenspieler verschiedener Schadorganismen beeinflussen. Insektizide und Akarizide mit Ausnahme von Dimilin und *Bacillus thuringiensis*-Präparaten schädigen fast alle geprüften Nützlinge, während sich Fungizide,

Tab. 13. Aktivitätsdichten von Nutzarthropoden in Zuckerrüben mit und ohne Unkraut (Bosch 1987, geändert)

Nutzarthropoden	Anzahl Tiere ($\overline{X}$ aus 3 Fallen)			
	ohne Unkraut		mit Unkraut	
	A	B	C	D
Spinnen *(Araneae)*	301	281	519	575
Schlupfwespen *(Hymenoptera)*	32	30	135	157
Laufkäfer (*Carabidae,* Gattung: *Amara*)	3	0,5	27	90

Tab. 14. Einfluß von Insektiziden auf Blattläuse und verschiedene Nützlinge (nach Poehling 1987)

	Wirkungsgrade einzelner Insektizide (= prozentuale Verminderung der Nützlinge und Blattläuse)														
	Blattläuse			Schwebfliegenlarven			Marienkäferlarven			Florfliegenlarven			Schlupfwespen		
Tage nach Behandlung	1	5	12	1	5	12	1	5	12	1	5	12	1	5	12
E 605 forte 210 ml/ha	95	87	- 140	89	100	100	100	80	71	92	45	21	60	75	2
Sumicidin 30 100 ml/ha	82	86	87	33	79	100	100	100	100	88	50	54	52	25	- 25
Primor - 50 g/ha	81	70	41	43	17	38	10	9	28	3	45	20	88	60	45
- 100 g/ha	91	90	11	60	71	86	35	54	58	16	50	42	90	80	89
- 300 g/ha	99	94	17	82	89	100	40	84	66	30	65	66	82	81	54

	Absolute Dichten der Nützlinge in der unbehandelten Kontrolle														
	Blattläuse/ Halm			Schwebfliegenlarven/ 100 Halme			Marienkäferlarven/ 100 Halme			Florfliegenlarven/ 100 Halme			Schlupfwespen/ m² (Saugfalle)		
Tage nach Behandlung	1	5	12	1	5	12	1	5	12	1	5	12	1	5	12
	3,5	1,6	1,2	3,5	1,0	0,2	0,2	1,2	2,8	0,6	0,6	2,7	10,8	5,5	2,9

Herbizide und Wachstumsregler bis auf wenige Ausnahmen schonend verhalten (Tab. 12). Auch durch den Verzehr kontaminierter Beutetiere können Nutzinsekten beeinträchtigt werden (POEHLING 1988). Durch die Bekämpfung der Ackerflora mit Herbiziden wird vielen Insekten die Nahrungsgrundlage entzogen (Tab. 13). Da auch in Zukunft bei realistischer Betrachtung nicht auf den Einsatz chemischer Wirkstoffe verzichtet werden kann, sind entsprechende Maßnahmen notwendig, um die Effizienz der natürlichen Gegenspieler auch bei Pflanzenschutzmittelanwendung zu erhalten. Es wäre fatal, wenn naturnahe Rückzugsgebiete angelegt, bodenschonende Methoden praktiziert und anbaumäßige Vorkehrungen für die Förderung der Nützlinge getroffen würden, um dann mit einem einzigen unüberlegten Mitteleinsatz das aufgebaute natürliche Abwehrsystem lahmzulegen oder sogar zu zerstören (Tab. 14).

Folgende Möglichkeiten zur Schonung der Nützlinge bestehen (siehe auch Seite 79 ff.):

- Pflanzenschutzmittel erst bei Überschreiten der wirtschaftlichen Schadensschwellen anwenden,
- gegebenenfalls nur Teilflächenbehandlung vornehmen,
- Wahl nützlingsschonender Pflanzenschutzmittel,
- reduzierte Aufwandmengen, um die natürlichen Gegenspieler bzw. Nichtzielorganismen möglichst zu schonen und ihnen durch den herabgesetzten Wirkungsgrad die Futterbasis (Schädlinge) zu erhalten.

2 Wirtschaftliche Schadensschwellen und Prognosemodelle

2.1 Wirtschaftliche Schadensschwellen

Im Integrierten Pflanzenschutz ist die wirtschaftliche Schadensschwelle von zentraler Bedeutung. Einmal stellt sie das Maß für die Entscheidung über die Bekämpfungsnotwendigkeit von Schadorganismen dar und zum anderen macht sie deutlich, daß die Schadorganismen in wirtschaftlich unbedeutendem Maße aus ökologischen Überlegungen heraus sogar erwünscht sind. Die wirtschaftliche Schadensschwelle gibt die Anzahl oder Dichte von Schadorganismen zum Bekämpfungszeitpunkt an, ab welcher die monetären Verluste durch die Schadorganismen höher als die Bekämpfungskosten sind (Abb. 11).

Durch die Abhängigkeit von der Dichte der Schadorganismen, den Bekämpfungskosten und den Produktpreisen variieren die Schadensschwellen schlagspezifisch und jährlich (Abb. 12). Da allerdings die tatsächlichen wirtschaftlichen Schadensschwellen für einen bestimmten Schlag in einem bestimmten Jahr nur nachträglich zum Zeitpunkt der Ernte festgestellt werden können, sind sie damit letztlich ohne praktische Bedeutung. Vielmehr sind konstante Werte für die wirtschaftlichen Schadensschwellen mit einem hohen Risikozuschlag und damit einer großen Sicherheit für den Landwirt die Arbeitsgrundlage. Der sachkundige Landwirt kann nach seinen Erfahrungen mit diesen Schadensschwellen später durchaus einen schärferen Maßstab für seine Flächen anlegen.

Derzeit sind Werte für **Unkräuter** und **Ungräser** in Weizen und Gerste, Raps, Rüben und Kartoffeln vorhanden. Für verschiedene **Schädlinge** gibt es wirtschaftliche Schadensschwellen in Getreide, Mais, Rüben, Kartoffeln und Raps (Tab. 15).

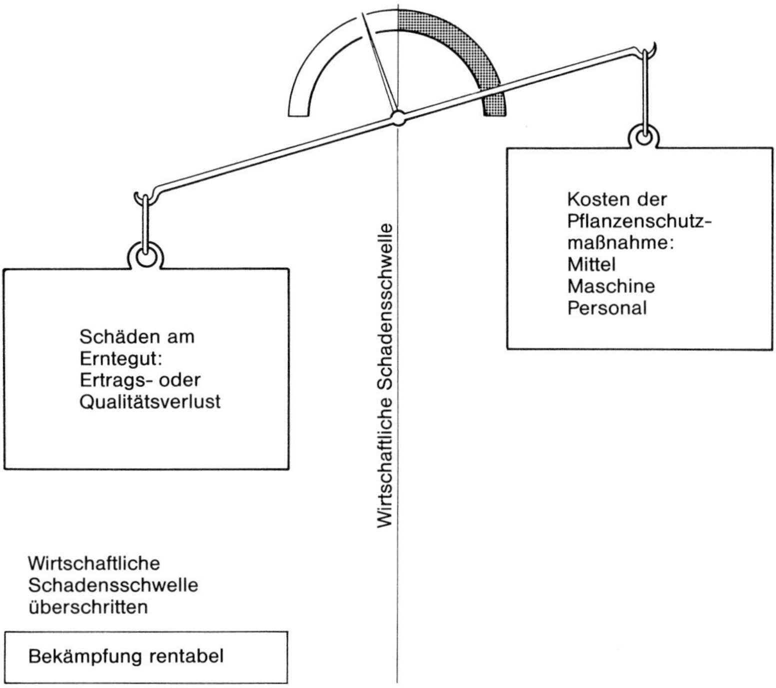

Abb. 11. Wirtschaftliche Schadensschwelle (nach AID).

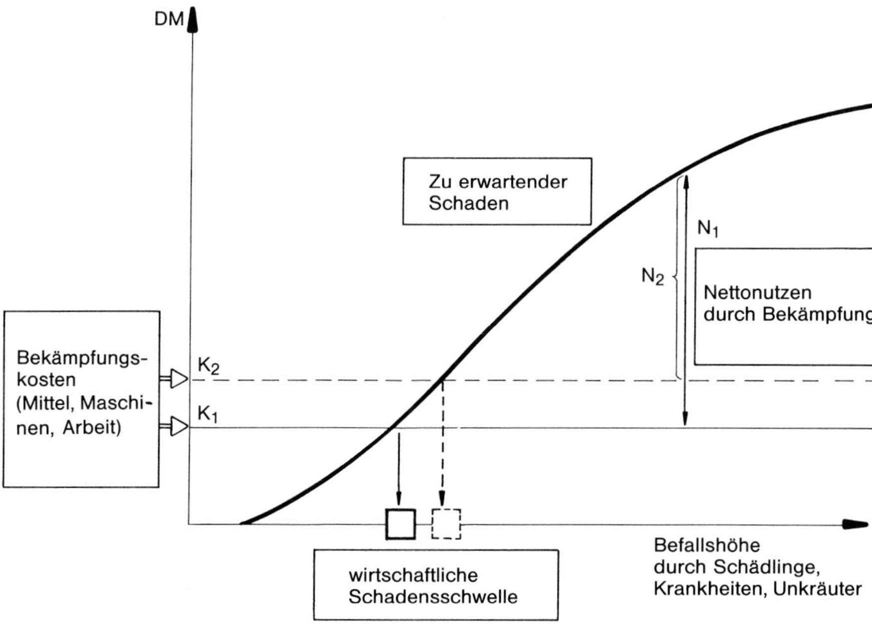

Abb. 12. Wirtschaftliche Schadensschwelle. Höhere Bekämpfungskosten (K_2) erhöhen die wirtschaftliche Schadensschwelle und verringern den Nettonutzen der Bekämpfung (N_2).

Tab. 15. Wirtschaftliche Schadensschwellen und Kontrollmethoden für Kulturpflanzen im Ackerbau (AID Nr. 32/1986, ergänzt)

Kulturart Schadorganismus	Kontrolle	Schadensschwelle	Bemerkungen
Winterweizen Unkräuter und Ungräser außer Distel, Quecke, Flughafer, Ackerwinde	bei frühgedrillten W.-Weizen nach dem Auflaufen bzw. im 3-Blatt-Stadium bei spätgedrilltem W.-Weizen im Frühjahr zu Beginn der Vegetation während der Bestockung Kontrollerhebung zum letztmöglichen Bekämpfungstermin (Wuchsstoffe)	Windhalm 20 Pfl./m^2 oder Ackerfuchsschwanz 30 Pfl./m^2 oder beide Gräser zusammen 20–30 Pfl./m^2 zweikeimblättrige Unkräuter 40 Pfl./m^2 Klettenlabkraut 0,1 Pfl./m^2 oder Unkräuter + Ungräser 5 % Deckungsgrad	Beurteilung im Frühjahr so zeitig wie möglich, um, wenn notwendig, frühe Bekämpfungstermine auszunutzen Zustand des Weizens in bezug auf Wüchsigkeit und Lückigkeit des Bestandes beachten Zählrahmen verwenden!
Wintergerste siehe Winterweizen	besonders bei frühgedrillter W.-Gerste nach dem Auflaufen bzw. im 3-Blatt-Stadium im Frühjahr zu Beginn der Vegetation Kontrollerhebung zum letztmöglichen Bekämpfungstermin	siehe Winterweizen zusätzlich: Deckungsgrad der Wintergerste mindestens 30 %	siehe Winterweizen Bei lückigen Beständen geringere Schadensschwelle ansetzen
Winterroggen siehe Winterweizen	im Frühjahr vor oder zu Beginn der Vegetation (Ungräser und Herbstkeimer) und Ende der Bestockung (Disteln und Frühjahrskeimer)	siehe Winterweizen	wegen der Empfindlichkeit des Roggens gegenüber spätem Herbizideinsatz besonders die frühen Kontrollen der Verunkrautung wichtig
Sommerweizen siehe Winterweizen	ab 3-Blatt-Stadium	siehe Winterweizen	im Sommerweizen Einsatz von Herbiziden oft unwirtschaftlich. Ggf. preisgünstige Wuchsstoffe verwenden

Fortsetzung Tab. 15.

Kulturart Schadorganismus	Kontrolle	Schadensschwelle	Bemerkungen
Sommergerste siehe Winterweizen	ab 3-Blatt-Stadium	siehe Winterweizen	in gut entwickelter Sommergerste Herbizideinsatz oft unwirtschaftlich. Ggf. preisgünstige Wuchsstoffe verwenden
Getreideblattläuse (vor allem an Weizen)	Ende des Ährenschiebens (59)[1] bis Milchreife (75)[1], je 5 x 10 Ähren und Fahnenblätter auf Befall auszählen	im Stadium 59[1] (Ende des Ährenschiebens) 20 % besiedelt Stadium 59–69 (Ende Blüte) 30 % und im Stadium 69–75 (Milchreife) 95 %	nützlingsschonende Mittel einsetzen, bei Auftreten vieler Nützlinge mit Behandlung zu warten
Getreidehähnchen Weizen Sommergetreide	Ende des Schossens (39)[1] bis Milchreife (75)[1] geschädigte Blattfläche schätzen, oder Eier und Larven auf Fahnenblättern zählen	20 % und mehr geschädigt oder Eier und Larven je Fahnenblatt Winterweizen 1,5 Sommerweizen 0,5 Sommergerste 0,3	direkte Bekämpfung nur bei sehr frühzeitigem Befall und Fraß notwendig
Gelbe Weizengallmücke	Beginn des Ährenschiebens (50)[1] bis Ende (59)[1], Zählen der Mücken abends bei ruhigem und warmem Wetter	10 Mücken je 10 Ähren	Bekämpfung nach dem Ende des Ährenschiebens nicht mehr sinnvoll
Orangerote Weizengallmücke	Mitte des Ährenschiebens (55)[1] bis Mitte der Blüte (65)[1], Zählen der Mücken abends bei ruhigem und warmem Wetter	3 Mücken je 10 Ähren	Bekämpfung nur bis zu einer Woche nach dem Ende des Ährenschiebens sinnvoll
Sattelmücke	Beginn des Schossens (30)[1] bis Beginn des Ährenschiebens (50)[1], Zählen der Pflanzen mit abgelegten rötlichen Eiern	Sommergetreide mehr als 25 % mit Eiern oder etwa 5 Eilarven je Halm Wintergetreide mehr als 50 % mit Eiern oder etwa 15 Eilarven je Halm	Auftreten in der Regel nur bei Anbau von Weizen nach Weizen, Sommergerste oder bei starker Verquekkung

Fortsetzung Tab. 15.

Kulturart Schadorganismus	Kontrolle	Schadensschwelle	Bemerkungen
Halmbruchkrankheit	zu Beginn des Schossens (30)[1)] Verbräunungen am Halmgrund feststellen	20 % der Pflanzen mit Verbräunungen (kein zuverlässiger Wert)	Angaben des Halmbruch-Warndienstes beachten
Mais Maiszünsler	nach Aufforderung durch den Warndienst Eigelege auszählen	4–8 Eigelege je 100 Pflanzen	Trichogramma-Einsatz Ernterückstände einarbeiten
Raps Großer Rapsstengelrüßler	ab Anfang März an Feldecken Gelbschalen aufstellen und Käfer zählen	2–3 Käfer je Gelbschale	Abstand der Gelbschalen zum Feldrand 20 m
Rapserdfloh	im Herbst Bestandskontrolle Gelbschalenfang	10 % Blattfläche zerstört 5 Käfer - 10 Käfer	schwacher Bestand guter Bestand
Gefleckter Kohltriebrüßler	ab Anfang März an Feldecken Gelbschalen aufstellen und Käfer zählen	5–7 Käfer je Gelbschale	Abstand der Gelbschalen zum Feldrand 20 m
Rapsglanzkäfer	von Knospenbildung (50)[2)] bis Blühbeginn (62)[2)] Käfer je 10 Pflanzen zählen (bei Temperaturen über 13 °C)	Winterraps sehr früh 1–2, früh 4, spät 6 Käfer je Pflanze am Rand des Feldes	bei gleichmäßigem Befall im gesamten Feldbestand verringert sich die Schadensschwelle etwa um die Hälfte
Kohlschotenrüßler	nach Knospenbildung (55)[2)] bis Vollblüte (65)[2)] Käfer je 10 Pflanzen zählen	1 Käfer je Pflanze (ohne Kohlschotenmücke)	Bienenschutzverordnung beachten
Kohlschotenrüßler und Kohlschotenmücke	nach Knospenbildung (55)[2)] bis Blühbeginn (63)[2)] Käfer und Mücken zählen (vormittags bei Temperaturen über 15 °C)	1 Käfer auf 2 Pflanzen + 1 Mücke auf 4 Pflanzen	nach starkem Mückenbefall im Vorjahr Bekämpfung der Käfer möglichst vor Blüte (57) Bienenschutzverordnung beachten

Fortsetzung Tab. 15.

Kulturart Schadorganismus	Kontrolle	Schadensschwelle	Bemerkungen
Rüben Rübenfliege	vom 2. bis zum 8. Laubblattstadium geschädigte Blattfläche schätzen	20 % der Blattfläche geschädigt	Bekämpfung **nur** der ersten Generation wirtschaftlich
Grüne Pfirsichblattlaus	vom Keimblattstadium bis Bestandesschluß Blattläuse zählen	1 Laus auf 10 Pflanzen (nur bei früher Virusübertragung)	Warnmeldung beachten, wenn möglich nützlingsschonende Mittel verwenden
Schwarze Bohnen- oder Rübenblattlaus	vom Erscheinen der Laubblätter bis Bestandesschluß Anteil befallener Pflanzen ermitteln	50 % der Pflanzen befallen	nur nützlingsschonende Mittel verwenden
Waldmaus	vor der Bestellung Fallen auf angrenzenden Flächen aufstellen	2 Mäuse/ha	Bekämpfung durch Schlagfallen (Ablenkfütterung)
Gammaeule	bei Schadsymptomen obere 5 cm Bodenschicht u. Rüben auf Larven kontrollieren	2 Larven je Rübe	
Kartoffeln Krautfäule	ab Juni notwendig, besonders ab Reihenschluß. Auftreten an Blättern und Stengeln; Kennzeichen weißes Pilzgeflecht auf der Blattunterseite	nach Warndienstaufruf oder Alarm des örtlichen Warngerätes und Auftreten im Bestand	Erstauftreten vor allem in Senken, feuchten Stellen, im Windschatten; auf Benetzung durch Tau achten
Grüne Pfirsichblattlaus (Konsumanbau)	Kontrolle besonders an Rändern und Ecken nach Warndienstaufruf Blattläuse an Fiederblättchen zählen	1000 Blattläuse auf 100 Fiederblättchen	möglichst nützlingsschonende Mittel wählen
Kartoffelkäfer	Kontrolle besonders an Rändern und Ecken, Larven je Pflanze zählen und Fraß schätzen	15 Larven je Pflanze oder 20 % Fraßschäden	evtl. nur Teilflächen behandeln
Ackerbohnen Blattrandkäfer	nach Auflaufen Fraßstellen suchen	10 % vernichtete grüne Blattfläche, 2 Käfer/m^2	

Fortsetzung Tab. 15.

Kulturart Schadorganismus	Kontrolle	Schadensschwelle	Bemerkungen
Blattläuse	ab Juni Bestände kontrollieren	erste Blattlaus-kolonien	oft genügt Rand-behandlung
Erbsen			
Blattläuse	ab Mai Bestände kontrollieren	10–15 Läuse/Trieb;	für Konserven-erbsen
Erbsenwickler	ab Anfang Blüte Pheromonfallen (Anfang Juni bis Mitte Juli)	wenn erstmals an einem Tag 10 Männchen gefan-gen werden	Bekämpfung etwa 10 Tage nach Über-schreitung der Schadensschwelle. Hohe Temperaturen (20–25°C) sind Vor-aussetzung.
An vielen Kulturarten Tipulalarven			
Getreide Mais Rüben Gemüse	März bis Mai Bodenoberfläche auf Larven durch-suchen	je lfd. m Drillreihe Getreide 4 Larven/m Mais, Rüben, Gemüse 2 Larven/m	
Grünland	Okt./Nov. oder März/April 20 x 20 cm große Gras-soden in Kochsalz-lösung	im Durchschnitt der Proben Okt./Nov. 20 Larven März/April 10 Larven	Kochsalzlösung (2 kg NaCl/10 Liter) nach 30 Minuten Larven auszählen
Drahtwürmer	2–3 Wochen vor Saat oder Pflan-zung, 8 Kartoffel-hälften je 0,25 m²	1 Drahtwurm an 4 Kartoffelhälften	an mindestens 4 Stellen eines Feldes (0,25 m²) 4 Hälften in 5 cm und 4 Hälften in 10 cm Tiefe
Engerlinge	April bzw. Septem-ber 50 x 50 cm Bodenoberfläche 2 Spaten tief sorgfäl-tig untersuchen	Getreide 30–40 E/m² Hackfrüchte 5 E/m² Spezialkulturen 1 E/m²	
Feldmaus	je 100 m² belaufene Mauselöcher zählen	belaufene Löcher je 100 m² Sept./Okt. 20–30 Febr./März 5–10	zur exakten Bestim-mung der Befalls-dichte Fallenfänge erforderlich

1) Entwicklungsstadien bei Getreide, BBA-Merkblatt Nr. 27/1, 1979
2) Entwicklungsstadien bei Raps, BBA-Merkblatt Nr. 27/7, 1982

Tab. 16. Zusätzlicher Beobachtungsaufwand im gezielten Pflanzenschutz (WAHMHOFF 1989)

Fruchtart	Anzahl quantitativer Kontrollmaßnahmen	Zeitbedarf (h) pro 5 ha	je ha
Zuckerrüben	11	10,4	2,08
Spätkartoffeln[1]	6 (10)[2]	7,5	1,50
Winterraps	8	7,1	1,42
Erbsen	8	7,0	1,40
Winterweizen	8	6,4	1,28
Wintergerste	6	5,4	1,08
Sommergerste	4	3,4	0.68
Winterroggen	3	2,8	0,56
Frühkartoffeln	2(4)	2,5	0,50
Hafer	3	2,4	0,48

1) Ohne Pflanzguterzeugung.
2) Einschließlich Krautfäule-Bestandeskontrolle.

Für die **Krankheiten** können wirtschaftliche Schadensschwellen nicht angegeben werden, weil die Krankheitsentwicklung zu über 80% von der unberechenbaren Witterung abhängig ist. Die Kontaktfungizide haben nur eine vorbeugende Wirkung, und selbst die systemischen Fungizide sind letztlich nur gegen anfänglich vorhandenen Befall wirksam. Für die gezielte Krankheitsbekämpfung erlangen deshalb Prognosemodelle und neuerdings auch computergestützte Expertensysteme an Bedeutung.

Anforderungen an den Landwirt
Der Landwirt muß auf seinen Schlägen die Zahlen für die wirtschaftlichen Schadensschwellen ermitteln. Dies erfolgt in der Regel durch Zählen oder bei geübten Praktikern durch Schätzen des Besatzes bzw. Befalls. Der zusätzliche jährliche Beobachtungsaufwand beträgt etwa 1,3 Stunden je Hektar (Tab. 16). Bei einem überlegenen Integrierten Pflanzenschutz gegenüber dem betriebsüblichen ergab sich eine attraktive Stundenentlohnung von 55,60 DM (WAHMHOFF 1989). Dennoch muß sehr deutlich auf die hohe zeitliche Belastung des Landwirts in der Vegetationszeit hingewiesen werden.

2.1.1 Ermittlung der Schadensschwelle bei Unkräutern

Bei der Ermittlung und Anwendung der wirtschaftlichen Schadensschwellen für Unkräuter müssen folgende Voraussetzungen gegeben sein:
- Kenntnis der wichtigsten Unkräuter und Ungräser im Keimblatt- und Jugendstadium,
- Nachauflaufherbizide müssen zugelassen sein,
- Boden muß zum Nachauflaufzeitpunkt befahrbar sein,
- Kulturpflanze soll gleichmäßig entwickelt und gesund sein,
- zählen oder schätzen des Unkrautbesatzes über den gesamten Bestand, weil durch unterschiedliche flächenhafte Verteilung des Unkrauts auch Teilflächenbehandlungen ausreichend sein können,
- Saatgutvermehrungsbetriebe müssen auf saatgutrechtliche Vorschriften achten,

- der Landwirt muß willens sein, den wirtschaftlich unbedeutenden Besatz von Unkräutern und Ungräsern vor seinen Berufskollegen zu vertreten.

Zur praktischen Feststellung des Unkrautbesatzes empfiehlt sich ein Zählrahmen, z. B. »Göttinger Zählrahmen«. Innerhalb des Rahmens werden die Unkräuter und Ungräser gezählt, wobei auch kleine auflaufende Pflänzchen nicht übersehen werden dürfen. Der Rahmen ist willkürlich an mehreren Stellen des Schlages zu legen, um die ungleichmäßige Verteilung zu erfassen (auf 5 ha etwa 30 Zählungen). Die Zählergebnisse sind in einer Schlagkartei aufzunehmen. Dadurch wird die Überwachung im Folgejahr erleichtert und das Erkennen mittelfristiger Entwicklungen ermöglicht.

In jüngster Zeit wird der Bekämpfungstermin gegen Unkräuter ausgangs Winter gelegt, um mit reduzierten Aufwandmengen und damit mit weniger Kosten eine hinreichende Wirkung zu erzielen. Auch in diesen Fällen können die wirtschaftlichen Schadensschwellen genutzt werden. Vom Landwirt wird allerdings die Bereitschaft gefordert, schon frühzeitig bei möglicherweise kühler und nasser Witterung die Unkräuter im Keimblattstadium zu zählen.

Kritische Fragen der Landwirte beziehen sich regelmäßig auf die Folgeverunkrautung bei Anwendung des Schadensschwellenkonzepts. Untersuchungen im Rahmen der Hohenheimer Gemeinschaftsversuche über eine Fruchtfolge Winterweizen - Wintergerste - Winterraps belegen eindeutig:

- kulturabhängige Vermehrung des Ackerfuchsschwanzes,
- keine explosionsartige Vermehrung des Ackerfuchsschwanzes auch bei viermaliger Nichtbehandlung,
- Herbizide wirken in jeder Versuchsphase sicher gegen den Ackerfuchsschwanz.

Der Landwirt kann also das Schadensschwellenkonzept in seiner Fruchtfolge anwenden. Dabei ist deutlich herauszustellen, daß selbstverständlich bei Überschreiten der wirtschaftlichen Schadensschwellen Herbizide eingesetzt werden können. Das Schadensschwellenkonzept ist also kein starres, sondern ein sehr flexibles System.

2.1.2 Ermittlung der Schadensschwelle bei Schädlingen

Die Schädlinge und deren Entwicklungsstadien wie Eier oder Larven können direkt an den Kulturpflanzen oder in Fallen bzw. Gelbschalen gezählt werden.

Zählen der blattlausbefallenen Ähren

In Norddeutschland treten Blattläuse (Große Getreideblattlaus, Bleiche Getreideblattlaus und Hafertraubenkirschenblattlaus) regelmäßig in meist bekämpfungswürdiger Stärke auf. In Baden-Württemberg ist der Befall seit Jahren gering. In beiden Regionen stellt sich dennoch jährlich aufs neue die Frage nach der Bekämpfungsnotwendigkeit. Folgende Schadensschwellen und Bekämpfungshinweise sind erarbeitet worden:

- Anfang Ährenschieben mit der Kontrolle der Getreidebestände beginnen und Anfang der Blüte wiederholen.
- Zur Befallsfeststellung werden je 20 Ähren an fünf Stellen im Bestand auf Befall kontrolliert. Dabei sind nur die Entscheidungen »ja/nein« für den Befall der Ähre erforderlich. Die Kontrollstellen liegen diagonal im Schlag etwa 10 m voneinander entfernt.

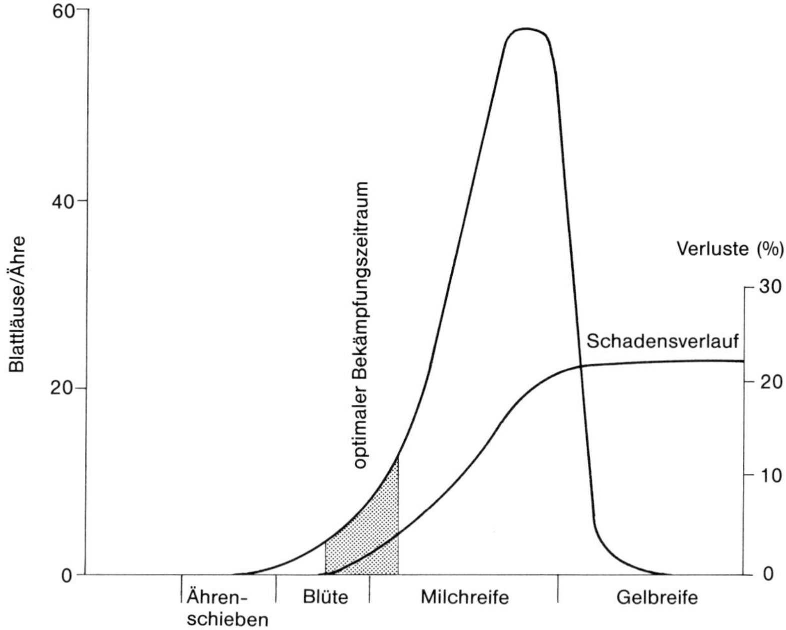

Abb. 13. Kontrolle der Blattläuse (nach WETZEL 1987).

- Die Behandlung ist wirtschaftlich, wenn
  20% der Ähren zum Ende Ährenschieben (ES 59),
  30% der Ähren zur Getreideblüte (ES 69) oder
  95% der Ähren zu Beginn der Milchreife (ES 75)
  befallen sind (BASEDOW et al. 1989).
- Vor der Getreideblüte in der Regel keine Bekämpfung durchführen und ebenfalls nicht nach Ende der Milchreife, weil dann der Schaden bereits gesetzt ist (Abb. 13).
- Für die Bekämpfung nach Schadensschwellen nur selektiv wirkende Insektizide verwenden, wobei Aufwandreduzierungen nach eigenen Erfahrungen und Hinweisen des amtlichen Pflanzenschutzdienstes möglich sind.

Die Blattlausbekämpfung im Getreide ist also gezielt und umweltschonend möglich. In jedem Falle ist der vorbeugende Einsatz von breitwirksamen Insektiziden zum Ährenschieben in Verbindung mit der fungiziden Ährenbehandlung zu unterlassen. Die vorhandenen natürlichen Feinde der Blattläuse wie Marienkäfer und deren Larven, Larven der Schwebfliegen, Schlupfwespen und verschiedene Käfer aus der Familie der Laufkäfer und Kurzflügler werden erheblich geschädigt oder sogar vernichtet, so daß eine natürliche Regulation im Getreide nicht mehr möglich ist. Im Gegenteil, die Blattläuse können sich ungehemmt vermehren.

Fang von Insekten mit Farbschalen

Gelbschalen sind wegen ihrer attraktiven Farbe zum Fang zahlreicher Insektenarten geeignet. Insbesondere haben sie sich zur Feststellung des Flugbeginns der Rapsschädlinge und Blattläuse bewährt.

Rapsschädlinge, wie der Große Rapsstengelrüßler und der Gefleckte Kohltriebrüßler, treten in klimatisch begünstigten Gebieten Ende Februar–Anfang März auf. Mit Gelbschalen können diese Rapsschädlinge festgestellt werden.

Ende Februar (später auftretender Frost ist unschädlich) werden Gelbschalen an einer Halterung mit Höhenverstellmöglichkeiten an den vier Seiten des Rapsfeldes etwa 10 m entfernt vom Feldrand aufgestellt. Die nur innen gelbe Schale wird zu zwei Drittel mit Wasser und einigen Tropfen eines Spülmittels gefüllt, wobei sich in Versuchen alkoholische Extrakte aus Rapsblättern als attraktiver erwiesen haben. Ein Drahtnetz mit 8 mm Maschenweite schützt vor grober Verschmutzung und ungewollten Beifängen. Der Gelbschalenrand wird etwas über Rapshöhe eingestellt.

Die Kontrolle soll bei warmem Wetter täglich erfolgen. Werden zwei bis drei Käfer des Großen Rapsstengelrüßlers je Gelbschale gezählt bzw. fünf bis sieben Käfer des Gefleckten Kohltriebrüßlers, dann ist der Bekämpfungstermin erreicht. Ob eine Bekämpfung notwendig ist, kann aus dem Befund noch nicht geschlossen werden, sondern muß aufgrund von Bestandskontrollen und Erfahrungen des Landwirts entschieden werden.

Die Rapsglanzkäfer und Kohlschotenrüßler lassen sich besser durch Abklopfen der Pflanzen in einen Behälter feststellen.

Neben Gefäßen mit gelber Farbe besitzen auch solche mit blauer, violetter und weißer Farbgebung eine hohe Attraktivität für bestimmte Insekten.

Blaue oder **violette Farbschalen** sind gut geeignet, um die Fritfliege zu fangen. Mit **weißen Farbschalen** können die Orangeroten und Gelben Weizengallmücken, die Brachfliegen u. a. Fliegenarten kontrolliert werden.

Kartoffelmethode zur Drahtwurmfeststellung

Mit dieser Methode kann das Vorhandensein von Drahtwürmern in einem Schlag **vor** der Saat nachgewiesen werden. Das ist deshalb wichtig, weil **nach** der Saat eine wirksame Bekämpfung nicht mehr möglich ist.

Nicht früher als 14 Tage vor der Saat (Mais, Rüben) werden je vier Kartoffelhälften in 5, 10, 15 und 20 cm Bodentiefe auf $^1/_4$ m^2 an etwa vier Stellen auf dem Schlag ausgelegt und mit einem Stock gekennzeichnet. Nach acht bis zehn Tagen werden die Kartoffeln und der unmittelbar angrenzende Boden auf Drahtwurmbesatz kontrolliert. Werden Drahtwürmer gefunden, sollte eine vorbeugende Behandlung erfolgen, wenngleich über den tatsächlichen Besatz keine Aussage gemacht werden kann.

Kontrollmöglichkeiten auf Ackerschnecken

Die Genetzte Ackerschnecke *(Deroceras reticulatum)* und die Graue Ackerschnecke *(Deroceras agreste)* verursachen seit einigen Jahren erhebliche Schäden bis zum Totalschaden an den jungen Kulturpflanzen von Rüben, Raps, Getreide und Mais. Ihr Auftreten ist abhängig von feuchter Witterung, Bodenstruktur, Fruchtfolge u. a. Sie legen 10 bis 30 glasklare Eier in Gelegen vom Frühjahr bis in den Herbst in den Boden oder an die Pflanzen. Schon nach drei bis vier Wochen schlüpfen die jungen Ackerschnecken und sind nach sechs Wochen fortpflanzungsfähig. Sie überwintern als Ei und erwachsenes Tier. Feuchte milde Winter fördern – trockene Jahre und kalte Winter reduzieren die Schneckenpopulation. Da diese kleinen Schnecken nachtaktiv sind, ist es notwendig, über spezielle Feldkontrollen das Vorhandensein bzw. bei beginnenden Schäden den Verursacher auszumachen:

- Kontrolle auf silbrigglänzende Schleimspuren der Schnecken, an- oder abgefressene Keimblätter und Pflanzen sowie auf angefressene Blattränder.
- Auslegen von feuchten Tüchern, Sackstücken, Ziegeln, Brettern kurz vor bzw. nach der Saat. Kontrollstellen sollen an fünf Stellen im Abstand von 5 m eingerichtet werden. Werden nach einer Nacht eine oder mehrere Schnecken unter den Gegenständen gefunden, ist die Saat regelmäßig weiter zu kontrollieren und gegebenenfalls Schneckenkorn einzusetzen. Methiocarbhaltige Mittel sind bei kaltem, regnerischem Wetter wirksamer als methaldehydhaltige. Aber nur bei geringem Schneckenbesatz sind Molluskizide ausreichend wirksam. Deshalb sind im nächsten Jahr unbedingt ackerbauliche Maßnahmen zusätzlich zu ergreifen:
- auf Absetzen des Bodens achten (ggf. Krumenpacker einsetzen), Hohlräume im Boden beseitigen,
- keine groben Schollen als Lebensraum für Schnecken belassen, Saatbett muß feinkrümelig sein.

Bei starkem Schneckenbesatz sind nur die ackerbaulichen Maßnahmen in Verbindung mit chemischen Mitteln wirksam.

2.2 Prognosemodelle (Warnsysteme)

Die entscheidende Frage des Landwirts nach dem zu erwartenden Ertragsverlust durch bestimmte Schadorganismen kann auch zum letzten Bekämpfungstermin in der Regel nicht exakt beantwortet werden. Zu wenig ist beispielsweise über den möglichen Verlauf einer Krankheit bekannt, weil die Abhängigkeit von der nicht vorhersehbaren Witterung sehr hoch ist, aber auch von der Fruchtfolge, der Bodenbearbeitung, dem Standort und der Stickstoffdüngung. Dennoch wird versucht, durch sog. Prognoseverfahren mit möglichst hoher Wahrscheinlichkeit den Befallsverlauf, die Schadenshöhe und in erster Linie die wirtschaftliche Bekämpfungsnotwendigkeit kurzfristig vorherzusagen. Diese Arbeit hat durch ihre ökologische Relevanz und durch den Einsatz von Computern in den letzten Jahren starken Auftrieb erfahren. Eine Reihe von Expertensystemen sind für die Krankheitsbekämpfung und neuerdings zur Unkrautkontrolle entwickelt worden. Allen Systemen ist gemeinsam, daß es sich eigentlich um aktuelle Warnsysteme, weniger um längerfristige Prognosemodelle handelt. Letztere wird es solange nicht geben, wie die Witterung und andere Faktoren nicht langfristig vorhersagbar sind.

Bei den elektronischen Warnsystemen darf man sich durch die moderne Technik nicht blenden lassen. Ein Computermodell ist nur so gut wie unser Grundlagenwissen über die Biologie und den Schädigungsgrad des Schaderregers sowie die erhobenen Felddaten. Zweifelsohne bietet die elektronische Datenverarbeitung bisher nicht gekannte Möglichkeiten der Datenregistrierung, -verrechnung, -speicherung und Ergebnispräsentation (Warnung). Der Computer ersetzt aber nicht das Denken und die Erfahrung des Landwirts. Er zwingt über die Datenerhebungen zu regelmäßigen genauen Beobachtungen. Die letzte

Entscheidung über eine Pflanzenschutzmaßnahme wird der Landwirt immer selbst treffen müssen.

An einigen Beispielen wird der derzeitige Stand der Prognosemodelle erläutert.

2.2.1 EPIPRE und HORDEPROG

EPIPRE (**EPI**demiologie, **PRE**diction = Wissenschaft von Krankheitsauftreten und Vorhersage) ist ein computergestütztes Beratungssystem zur gezielten Bekämpfung von Krankheiten und Blattläusen im Weizen (FORRER et al. 1989). Die Empfehlungen durch EPIPRE sind schlagspezifisch und umfassen folgende Krankheiten und Schädlinge:

- Halmbruchkrankheit *(Pseudocercosporella herpotrichoides)*,
- Gelbrost *(Puccinia striiformis)*,
- Braunrost *(Puccinia recondita)*,
- Mehltau *(Erysiphe graminis)*,
- Blattseptoria *(Septoria tritici)*,
- Ährenseptoria *(Septoria nodorum)*,
- Blattläuse *(Aphis* spp.*)*.

Der Landwirt gibt Grunddaten eines bestimmten Weizenschlages an den Datenspeicher des Computers und erhebt nach einem vorgegebenen Schema Felddaten, die ebenfalls in den Computer eingegeben werden.

Vom Landwirt zu erhebende Daten

Grunddaten

Bereits vor Beginn der Beobachtungssaison sind vom Landwirt folgende Grunddaten zu erheben, die die Entwicklung der Krankheiten oder Kosten beeinflussen:

- Größe und Lage des Schlages,
- Weizensorte,
- Ertragserwartung,
- vorhandene Fahrgassen,
- Höhe der Stickstoffdüngung,
- Niederschlagsdaten für Septoriaprognose ab 15. Mai,
- sämtliche Anwendungen von Pflanzenschutzmitteln und Wachstumsreglern.

Feldbegehungsschema

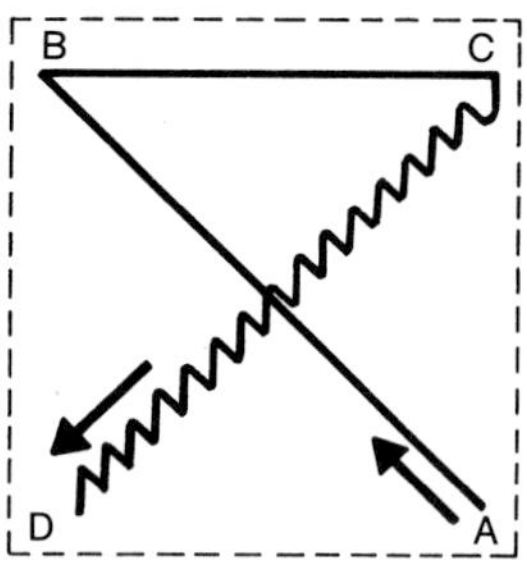

A → B: Orientierungsgang
Beobachtung, ob Krankheiten und Blattläuse vorhanden sind
C → D: Kontrollgang
an 20 Stellen werden je zwei Haupttriebe zur Krankheitsbonitur entnommen

Abb. 14. Datenerhebung im Feld.

Felddaten
Felddaten werden diagonal im Schlag erhoben (Abb. 14). Auf der Diagonalen A → B sind die vorhandenen Krankheiten zu kontrollieren und in die Feldbeobachtungskarte einzutragen. Auf der Diagonalen C → D sind an 20 Stellen zwei Haupttriebe auszureißen und mitzunehmen.

Die ermittelten Ergebnisse werden in eine Feldbeobachtungskarte eingetragen. Diese Daten können über Btx in den Computer im Dialogprogramm eingegeben werden. Mit Hilfe von Befalls-Verlust-Beziehungen berechnet der Computer nach dem Programm für die Krankheiten und Blattläuse den Ertragsverlust.

Danach gibt der Computer dem Landwirt eine der folgenden Empfehlungen:
- zur Zeit keine Behandlung nötig, nach x Tagen erneut Feldbeobachtung,
- Behandlung durchführen, nach x Tagen erneut Feldbeobachtung,
- Behandlung durchführen, keine erneuten Feldbeobachtungen,
- nicht behandeln, keine erneuten Feldbeobachtungen (Abb. 15).

In vierjährigen Untersuchungen wurde in Baden-Württemberg in EPIPRE-behandelten Parzellen eine Fungizidbehandlung im Vergleich zur »Intensivparzelle« eingespart, gegen Blattläuse brauchte nur jeder fünfte Versuch behandelt zu werden. EPIPRE-Parzellen wiesen meistens geringere Erträge auf, waren aber wirtschaftlicher oder entsprachen in der Rentabilität der Intensivvariante (Abb. 16).

Für die beteiligten Landwirte liegt der größte Erfolg im Fortbildungseffekt. Durch die ständigen Bestandskontrollen wird das Auge des Landwirts so gut geschult, daß er nach drei bis vier Jahren auf die Hilfe des Computers verzichten und die Entscheidungen über eine Bekämpfung selbst treffen kann. Dabei muß er

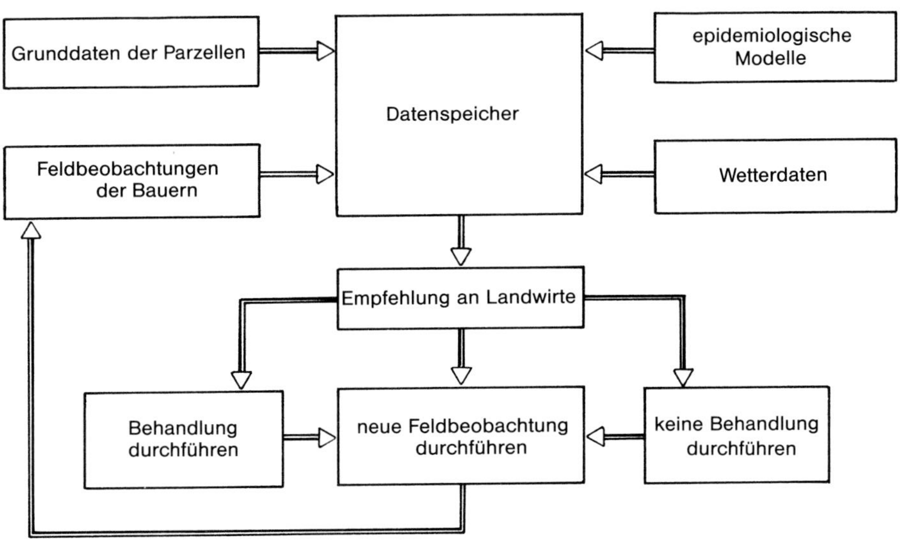

Abb. 15. Funktionsschema des EPIPRE-Warnsystems.

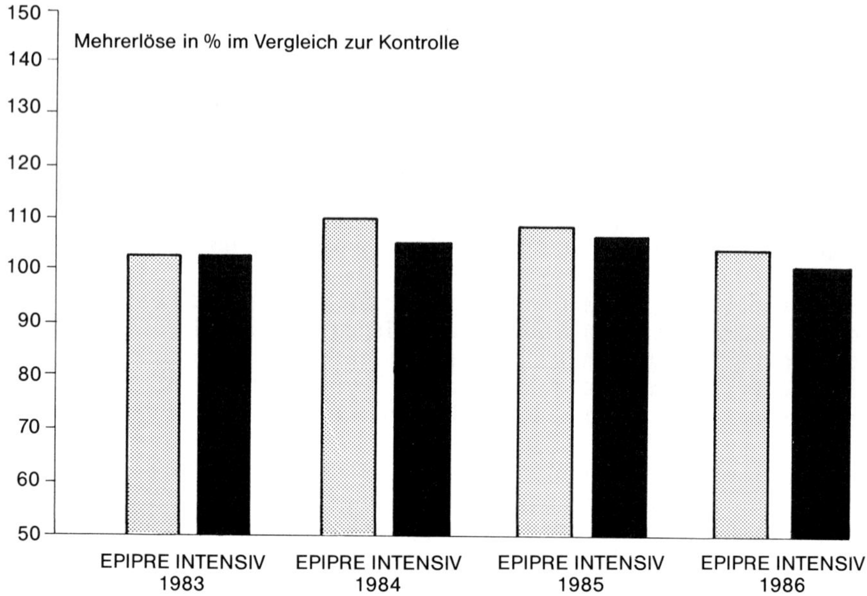

Abb. 16. Mehrerlös in Prozent zwischen Kontrolle, Intensiv-Parzelle und EPIPRE im Winterweizen (nach HARMUTH et al. 1987).

stets die längerfristig nicht vorhersehbare Witterung als entscheidenden Einflußfaktor auf die Krankheiten bedenken. Dies dürfte auch die größte Schwäche der Prognosesysteme für Krankheiten bleiben. Um untragbare Verluste zu vermeiden, wird im Rechenmodell angenommen, daß sich die Krankheit linear weiterentwickelt. Schwächt sich dagegen der Krankheitsverlauf aus Witterungsgründen ab, dann werden aus diesem Grunde auch nicht notwendige Behandlungen empfohlen.

HORDEPROG ist ein seit 1984 in der Schweiz entwickeltes computergestütztes Beratungssystem für Wintergerste. HORDEPROG (**HORDE**um **PROG**nose) lehnt sich in Programm und der Erhebung der Daten an EPIPRE an.

Folgende Krankheiten der Wintergerste werden bei HORDEPROG berücksichtigt:
- Mehltau *(Erysiphe graminis)*
- Netzfleckenkrankheit *(Drechslera teres)*
- Rhynchosporium-Blattkrankheit *(Rhynchosporium secalis)*.

Die Halmbruchkrankheit, der Gelbrost und auch der Braunrost werden wegen untergeordneter Bedeutung nicht berücksichtigt, wobei der Braunrost bei den Feldkontrollen mit erhoben wird. Allerdings fließt er nicht in die Behandlungsempfehlung ein.

Im dreijährigen Vergleich zwischen Intensiv-Parzelle und HORDEPROG lagen die Kornerträge etwa gleich hoch, der bereinigte Rohertrag war bei HORDE-

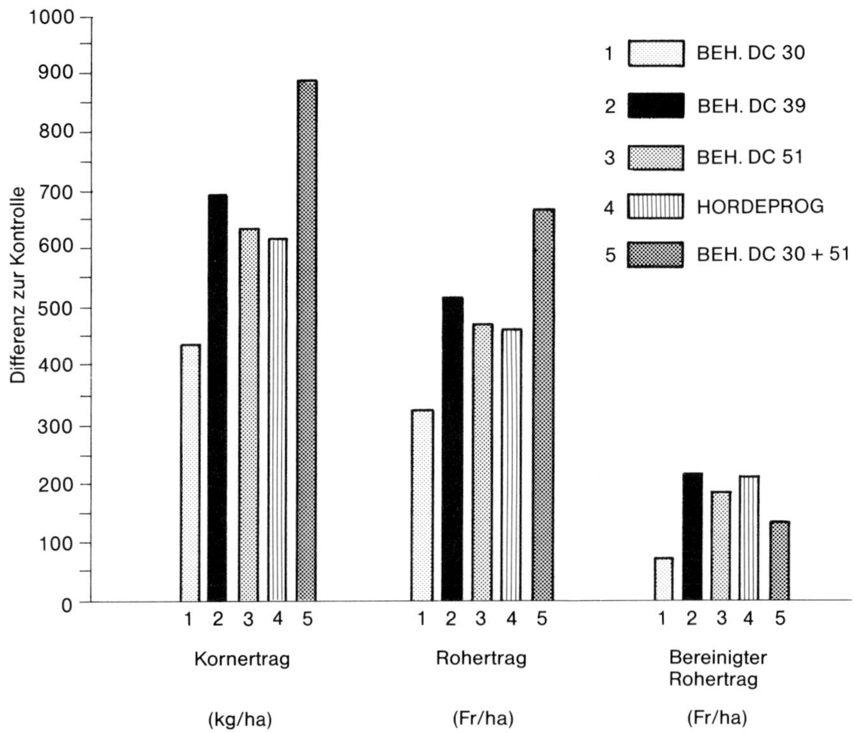

Abb. 17. Einfluß verschiedener Behandlungsverfahren auf den Kornertrag und die Wirtschaftlichkeit bei Gerste im Vergleich zur unbehandelten Kontrolle. Mittelwerte von zehn Exaktversuchen von 1986 bis 1988. BEH. = Behandlung, DC = Stadium der Behandlung (nach FORRER et al. 1989).

PROG um 4% höher als bei der Intensivparzelle, was auf die eingesparten 0,7 Behandlungen zurückzuführen ist (Abb. 17).

Versuchsmäßig wurden in Baden-Württemberg ähnliche Ergebnisse erzielt.

2.2.2 Halmbruch-Warndienste

Die Frage nach der Bekämpfungsnotwendigkeit der Halmbruchkrankheit *(Pseudocercosporella herpotrichoides)* in Winterweizen kann im Frühjahr zum Bekämpfungszeitpunkt nicht sicher beantwortet werden. Deshalb wird die Krankheit vorbeugend bekämpft, weil zum Zeitpunkt der sichtbaren Symptomausbildung (ES 49) der Fungizideinsatz (ES 31/32) bereits zu spät käme. Eine Prognose über das jährliche Auftreten der Halmbruchkrankheit ist deshalb wirtschaftlich erwünscht, um Behandlungskosten einzusparen. Voraussetzung hierfür wären Fungizide, die zum späteren Zeitpunkt wirksam angewandt werden können oder daß der gesamte Verlauf der Krankheit sicher bewertet werden kann. Beides ist derzeit nicht möglich, so daß die nachfolgend beschriebenen Methoden letztlich nur Warnsysteme sind.

Modelle zur Entscheidungsfindung

Eine bekannte Methode empfiehlt eine Bekämpfung, wenn 20% der äußeren Weizenblätter an der Halmbasis zum Behandlungszeitpunkt verbräunt sind. In Baden-Württemberg hat sich diese Faustregel nicht bewährt, weil die Verbräunungen nicht dem Befall durch *Pseudocercosporella herpotrichoides* entsprechen und zudem durch die übliche späte Weizenaussaat in der Regel wenig verbräunte Blätter im Frühjahr zu finden sind.

Labormethoden

Beim Klewitz-Test werden rechtzeitig im Frühjahr vor dem Bekämpfungstermin Pflanzenstücke auf Nährböden gelegt, so daß sich der latent in der Pflanze befindliche Pilz auswachsen kann. Dadurch läßt sich der Anteil infizierter Pflanzen in einem Bestand ermitteln. Für die praktische Entscheidung liefert dieser Test durchaus brauchbare Ergebnisse, allerdings erst nach 15 Tagen.

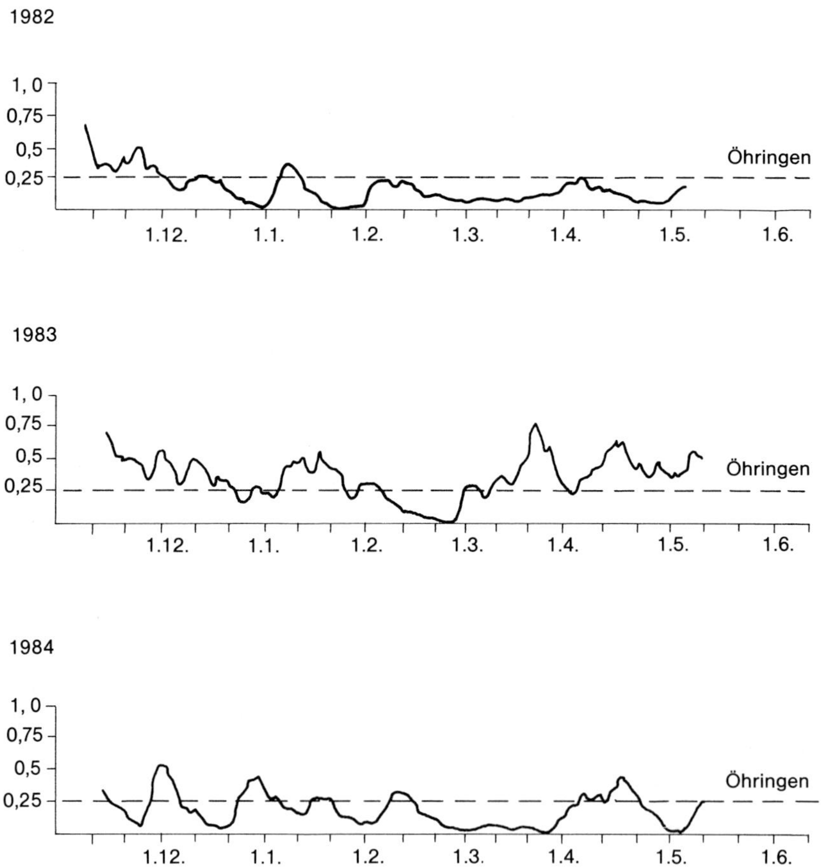

Abb. 18. Infektionswahrscheinlichkeit für die Halmbruchkrankheit *(Pseudocercosporella herpotrichoides).*

Interessierte Landwirte können sich an das zuständige Landwirtschaftsamt wenden.

Cercprog-Dienst

In regionalen Wetterstationen des Deutschen Wetterdienstes werden Temperatur und Feuchtigkeit gemessen und mit Bewertungsfunktionen die Infektionswahrscheinlichkeit für dieses Gebiet berechnet. Aus den wöchentlich veröffentlichten Ergebnissen kann die allgemeine Befallssituation durch die Halmbruchkrankheit abgelesen werden. Übersteigt die Kurve die 25% Infektionswahrscheinlichkeit, dann sollte eine Bekämpfung eingeplant werden (Abb. 18). Bei der Entscheidung sind auch die Häufigkeit der Wirtspflanzen (Weizen, Gerste, Roggen) in der Fruchtfolge, der Saatzeitpunkt, die Bodenart und die Sortenanfälligkeit zu berücksichtigen. Nachteilig ist bei diesem System, daß das Netz der Wetterstationen nicht eng genug ist und die genannten Einflußfaktoren nicht automatisch berücksichtigt werden. Dennoch ist der Cercprog-Dienst eine brauchbare Entscheidungshilfe für die großräumige Bewertung der Infektionswahrscheinlichkeiten.

Warnsystem zur Bekämpfung der Halmbruchkrankheit

Dieses elektronische Warnsystem bezieht verschiedene Faktoren ein, die die Entwicklung der Halmbruchkrankheit beeinflussen. Es geht damit einen entscheidenden Schritt weiter als der Cercprog-Dienst. Außerdem gilt die Empfehlung nur lokal für bestimmte Schläge und ist somit genauer als die regionalen Aussagen des Cercprog-Dienstes. Die derzeitigen Geräte für dieses Warnsystem werden künftig auch für andere Krankheiten ausgelegt, um die hohen Anschaffungskosten von etwa 2000 DM auf mehrere Entscheidungen umlegen zu können.

In einer praktischen Überprüfung des Warngerätes ergab sich für die richtigen Empfehlungen eine Wahrscheinlichkeit von 90% (Weihofen et al. 1987).

Rechnergestützte Unkrautbekämpfung

Die Unkrautbekämpfung mit Herbiziden ist eine der wichtigsten Pflanzenschutzmaßnahmen im landwirtschaftlichen Betrieb. Jüngste Bemühungen, Herbizide durch mechanische und thermische Verfahren zu ersetzen, haben nur begrenzte Teilerfolge gebracht. Aus wirtschaftlichen und ökologischen Gründen ist eine sparsame und gezielte Anwendung von Herbiziden erforderlich, zumal seit Jahren der Anteil der Herbizide an den Pflanzenschutzmaßnahmen mit etwa 65% recht hoch ist.

Der erste Schritt zur gezielten Unkrautbekämpfung ist die Festsetzung und Berücksichtigung der wirtschaftlichen Schadensschwellen in den verschiedenen Kulturpflanzen. Einen Schritt weiter gehen die rechnergestützten Expertensysteme. Dies sind Computerprogramme, in denen das Spezialwissen und die Schlußfolgerungen von Fachleuten zusammengefaßt sind. Landwirte und Berater können dieses Wissen nutzen. Voraussetzung sind Erhebungen schlagspezifischer Daten über Unkräuter, Boden und Witterung durch den Landwirt.

Zu ermitteln sind beispielsweise Unkrautarten, Anzahl der Unkräuter je m^2, ihr Entwicklungsstadium, Zustand der Kultur, Bodenart, -struktur und -feuchte, Wasserschutzgebiet, Nachtfrostgefahr, zu erwartende Temperaturen, Wirkungsgrad der Herbizide u. a. Auf Grund dieser Daten, die bei den verschiedenen derzeit praktikablen oder in der Erprobung stehenden Expertensystemen nicht

einheitlich sind, wird dem Landwirt je nach Situation auf dem zu bewertenden Schlag empfohlen:
- keine Herbizidanwendung notwendig,
- Herbizidanwendung mit Mittelangabe, Aufwandmenge, Termin, produktbezogene Anwendungsbeschränkungen, Kosten,
- Auskunft über Nachbaumöglichkeiten,
- Abschätzung der potentiellen Grundwassergefährdung durch das empfohlene oder vom Landwirt gewünschte Mittel.

Es gibt Expertensysteme, die zu den ersten beiden Empfehlungen Aussagen machen (HERBEXPERT), drei Empfehlungen geben SEP-Wintergerste + HERBY, HERB-OPT und Aussagen zu den vier Empfehlungsmöglichkeiten erhält der Landwirt von HERBASYS (Garvert et al. 1990, Glenz 1990, Fischer et al. 1990, Pestemer et al. 1990).

Das Expertensystem HERBEXPERT wird in einer Beratungszentrale betreut, so daß der Landwirt per Telefon oder Post die vorgeschriebenen Daten übermittelt und auf gleichem Wege die Empfehlungen erhält, wobei auch eine individuelle Beratung möglich ist. Die übrigen genannten Expertensysteme können auf einem PC vom Landwirt selbst oder vom Berater angewandt werden.

Derzeit werden die Systeme in der Praxis geprüft, sind aber nicht verbreitet. Bei der wechselnden Zulassung für die einzelnen Mittel wird ein ständig gepflegtes Programm für den Landwirt, den Berater und auch den Handel hilfreich sein. Damit könnte die Unkrautbekämpfung auf eine optimale wirtschaftliche Grundlage gestellt werden, wobei den ökologischen Gesichtspunkten Rechnung getragen wird.

3 Fruchtfolge

Unter Fruchtfolge versteht man die zeitliche Aufeinanderfolge einzelner Kulturpflanzen im Laufe der Jahre auf derselben Fläche. Seit jeher ist die Fruchtfolge die Grundlage der pflanzlichen Produktion. Wohl wissen wir heute, wie eine gesunde Fruchtfolge aussehen sollte, doch läßt sie sich nur in wenigen Fällen umsetzen. Die heutige Fruchtfolge wird meistens von technischen, arbeitswirtschaftlichen, markt- und betriebswirtschaftlichen Erwägungen diktiert, weniger von biologischen und phytopathologischen Überlegungen. Für den Integrierten Pflanzenschutz ist eine überlegt gestaltete, vielfältige Fruchtfolge unbedingt anzustreben. Sie ist eine wesentliche Voraussetzung, um den Befallsdruck durch Schadorganismen zu mindern und dadurch Pflanzenschutzmittel einzusparen. Denn Fehler in der Fruchtfolge müssen mit einem Mehraufwand an Pflanzenschutzmitteln und Düngemitteln bezahlt werden. Sehr enge Fruchtfolgen oder gar Monokulturen entsprechen nicht den Grundsätzen des Integrierten Pflanzenschutzes und sind abzulehnen.

Bei zunehmendem Getreideanteil an der Ackerfläche von 67% auf 88% sinkt der Ertrag bis zu 18%, sofern keine schadensmildernden Maßnahmen (Pflanzenschutzmittel, Düngung und Zwischenfruchtanbau) ergriffen werden (Abb. 19). Die Ertragsminderung wird teilweise durch den decline-Effekt abgefangen und auf einem niedrigeren Niveau stabilisiert, weil sich gegen die Pilze *Pseudocercosporella herpotrichoides* Gegenspieler im Boden aufbauen (Abb. 20). Um Fußkrankheitsbefall zu vermindern, ist eine Anbaupause von zwei Jahren für Weizen,

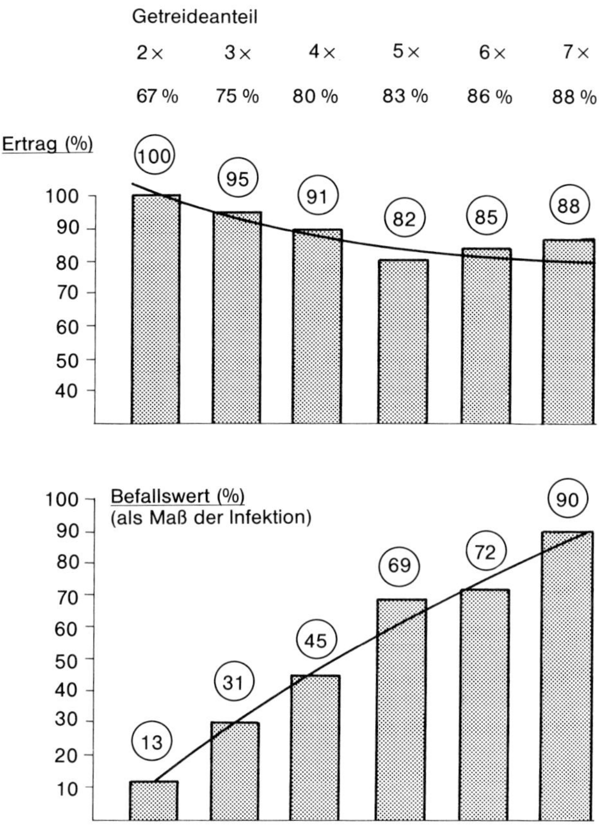

Abb. 19. Steigender Getreideanteil, Kornertrag und Fußkrankheitsbefall im Durchschnitt mehrerer Fruchtfolgen (aus DEBRUCK 1981).

Gerste und auch Roggen notwendig. Hafer ist eine Gesundungsfrucht. Sein Anteil darf aber 25% nicht überschreiten, weil sonst die Haferzystennematoden Probleme bereiten können. Auch der selbstverträgliche Mais soll 33% in der Fruchtfolge nicht überschreiten, da sonst eine Anreicherung von Fusarium-Pilzen, Stengel- und Stockälchen und auch des Maiszünslers zu befürchten ist. Beispielsweise ist höherer Fusariumbefall bei Weizen nach Mais festgestellt worden. Für Rüben ist eine Anbaupause von vier Jahren vorzusehen, wobei bei der Planung nur die rübenfähigen Flächen im Betrieb zu berücksichtigen sind. In der Praxis hat sich allerdings weitgehend die dreijährige Folge eingebürgert. Problematisch wird der enge Rübenanbau, wenn noch der rübennematodenanfällige Raps in der Fruchtfolge steht. Selbstverständlich sollten dann keine anfälligen Kruziferen (Senf) als Zwischenfrüchte angebaut werden. Ausnahmen bilden die nematodenresistenten Gelbsenf- und Ölrettichsorten. Sie können allerdings niedrige Nematodenpopulationen aufschaukeln. Bei hohem Wirtspflanzenanteil muß deshalb die Fläche vor Anbau der Zuckerrüben auf Rübenzystenälchen untersucht werden.

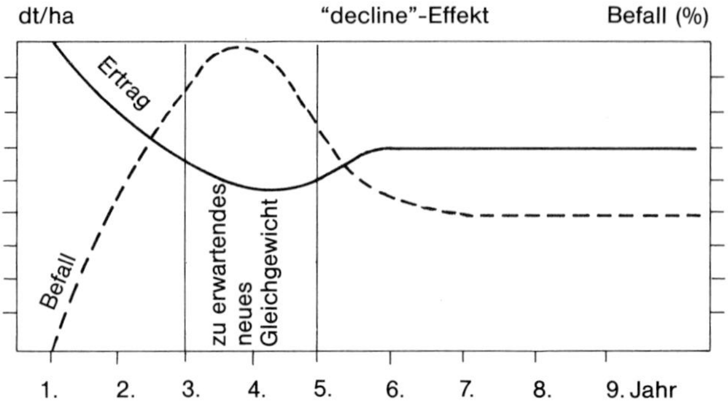

Abb. 20. Ertragsentwicklung bei Weizen-Monokultur und Befall mit Fußkrankheiten (nach BOGUSLAWSKI 1981).

Auch für die Kartoffel sind Zystennematoden gefährliche Fruchtfolgeschädlinge, die den Anbau höchstens alle vier Jahre erlauben. Einige Krankheiten wie die Pockenkrankheit *(Rhizoctonia)*, Schorf und der seltene Kartoffelkrebs werden durch eine enge Fruchtfolge begünstigt, ebenfalls die Primärinfektion der Kraut- und Knollenfäule.

Besonders empfindlich hinsichtlich des Nacheinanders sind Erbsen wegen der Fußkrankheiten. Anbaupausen von fünf bis sechs Jahren sind zu beachten. Ebenso empfindlich reagieren Ackerbohnen (vier- bis fünfjährige Anbaupause).

Sonnenblumen können wegen der Sclerotinia-Krankheit nur alle vier bis fünf Jahre nacheinander angebaut werden. Dabei muß noch berücksichtigt werden, daß auch andere Kulturen von dieser Krankheit befallen werden können, wie Raps, Tabak, Klee, Bohnen, Erbsen und Sojabohnen. Diese Kulturen kommen deshalb als Vorfrüchte für Sonnenblumen nicht in Frage.

Die Sojabohnen sind ähnlich wie die Sonnenblumen in der Fruchtfolge zu behandeln.

Ein Paradebeispiel für die eigene Unverträglichkeit ist der Flachs. Nur alle sechs bis sieben Jahre darf er nach sich gestellt werden, weil neben Fruchtfolgekrankheiten und -schädlingen auch toxische Wurzelausscheidungen einen kürzeren Nachbau verbieten (Tab. 17).

Diese notwendigen Anbaupausen sind meistens auf Fruchtfolgekrankheiten und -schädlinge zurückzuführen. Dabei sind auch andere Wirtspflanzen in der Fruchtfolge zu berücksichtigen, wie Zwischenfrüchte, Unkräuter und Ungräser und biologisch verwandte Kulturpflanzen. Ihr Anbau oder Auftreten kann die Überlegungen zur Gestaltung der Fruchtfolge der Hauptkulturen empfindlich stören. Aus dieser Sicht ist auch eine Unkrautbekämpfung zu beurteilen.

Ferner spielen andere Gründe für eine ausgewogene Fruchtfolgegestaltung eine wichtige Rolle, wie die Humusbilanz, Nährstoffentzug, Veränderungen der Bodenstruktur und Hemmstoffausscheidungen durch Wurzeln. Hierbei wirken sich die einzelnen Hauptkulturen als Vorfrüchte unterschiedlich aus, was zu berücksichtigen ist (Tab. 18).

Die Fruchtfolge beeinflußt auch die Zahl der Unkrautarten und die Höhe des Unkrautbesatzes, denn in einem Kulturpflanzenbestand können nur solche Unkräuter gedeihen, deren Entwicklungsrhythmus dem der Kulturpflanze ange-

Tab. 17. Fruchtfolgekrankheiten und -schädlinge

Kulturpflanzen	Krankheiten	Schädlinge
Weizen	Halmbruchkrankheit Schwarzbeinigkeit Mutterkorn Zwergsteinbrand	Sattelmücken
Gerste	Typhula-Fäule Gelbmosaik-Virus Halmbruchkrankheit Mutterkorn	-
Hafer	-	Hafernematoden Hafermilben
Mais	Fusarium Pythium	Maiszünsler Stengelälchen
Rüben	Wurzelbrand Rizomania	Moosknopfkäfer Rübenzystennematode Rübenälchen
Kartoffeln	Kartoffelkrebs Rhizoctonia Schorf	Kartoffelnematode
Raps	Kohlhernie Weißstengeligkeit	Rübenzystennematode Rapsglanzkäfer
Ackerbohnen	Keimlingskrankheiten	Stengelälchen
Erbsen	Brennfleckenkrankheit	
Sonnenblumen	Sclerotiniakrankheit	-
Soja	Sclerotiniakrankheit	-
Flachs	Wurzelbrand Brennfleckenkrankheit Flachswelke Leinpest	Wurzelgallenälchen Stockälchen

Tab. 18. Humushaushalt und Garewirkung (aus Kämpf 1976)

Raps, Rübsen, Hülsenfrüchte	humuserhaltend, bei Einarbeitung des Strohs humusmehrend und garefördernd
Luzerne, Rotklee, Kleegras, Grassamen	humusmehrend, nicht direkt garefördernd
Getreidearten einschließlich Mais	humuserhaltend, nicht immer garezerstörend, bei Strohdüngung humusmehrend und garefördernd
Hackfrüchte (Kartoffeln, Rüben)	humuszehrend, im allgemeinen gefügeverbessernd und teilweise garefördernd

Unter dem Begriff »humusmehrend« ist eine über die notwendige Humusbilanz hinausgehende organische Versorgung der Böden zu verstehen; man könnte hier auch von einer »humuspositiven« Wirkung sprechen.

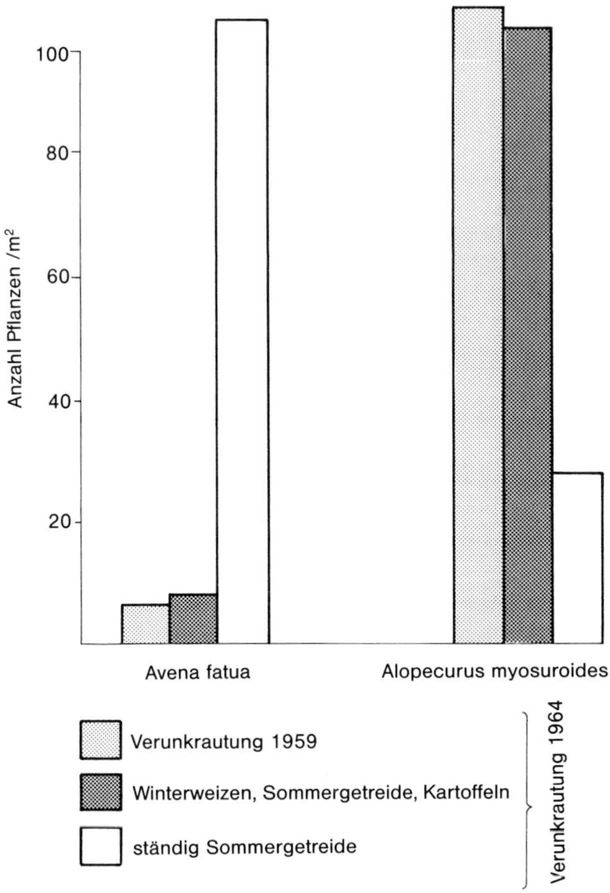

Abb. 21. Stärke der Verunkrautung durch Flughafer *(Avena fatua)* und Ackerfuchsschwanz *(Alopecurus myosuroides)* in Abhängigkeit von der Fruchtfolge (aus Koch und Hurle 1978).

paßt ist. Bekannt ist der positive Einfluß der Wintergetreidearten auf die Herbstkeimer Ackerfuchsschwanz und Windhalm und die unterdrückende Wirkung auf den Flughafer. Sommergetreide wirkt sich entgegengesetzt aus (Abb. 21). Diese Einflüsse der Fruchtfolge auf die Verunkrautung werden heute nicht bewußt bei der Fruchtfolgegestaltung genutzt. Die Lösung der Unkrautprobleme bleibt derzeit den preiswerten direkten Bekämpfungsmaßnahmen vorbehalten.

4 Düngung

Hoher Nährstoffentzug durch Kulturpflanzen aus dem Boden und hoher Nährstoffexport durch die Ernte verlangen eine entsprechende Nährstoffzufuhr über organische (Gülle, Festmist, Gründüngung) und mineralische Düngung.

Die Düngung trägt dazu bei, Ertrag und Qualität der Kulturpflanze zu verbessern und natürlich gegebene Mangelsituationen im Boden und bei der Ernährung der Pflanze auszugleichen.

Prinzip zur Ermittlung der N-Düngung (Beispiel Weizen)	
N-Bedarf (60 dt × 2,5 kg)	150 kg N/ha
Lieferung des Bodens	- 30 kg N/ha
Nachlieferung org. Düngung	- 30 kg N/ha
= ordnungsgemäße Düngung	90 kg N/ha

N-Bedarf wichtiger Ackerkulturen bei mittlerem Ertragsniveau (Gesamtbedarf von Haupt- und Nebenfrucht bezogen auf Ertrag und N-Gehalt der Hauptfrucht)

Fruchtart	N-Bedarf kg je dt Hauptfrucht	Fruchtart	N-Bedarf kg je dt Hauptfrucht
Weizen	2,5	Zuckerrüben	0,4
Winterroggen	2,2	Frühkartoffeln	0,6
Futtergerste	2,0	Stärkekartoffeln	0,5
Braugerste	1,8	Futterrüben (M)	0,2
Hafer	2,2	Futterrüben (G)	0,26
Winterraps	6,0	Sonnenblumen	4,0
Körnermais	2,2	Silomais (Frischm.)	0,38

Lieferung des Bodens (Erfahrungswerte)	
auf leichten sowie schweren flachgründigen Böden	20–70 kg N/ha
auf schweren tiefgründigen Böden	40–120 kg N/ha

Nachwirkung aus organischer Düngung	
Getreidestroh (ohne N-Ausgleich), Kartoffelkraut	0 kg N/ha
Mais-, Sonnenblumen-, Rapsstroh, Ackerbohnen-, Erbsenstroh, Gründüngung (ohne Leguminosen)	20–40 kg N/ha
Zucker-, Futterrübenblatt	40–60 kg N/ha
Stallmist (im Sommer/Herbst des Vorjahres)	30–40 kg N/ha
Gülle (im Sommer/Herbst des Vorjahres)	10–60 kg N/ha

Bei der Ermittlung der Düngermenge für den angestrebten Ertrag ist beispielsweise der Stickstoffbedarf zu berechnen und davon die N-Lieferung des Bodens und die Nachwirkungen aus organischer Düngung abzuziehen. Nach der Schutzgebiets- und Ausgleichsverordnung (SchALVO) von Baden-Württemberg ist in Wasserschutzgebieten diese bedarfsgerechte Düngermenge noch um 20% zwingend zu verringern. Die dadurch entstehenden wirtschaftlichen Nachteile werden durch einen Pauschal- oder Einzelausgleich finanziell entgolten.

Im System des Integrierten Pflanzenschutzes müssen Menge, Art und Form der Düngung beachtet werden, weil dadurch erhebliche Auswirkungen auf den Befall durch Schadorganismen eintreten können.

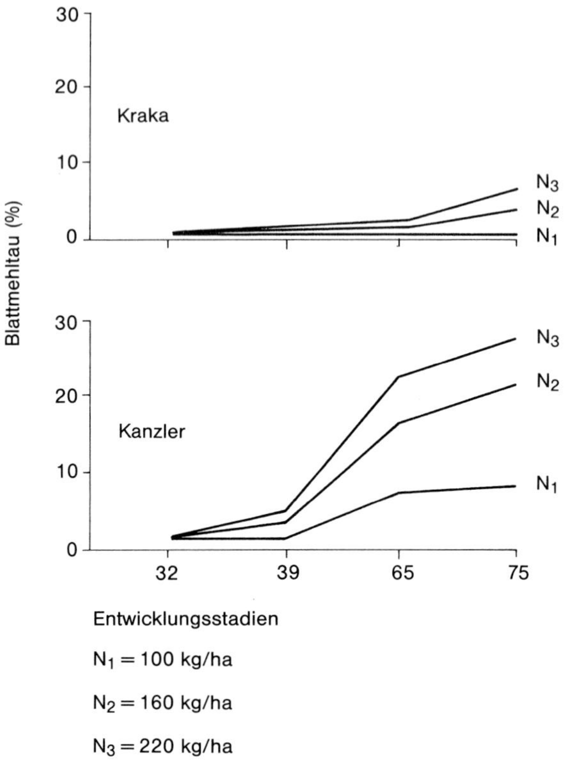

Abb. 22. Blattmehltau. Befallsverläufe an Winterweizen-Sorten in Abhängigkeit von der Höhe der N-Düngung (nach KUHLMANN und HEITEFUSS 1987).

4.1 Nährstoffe und Befall durch Schadorganismen

Unbestritten wirken sich Nährstoffe, insbesondere Stickstoff, auf das Auftreten von Krankheiten, Schädlingen und Unkräutern aus. Dabei ist eine Befallsförderung oder -minderung möglich, wobei zwischen Menge, Zeitpunkt, Aufteilung und Form der Dünger vielseitige Wechselbeziehungen bestehen (Abb. 22).

Bedarfsgerecht gedüngte Pflanzen wachsen zügig und sind weniger anfällig für Schwächeparasiten wie Wurzelbrand an Rüben und Schwarzbeinigkeit an Weizen. Sie können auch Insektenbefall besser verkraften und den Schaden schneller kompensieren als unterernährte Pflanzen. Andererseits sind mit Stickstoff überdüngte Pflanzen durch das lockere, schwammige Zellgewebe anfälliger für Viren, Echten Mehltau, Rostarten und Braunspelzigkeit, Netzfleckenkrankheit, Rhynchosporium-Blattfleckenkrankheit u. a., zumal sich in dichten Beständen auch ein für die pilzlichen Schaderreger günstiges Mikroklima entwickelt. Hohe Stickstoffgaben zu Getreide verschlechtern die Standfestigkeit durch mangelndes Sklerenchymgewebe (Stützgewebe), so daß Wachstumsregler zur Halmverkürzung und Verstärkung der Halmwand im intensiven Weizenanbau regelmäßig eingesetzt werden. Wachstumsregler fördern die Braunspelzigkeit *(Septoria nodorum)* durch die Verkürzung der Internodien, da die Pilzsporen durch die Regentropfen leichter von Blatt- zu Blattetage befördert werden können.

Blattläuse vermehren sich schneller und stärker auf übermäßig mit Stickstoff gedüngtem Getreide, weil der für ihre Ernährung lösliche Stickstoffanteil im Pflanzensaft erhöht und die Vegetationsperiode für das Getreide verlängert wird.

Positive Effekte haben schnell wirkende Stickstoffdünger im zeitigen Frühjahr in Getreidebeständen, die durch *Pseudocercosporella herpotrichoides*, Brachfliege oder Fritfliege geschädigt sind, weil die Bestockung angeregt wird. In anderen Versuchen wurde allerdings durch die erhöhte Stickstoffdüngung das Mikroklima für den Pilz *Pseudocercosporella herpotrichoides* verbessert und damit der Befall erhöht. Mit Kalkstickstoff kann durch das wirksame Cyanamid die Halmbruchkrankheit deutlich vermindert werden. Mit langsam wirkenden Stickstoffdüngern werden Mehltau, Rostarten und Blattläuse nicht gefördert. Viele Unkrautarten werden durch die Stickstoffdüngung beeinflußt. Die stickstoffliebenden Unkräuter Vogelmiere, Weißer Gänsefuß, Franzosenkraut, Klettenlabkraut und Flughafer profitieren von regelmäßigen hohen Gaben, während die »Hungerkünstler« wie Wickenarten, Ackerdisteln, Hellerkraut auch noch bei sehr niedrigem Nährstoffniveau überleben.

Eine gute Kaliversorgung vermindert allgemein die Anfälligkeit gegen Krankheiten. Die Zellwände werden verstärkt, wodurch die Pilzhyphen schlechter eindringen können. Zudem wird vermehrt Sklerenchymgewebe ausgebildet, woraus sich auch die bessere Standfestigkeit beim Getreide erklärt (MENGEL 1968). Die erhöhte Frostresistenz durch Kalium beruht auf der Gefrierpunkterniedrigung des Vakuolensafts der Zelle. Ähnlich positive Auswirkungen, wenn auch nicht so deutlich, hat eine ausreichende Phosphorsäureversorgung.

Die organische Düngung (Mist, Gülle, Gründüngung) hat ebenfalls Auswirkungen auf den Krankheits- und Schädlingsbefall sowie den Unkrautbesatz.

Unkrautsamen werden in der Gülle unterschiedlich in der Keimfähigkeit beeinträchtigt. Bei vierzigtägiger Lagerung im Schwemmist wurden die Samen von Klettenlabkraut *(Galium aparine)*, Vogelmiere *(Stellaria media)*, Ackerhohlzahn *(Galeopsis tetrahit)* und Echter Kamille *(Matricaria chamomilla)* schon nach zehn Tagen abgetötet. Größere Widerstandsfähigkeit zeigten Samen der Kreuzblütler *(Cruciferen)* und Gräser *(Gramineen)*, Ackersenf *(Sinapis arvensis)*, Hederich *(Raphanus raphanistrum)*, Flughafer *(Avena fatua)* und Ackerfuchsschwanz *(Alopecurus myosuroides)*. Die volle Keimfähigkeit behielten Wicken *(Vicia hirsuta)* und Windenknöterich *(Polygonum convolvulus)* sowie die hartschaligen Samen von Weißklee *(Trifolium repens)*. Im wasserreichen Schwemmist von Staurinnenanlagen wurden die Samen schneller als im Schwemmist mit Umpumpeinrichtungen abgetötet. Bei einer Lagerzeit von drei bis vier Monaten enthielt Schwemmist allerdings keine oder nur äußerst geringe Mengen keimfähiger Unkrautsamen (RIEDER 1966).

Die Gründüngung reduziert die Schwarzbeinigkeit *(Ophiobolus graminis)*, weil die Antagonisten dieses Pilzes etwa verdoppelt werden, so daß das Myzelwachstum des Pilzes stark gehemmt wird. In der Praxis werden allerdings diese positiven Effekte auf ungünstigen, durch Schwarzbeinigkeit gefährdeten Weizenstandorten teilweise überdeckt. Die Halmbruchkrankheit wurde durch Gründüngung nicht beeinfußt oder sogar gefördert.

Durch breitflächig ausgebrachte Gülle bis zum Entwicklungsstadium (ES) 39 bzw. 49 wird der Mehltaubefall in Winterweizen reduziert. Die Ausbringung mit Schleppschläuchen ist nicht so wirksam. Als Gründe für die Mehltauwirkung der Gülle könnten gelten:

- die Konidien des Pilzes bilden auf güllebenetzten Blättern keine Pusteln aus,
- die Konidien können bis zehn Stunden nach Auftreffen auf dem Blatt durch die Gülledüngung abgespült werden,
- mit Gülle benetzte Mehltaukolonien verkleben und produzieren weniger Konidien (WEINMANN et al. 1990).

4.2 Mangelkrankheiten

Nur wenige Mangelkrankheiten treten bei Unterversorgung mit bestimmten Nährstoffen mit deutlichen Symptomen im Bestand auf.

Eine typische Mangelerkrankung ist die Herz- und Trockenfäule bei Zuckerrüben durch **Bormangel**, wobei die Herzblätter braun und schwarz werden, später beginnt der Rübenkopf zu faulen. Bei Raps werden die Wurzeln häufig glasig. Die Sonnenblume reagiert mit Verbräunung der Knospen.

Als Dörrfleckenkrankheit wird beim Hafer eine **ungenügende Mangan-Versorgung** bezeichnet. Der Zelldruck in der gesamten Pflanze ist nicht optimal, so daß der obere Teil des Blattes abknickt und schlaff herabhängt. Am basalen Blatteil treten Streifen auf.

Magnesiummangel zeigt sich an Getreide mit Aufhellungen an den älteren Blättern. Am basalen Blatteil entstehen kleine dunkelgrüne Flecken, die sich vom übrigen aufgehellten Blatt deutlich als »Perlenschnur« abheben. Maisblätter sind gestreift oder »getigert«.

Bei **ungenügender Kali-Versorgung** sinkt der Zelldruck (Turgor) ab, und die Pflanze macht einen schlaffen Eindruck (»Welketracht«). Verbräunungen beginnen vom Blattrand her.

Phosphor-Mangelpflanzen sind kleine kümmerliche Pflanzen mit aufrechtem Wuchs und starrer Haltung (»Starrtracht«).

Eine **mangelnde Stickstoffernährung** wirkt sich negativ auf das gesamte Stoffwechselgeschehen der Pflanze aus. Eiweißbildung und Wachstum werden gehemmt. Die Pflanzen sind klein und kümmerlich und hellgrün. Die älteren Blätter vergilben.

Erst seit wenigen Jahren treten Symptome durch **Schwefelmangel** vor allem bei Doppel-Null-Sorten des Rapses und auch an Getreide auf. Noch 1968 war für MENGEL »in Europa der äußerlich sichtbare Schwefel-Mangel in der Praxis so gut wie unbekannt«, weil relativ hohe Schwefelmengen mit den Niederschlägen und über schwefelhaltige Dünger in den Boden gelangten. Nach den erfolgreichen technischen Verbesserungen in der Industrie wird weniger SO_2 emittiert. Zudem benötigen die Doppel-Null-Sorten mehr Schwefel, weil ihnen das schwefelhaltige Glucosinolat fehlt, und sie bei Bedarf nicht mehr auf einen natürlichen, pflanzeneigenen Reservespeicher zurückgreifen können.

Die Mangelsymptome an Raps sind kurz nach Vegetationsbeginn als chlorotische Blattaufhellungen zu erkennen. Später sind in den jüngsten Blättern zwischen den Adern Chlorosen im Gegenlicht gut sichtbar, die oberen Blatthälften sind rot-lila durch Anthocyan verfärbt, und die Blätter sind deutlich löffelartig nach oben gebogen. Die Blüte ist hellgelb bis weiß, und die Schötchenbildung sowie die Anzahl der Samen im Schötchen sind stark reduziert. Ertragsverluste bis zu 50% können entstehen.

An Getreide zeigt sich Schwefelmangel in hellgrünen, kleineren Pflanzen. Die jüngsten Blätter haben zwischen den Adern helle unregelmäßige kleine Flecken, die auch mit Magnesiummangel verwechselt werden können. Fälschlicherweise wird oft versucht, diese Symptome in Unkenntnis der Ursache mit erhöhten Stickstoffgaben zu beseitigen. Über eine rechtzeitige Schwefelanalyse der jüngsten Blätter im Herbst oder zeitigen Frühjahr kann die richtige Entscheidung getroffen werden.

5 Sortenwahl

Der Landwirt wählt die anzubauenden Sorten nach Standort, Ertragsleistung, Qualitätsmerkmalen und Resistenzeigenschaften aus. Bis vor einigen Jahren bestanden für die Ertragsleistung und Qualität Priorität. Entsprechend hat sich auch die Züchtung verhalten. Mit zunehmendem Umweltbewußtsein und fallenden Produktpreisen besteht der Trend, die Anwendung von Pflanzenschutzmitteln zu minimieren. Voraussetzung hierfür ist die Züchtung von Sorten mit Widerstandsfähigkeit gegen einzelne Krankheiten und Schädlinge. Im Integrierten Pflanzenschutz werden wenig anfällige Sorten eindeutig bevorzugt, um den Einsatz von Pflanzenschutzmitteln zu beschränken. Sie müssen aber nach wie vor die wirtschaftlichen Anforderungen nach Ertrag und Qualität erfüllen, d. h. im Einzelfall ist beispielsweise der Anbau einer »anfälligen« Sorte mit speziellen Qualitätseigenschaften im Integrierten Pflanzenschutz möglich.

5.1 Wenig anfällige Sorten

Erfreulicherweise wurden durch die intensivierte Resistenzzüchtung in den letzten Jahren zahlreiche wenig anfällige und gleichzeitig wettbewerbsfähige Sorten in Getreide, Mais, Raps, Zuckerrüben, Kartoffeln und Leguminosen anerkannt (Abb. 23). In den meisten Fällen richtet sich die Resistenz nur gegen einen oder zwei Schaderreger in einer Sorte, so daß die gewünschte »resistente Sorte« gegen alle wichtigen Krankheiten und Schädlinge weiterhin ein anzustrebendes Ziel bleibt.

Beim Anbau resistenter Sorten gehen nach wenigen Jahren diese Resistenzen verloren; die Sorte wird von der bestimmten Krankheit befallen. Dieser bestehenden Gefahr des kurzfristigen Brechens der Resistenz durch Rassen oder Pathotypen eines Pilzes wird mit der horizontalen Resistenz begegnet. Diese ist zwar nicht gegen den Schadorganismus vollkommen wirksam, bezieht aber eine Vielzahl seiner Rassen und Pathotypen ein. Praktisch bedeutet die horizontale Resistenz, daß bei schwachem bis mittlerem Infektionsdruck kein Fungizideinsatz notwendig ist. Erst bei stärkerem Druck muß diese Resistenz durch chemische Mittel unterstützt werden, um wirtschaftliche Verluste zu vermeiden. Diese Resistenzart bleibt relativ lange erhalten. Im Gegensatz dazu können vertikale Resistenzen schon nach vier bis fünf Jahren durch sehr aggressive Rassen des Pilzes gebrochen werden. Die vollkommene Befallsfreiheit gegen einen Pilz basiert in der Regel auf der vertikalen Resistenz gegen die aktuell wichtigsten Rassen. Andere, bislang wenig bedeutende Rassen, können sich dann konkurrenzlos an der Sorte vermehren. Windbürtige Sporen dieser selektierten Rassen (z. B. Mehltau) werden weit verbreitet und befallen die »resistente« Sorte in einem Anbaugebiet.

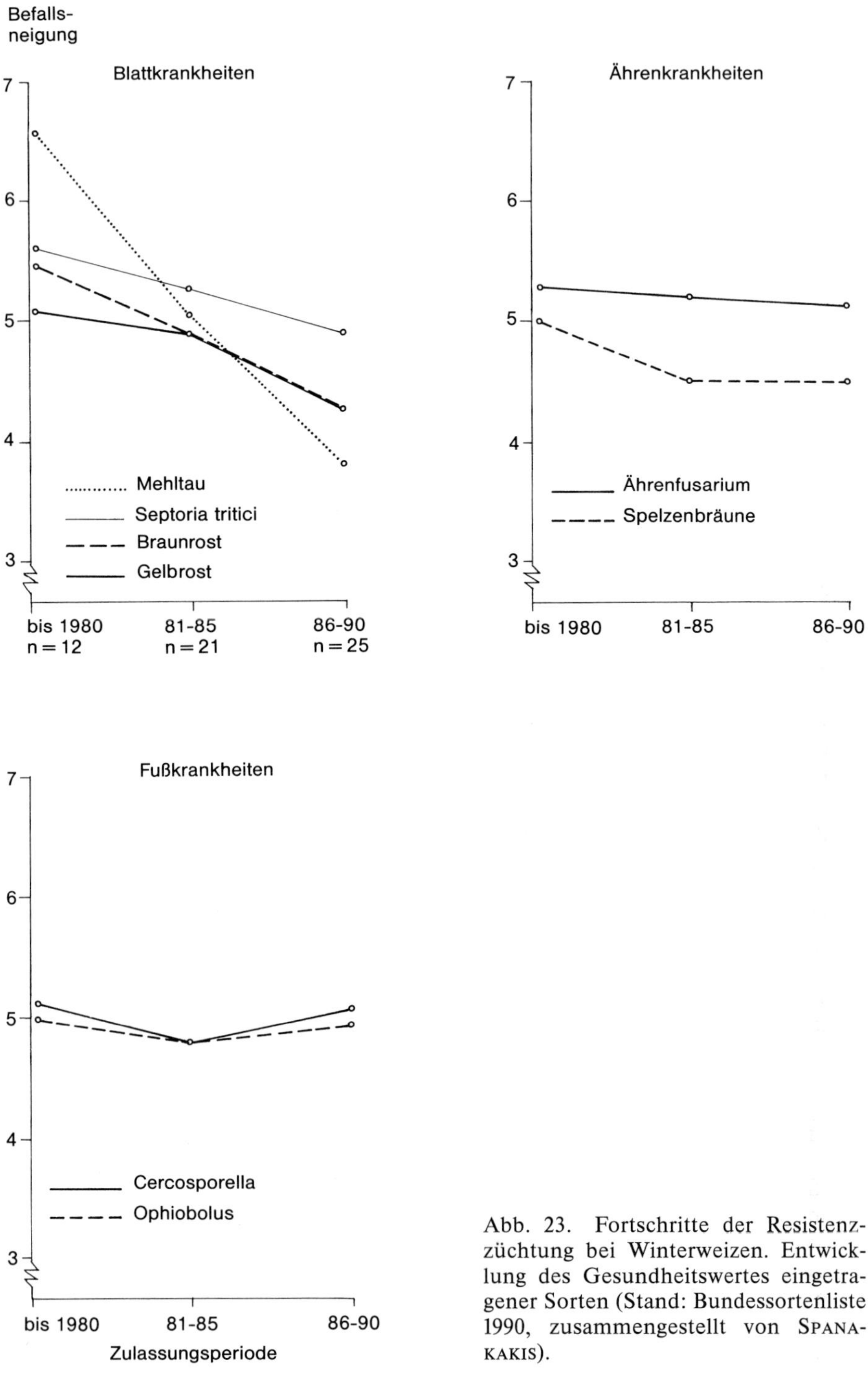

Abb. 23. Fortschritte der Resistenzzüchtung bei Winterweizen. Entwicklung des Gesundheitswertes eingetragener Sorten (Stand: Bundessortenliste 1990, zusammengestellt von SPANAKAKIS).

So ist das Ende der vertikalen Resistenz gegen das durch Bodenpilze verbreitete Gelbmosaikvirus an Wintergerste zu befürchten. Dies ist besonders schlimm, weil neue resistente Sorten oder chemische Mittel gegen die Verbreitung des Virus nicht zur Verfügung stehen.

Der Integrierte Pflanzenschutz verfolgt mit der Bevorzugung der Sorten mit horizontaler Resistenz die mittelfristige Erhaltung ihrer Widerstandsfähigkeit und damit die Verringerung des Pflanzenschutzmitteleinsatzes.

Eine andere Möglichkeit, den Krankheitsbefall zu verringern, ergibt sich durch den Anbau von Sortenmischungen.

5.2 Sortenmischungen

Sie können angebaut werden, wenn bestimmte erwünschte Merkmalskombinationen durch den sortenreinen Mischungspartner allein nicht gewährleistet sind oder wenn auf die Anwendung von Fungiziden und Stickstoffdüngung bei gleichzeitigen Qualitätsanforderungen teilweise oder vollständig verzichtet werden soll. Letzteres kann für den Getreidebau in Wasserschutzgebieten, für die integrierte und kontrollierte Erzeugung nach Richtlinien oder für den alternativen Landbau zutreffen.

Vorteile der nach bestimmten Resistenzgrenzen und Merkmalskombinationen zusammengestellten Sorten sind zu erwarten durch

- zeitlich verzögerten und geringeren Krankheitsbefall,
- keine oder verminderte Fungizidanwendung,
- Ertragsstabilisierung bis zu Mehrerträgen,
- verlangsamte Resistenzbildung.

Schon beim Anbau von Sortenmischungen muß sich der Landwirt über den Verkauf der Ware im klaren sein, da nicht alle Mühlen oder Händler ein fertiges Sortengemisch abnehmen.

Für eine Sortenmischung können Sorten nicht beliebig verwendet werden, sondern es müssen Resistenzen, Ertrags- und Qualitätseigenschaften der einzelnen Mischpartner aufeinander abgestimmt werden. Dabei dürfen die Mischpartner nicht dasselbe Resistenzgen haben. Bei der Zusammenstellung von Sortenmischungen ist auf ähnliche Abreifezeitpunkte, Verarbeitungseigenschaften und auf alle anderen Resistenzen zu achten. Nach bisherigen Erfahrungen sollen mindestens drei Sorten gemischt werden, weil Zweiermischungen letztlich nur dem Mittelwert der sortenreinen Partner entsprechen. Ein Beispiel für eine Sortenmischung auf der Qualitätsstufe A6 wäre ‘Kanzler’, ‘Kormoran’, ‘Astron’ (Tab. 19).

6 Pflanzenschutzmittel

Im System des Integrierten Pflanzenschutzes nehmen Pflanzenschutzmittel einen wichtigen Platz ein. Allerdings stehen sie nicht mehr wie bisher an vorderster Stelle bei der Bekämpfung eines Schaderregers. Im Gegenteil, sie werden erst dann angewandt, wenn die vom Landwirt bewußt genutzten natürlichen Begrenzungsfaktoren (Nützlinge, Standort u. a.) sowie die anbau- und kulturtechnischen Maßnahmen (Fruchtfolge, Düngung, Sorten u. a.) die Schaderreger nicht unter die wirtschaftliche Schadensschwelle drücken konnten. Für

Tab. 19. Einstufung eingetragener Winterweizen-Sorten nach Qualität (A9 - C2) und den in ihnen enthaltenen Mehltau-Resistenz-Genen (aus DIERCKS und HEITEFUSS 1990)

Qualitätsstufe	Resistenzgene[1] keine	Pm2	Pm4b	Pm6 bzw. Pm8	MI-i	Pm2,MI-i	Pm2,6	Pm2,8	Pm4b,6	Pm4b,8	Pm4b,MI-i	Pm6,8	Pm6,MI-i	Pm8,MI-i	Pm2,4b,8	Pm2,4b,6,8
A9,A8	Monopol, Carolus				Dolomit, Rektor, Severin, Urban											
A7	Club, Farmer, Fregatt, Topas, Ignaz				Markant, Sperber		Avir									
A6	Kanzler, Oberst, Vuka		Astron, Boheme, Olymp, Orbis, Tristan	Niklas (Pm8)	Früh-probst, Kormoran, Kraka		Adular			Herzog		Albrecht				
B5	Basalt, Florida, Futur, Nimbus	Orestis	Ronos		Milan, Reiher, Tukan		Heiduck				Boxer			Granada, Kristall		
B4, B3	Ares, Caribo, Granit, Jaguar, Okapi	Obelisk			Cariplus	Pagode		Arber	Sorbas	Kronjuwel			Bert, Greif			Knirps
C2			Aladin	Hai (Pm6)											Apollo	

[1]) Die Abkürzungen ergeben einen Hinweis auf die Herkunft der betreffenden Resistenzgene.

diese Fälle benötigt der Landwirt Pflanzenschutzmittel, die den Bekämpfungserfolg im integrierten System letztlich sichern. Nur unter dieser Voraussetzung werden die Praktiker die vorbeugenden Maßnahmen in ihr Bekämpfungs- und Abwehrsystem einplanen.

6.1 Anwendungskriterien

Die Anwendung von Pflanzenschutzmitteln im Integrierten Pflanzenschutz ist vom Landwirt überlegt und verantwortungsvoll vorzunehmen. Er beginnt mit der Auswahl der Pflanzenschutzmittel nach bestimmten Kriterien, wie Schonung der Nützlinge, spezifische Wirkung gegen bestimmte Schaderregergruppen, Anwendung für den Nachauflauf, geringe Giftigkeit für Anwender, keine Bienengefährdung, keine Wasserschutzgebietsauflage u. a.

Nur wenige Mittel erfüllen derzeit diesen anspruchsvollen Kriterienkatalog, so daß Kompromisse erforderlich sind, die sich nach den vorgesehenen Anwendungsgebieten richten. Verschiedentlich werden Pflanzenschutzmittel nach bestimmten Kriterien für Richtlinien zur integrierten oder umweltschonenden Produktion von Obst, Gemüse, Getreide u. a. ausgewählt und den Anbauern vorgeschrieben. Bei allen Vorteilen dieser Richtlinien dürfen auch die möglichen negativen Auswirkungen durch die abnehmende Zahl der Wirkstoffe nicht unbeachtet bleiben. Die Firmen werden die nicht in den Richtlinien aufgeführten Mittel vom Markt nehmen bzw. keinen Antrag auf Wiederzulassung stellen. Weniger Wirkstoffe können schnellere Resistenzbildung der Schaderreger und einseitige Umweltbelastung bedeuten. Andererseits könnte die Bevorzugung von Pflanzenschutzmitteln mit bestimmten Kriterien der Entwicklung neuer Pflanzenschutzmittel zusätzliche Impulse geben.

6.2 Bekämpfungsentscheidung

Die Beachtung des Schadensschwellenprinzips garantiert einen auf das notwendige Maß beschränkten Einsatz von Pflanzenschutzmitteln. Zugleich ermöglicht dieses Prinzip eine termingerechte und deshalb sichere Bekämpfung der Unkräuter und Schädlinge. Der Integrierte Pflanzenschutz erhöht deshalb nicht das unternehmerische Risiko, im Gegenteil, es wird berechenbarer.

Für Krankheiten bestehen keine Schadensschwellen, so daß eine regelmäßige mindestens wöchentliche, in der Hauptwachstumszeit mehrmalige Bestandskontrolle Erkenntnisse über die Anwendungsnotwendigkeit und den exakten Anwendungstermin bringt. In Einzelfällen kann sich der Landwirt auch auf Prognosemodelle stützen.

Der Warndienst informiert den Landwirt über das erste Auftreten von Krankheiten und Schädlingen, so daß erst ab diesem Zeitpunkt gezielte Kontrollen erfolgen müssen.

6.3 Minimierungsstrategien

Ein wichtiges Ziel des Integrierten Pflanzenschutzes ist die Reduzierung des Eintrages von Pflanzenschutzmitteln in den Naturhaushalt. Mit verringerten Aufwandmengen, Zugaben von Hilfsstoffen, Behandlung von Teilflächen, Bevorzugung der Saatgutbehandlung und mechanischer Bekämpfungsverfahren wird dieser Forderung neben der Beachtung des Schadensschwellenkonzepts Rechnung getragen.

Die Verminderung der Aufwandmenge eines Mittels ist bei einzelnen Kulturen und Schaderregern durchaus möglich. Der Landwirt sollte hierfür selbst Erfahrungen sammeln, denn die in der Gebrauchsanleitung vorgegebene geprüfte Aufwandmenge ist auch bei ungünstigen Bedingungen für das Mittel (Witterung, Bodenzustand, Entwicklungsstadien des Schaderregers) hinreichend wirksam. Erfolgreich gelang die Reduzierung der Herbizidmengen in Rüben und damit der Kosten um die Hälfte, weil die Unkräuter schon im Keimblattstadium bekämpft werden. Neuere Tendenzen und Untersuchungen weisen auf verminderte Aufwandmengen in sehr frühem Stadium der Unkräuter auch im Getreide hin. Durch Zugabe von schwefelsaurem Ammoniak wird der Aufwand von Roundup (Glyphosat) von 5 l auf 3 l/ha gegen Quecke gesenkt. Herbizide in Kombination mit AHL angewandt, wirken mit niedrigen Aufwandmengen (MEINERT et al. 1983). Bei der Blattlausbekämpfung im Getreide mit reduzierten Aufwandmengen von Pirimor mit 200 g/ha verbleiben die wenigen nicht bekämpften Blattläuse als Futterquelle für die Nützlinge, die dadurch überleben und sich vermehren können.

Neben diesen Möglichkeiten werden neuerdings weit unter der Aufwandmenge liegende Fungizidmengen mehrfach im Weizen angewandt, um einen ständigen »Schutzschirm« gegen die Krankheiten zu bilden. Diese teure Bekämpfungsart birgt Gefahren der schnelleren Resistenzbildung der Schadpilze in sich und widerspricht den Grundsätzen des Integrierten Pflanzenschutzes.

Weniger Pflanzenschutzmittel werden auch durch Teilflächen- bzw. Bandbehandlungen je Hektar ausgebracht. In Raps und Ackerbohnen reichen oft Randbehandlungen gegen zufliegende Insekten wie Rapsglanzkäfer und Blattläuse aus. 70% der Pflanzenschutzmittel lassen sich bei einem 5 ha großen Schlag mit einer 15 m breiten Randbehandlung einsparen.

Bandbehandlungen sind im Rübenbau mit kombinierter Maschinenhacke üblich und reduzieren den Herbizidaufwand um etwa 50%. Die teuer gewordene Unkrautbekämpfung im Mais – im Vergleich zum sehr preiswerten Atrazin – bewirkt ebenfalls Entwicklungen und Versuchsanstellungen in dieser Richtung. Auch in anderen Kulturen mit weiten Reihenabständen wie Ackerbohnen, Sonnenblumen oder Soja ist die Bandapplikation von Herbiziden, kombiniert mit einer Maschinenhacke, möglich.

Der totale Verzicht auf Herbizide durch die mechanische Unkrautbekämpfung wird versuchsmäßig in Getreide, Mais, Raps, Ackerbohnen, Sonnenblumen u. a. geprüft. Mit Hackstriegel und Unkrautbürste können zufriedenstellende Erfolge im Getreide erzielt werden, wenn der Boden befahrbar ist und Klettenlabkraut, Winden, Disteln, Ackerfuchsschwanz und andere Unkräuter im Bereich der wirtschaftlichen Schadensschwelle liegen. Die geringe Gesamtverunkrautung durch den jahrelangen Herbizideinsatz kommt den mechanischen Verfahren derzeit entgegen. Die weitere Entwicklung des Unkrautbesatzes nach mehrjährigem Geräteeinsatz muß aufmerksam beobachtet werden.

Die Bevorzugung von Saatgutbehandlungen gegenüber einer Flächenbehandlung vermindert den Pflanzenschutzmittelaufwand je Hektar und lagert den Wirkstoff direkt an den Wirkort an.

Gute Praxiserfahrungen wurden mit der carbofuranhaltigen Rübenpille oder mit der Inkrustierung des Maissaatgutes statt Flächenbehandlung mit Insektiziden gemacht. In Rüben werden 95% und im Mais 80% weniger Wirkstoff ausgebracht. Noch deutlicher wird die behandelte Fläche durch Saatgutbehandlung reduziert: in Rüben um 99,4% und im Mais um 99,2%.

6.4 Zulassungsverfahren

Pflanzenschutzmittel sind Fremdstoffe mit mehr oder weniger negativen Nebenwirkungen. Bestimmungsgemäß sind sie beispielsweise zur Bekämpfung der Unkräuter (Pflanzen) und der Schädlinge (Tiere) vorgesehen, d. h. Pflanzenschutzmittel greifen in den Naturhaushalt ein. Dabei beeinträchtigen sie auch Nichtzielorganismen, was nicht gewollt ist. Leider besteht so gut wie keine Chance, Pflanzenschutzmittel zu entwickeln, die nur auf Schadorganismen wirken. Je nach ihren chemisch-physikalischen Eigenschaften werden Rückstände von Pflanzenschutzmitteln in Wasser, Boden, Luft und auf pflanzlichen Erzeugnissen festgestellt, wenn auch teilweise in nur geringen Mengen.

Um eine Gefährdung der Gesundheit von Mensch und Tier, des Grundwassers sowie sonstige Auswirkungen auf den Naturhaushalt weitgehend einzuschränken oder zu vermeiden, wurden gesetzliche Regelungen erlassen. In einem umfassenden Zulassungsverfahren werden Pflanzenschutzmittel seit 1968 (erweitert im Pflanzenschutzgesetz 1986) auf ihre verschiedenen Wirkungen und Nebenwirkungen obligatorisch geprüft, wobei unerwünschte Nebenwirkungen durch Auflagen reduziert oder ausgeschlossen werden.

Der Ablauf des Zulassungsverfahrens ist in Abb. 24 dargestellt. Die Biologische Bundesanstalt für Land- und Forstwirtschaft (BBA) in Braunschweig ist die Zulassungsbehörde, das Bundesgesundheitsamt (BGA) und das Umweltbundesamt (UBA) in Berlin sind die Einvernehmensbehörden. Die wichtigsten Abschnitte der Prüfung sind:

- Wirksamkeit und Pflanzenverträglichkeit,
- Toxikologie (Lehre von der Giftigkeit der Stoffe),
- Ökotoxikologie (Lehre vom Eintrag und Wirkung von Stoffen im Naturhaushalt).

In der Wirksamkeitsprüfung ist in zwei Vegetationsperioden eine hinreichende Wirkung des Pflanzenschutzmittels gegen die vorgesehenen Schadorganismen bei ausreichender Pflanzenverträglichkeit nachzuweisen (Tab. 20). Die Versuche müssen im Bundesgebiet verteilt angelegt werden. Ein Teil der Ergebnisse muß aus amtlichen Versuchen stammen.

Tab. 20. Prüfung zur Wirksamkeit und Pflanzenverträglichkeit

Vom amtlichen Pflanzenschutzdienst nach 120 Richtlinien gebührenpflichtig durchgeführt
Versuche in regional verschiedenen Gegenden
Ergebnisse aus zwei Vegetationsperioden
Hinreichend wirksam gegen Schadorganismen
Überprüfung von Aufwandmenge, Anwendungstermin und -modalitäten
Ermittlung von negativen und positiven Nebenwirkungen
Prüfung der Pflanzenverträglichkeit

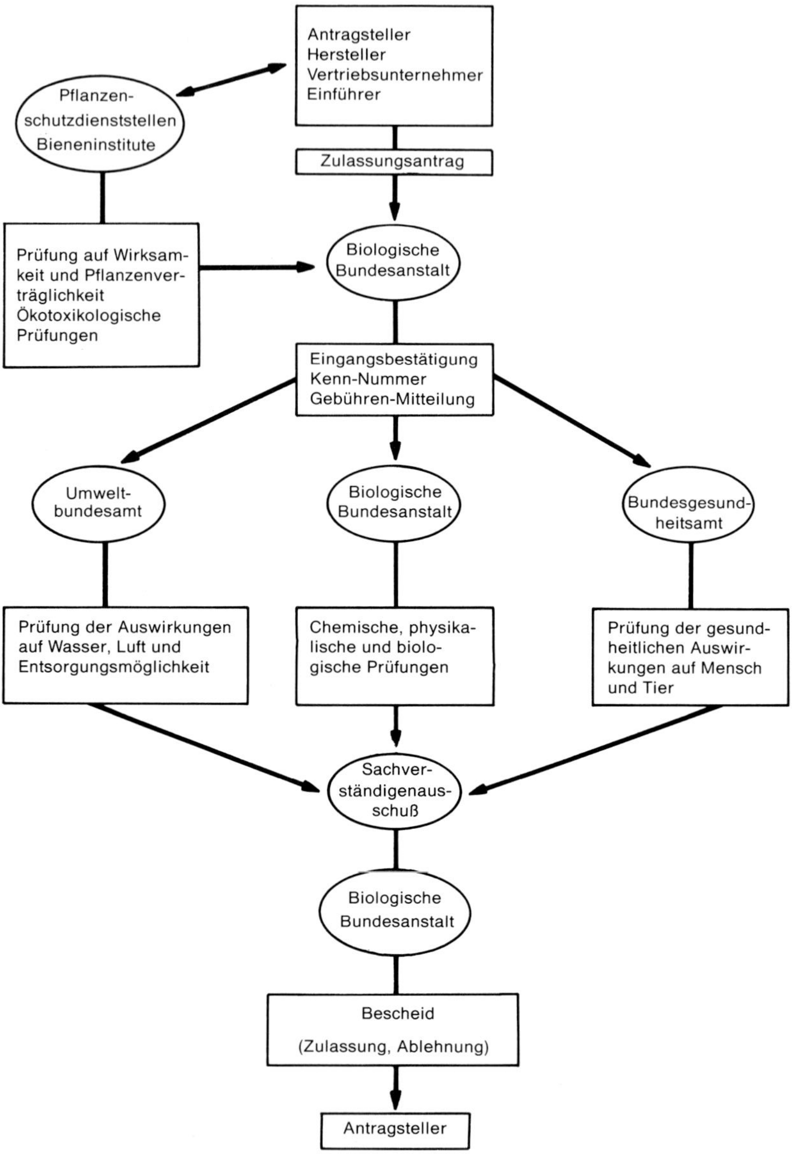

Abb. 24. Ablauf des Zulassungsverfahrens für Pflanzenschutzmittel (nach HARMUTH 1990).

Tab. 21. Ökotoxikologische Prüfung im Rahmen des Zulassungsverfahrens
Abbauverhalten im Boden
Versickerungsverhalten
Risikobewertung einer Trinkwasserkontamination
Verhalten der Rückstände im Wasser (Photolyse, Adsorption an Sedimenten)
Verhalten in der Luft (Flüchtigkeit aus Boden und von Pflanzen), Abbau in der Luft
Einfluß auf die Funktion der Mikroflora (Bodenatmung, Nitrifikation)
Einfluß auf die Funktion der Bodenfauna (Regenwürmer, Sekundärzersetzer)
Auswirkung auf freilebende Säugetiere
Auswirkung auf Honigbienen
Akute Toxizität für Vögel
Versuche zur Mittelaufnahme durch Vögel
Versuche zur Sekundärvergiftung von Vögeln
Auswirkung auf Nutzarthropoden
Akute Toxizität für Fische und Fischnährtiere

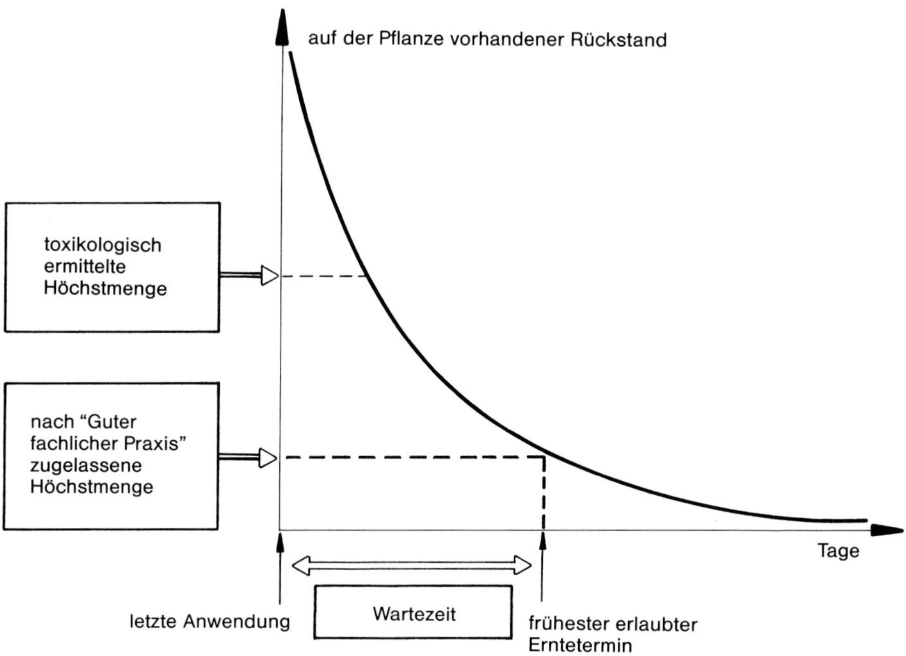

Abb. 25. Festsetzung der Höchstmengen und Wartezeiten.

Toxikologische Studien eines Mittels werden für die Beurteilung des Anwender- und Verbraucherschutzes benötigt. Die Bestimmung der akuten Toxizität (LD_{50} = Letale Dosis, bei der 50% der Versuchstiere sterben) eines Mittels erfolgt im Tierversuch bei einmaliger Verabreichung des Stoffes. Nach der LD_{50} richtet sich für den Anwender die giftrechtliche Beurteilung und entsprechende Einstufung des Mittels.

Langfristige Fütterungsversuche (zweijährig) und Tierexperimente sind für die Beurteilung der chronischen Auswirkungen erforderlich. Aus den Ergebnissen werden die erlaubten Höchstmengen auf Lebensmitteln errechnet und die dazugehörigen Wartezeiten festgelegt (Abb. 25). Alle Mittel werden auf Kanzerogenität (Krebserzeugung), Mutagenität (Erbgutveränderung) und Teratogenität (Mißbildungen) geprüft. Krebserzeugende, erbgutverändernde und mißbildende Pflanzenschutzmittel sind nicht zugelassen.

Zur ökotoxikologischen Prüfung gehört die Beurteilung der Wirkung der Pflanzenschutzmittel auf den Naturhaushalt (Tab. 21). Nun ist die gesetzliche Definition für den Naturhaushalt und seine Bestandteile Boden, Wasser, Luft, Tier- und Pflanzenarten sowie das Wirkungsgefüge zwischen ihnen so umfassend, daß eine Analyse dieses Wirkungsgefüges in seiner Komplexität oder gar die Wirkung von Pflanzenschutzmitteln auf Tausende einzelner Organismen niemals möglich ist. Deshalb werden Lösungen gesucht, um mit standardisierten Tests bestimmte ökologische Gesetzmäßigkeiten mit vertretbarem Aufwand zu erarbeiten.

Für die Bewertung eines Mittels sind Intensität und Dauer der Wirkung bis zur Wiederherstellung des ursprünglichen Gleichgewichts im Naturhaushalt entscheidend. So wird die mögliche Beeinträchtigung der Mikroorganismen und damit der Bodenfruchtbarkeit über die Bodenatmung oder den Stickstoffumsatz der Mikroorganismen gemessen (Abb. 26). Von den Bodentieren wird der Regenwurm überprüft, wobei als »Stellvertreter« der leicht zu züchtende »Mistwurm« im Test verwendet wird.

Die Geschwindigkeit der Abbaubarkeit der Mittel im Boden wird mit der Halbwertszeit in Tagen gemessen; d. h. 50% des Wirkstoffes wird in einer bestimmten Zeit abgebaut. Es darf keine Anreicherung des Mittels auch bei mehrmaliger Anwendung nach guter fachlicher Praxis erfolgen. Künftig sollen nicht nur die 50%ige (Halbwertszeit) sondern die 90%ige Abbaurate eines Mittels in Tagen angegeben werden.

Seit einigen Jahren wird intensiv über »gebundene Rückstände« im Boden und in der Pflanze gearbeitet. Dabei geht es um Wirkstoffe und Metaboliten, die mit Humusstoffen im Boden chemische Verbindungen eingehen, die mit üblichen chemischen Methoden nicht extrahiert werden können. Eine spätere Belastung des Bodens oder der Pflanzen durch Freiwerden dieser gebundenen Rückstände wird derzeit nicht befürchtet.

Durch den in der Trinkwasserverordnung festgesetzten Grenzwert von 0,1 µg Wirkstoff je Liter Trinkwasser hat das Versickerungsverhalten der Pflanzenschutzmittel sehr große praktische Bedeutung erlangt. Mit vorläufigen Rechenmodellen und im Zweifelsfalle mit nachfolgenden Lysimeterversuchen wird die mögliche Überschreitung des Grenzwertes im Grundwasser überprüft (Abb. 27). Grundwassergefährdende Mittel erhalten eine Wasserschutzgebietsauflage, d. h. ihr Einsatz ist in Wasserschutzgebieten verboten. Durch die Berücksichtigung des Trinkwassergrenzwertes erhielten auch alte bekannte Wirkstoffe, wie einige Wuchsstoffe und deren Kombinationsprodukte, vorsorglich eine Wasserschutz-

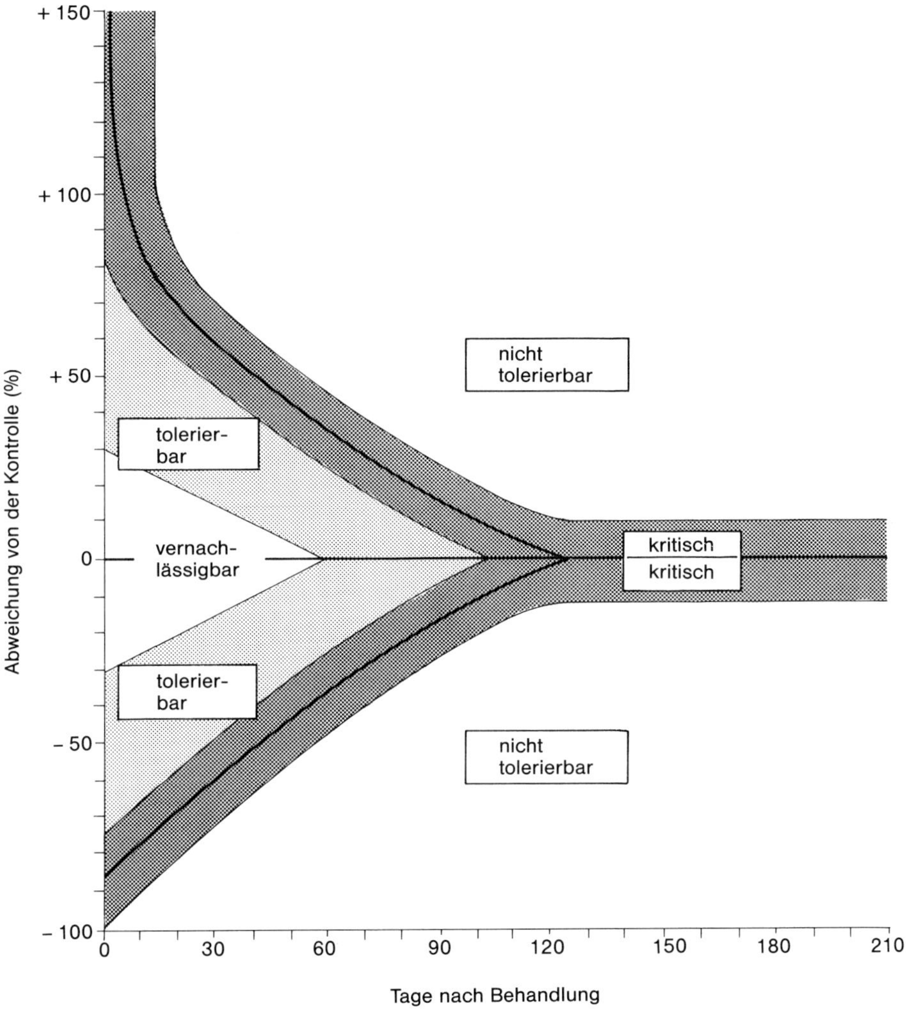

Abb. 26. Modell zur Bewertung ökotoxikologischer Wirkungen von Pflanzenschutzmitteln auf Bodenmikroorganismen (nach DOMSCH et al. 1983).

gebietsauflage. Damit wird einerseits dem Grundwasserschutz Rechnung getragen, andererseits wird aber die Präparateauswahl in Wasserschutzgebieten erheblich eingeschränkt.

Der Einfluß der Pflanzenschutzmittel auf die Oberflächengewässer wird an Wasserflöhen, Algen und Forellen bzw. Karpfen getestet. Die Bewertung der Ergebnisse schlägt sich in den Auflagen für die Anwendung des Pflanzenschutzmittels nieder, indem zu Oberflächengewässern Sicherheitsabstände von 10 m, 20 m oder 50 m eingehalten werden müssen. Auch die Anwendung verschiedener Pflanzenschutzmittel auf zur Abschwemmung neigenden Böden ist untersagt.

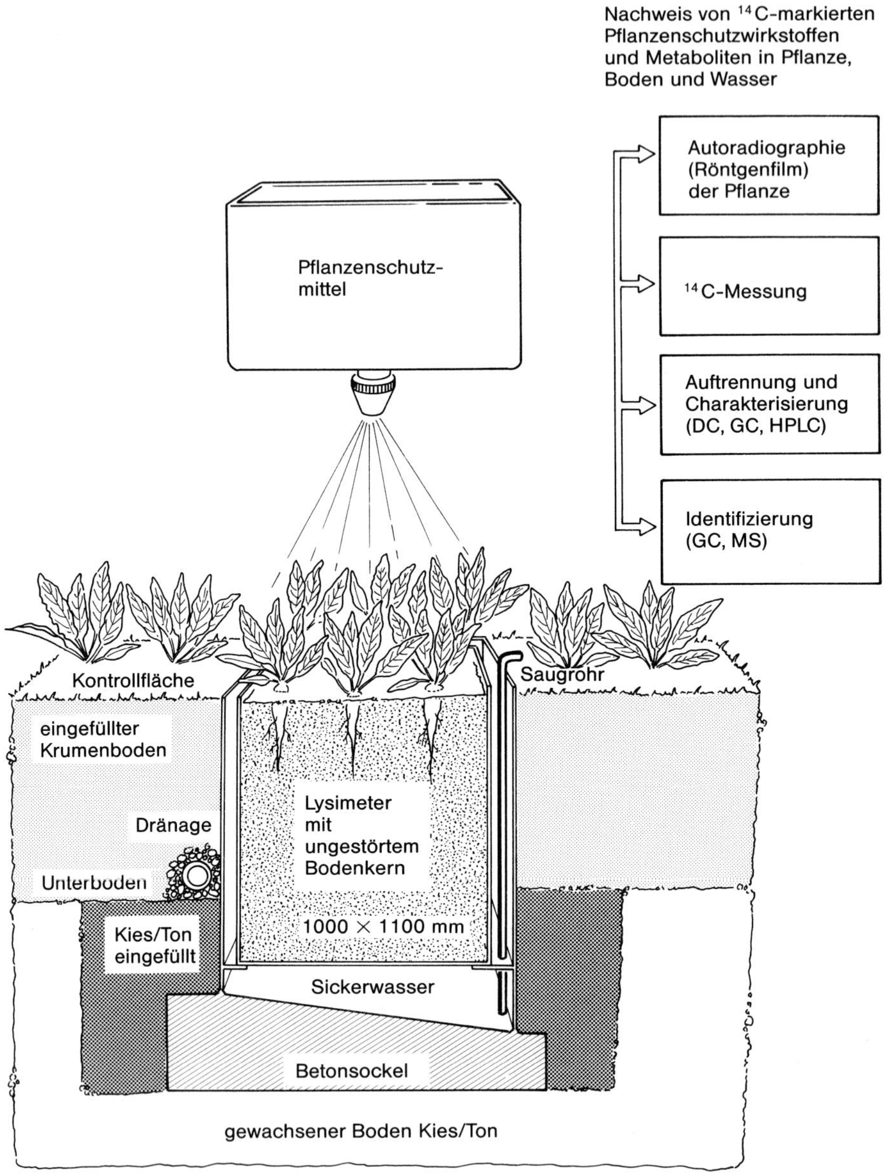

Abb. 27. Der Einsatz der ^{14}C-Markierung in praxisgerechten Lysimeterversuchen zu Aufnahme, Abbau und Verlagerung von Pflanzenschutzwirkstoffen. Querschnitt der Lysimeteranlage (nach FÜHR u. a. 1989).

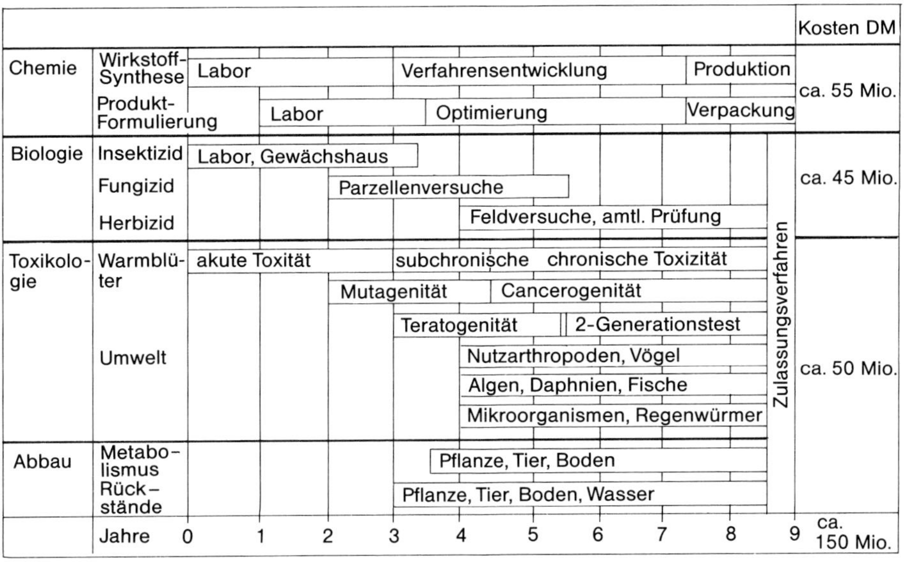

Abb. 28. Entwicklung eines Pflanzenschutzmittels.

Die Abschätzung einer möglichen Gefährdung freilebender Tiere wie Wild und Vögel, Bienen und Nützlinge durch Pflanzenschutzmittel wird durch spezielle Testmethoden und Ergebnisse der toxikologischen Untersuchungen vorgenommen. Künftig wird die Bewertung des Verflüchtigungsverhaltens und der Abbaubarkeit der Pflanzenschutzmittel in der Luft richtlinienmäßig erfaßt.

Nachdem alle Prüfkriterien für ein Pflanzenschutzmittel bearbeitet und bewertet sind, wird der Sachverständigenausschuß gehört. In dieses Beratungsgremium für die Biologische Bundesanstalt sind vom Bundeslandwirtschaftsminister 25 Sachverständige aus dem amtlichen Pflanzenschutzdienst der Länder berufen, außerdem Toxikologen, Ökologen, Bodenfachleute, Analytiker, Arbeitsmediziner sowie Wasser- und Bienenfachleute.

Die Zulassung eines Mittels wird laut § 15 Pflanzenschutzgesetz erteilt, wenn

- das Pflanzenschutzmittel nach dem Stande der wissenschaftlichen Erkenntnisse und der Technik hinreichend wirksam ist,
- die Erfordernisse des Schutzes der Gesundheit von Mensch und Tier beim Verkehr mit gefährlichen Stoffen nicht entgegenstehen,
- das Pflanzenschutzmittel bei bestimmungsgemäßer und sachgerechter Anwendung oder als Folge einer solchen Anwendung keine schädlichen Auswirkungen auf die Gesundheit von Mensch und Tier und auf das Grundwasser und keine sonstigen Auswirkungen, insbesondere auf den Naturhaushalt, hat, die nach dem Stande der wissenschaftlichen Erkenntnisse nicht vertretbar sind.

Gegen den Zulassungsbescheid kann der Antragsteller Rechtsmittel einlegen.

Die Kosten für die Entwicklung eines Pflanzenschutzmittels betragen etwa 150 Mio. DM (Abb. 28).

Tab. 22. Rückgang der Anzahl zugelassener Pflanzenschutzmittel und deren Wirkstoffe nach Inkrafttreten des neuen Pflanzenschutzgesetzes vom 15. September 1986 (Biologische Bundesanstalt für Land- und Forstwirtschaft, KLINGAUF 1990)

Stand	Pflanzenschutzmittel		Wirkstoffe	
	(abs.)	(rel.)	(abs.)	(rel.)
Jan. 1987	1695	100	308	100
Jan. 1988	1542	91	295	96
März 1989	1361	80	286	93
Jan. 1990	967	57	223	72
Mai 1990	1079	64	233	76
Jan. 1991	903	53	200	65
Apr. 1991	926	55	217	70

Die Zahl der zugelassenen Wirkstoffe hat sich in den letzten Jahren erheblich verringert wegen der hohen Prüfanforderungen, den daraus erwachsenden hohen Entwicklungskosten und damit zusammenhängend der Konzentration der Firmen auf »große Kulturen« wie Getreide, Mais, Rüben und Raps (Tab. 22). Die Lückenindikationen, d. h. fehlende chemische Pflanzenschutzmittel gegen bestimmte Schadorganismen in »kleinen Kulturen« (Gemüse, Beerenobst, Zierpflanzen) nehmen dramatisch zu.

Diese Entwicklung gefährdet auch den Integrierten Pflanzenschutz, weil

- durch wenige Wirkstoffe die Resistenzgefahr zunimmt,
- nur wenige spezifisch wirksame Mittel vorhanden sind und
- Mittel für die gezielte Bekämpfung (z. B. im Nachauflauf) fehlen.

Eine Verbesserung dieser Situation ist für die nächsten Jahre dann zu erwarten, wenn nach der Umsetzung der Richtlinien des Rates über das Inverkehrbringen von Pflanzenschutzmitteln vom 15. Juli 1991 in nationalem Recht zugelassene Mittel aus anderen Mitgliedsstaaten ohne nochmalige Prüfung übernommen werden können.

Im internationalen Vergleich sind die Prüfungsanforderungen an die Pflanzenschutzmittel in der Bundesrepublik streng, d. h. es sind Daten vorzulegen, die in anderen Ländern nicht erforderlich sind. Dies hat für die Firmen auch Vorteile, weil in 40 bis 50 Ländern die deutsche Zulassung für die Vertriebsgenehmigungen (Heimatschein) von entscheidender Bedeutung ist (KLINGAUF 1990).

Entscheidungshilfen

Um die Prinzipien des Integrierten Pflanzenschutzes in seinem landwirtschaftlichen Betrieb umzusetzen, braucht der Landwirt umfassende Kenntnisse, Fertigkeiten und Erfahrungen. Er wird gefordert beim:

- Beurteilen der anbau- und kulturtechnischen Maßnahmen in seinem Betrieb auf die Entwicklung der Schadorganismen,
- Anwenden und Auswählen anbau- und kulturtechnischer Maßnahmen sowie der biologischen, biotechnischen und chemischen Methoden des Pflanzenschutzes,
- Erkennen der Schadsymptome und Wissen über die Biologie der Schadorganismen,
- Bewerten der Kosten-Nutzen-Relation der Abwehr- und Bekämpfungsmöglichkeiten,
- Auswählen wirksamer, ökologisch günstiger, preiswürdiger Pflanzenschutzmittel sowie sachgerechtes und bestimmungsgemäßes Anwenden,
- Einsetzen funktionstüchtiger Feldspritzen mit guter Applikationstechnik,
- Abwägen der Auswirkungen der Pflanzenschutzmaßnahmen auf den Naturhaushalt,
- Beachten der vielen, für den Praktiker relevanten Rechtsvorschriften.

Hierfür benötigt der Landwirt die Unterstützung von Spezialisten. Er kann sich der staatlichen Offizialberatung sowie der Fach- und Verkaufsberater anderer Stellen wie der Industrie, des Handels, der Beratungsringe oder anderer privater Organisationen bedienen.

1 Beratung

Aufgabe der Pflanzenschutzberatung ist die Information des Landwirts über Maßnahmen, mit denen wirtschaftliche Schäden durch Schadorganismen und Krankheiten an Pflanzen sowie Schäden an Pflanzenerzeugnissen abgewendet werden können. Die amtliche Pflanzenschutzberatung ist rechtlich gehalten, darüber hinaus auch ökologische Fragen in ihrer Beratung und in ihren Empfehlungen zu berücksichtigen. Hinzu kommen nach dem Pflanzenschutzgesetz verschiedene Überwachungsaufgaben wie Kontrolle der Pflanzenschutzmittelanwendungen in Wasserschutzgebieten und außerhalb von landwirtschaftlich, forstwirtschaftlich und gärtnerisch genutzten Flächen. Besonderer Wert wird auf Kontrolle der guten fachlichen Praxis bei der Anwendung von Pflanzenschutzmitteln gelegt. Da die amtliche Pflanzenschutzberatung frei von wirtschaftlichen Bindungen und einseitigen Gruppeninteressen ist, kann der Beratungsauftrag objektiv erledigt werden.

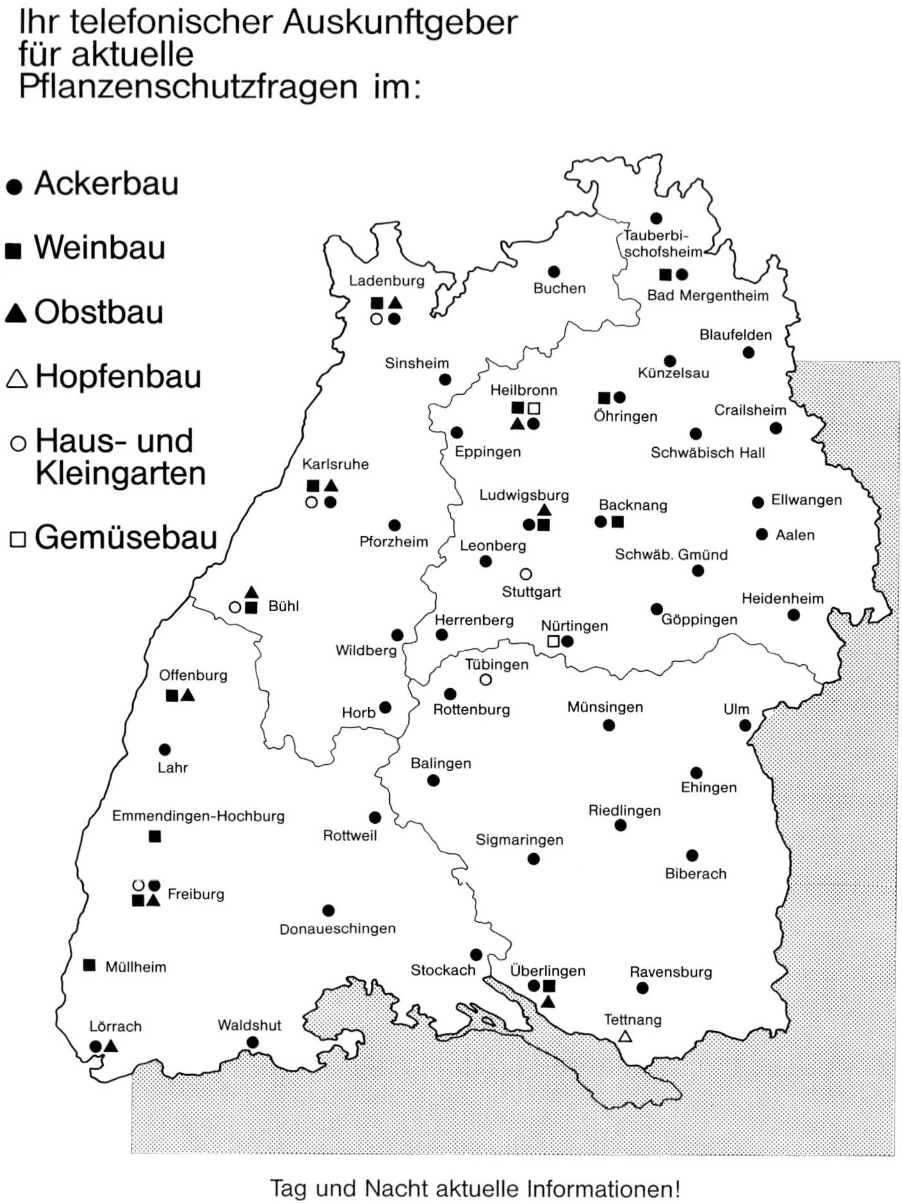

Abb. 29. Pflanzenschutzdienst und Rebschutzdienst in Baden-Württemberg.

Die Industrie- und Vertriebsberatung schließt insbesondere in der »Vor-Ort-Beratung« und im anwendungstechnischen Bereich eine Lücke, die sich aus den knappen Kapazitäten der Offizialberatung ergibt. Ihr Beratungsziel ist ein wirtschaftlicher, risikoarmer Pflanzenschutz unter starker Betonung der chemischen Maßnahmen, wobei sich die Empfehlungen zwangsläufig auf bestimmte Produkte konzentrieren (DIERCKS 1983). In den letzten Jahren ist ein positiver Wandel der Industrieberatung in der Einstellung zu ökologischen Fragen bis hin zum Integrierten Pflanzenschutz deutlich zu beobachten. Für den Landwirt ist damit eine fachlich verständliche Bandbreite in der amtlichen und privaten Pflanzenschutzberatung durchaus erkennbar, wenngleich die Interessen nicht völlig deckungsgleich sind.

Als Beratungsmethoden werden die Einzel- und Gruppenberatung bevorzugt verwendet. Dabei ist die arbeitsintensive Einzelberatung für den Landwirt die wichtigste Entscheidungshilfe. Besonders werden die Pflanzenschutzberater zur Diagnose von Schaderregern und deren Abwehrmöglichkeiten befragt. Dem Berater geben diese Anfragen eine schnelle aktuelle Übersicht zur Befallslage in seinem Dienstbereich. Für die praktische Umsetzung des Integrierten Pflanzenschutzes ist die Einzelberatung von ausschlaggebender Bedeutung, weil nur gemeinsam mit dem Landwirt wirtschaftliche Schadensschwellen, Prognoseregeln, Beobachtungsmethoden erprobt werden können. Allerdings sind die personellen Möglichkeiten in der Offizialberatung für diese wichtige Aufgabe begrenzt. Ein neuer Weg wird modellhaft mit der Schaffung von Beratungsdiensten in Baden-Württemberg beschritten, die je zur Hälfte von den Landwirten und vom Land finanziert werden.

Auf fachlich ausgerichteten und zeitlich passenden Feldbegehungen und Versuchsbesichtigungen können einer größeren Gruppe von Landwirten Schadsymptome demonstriert und Bekämpfungsmöglichkeiten erläutert werden.

Der Warndienst informiert den Landwirt regelmäßig über die Befallssituation, so daß er nach der Befallskontrolle die notwendigen Maßnahmen ergreifen kann.

Ergebnisse der Versuche, neue Pflanzenschutzmittel und Schadorganismen und die Erfahrungen aus dem abgelaufenen Jahr werden in Winterversammlungen vorgestellt und besprochen.

Darüber hinaus erhält der Landwirt umfangreiches Informationsmaterial vom amtlichen Pflanzenschutzdienst und der Industrie.

2 Warndienst

Der amtliche Warndienst hat die Aufgabe, durch ständige Beobachtungen und umfangreiche Erhebungen für ein bestimmtes Gebiet das zeitliche Auftreten und das Befallsausmaß von Krankheiten, Schädlingen und Unkräutern zu ermitteln. Er schätzt ab, ob eine Kontrolle der Bestände auf die genannten Schadorganismen durch den Landwirt erforderlich ist und gibt seine Erkenntnisse der Praxis in geeigneter Weise bekannt.

Mit dem telefonischen Auskunftgeber beim Landwirtschaftsamt werden aktuelle Hinweise in bestimmten Fällen sogar täglich gegeben. Örtliche Unterschiede beim Auftreten der Krankheiten und Schädlinge können in der Ansage des amtlichen Pflanzenschutzberaters berücksichtigt werden. Der Landwirt hört telefonisch die kurzgefaßten und klar formulierten Warndienstmeldungen

»seines« Pflanzenschutzberaters ab, ohne daß er allerdings Fragen stellen kann. Die Warnmeldungen für die einzelnen Disziplinen wie Ackerbau, Obst- und Weinbau, Gemüse- und Zierpflanzenbau, Hopfen- und Tabakbau sowie Kleingarten werden möglichst auf verschiedenen Geräten gegeben, denn der Anrufer will Aussagen nur zu seinem speziellen Problem hören, das möglichst auch an vorderer Stelle des Drei-Minuten-Bandes angesprochen wird (Abb. 29). Mittelnamen werden wegen der Übersichtlichkeit und Verwechslungsgefahr selten erwähnt. Deshalb wird eine jährlich aktualisierte schriftliche Mitteilung (Merkblätter) mit den entsprechenden Mitteln den Landwirten zur Verfügung gestellt.

In Bayern und Baden-Württemberg haben sich telefonische Auskunftgeber gut bewährt.

Mit Btx können sehr schnell aktuelle Warnhinweise an die Benutzer weitergeleitet werden. Der Landwirt ist nicht von der Anruferfrequenz wie beim einfachen telefonischen Auskunftgeber abhängig, sondern er kann zu jeder Zeit die Meldung abrufen. Zudem hat er diese schriftlich vor sich und kann auch einen Ausdruck machen. Voraussetzung ist allerdings eine Btx-Einrichtung beim Landwirt. Für den Warndienst ist Btx eine geradezu hervorragende Einrichtung, zumal auch Rückfragen beim Pflanzenschutzberater per Btx möglich sind. Diese können schnell und zeitlich unabhängig auf die gleiche Weise beantwortet werden.

Schriftliche Warnhinweise werden von Stellen des Pflanzenschutzdienstes per Post an die Landwirte herausgegeben. Der Text kann aktuell und auch regional abgestimmt formuliert werden, doch ist die Dauer des Postweges zu berücksichtigen. Die Bezieher haben den Vorteil, daß die Empfehlung schriftlich vorliegt und nachgelesen werden kann. Somit können neben der Aufforderung zur Bestandskontrolle durchaus auch Mittel empfohlen werden, die sich in diesem Gebiet besonders bewährt haben.

Der Landwirt wird also über unterschiedliche Informationswege zur sofortigen Überprüfung seiner Feldschläge aufgerufen. Er verschafft sich mit Kontrollverfahren Erkenntnisse über das Auftreten des Schaderregers, über dessen Befallsstärke und dessen Verteilung auf seinem Feld. Dazu ist in der Regel eine diagonale Schlagbegehung notwendig. Eine gute Lupe (10x) sollte der Landwirt stets bei sich tragen. Mit Pheromonfallen kann er den Flugbeginn bestimmter Schädlinge (Erbsenwickler, Maiszünsler u. a.) einfach feststellen. Sobald gezählt werden muß, wie z. B. bei der Blattlaus- und Unkrautkontrolle, sind Notizen erforderlich. Leider fehlen für diese Feldarbeit praxisbezogene Unterlagen mit den wichtigsten Informationen über die Höhe der wirtschaftlichen Schadensschwellen, Skalen der Entwicklungsstadien der Kulturpflanzen, Hinweise zur Diagnose u. ä. Ansprechende Lösungen sind für die EPIPRE-Prognose gefunden worden. Kommt der Landwirt selbst zu keinem befriedigenden Ergebnis, dann kann er auch die Hilfe des Beraters beanspruchen. Denn schon viele Pflanzenschutzprobleme wurden beim Gang »zu zweit« über das Feld gelöst. Allerdings werden diese Gespräche vor Ort wegen mangelnder Kapazität bei den Beratern (amtlich und privat) immer seltener. Letztlich entscheidet der Landwirt allein, ob eine Bekämpfung- oder Abwehrmaßnahme in seinem speziellen Falle notwendig ist. Hierfür sind Kenntnisse über den Anwendungszeitpunkt und die Wirkungsweise der möglicherweise einzusetzenden Pflanzenschutzmittel unbedingt erforderlich.

Im Warndienst werden auch der Situation entsprechend Hinweise zur Bekämpfung von Schadorganismen gegeben oder von Maßnahmen abgeraten, weil beispielsweise der Behandlungstermin verpaßt ist, obwohl sich das Schadbild noch sehr deutlich präsentiert (Fritfliege am Mais, Brachfliege, Drahtwurm u. a.). Dieser moderne Warndienst kann nur funktionieren, wenn der Landwirt

- die Warnmeldungen regelmäßig abfragt oder erhält,
- ein umfangreiches Wissen über die Biologie und das Schadbild des Schadorganismus hat,
- die wirtschaftlichen Schadensschwellen kennt,
- die Kontroll- und Bekämpfungsmöglichkeiten beherrscht und
- einen ständigen vertrauensvollen Kontakt zum Herausgeber der Warnmeldungen hat.

Dies sind hohe Anforderungen an die Landwirte. Sie sind aber notwendig, wenn der Integrierte Pflanzenschutz praktiziert werden soll. Denn nur die ermittelte Befallslage auf einem bestimmten Schlag ist für die entsprechenden Pflanzenschutzmaßnahmen ausschlaggebend. Die frühere Arbeitsweise des Warndienstes, regelmäßig und gebietsübergreifend zu Bekämpfungsaktionen aufzurufen, ist überholt.

Praktisches Beispiel für Integrierten Pflanzenschutz - Modell Lautenbacher Hof

1 Entstehung des Modells

Als Mitte der 70er Jahre das Modell des Integrierten Pflanzenschutzes im Apfelanbau von Obstbauern praktiziert wurde, stellte sich die grundsätzliche Frage nach dem Integrierten Pflanzenschutz in einjährigen Kulturen. Zur Klärung bot sich der Ackerbau mit seiner großen flächenhaften Ausbreitung an. 1978 begann die Landesanstalt für Pflanzenschutz, Stuttgart, das Modell »Integrierter Pflanzenschutz im Ackerbau« auf dem Lautenbacher Hof zu bearbeiten.

Der Lautenbacher Hof
Der Lautenbacher Hof liegt im fruchtbaren, klimatisch günstigen schwäbischen Unterland der Gemeinde Ödheim im Kreis Heilbronn.

Das langjährige Temperaturmittel beträgt 9,4 °C. Im Jahresdurchschnitt fallen 745 mm Niederschlag, wobei in der Regel mit einem feuchten Frühjahr und mit einem trockenen Frühsommer gerechnet werden muß. Der Boden besteht in der Hauptsache aus kolluvialen Braunerden und Parabraunerden aus Löß. In geringerem Umfange sind Pararendzina, Pelosol und Pseudogley vertreten. Durch den hohen Schluffanteil und das kuppierte Gelände mit Höhenunterschieden von 185 bis 235 m über NN besteht erhebliche Erosionsgefahr. Ökologisch wertvolle Strukturen wie Hecken, Ackerraine u. a. fehlen auf den arrondierten Großflächen.

Die Betriebsfläche ist 245 ha groß, wovon Hoffläche, Wege, Obstgärten und Parkanlage 15 ha beanspruchen. Angebaut werden Winterweizen, Sommerweizen, Sommergerste, Hafer und seit 1984 auch Roggen, Zuckerrüben, Erbsen, Buschbohnen und Spinat. Ackerbohnen vervollständigen die Fruchtfolge. Die Viehhaltung beschränkt sich auf 200 bis 400 Mastschweine. Der Arbeitskräftebesatz umfaßt drei AK, einbezogen sind zusätzlich zwei Auszubildende. Der Lautenbacher Hof ist Eigentum einer Erbengemeinschaft.

2 Kriterien der integrierten und konventionellen Bewirtschaftung

Von Anfang an bestand Klarheit darüber, daß in diesem Modell zwei vollständige Verfahren - »integriert« und »konventionell« - miteinander verglichen werden sollen. Damit wird die gegenseitige Abhängigkeit und Beeinflussung der Einzelkomponenten geprüft. Das Ergebnis im Modell ist mit dem Ergebnis eines landwirtschaftlichen Betriebs vergleichbar. Bei dieser Verfahrensweise wird das Zusammenwirken der ausgewählten acker- und pflanzenbaulichen Maßnahmen zur Unterdrückung von Schadorganismen geprüft. Dabei wird in Kauf genommen, daß Unterschiede im Befall durch Schadorganismen, Ertragsausfälle u. a.

nachträglich nicht einer Einzelmaßnahme zugeordnet werden können. Für die Gesamtaussage ist dies jedoch von untergeordneter Bedeutung, weil erfahrungsgemäß jährlich wechselnde Faktoren wirksam werden.

Die Unterscheidungskriterien für die integrierte und konventionelle Bewirtschaftung liegen in Bodenbearbeitung, Saattechnik, Stickstoffdüngung, Humuswirtschaft und den Bekämpfungsverfahren gegen Schadorganismen (Tab. 23).

Tab. 23. Die wesentlichen Unterscheidungsmerkmale der beiden Bewirtschaftungssysteme

	integriert	**konventionell**
Bodenbearbeitung	nicht wendend (Schichtengrubber)	vorwiegend wendend (Pflug)
Saattechnik		
Getreide	doppelreihig mit 6 cm innerh. und 24 cm zwischen d. Doppelreihen	Drillsaat (14–16 cm Abstand)
Zuckerrüben	einheitlich 45 cm Reihen- und 18–20 cm Ablageabstand	
Ackerbohnen	einheitlich gedrillt auf 30 cm Abstand Einzelkornablage	
Düngung		
P, K und Ca	nach Analysenergebnissen	
Stickstoff	nach N_{min}- bzw. anderen Methoden	
	Anpassung der Auffüllmenge auf den langjähr. Mittelwert, möglichst mit langsamwirkenden N-Formen (ca. 20 % niedriger als im konventionellen)	Auffüllmenge mit schnell löslichem N-Dünger auf betriebsübliches Niveau
Schweinemist	einheitlich 200 dt/ha vor Zuckerrüben	
Untersaaten	Klee als Untersaat, Ölrettich, Phacelia und Klee als Zwischenfrucht	keine Untersaat, gelegentlich Zwischenfrucht
Bekämpfungsmaßnahmen		
Unkräuter	mechanisch und/oder chemisch nach Schwellenwert	Herbizide
Krankheiten	Fungizide nach Schwellenwert	Fungizide bei Befallsbeginn
Schädlinge	Insektizide bei Überschreitung der Schwellenwerte, nützlingsschonend, evtl. reduzierte Konzentration	Insektizide nach Befallsbeginn
Strukturelemente	Hecken Randstreifen	

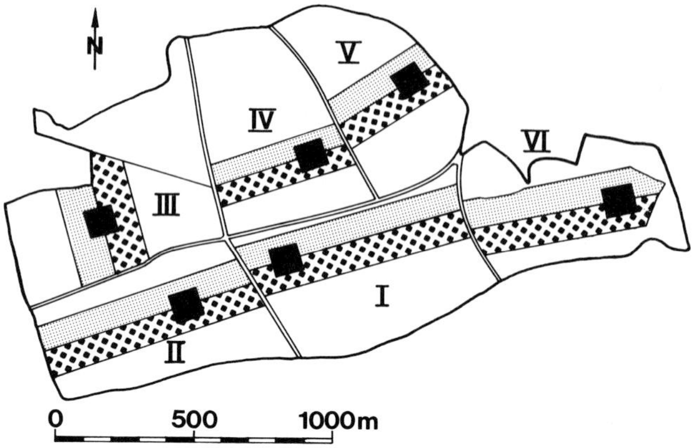

Abb. 30. Versuchsplan-Modell Lautenbacher Hof.

Bei der Auswahl der nichtwendenden Bodenbearbeitung wurde die Schonung des Bodens und der Bodenorganismen in den Vordergrund gestellt, wobei der Pflugeinsatz niemals ausgeschlossen war, aber während der zwölfjährigen Versuchsdauer in keinem Falle erforderlich wurde. Mit der Doppelreihensaat bei Getreide sollte die mechanische Unkrautbekämpfung ermöglicht und zudem ein günstigeres Mikroklima gegen die Getreidekrankheiten geschaffen werden. Eine Reduzierung der Stickstoffdüngung sollte das tatsächlich notwendige Düngungsniveau ausloten und die Auswirkung auf das Auftreten von Schadorganismen testen. Untersaaten, Zwischenfrüchte und Schweinemist wurden wegen der Humusbilanz, dem Stickstoffentzug und der Nützlingsschonung eingesät bzw. ausgebracht.

Die Fruchtfolge ist bei beiden Verfahren gleich und gilt als gesund. Der Forderung nach wenig anfälligen Sorten für Krankheiten konnte bei Getreide nicht entsprochen werden, weil der Betrieb Saatgutvermehrung im Auftrage einer Vermehrungsfirma betreibt. Zudem ist es vorteilhaft, wenn Integrierter Pflanzenschutz auch mit anfälligen Sorten erfolgreich praktiziert werden kann.

Die Versuchsanlage richtet sich nach den sechs zusammenhängenden Flächen mit etwa 36 ha. Auf jedem Schlag werden je 4 ha konventionell und integriert bearbeitet (Abb. 30). In einer 1 ha großen Parameterparzelle, die je zur Hälfte im integrierten bzw. konventionellen Bereich liegt, werden Erhebungen über das Auftreten von Regenwürmern, Spinnen, Collembolen, Laufkäfern und Nematoden gemacht sowie die Artenzusammensetzung der Unkräuter und deren Dichte ermittelt und auch der Zelluloseabbau gemessen (Steiner, El Titi, Bosch 1986).

3 Ergebnisse

Nach zwölfjähriger Versuchsdauer wurde das erste Modellvorhaben »Integrierter Pflanzenschutz im Ackerbau« 1989 abgeschlossen. Die Ergebnisse und Erfahrungen lassen aufgrund der Langfristigkeit dieses Verfahrensvergleichs wichtige Schlüsse zu, die selbstverständlich in erster Linie für den Lautenbacher Hof

Tab. 24. Abweichungen wichtiger betriebswirtschaftlicher Kennzahlen der integrierten bzw. konventionellen Bewirtschaftungsweise von 1978–1989 (konv. = 100 %)

Kennzahl	mittlere Abweichung »integriert« von »konventionell« in Prozent		
	1978–1983	1984–1989	1979–1989
Ertrag	+ 0,52	– 2,8	– 1,5
Arbeitszeit	– 0,60	+ 5,25	+ 1,3
var. Maschinenkosten	– 3,80	– 7,07	– 5,9
Pflanzenschutzmittelkosten	– 37,97	– 34,66	– 36,1
Deckungsbeitrag	+ 5,48	+ 2,73	+ 3,8

Tab. 25. Erträge (dt/ha) verschiedener Kulturen bei integrierter und konventioneller Bewirtschaftung von 1978 bis 1989

Kulturpflanze	1978–1989	
	integriert	konventionell
Winterweizen	59,2	63,3
Sommerweizen	59,0	65,7[2]
Hafer	52,9	51,0
Zuckerrüben	636,4	623,7
Ackerbohnen	41,7	41,3[2]
Erbsen (Frisch)	49,1	48,9[1]
Sommergerste	50,4	51,0[1]

[1] Anbau bis 1983, [2] Anbau ab 1984

gelten. Auf andere landwirtschaftliche Betriebe können sie teilweise mit der notwendigen Anpassung übertragen werden und vor allem Anstoß für betriebsinterne oder regionalspezifische Versuche und Untersuchungen sein. Diese langfristigen Forschungsarbeiten auf dem Gebiet des Integrierten Pflanzenschutzes unter praxisüblichen Anbauverhältnissen haben erstmalig bewiesen, daß eine integrierte Erzeugung landwirtschaftlicher Produkte im Ackerbau möglich und auch wirtschaftlich rentabel ist.

3.1 Betriebswirtschaftliche Ergebnisse

Nach zwölf Versuchsjahren wurde 1989 eine betriebswirtschaftliche Bilanz gezogen, nachdem 1983 eine erste Zwischenbilanz erfolgte (Zeddies, Jung, El Titi 1986). Die Erträge liegen in der konventionellen Bewirtschaftung um 1,5 % höher als in der integrierten. Mehr Arbeitszeit wurde für die integrierte Verfahren benötigt. Da die Kosten für die Pflanzenschutzmittel um 36,1 % und für die variablen Maschinenkosten um 5,9 % in der integrierten Wirtschaftsform gesenkt werden konnten, stieg der Deckungsbeitrag um 3,8 %. Vergleicht man diese Daten mit denen der Zwischenbilanz von 1983, dann ergeben sich keine wesentlichen Änderungen (Tab. 24).

Die Erträge der verschiedenen Kulturpflanzen sind in Tab. 25 dargestellt. Beim Winter- und Sommerweizen liegen die durchschnittlichen Erträge beim konven-

Tab. 26. Mittlerer Kostenaufwand (DM/ha) für den Pflanzenschutz in den einzelnen Kulturen zwischen 1984 und 1988 (El Titi 1989)

Kultur	integriert	konventionell
Winterweizen	178,-	365,-
Sommerweizen	162,-	349,-
Hafer	150,-	86,-
Ackerbohnen	113,-	207,-
Zuckerrüben	345,-	379,-
Durchschnitt	190,-	277,-

tionellen Verfahren deutlich höher als beim integrierten. Hafer, Zuckerrüben und Ackerbohnen weisen dagegen tendentiell leicht höhere Erträge beim integrierten System auf.

Der Pflanzenschutzmittelaufwand ist beim integrierten System um 36,1% gegenüber der konventionellen Anbauweise verringert. Dies hängt mit der geringeren Behandlungshäufigkeit zusammen. Der durchschnittliche Kostenaufwand für den Pflanzenschutz lag auf integrierten Flächen bei 190 DM/ha und auf konventionellen bei 277 DM/ha (Tab. 26).

Die Herbizide machen den größten Anteil der eingesetzten Pflanzenschutzmittel aus, gefolgt von Fungiziden und in weitem Abstand von Insektiziden (Abb. 31).

3.2 Auftreten von Schadorganismen

Die Reduzierung des Befalls durch Schadorganismen mit vorbeugenden Maßnahmen ist ein zentrales Ziel des Integrierten Pflanzenschutzes. Deshalb waren die Auswirkungen des »integrierten Maßnahmenpakets« auf die Befallsstärke und -häufigkeit von besonderem Interesse.

Die weitgestellte Fruchtfolge ließ keine Gefährdung durch die Halmbruchkrankheit *(Pseudocercosporella herpotrichoides)* erwarten. Im Vergleich zur konventionellen Bewirtschaftungsweise (23% Halmgrundverbräunungen) war der Befall der Halme in der integrierten Parzelle (18% Halmgrundverbräunungen) geringer, wobei Verbräunungen an der Halmbasis im Frühjahr kein zufriedenstellendes Maß für den Halmbruchbefall darstellen. Der leichte Befallsrückgang ist sicherlich auf die gute Verrottung der Stoppel bei gesteigerter Aktivität der Antagonisten durch die nichtwendende Bodenbearbeitung zurückzuführen.

Der Getreidemehltau *(Erysiphe graminis)* trat in den einzelnen Jahren unterschiedlich stark auf, blieb in der Regel mit 2% bis 20% unter dem Niveau der konventionellen Bestände. Die Braunspelzigkeit *(Septoria nodorum)* und Ährenfusariosen *(Fusarium culmorum)* lagen im integrierten System höher.

Bei den Zuckerrüben spielte der Feldaufgang auf dem Lautenbacher Hof stets eine große Rolle. Durch das integrierte Bewirtschaftungssystem, besonders durch den Schichtengrubber, konnte die Auflaufrate erhöht werden (Abb. 32). Der Schichtengrubber hinterläßt einen lockeren, wenig zur Verschlämmung neigenden Boden, der den Erregern des Wurzelbrandes *Pythium debaryanum* und *Aphanomyces laevis* sowie *Phoma betae* keine günstigen Bedingungen bietet, und das Wachstum der Rübenkeimlinge fördert. Zudem fressen Collembolen auch Myzel von Schadpilzen (Ulber 1986).

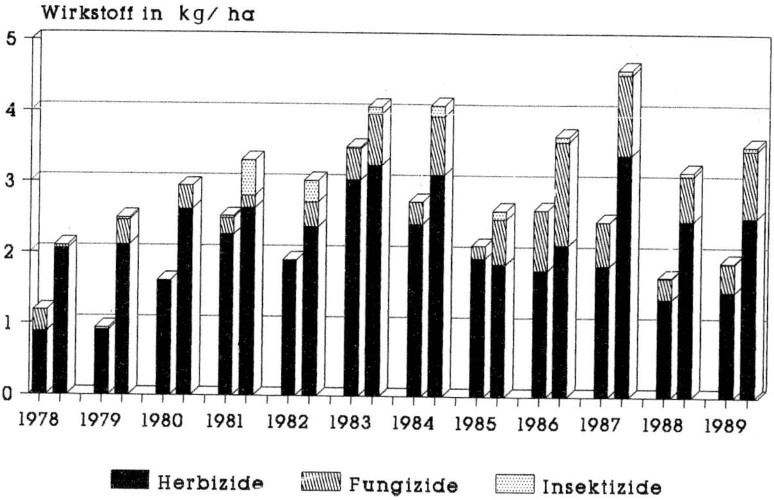

Abb. 31. Die eingesetzten Pflanzenschutzmittel pro Hektar im integrierten und konventionellen Bewirtschaftungssystem auf dem Lautenbacher Hof, eingeteilt nach Herbiziden, Fungiziden und Insektiziden. 1. Säule = integriert, 2. Säule = konventionell (El Titi 1989).

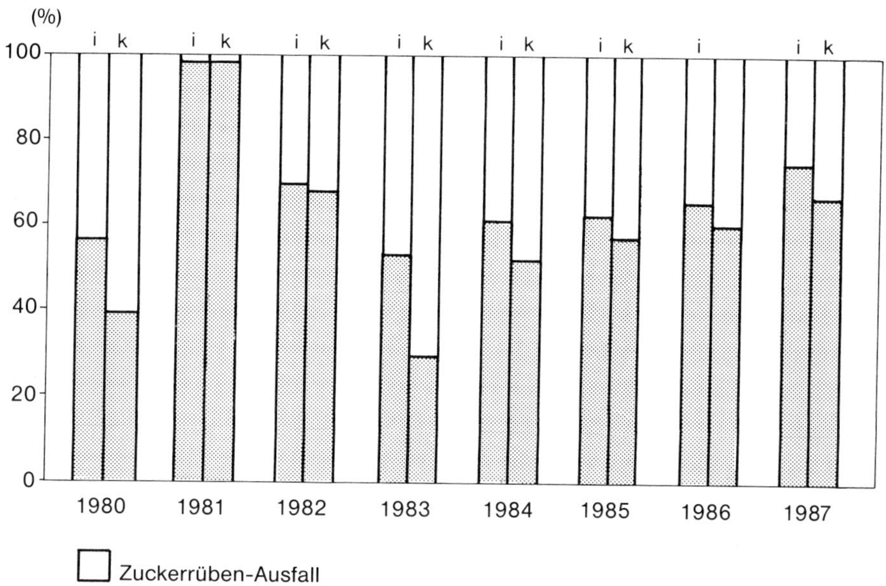

Abb. 32. Der prozentuale Keimlingsausfall bei Zuckerrüben auf integriert und konventionell bewirtschafteten Feldern auf dem Lautenbacher Hof 1980 bis 1986 (El Titi 1988).

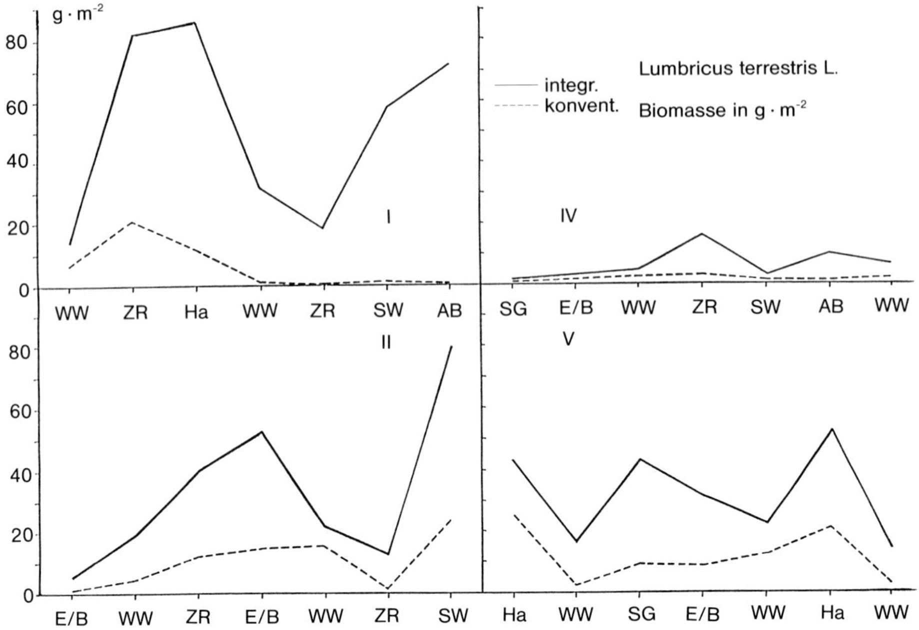

Abb. 33. Frühjahrs-Regenwurmdichte bei integrierter und konventioneller Produktion auf vier Schlägen im Verlauf von sieben Jahren (1980 bis 1986). SW = Sommerweizen, WW = Winterweizen, Ha = Hafer, SG = Sommergerste, AB = Ackerbohnen, E/B = Erbsen/Bohnen, ZR = Zuckerrüben (Bosch 1987).

Die phytopathologisch gefährlichen Stockälchen *(Ditylenchus dipsaci)* und Zystenälchen *(Heterodera* spp.*)* wiesen in den integrierten Parameterparzellen meistens niedrigere Werte als in den konventionellen auf. Vermutlich sind die zahlreicheren Raubmilben als Nematodenfresser hierfür verantwortlich (El Titi 1989).

3.3 Ökologische Auswirkungen

Das »integrierte Maßnahmenpaket« wird ganz besonders auf seine ökologischen Auswirkungen im Vergleich zur konventionellen Bewirtschaftung »unter die Lupe« genommen. Hierbei handelt es sich um die Schonung und Förderung der natürlich auftretenden Gegenspieler der Schadorganismen durch die integrierte Anbauweise der Kulturen und um das Schaffen ökologisch wertvoller Strukturelemente und Lebensräume für Nützlinge.

Die Biomasse der Regenwürmer ist in den integriert bewirtschafteten Schlägen bei verschiedenen Kulturpflanzen stets höher als in konventionellen. Die Gründe liegen im höheren Futterangebot durch Pflanzenrückstände, den Zwischenfrüchten oder Untersaaten und der schonenden Bodenbearbeitung (Abb. 33).

Auch die Tiere der Bodenoberfläche sind durch die integrierte Bewirtschaftung begünstigt. Sowohl die Anzahl der Tiere als auch die Arten sind höher als in den

Tab. 27. Bodenfallenfänge in integriert und konventionell bewirtschafteten Flächen (Lautenbacher Hof) im Jahre 1984 (EL TITI 1989)

Tiergruppe	Zahl der Tiere integriert	konventionell
Carabidae (Laufkäfer)	924	730
Staphylinidae (Kurzflügler)	810	748
Araneae (Spinnen)	2794	2882

Tab. 28. Auftreten verschiedener Tiergruppen in integriert (i) und konventionell (k) bewirtschafteten Flächen (Lautenbacher Hof) zwischen 1984 und 1988 (EL TITI 1989)

	1984		1985		1986		1987		1988	
Tiergruppen	i	k	i	k	i	k	i	k	i	k
Regenwürmer (g/m²)	12,01	2,28	13,84	4,84	15,48	2,65	25,10	8,88	27,54	3,57
Raubmilben (Anz./l Boden)	66,65	30,85	42,17	32,62	44,71	18,91	19,71	14,24	-	-
Springschwänze (Anz./l Boden)	140,0	51,95	21,22	19,12	20,61	17,27	44,62	31,47	-	-
Räub. Nematoden (Anz./250 cm³ Erde)	33,0	24,0	85,0	74,0	84,0	80,0	56,0	51,0	44,0	36,0

konventionellen Schlägen. Laufkäfer *(Carabiden)* und Spinnen *(Araneen)* werden beispielsweise durch die nichtwendende Bodenbearbeitung geschont (Tab. 27). Raubmilben weisen in ihrer Lebensweise eine charakteristische Bindung an die Bodentiefe auf. Vertreter der Familien *Rhodacaridae* oder *Eviphididae* sind sehr dünnhäutig und empfindlich gegen UV-Strahlung. Sie leben deshalb in tieferen Bodenschichten. Durch die wendende Pflugarbeit werden diese Arten nachhaltig geschädigt, dagegen schont die nichtwendende Grubberarbeit diese Raubmilbenarten, die sich hauptsächlich von Nematoden und Collembolen ernähren. Die Springschwänze *(Collembolen)* sind in den integrierten Schlägen von 1984 bis 1987 häufiger als in den konventionellen Flächen gefunden worden. Schäden an Rüben sind jedoch nicht entstanden. Räuberische Nematoden haben zahlenmäßig leichte Vorteile durch die integrierte Produktionsweise erreicht (Tab. 28).

Integrierter Pflanzenschutz in wichtigen Ackerbaukulturen

1 Getreide

Getreide nimmt von allen Feldfrüchten eine dominierende Stellung (60 bis 70% der Ackerflächen) in der Fruchtfolge ein. Für die Pflanzengesundheit und Bodenfruchtbarkeit sind damit Probleme und Risiken verbunden. Aus der Sicht des Pflanzenschutzes müssen deshalb alle Maßnahmen des Acker- und Pflanzenbaus mithelfen, gesunde und leistungsfähige Bestände aufzubauen. Die Bestände müssen von der Saatbettbereitung bis zur Ernte nach Grundsätzen des Integrierten Pflanzenschutzes geführt werden. Unter Berücksichtigung der gegebenen Standort- und Witterungsverhältnisse sind pflanzenbauliche Maßnahmen wie Saatstärke, Saattiefe, Düngermenge und Düngerverteilung sowie Einsatz von Pflanzenschutzmitteln und Wachstumsreglern so aufeinander abzustimmen, daß sie die bestandes- und ertragsbildenden Komponenten ährentragende Halme je m^2, Kornzahl je Ähre und Tausendkorngewicht in den entscheidenden Wachstumsphasen (Abb. 34) günstig beeinflussen.

1.1 Anbautechnische Maßnahmen

1.1.1 Standortansprüche

Boden und Klima sind wachstumsbeeinflussende Faktoren. **Weizen** ist die wichtigste, aber auch die anspruchsvollste Getreideart. Er bevorzugt tiefgründige kalk- und nährstoffreiche Löß- und Lehmböden und hat einen hohen Feuchtigkeitsbedarf. **Gerste** gedeiht optimal auf allen lockeren Böden mit mittlerem Ton- und Humusgehalt. Bei Sommergerste ist eine ausreichende Wasserversorgung ausschlaggebend. **Roggen** hat wegen seines guten Aneignungsvermögens für Nährstoffe und Wasser von allen Getreidearten die geringsten Ansprüche. Große Bedeutung hat der Roggen nach wie vor auf sandigen Böden. **Hafer** gilt als »Pionierpflanze« unter den Getreidearten, da er auch auf humosen und vernäßten Standorten noch gut wächst. Der Wasserbedarf ist vor allem während der Keim- und Schoßphase hoch.

Neben diesen »klassischen« Getreidearten haben regional Triticale, Durum-Weizen und Dinkel Bedeutung erlangt. **Triticale**, eine Kreuzung zwischen Weizen und Roggen, muß in seinen Standortansprüchen ähnlich wie Roggen beurteilt werden. **Durum-Weizen** fordert einen guten weizenfähigen Boden. Er hat während der kurzen vegetativen Phase einen hohen Feuchtigkeitsbedarf und in der langen generativen Phase hohe Ansprüche an ein warmes, trockenes Klima. **Dinkel** zeichnet sich durch Anspruchslosigkeit und Widerstandsfähigkeit gegen Kälte und hohe Niederschläge aus. Diese genügsame Getreideart ist somit auch für den Anbau auf flachgründigen Böden (Weizengrenzlagen) und in niederschlagsreichen Höhengebieten geeignet.

1.1.2 Fruchtfolge

Es ist ein überhöhter Anteil einzelner Kulturarten zu vermeiden und auf richtige Fruchtfolgestellung zu achten, um die Gefahr von Massenvermehrungen bestimmter Unkräuter, Krankheiten und Schädlinge sowie von Fruchtfolgeschäden gering zu halten. Deshalb muß eine ausgewogene Fruchtfolge angestrebt werden. Bei hohem Anteil von Winterung ist eine zunehmende Verunkrautung mit Ackerfuchsschwanz und anderen Herbst- und Vorfrühjahrskeimern nicht zu verhindern. Am Komplex der Getreide-Fußkrankheiten als wichtigste Fruchtfolgekrankheit sind verschiedene parasitäre Pilze (siehe Seite 142) beteiligt. Einer Veränderung der Fruchtfolge mit dem Ziel, den Pilz »auszuhungern«, sind meist enge Grenzen gesetzt. Weizen als empfindlichste Kultur sollte deshalb am Anfang der Getreidefolge und möglichst nach zweijähriger Anbaufolge von Nichtwirtspflanzen (z. B. Hackfrüchte, Raps, Hafer, Mais) stehen. Getreidebetonte Fruchtfolgen und einseitiger Anbau von Weizen und Gerste, Gerste nach Gerste oder Weizen nach Weizen erhöhen das Befallsrisiko mit Blattkrankheiten (z. B. Mehltau, Blattfleckenkrankheiten, Helminthosporium-Blattdürre) und fördern verschiedene tierische Schädlinge (z. B. Sattelmücke, Blattläuse, Nematoden). Umgekehrt wird die Dichte der Schaderreger um so stärker herabgesetzt, je länger die Anbaupause zwischen den Nichtwirtspflanzen andauert.

1.1.3 Bodenbearbeitung

Bodenbearbeitung und Fruchtfolge sind als Einheit zu sehen. Durch geschickte Bodenbearbeitung lassen sich »Kreisläufe« von bestimmten Krankheiten, Schädlingen und Unkräutern unterbrechen.

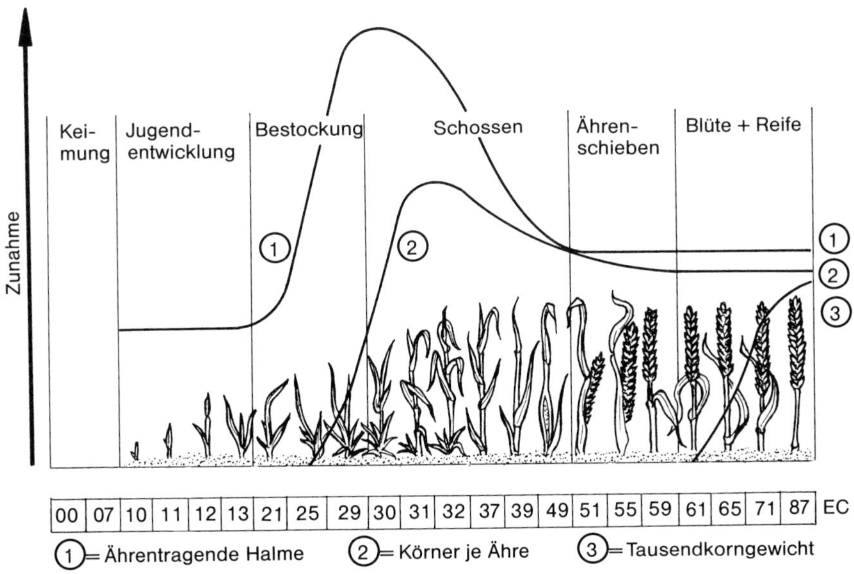

Abb. 34. Verlauf der Ertragsbildung bei Getreide.

Rechtzeitige **Stoppelbearbeitung** nach der Ernte verbessert die Bodenfruchtbarkeit und -struktur, begünstigt ein rasches Auflaufen von Ausfallgetreide, Unkräutern und Ungräsern und fördert die Verrottung der befallenen Stoppelreste oder Ernterückstände. Die Überlebenschancen und Infektionsherde von Halmbruchkrankheit, Schwarzbeinigkeit, Mehltau, Helminthosporium-Blattdürre, Blattflekkenkrankheiten, Blatt- und Spelzenbräune werden geringer. Tiefes Einpflügen »konserviert« die Befallsträger. Bei Stroheinarbeitung muß das verbleibende Stroh möglichst kurz gehäckselt, gleichmäßig verteilt und flach eingearbeitet werden, um eine vollständige Strohrotte zu erreichen. Ein sanierender Effekt ist dann gegeben, wenn die Stoppeln und Strohreste bis zum Wiederanbau einer Getreidekultur in organische Stoffe umgesetzt sind. Durch frühzeitige Beseitigung des aufgelaufenen Ausfallgetreides, das vor allem die Erreger von Mehltau, Rhynchosporium-Blattflecken, Netzfleckenkrankheit und Rostkrankheiten als »grüne Brücke« von der alten zur neuen Getreidekultur nutzen, wird die Infektionskette unterbrochen. Mit einer sauberen Pflugfurche ist dieses Ziel am besten zu erreichen. Eine auf minimale Bodenbearbeitung abgestellte Produktionstechnik begünstigt die Blattkrankheiten. Auf stark verqueckten Flächen ergeben sich gute Gelegenheiten zur mechanischen Bekämpfung.

Für die **Grundbodenbearbeitung** ist das Pflügen nach Getreidevorfrucht nach wie vor aktuell, da eine gute Lockerung des Bodens, eine von Ernterückständen freie Feldoberfläche und Beseitigung von unerwünschtem Aufwuchs oder möglichen Infektionsherden erzielt wird. Die wendende Arbeitsweise des Pfluges hilft, die Verunkrautung mit ein- (z. B. Ackerfuchsschwanz, Ausfallgetreide) und mehrjährigen Arten (z. B. Quecke, Distel) zu vermindern. Bodenverdichtungen im Pflugsohlenbereich und »Vergraben« von Ernterückständen sind zu vermeiden. Eine nichtwendende oder pfluglose Bodenbearbeitung ist möglich, wenn Winterweizen nach Raps, Mais, Rüben und anderen Blattfrüchten gedrillt wird.

Die **Saatbettbereitung** ist mit dem Ziel durchzuführen, ein ebenes, gleichmäßiges, feines Saatbett mit gutem Bodenschluß herzurichten und einen raschen und gleichmäßigen Aufgang der Saat zu erreichen. Der zunehmende Schneckenbefall ist u. a. auf eine mangelnde Rückverfestigung des Bodens, zu große Kluten und hohe Mengen organischer Substanz zurückzuführen. Bodenverdichtungen und Fahrspuren sind insbesondere bei der Bestellung der Frühjahrssaat durch zeitgerechte, bodenschonende Bearbeitung zu vermeiden. Dies läßt sich am besten durch Gerätekombinationen und größere Arbeitsbreiten erreichen. Allerdings unterbleibt durch Vereinfachung von Arbeitsgängen eine mechanische Bekämpfung der bereits aufgelaufenen Unkräuter und Ungräser.

1.1.4 Sortenwahl

Bei der Sortenwahl sind für eine Anbaueignung folgende Kriterien zugrunde zu legen: Ertragsleistung, Qualitätseigenschaften, Resistenz gegen Krankheiten und Schädlinge, Lagerneigung, Winter- und Auswuchsfestigkeit. Ergebnisse von **Landessortenversuchen** und **Beschreibende Sortenlisten** geben wertvolle Informationen. Aus der Sicht des Pflanzenschutzes ist besonders auf die Resistenz oder Toleranz bzw. Anfälligkeit für Blattfleckenkrankheiten, Rostkrankheiten, Mehltau, Spelzenbräune, Gelbmosaikvirus und Ährenfusariosen zu achten. Auf halmbruchgefährdeten Flächen ist der Anbau von standfesten Sorten eine entscheidende Maßnahme zur Krankheitsvorbeugung. Sortenmischungen (siehe Seite 77) sind unter bestimmten Voraussetzungen angebracht.

Die Kenntnis des Sortenverhaltens bezüglich ihrer Anfälligkeit gegenüber Fuß-, Blatt- und Ährenkrankheiten ist Voraussetzung für einen gezielten Pflanzenschutz. Bei einem Sortenvergleich muß berücksichtigt werden, ob gegen bestimmte Schaderreger gut wirksame Pflanzenschutzmittel zur Verfügung stehen oder standortspezifische Probleme (z. B. Gelbmosaikvirus, Halmbruchkrankheiten, Ährenfusariosen) direkt nicht bekämpfbar sind. Es stellt sich ferner die Frage, ob anfälligere Sorten die Mehrkosten zusätzlicher Pflanzenbehandlungen durch höhere Erträge und bessere Qualität ausgleichen, insbesondere bei künftig drastisch sinkenden Getreidepreisen. Sorten mit guter Grundresistenz (gesunde Sorten) bringen mit geringerem Aufwand ihre Ertrags- und Qualitätsleistungen. Einem sortenspezifischen Pflanzenschutz ist künftig größere Beachtung zu schenken. Zahlreiche Versuchsergebnisse bestätigen, daß der Anbau von weniger anfälligen Getreidesorten zwar keinen völligen Verzicht, in jedem Fall aber einen sparsamen Verbrauch von Fungiziden ermöglicht.

Es sollte nur zertifiziertes Saatgut oder - bei eigenem Nachbau - nur Saatgut mit regelmäßigem Saatgutwechsel aus gesund abgereiften Beständen nach sorgfältiger Aufbereitung ausgesät werden. Zertifiziertes Saatgut erfüllt die Mindestanforderungen hinsichtlich Keimfähigkeit und Gesundheit am ehesten.

1.1.5 Aussaat

Die Ertragsbildung, insbesondere die Anlage der Bestockungstriebe und Ähren wird durch die **Saatzeit** entscheidend beeinflußt. Deshalb sollte bei Wintergetreide die dafür entscheidende Phase der Jugendentwicklung vor Eintritt des Winters abgeschlossen sein. Der Trend zur Vorverlegung der Saatzeit ist unverkennbar, um das Ertragspotential der Sorten besser zu nutzen. Die optimalen Saattermine für Winterung sind im allgemeinen bekannt und auf die besonderen Anbauverhältnisse abgestimmt. Zu frühe Saat führt zu üppiger Vorwinterentwicklung und erhöht die Schadenswahrscheinlichkeit für tierische (z. B. Fritfliege, Blattläuse) und pilzliche Schaderreger (z. B. Blattkrankheiten, Schneeschimmel). Das Befallsrisiko durch Fußkrankheiten wird höher, da Frühsaaten schon im Herbst infiziert werden. Bei Sommergetreide wird der Krankheits- und Schädlingsbefall durch zu späte Saat gefördert.

Die **Saatstärke** hat Einfluß auf die Bestandesdichte. Die Bemessung der Saatmenge richtet sich nach dem TKG und der Keimfähigkeit des Saatgutes. Je nach Vorfrucht, Bodenbeschaffenheit und vor allem veränderten Saatzeiten sind Zu- oder Abschläge bei der Saatstärke zu geben. Die Saatmenge ist optimal und nicht maximal zu wählen. Je früher die Saat, umso niederer ist die Saatmenge zu bemessen. Überhöhte Saatstärken verstärken die Gefahr des Überwachsens und Anfälligkeit gegen Pilzkrankheiten und Kahlfröste. Zu dichte Bestände neigen stärker zum Lagern und verleiten den Praktiker bei Stickstoffdüngung und Wachstumsreglereinsatz zu Fehlhandlungen. Dünnere Bestände sind im allgemeinen besser zu steuern.

Die **Saattiefe** ist für einen ungestörten Aufgang, optimale Bestockung, gleichmäßige Pflanzenentwicklung und letztlich für eine richtige »Bestandesführung« außerordentlich wichtig. Pflanzen zu tief abgelegter Körner bleiben in der Entwicklung zurück, da sie erst Halmheber bilden, bestocken sich nicht ausreichend und sind anfälliger gegen samen- und bodenbürtige Schaderreger (z. B. Schneeschimmel). Bei zu flach abgelegten Körnern kommt es eher zu Auswinterungs- und Herbizidschäden.

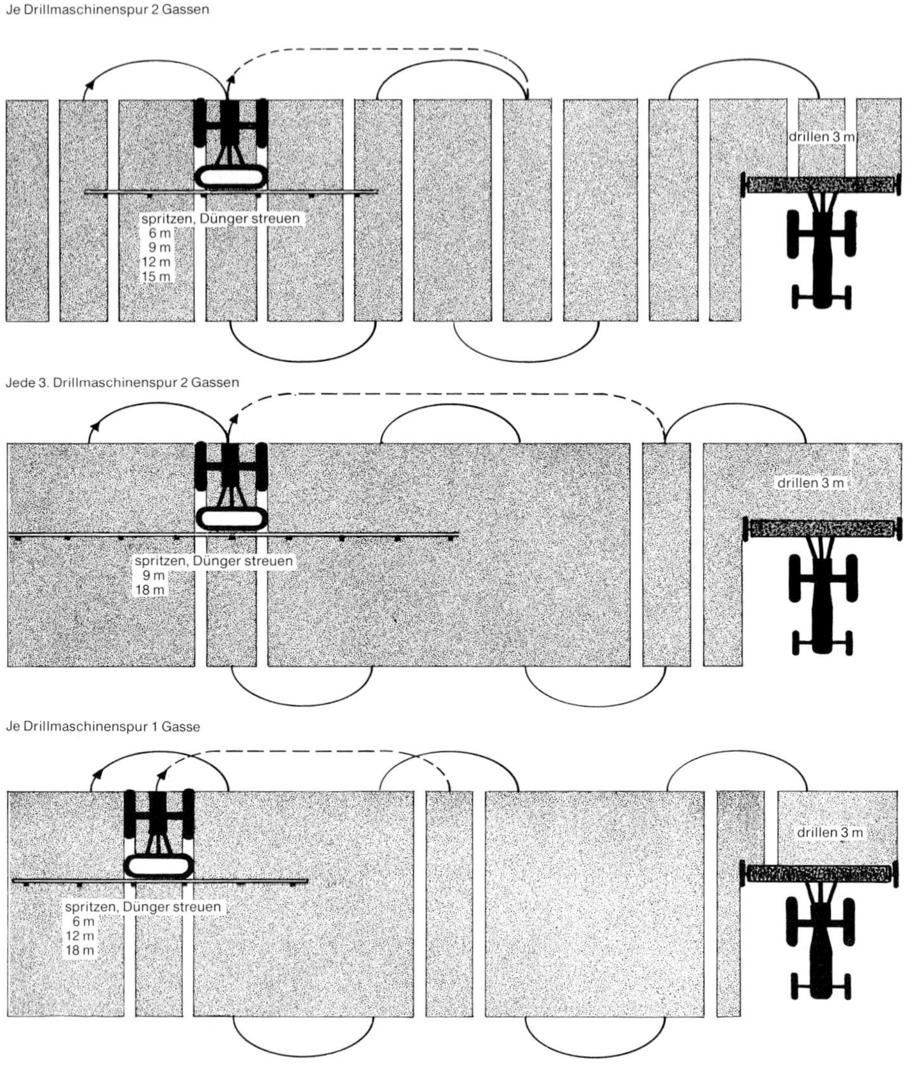

Abb. 35. Möglichkeiten für die Anlage von Fahrgassen.

Das Anlegen von **Fahrgassen** bei der Aussaat ist für den Integrierten Pflanzenschutz unerläßlich, um die notwendigen Pflegemaßnahmen zeitgerecht durchführen zu können. Durch genaues Anschlußverfahren werden die Arbeiten erleichtert und Düngungs- und Spritzfehler vermieden (Abb. 35).

1.1.6 Pflanzenernährung

Zwischen Pflanzenernährung und Krankheits- oder Schädlingsbefall bestehen im Getreidebau deutliche Wechselbeziehungen. Die **Mineraldüngung** ist deshalb kulturartenspezifisch auf der Grundlage von Bodenuntersuchungen, ggf. auch Blatt- und Pflanzenanalysen und Schnellbestimmungsmethoden richtig zu bemessen.

Ein besonderes Augenmerk ist auf die **Stickstoffdüngung** zu richten; sie ist ausschlaggebend für die Ertrags- und Qualitätsbildung und deshalb wichtigste Maßnahme in der Bestandesführung. Zeitlich richtige Bemessung der Stickstoffgaben macht die Kulturpflanze widerstandsfähiger gegenüber Krankheiten und Schädlingen. Einseitig überhöhte, falsch terminierte Stickstoffgaben beeinträchtigen die Struktur des Blatt- und Halmgewebes (weiches Pflanzengewebe) und erhöhen die Luftfeuchtigkeit (Pilzklima) im Bestand und Anfälligkeit des Getreides. Hohe Güllegaben haben ähnliche Auswirkungen. Reifeverzögernde **Spätdüngung** erhöht zwar das Tausendkorngewicht, begünstigt aber den Befall mit Ährenkrankheiten, Spelzenbräune und Blattläusen. Nur wenn mehrere Teilgaben dem tatsächlichen Bedarf der Pflanze zum gegebenen Entwicklungsstadium angepaßt werden, lassen sich Bestockung, Bestandesdichte und Wachstum so steuern, daß nur geringe Befallsgefahr für Krankheiten und Schädlinge besteht. Dies gestaltet sich jedoch schwierig, weil in diesem Zeitraum einerseits die Ertragskomponenten aufgebaut oder reduziert werden, andererseits die Stickstoffnachlieferung infolge Witterung und Vorfrucht jährlichen Schwankungen unterliegt.

Um die Bodenfruchtbarkeit langfristig zu erhalten, muß ein Teil der abgebauten organischen Substanz in Form von Ernterückständen, Gründüngung oder Wirtschaftsdünger wieder zugeführt werden. **Organische Düngung** mit Gülle wird vor allem in viehstarken Betrieben praktiziert und gut verwertet, wenn diese im zeitigen Frühjahr auf tragfähigem Boden ausgebracht und exakt verteilt wird. Je nach Kulturart und Nährstoffgehalt ist zusätzlich eine Startstickstoffgabe in mineralischer Form zu verabreichen. Wird Gülle nach der Getreideernte ausgebracht, sollte diese wegen möglicher Nitratverluste nur in Kombination mit Strohdüngung oder Gründüngung bzw. Zwischenfruchtanbau erfolgen.

1.1.7 Erntemaßnahmen

Zur Vermeidung von Qualitätsverlusten und Trocknungskosten darf die Ernte nur in totreifen und abgetrockneten Beständen erfolgen. Saatgetreide muß außerdem schonend gedroschen werden, um mechanische Beschädigungen, insbesondere Keimschädigungen, zu vermeiden. Saat- und Futtergetreide mit einem Wassergehalt über 16% muß sofort nach der Ernte getrocknet werden, um Triebkraftschäden bzw. Schimmelbildung zu unterbinden.

Durch sorgfältige Speicherreinigung und sachgerechte Lagerung kann dem Befall mit Vorratsschädlingen (Seite 170) vorgebeugt werden.

1.2 Integrierte Abwehr- und Bekämpfungsmaßnahmen

1.2.1 Nichtparasitäre Schäden

Es können Krankheitserscheinungen beobachtet werden, die nichtparasitär bedingt sind. Sie hemmen die Pflanzenentwicklung, machen die Getreidepflanzen anfälliger gegenüber »Angriffen« von pilzlichen und tierischen Schaderregern und führen letztlich zu Ertrags- und Qualitätsminderungen.

Mangelerscheinungen an Spurennährstoffen sind auf bestimmten Standorten ein ertragsbegrenzender Faktor. Davon sind hauptsächlich Magnesiummangel, weniger häufiger hingegen Manganmangel (Dörrfleckenkrankheit) zu finden. Molybdän- und Kupfermangel (Heidemoor- und Urbarmachungskrankheit) sind allenfalls auf Moorböden bedeutsam. Spurenelementmangel tritt selten in so krasser Form auf, daß er an typischen Symptomen augenscheinlich wird. Meist liegt ein verdeckter Nährstoffmangel vor, der nicht eindeutig zu identifizieren ist. Die sicherste Diagnose geben Pflanzenanalysen.

Bei **Magnesiummangel** sind die Reste des Blattgrüns vor allem auf den oberen Blättern perlschnurartig entlang den Blattadern aufgereiht. Bei anhaltendem Mangel sterben die Blätter ab. Magnesium tritt besonders auf kalireichen Böden und bei niedrigem pH-Wert ins Minimum. **Dörrfleckenkrankheit** tritt vornehmlich an Hafer auf und ist an streifigen Aufhellungen der älteren Blätter zu erkennen. Bei anhaltendem **Manganmangel** knicken die Blätter ab und vertrocknen. Taubrispigkeit bzw. Taubährigkeit ist die Folge. Auch bei anderen Getreidearten ist Manganmangel häufig auf humusreichen Böden zu finden.

Bei eindeutigen Mangelerscheinungen lassen sich Magnesium oder Spurenelemente gemeinsam mit Pflanzenschutzmitteln ausbringen. Durch frühzeitige Spritzung von Blattdüngern, beispielsweise Magnesiumsulfat (Bittersalz) bei Magnesiummangel oder Mangansulfat bei Manganmangel können Ertragseinbußen erheblich gemildert werden. Molybdän- oder Manganmangel kann bereits durch entsprechende Aufkalkung beseitigt werden. Um Magnesiummangel vorzubeugen, sind regelmäßige Bodenuntersuchungen auch auf Magnesiumgehalt durchzuführen. Auf Mangelböden ist ein angemessener pH-Wert und eine ausgeglichene Nährstoffversorgung mit magnesiumhaltigen Düngemitteln anzustreben. Zur Kalkung sind magnesiumhaltige Kalke zu verwenden. Spurennährstoffe sollten stets gezielt, nie auf Verdacht, sondern nur entsprechend dem Untersuchungsergebnis gedüngt werden.

Unsachgemäßer **Einsatz von Herbiziden** verursacht Streßwirkungen und nicht selten auch Schäden, die das Wachstum der Pflanzen beeinträchtigen. Verwachsungen und Deformationen der Ähren verursachen **wuchsstoffhaltige Herbizide**, wenn die Behandlung erst nach dem 1-Knoten-Stadium erfolgt und zum Spritzzeitpunkt extreme Witterungsverhältnisse herrschen. **Isoproturonhaltige Herbizide** (IPU), die erst während der Schoßphase des Getreides gespritzt werden, führen zu Blattaufhellungen und einem Wachstumsschock der Kulturpflanzen. Verbrennungen des Getreides sind zu beobachten, falls bis zum Spritztermin warme, wüchsige Witterung bestand und danach ein plötzlicher Temperatursturz mit Nachtfrostgefahr eintrat. Restmengen mit **triazinhaltigen Mitteln** im Boden (Terbuthylazin, Simazin) schädigen das nach Mais angebaute Wintergetreide, wenn die Wirkstoffe infolge zu später Anwendung oder Überdosierung nicht ausreichend abgebaut sind. Durch exakte Dosierung und termingerechte Anwendung der Mittel sowie durch funktionierende Geräte- und Ausbringungstechnik lassen sich solche Schäden vermeiden.

Auswinterung von Wintersaaten durch Auffrieren der oberen Wurzelzone ist häufig auf Bestellungsfehler im Herbst zurückzuführen, insbesondere bei Saat der Winterung in ein zu wenig abgesetztes Saatbett. Das Wachstum derart geschädigter Bestände wird durch Anwalzen und Düngen von leichtverfügbaren Nährstoffen gefördert. Bodenherbizide dürfen erst nach deutlichem Wachstumsfortschritt eingesetzt werden. Starke **Spätfröste** während der Schoßphase wirken sich sowohl bei Winter- als auch bei Sommergetreide infolge plasmatischer Störungen nachteilig aus. Bei Wintergerste kann auch die Ausbildung der Ährenanlagen in Mitleidenschaft gezogen werden. Die Ähren sind verkürzt oder weisen taube Ährchen (Schartigkeit) auf, weil die Staubbeutel erfroren sind.

Vorsicht geboten ist bei Düngung von Harnstoff oder Kalkammonsalpeter, da bei unsachgemäßer Anwendung **Blattverbrennungen** entstehen. **Ammonnitratharnstofflösung** (AHL) ohne oder mit gleichzeitiger Ausbringung von Pflanzenschutzmitteln verätzt Blattspitzen oder Umbiegestellen der Blätter. Die Blattverluste fallen zwar in Abhängigkeit vom Entwicklungsstadium sehr unterschiedlich aus, stellen aber einen Streßfaktor dar und fördern den Befall mit Blattkrankheiten. Um diese Gefahren gering zu halten, dürfen nur gesunde Bestände mit niedrigem Arbeitsdruck (max. 2,5 bar), einer dem Entwicklungsstadium angepaßten Dosierung und möglichst großtropfig behandelt werden. Nach Regenwetter oder in den abgehenden Tau darf nicht gespritzt werden. Die technische Mischbarkeit mit Pflanzenschutzmitteln (Gebrauchsanleitung beachten) muß gegeben sein. Bei Kopfdüngung von **Kalkammonsalpeter** entstehen Ätzschäden, wenn die Düngerkörnchen in den Blattachseln oder Spelzen liegen bleiben. Trockene Witterung nach der Anwendung verstärkt den Schaden.

1.2.2 Unkräuter

1.2.2.1 Wirtschaftliche Bedeutung

Unkräuter und Ungräser sind unerwünschte Pflanzen, die
- der Landwirt auf dem Acker nicht absichtlich anbaut,
- mit Kulturpflanzen eine Lebensgemeinschaft bilden,
- um Wachstumsfaktoren Licht, Wasser, Nährstoffe konkurrieren,
- mehr schaden als nutzen und
- Wirtspflanzen für Krankheiten und Schädlinge sind.

Die quantitative und qualitative Schadwirkung bestimmter Unkrautdichten bewegt sich in Abhängigkeit von Standortbedingungen und Jahreswitterung örtlich und zeitlich in sehr weiten Grenzen.

Die vorhandenen Getreideunkrautgesellschaften sind das Ergebnis von veränderten Anbau- und Bewirtschaftungsmaßnahmen, getreideintensiven Fruchtfolgen und einseitigem Einsatz herbizider Wirkstoffe. Eine starke Zunahme ist bei einkeimblättrigen Arten (Flughafer, Ackerfuchsschwanz, Windhalm) festzustellen, die an die Entwicklung des Getreides besonders gut angepaßt sind. Innerhalb der zweikeimblättrigen Arten ist eine Verschiebung eingetreten, wobei einige Arten an Bedeutung verloren, andere dagegen in verstärktem Maße auftreten. Probleme bereiten Klettenlabkraut und alle kletternden oder hochwachsenden Unkräuter. Allgemein gingen bei diesem Selektionsprozeß leichter bekämpfbare oder konkurrenzschwache Unkräuter zurück, während schwer bekämpfbare oder widerstandsfähige Arten in den Vordergrund traten.

Zwischen Winter- und Sommergetreide ergeben sich Unterschiede in der Unkrautflora. In **Wintergetreide**, vorwiegend bei Frühsaat (z. B. Wintergerste), treten verstärkt Arten auf, die bevorzugt im Herbst keimen. In spätgesäten Beständen (z. B. Rübenweizen) entwickeln sich Winter- und Vorfrühjahrskeimer. Für **Sommergetreide** besteht aufgrund der frühzeitigen Aussaat eine wesentlich größere Verunkrautungsgefahr als früher. Durch fehlende mechanische Bekämpfung zwischen Abschleppen und Bestellung sowie durch Vorverlegung der Saatzeit finden nicht nur Frühjahrskeimer, sondern auch Vorführjahrskeimer gute Entwicklungsbedingungen (Abb. 36).

Es gibt aber auch zahlreiche Unkräuter, die sowohl im Sommer- als auch im Wintergetreide vorkommen. Im Vordergrund stehen Klettenlabkraut *(Galium aparine)*, Kamillearten *(Matricaria* ssp. *)* und zunehmend auch Ackerstiefmütterchen *(Viola tricolor* ssp. *arvensis)*. Alle genannten Arten profitieren aufgrund ihrer guten Nährstoffaneignung von den Vorzügen des intensiven Getreidebaus.

Zwischen den Getreidearten sind wegen unterschiedlicher Konkurrenzkraft Unterschiede in der Unkrautdichte zu beobachten. Winterroggen besitzt die größte, Sommergerste die geringste Konkurrenzkraft. Kurzstrohige Sorten oder mit Wachstumsreglern behandeltes Getreide sind meist konkurrenzschwächer als langstrohige Sorten.

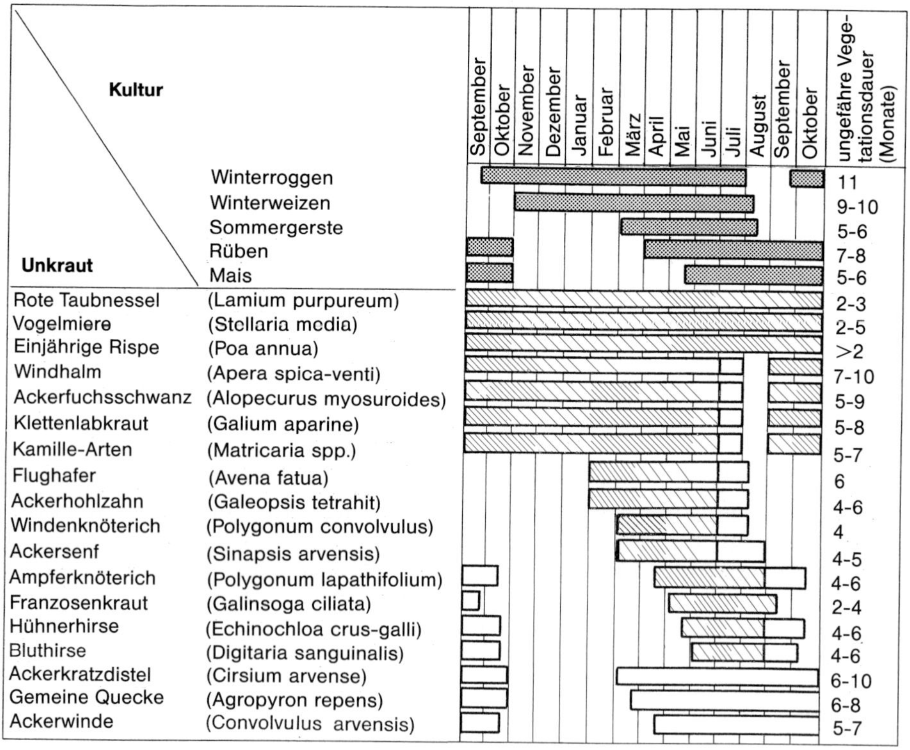

Abb. 36. Wachstumsverlauf von Kulturpflanzen und Unkräutern in Süddeutschland. Bei einjährigen Arten: die dichte Schraffierung gibt die Hauptkeimzeit an, die senkrechte Linie den Beginn der Samenreife, sofern nicht ganzjährig möglich (aus Koch und Hurle 1977, verändert).

Neben einjährigen Unkräutern und Ungräsern erlangen zunehmend auch **mehrjährige Arten** Bedeutung. Es handelt sich in erster Linie um grasartige Pflanzen, wie z. B. Quecke *(Agropyron repens)*, aber auch um zweikeimblättrige Arten, wie z. B. Ackerwinde *(Convolvulus arvensis)* und Ackerkratzdistel *(Cirsium arvense)*. Einseitige Getreidefruchtfolgen, intensiver Maisanbau, vereinfachte (Minimal-)Bodenbearbeitung und mangelhafte Bodenpflege haben die Entwicklung von ausdauernden Unkräutern gefördert. Diese Arten üben eine starke Nährstoffkonkurrenz auf die Kulturpflanzen aus. Quecken sind zugleich Wirtspflanzen für Getreidekrankheiten (z. B. Halmbruchkrankheit, Spelzenbräune) und Schädlinge (z. B. Getreidezystenälchen, Sattelmücke).

1.2.2.2 Notwendigkeit der Bekämpfung

Im Getreidebau kann die Schadwirkung der Unkräuter und Ungräser vielfältiger Art sein. Beispiele:

Schaden	**Unkrautarten**
Ertragsminderung	Ein- und mehrjährige Unkrautarten
Erhöhung der Kornfeuchte	Klettenlabkraut, Kamille, Windenknöterich
Ernteerschwernisse	Klettenlabkraut, Windenknöterich
Schwarzbesatz im Erntegut	Klettenlabkraut, Flughafer
Stärkere Folgeverunkrautung	Klettenlabkraut, Kamille, Vogelmiere, Knöterich, Ehrenpreis, Ackerfuchsschwanz, Flughafer

In einem Getreidebestand werden Wildpflanzen erst dann zu Unkräutern oder Ungräsern, wenn sie bestimmte Schwellenwerte überschreiten und wenn die zu erwartenden Schäden durch das Unkraut gleich hoch oder höher sind als die Kosten für seine Bekämpfung. Dieses Maß stellen die wirtschaftlichen Schadensschwellen dar. Sie geben dem Getreidebauer Entscheidungshilfen. Verfahren und die Voraussetzungen für eine erfolgreiche Anwendung des Schadenschwellenkonzeptes werden auf Seite 55 beschrieben und in Abb. 38 bis 41 dargestellt. Dabei ist auch die unterschiedliche Konkurrenzkraft der Getreidearten gegenüber Unkräutern und Ungräsern zu berücksichtigen. Das Risiko der Folgeverunkrautung bei nach dem Schadensschwellenprinzip unterlassenen Herbizidmaß-

Tab. 29. Bekämpfung breitblättriger Unkräuter in Sommergetreide (Durchschnittswerte aus 48 Versuchen 1978–1980; aus Hurle und Kemmer 1980)

	Bekämpfungskosten[1] (DM/ha)	benötigter[2] Mehrertrag (dt/ha)	erreicht in % der Versuche
Aniten P	93,40	2,08	37,5
Banvel P	96,25	2,14	41,7
Basagran plus	111,25	2,47	47,9
Certrol DP	107,00	2,38	43,8
Faneron plus	98,30	2,18	37,5
Super Herbogil	83,65	1,86	50,0
Oxytril M	94,00	2,09	37,5
U 46 KV-T	55,50	1,23	54,2
Fortrol	93,25	2,07	27,1

[1] nach WLZ-Preisliste 1980; [2] 45 DM/dt

Tab. 30. Bekämpfung breitblättriger Unkräuter in Winterweizen (Durchschnittswerte aus 24 Versuchen 1979–1980; aus HURLE und KEMMER 1980)

	Bekämpfungskosten[1] (DM/ha)	benötigter[2] Mehrertrag (dt/ha)	erreicht in % der Versuche
Aniten P	93,40	2,08	75,0
Banvel P	96,25	2,14	75,0
Basagran plus	111,25	2,47	58,3
Certrol DP	107,00	2,38	70,8
Faneron plus	122,70	2,73	45,8
Super Herbogil	107,10	2,38	70,8
Oxytril M	111,25	2,47	70,8
U 46 KV-T	55,50	1,23	70,8
Fortrol	106,90	2,38	62,5

[1] nach WLZ-Preisliste 1980; [2] 45 DM/dt

nahmen wird sich nicht drastisch verschlechtern, wie Fruchtfolgeversuche in Baden-Württemberg (HURLE und KEMMER 1988) zeigen.

Die Wirtschaftlichkeit von Herbizidmaßnahmen wurde in einer mehrjährigen Versuchsserie geprüft. In Sommergetreide war nur in 42% der Versuche der Einsatz der Mittel rentabel, bei Winterweizen etwa 66% der Versuche.

Neben der chemischen Unkrautbekämpfung haben bewährte Verfahren zur Unkrautregulierung, wie die Gestaltung der Fruchtfolge, die Bodenbearbeitung und andere mechanische Verfahren an Bedeutung nicht verloren. Sie müssen sinnvoll in das Produktionsverfahren eingordnet werden.

1.2.2.3 Mechanische Unkrautbekämpfung

Die früher im Getreide allgemein üblichen Verfahren der mechanischen Unkrautbekämpfung mit Egge, Striegel oder Hackmaschine sind wegen der zuverlässigen Wirkung und betriebswirtschaftlichen Vorteile der Herbizide nicht weiterentwickelt worden. Aufgrund von Anwendungsbeschränkungen in Wasserschutzgebieten, des gesteigerten Umweltbewußtseins und nicht zuletzt der neuerdings zunehmenden Bestrebungen des Anbaus nach »integrierten Richtlinien« besteht jedoch für mechanische Verfahren wieder verstärktes Interesse. Unverkennbar sind auch die Entwicklungen neuer Bearbeitungsgeräte und gerätetechnischer Verbesserungen konventioneller Hackmaschinen. Größere Arbeitsbreiten verbessern die Schlagkraft.

In der Kultur

Praktikabel sind in Winter- und Sommergetreide eggen und striegeln, das unter optimalen Anwendungsbedingungen eine unkrautreduzierende Wirkung von etwa 50% hat. Die Geräte arbeiten nach dem Prinzip des Vergrabens, Verschüttens, Ausreißens und Abschneidens. Zusätzlich wird eine Bodenlockerung erreicht. Gut erfaßt werden frisch aufgelaufene, kleine und flachkeimende Unkräuter, wie z. B. Stiefmütterchen, Vogelmiere, Kamille. Großsamige, tiefkeimende Unkräuter, wie z. B. Klettenlabkraut, Ackerhohlzahn oder Ungräser sind widerstandsfähiger. Bei starker Verunkrautung sind mehrere Arbeitsgänge notwendig, die je nach Unkrautart wirkungsmäßig nicht die Sicherheit einer Herbizidanwendung haben. Der Boden muß in möglichst trockenem Zustand und bei trockener Witterung bearbeitet werden, da bei zu großer Feuchtigkeit die losgerissenen Keimlinge wieder anwachsen.

Wenn es die Witterungs- und Bodenverhältnisse zulassen, können nicht nur in Sommergetreide, sondern auch in frühgesätem Wintergetreide nach der Saat kurz vor dem Auflaufen Hackstriegel, Federzahn- oder Netzeggen (Blindeggen) eingesetzt werden. Dabei kann man auch quer oder schräg zur Drillrichtung arbeiten. Es darf nicht zu früh geeggt oder gestriegelt werden, da sonst ruhende Samen verstärkt neu auflaufen. Im Herbst muß das Blindeggen vor dem ersten Frost abgeschlossen sein. Egge oder Striegel dürfen erst wieder ab 3-Blatt-Stadium bis spätestens Mitte der Bestockung des Getreides wegen der Gefahr der Schädigung und Ausdünnung des Getreides eingesetzt werden. Im allgemeinen ist durch einen frühzeitigen Einsatz des Hackstriegels ein besserer Bekämpfungserfolg zu verzeichnen als bei späterer Anwendung. Auch durch mehrfache Arbeitsgänge wird die Wirkung nicht wesentlich verbessert. Spätestens im 2-Knoten-Stadium sollte der letzte Einsatz eines Unkrautstriegels mit leichtem Federdruck erfolgen, um durchwachsendes Klettenlabkraut aus dem Bestand zu »kämmen«.

Ab der Bestockung des Getreides sind mit gesteuerten Scharhacken oder versuchsweise mit Reihenhackbürsten bessere Erfolge zu erzielen, falls der notwendige Reihenabstand mindestens 17 cm beträgt. Unter diesen Voraussetzungen ist auch durch kombinierten Einsatz von Hacke und Hackstriegel eine Wirkungssteigerung möglich.

Über den Einfluß mechanischer Bekämpfungsmaßnahmen auf den Ertrag liegen bisher wenige, teilweise auch unterschiedliche Erfahrungen vor. Bei schwachem bis mittlerem Unkrautbesatz sind diese meist positiv. Auch die Schädigungsgefahr ist gering, wenn der Boden möglichst flach mit nicht zu scharf eingestellten Hackwerkzeugen bearbeitet wird. Länger andauernde ungünstige Witterungsverhältnisse, die eine termingerechte Bodenbearbeitung in Frage stellen, führen vor allem bei stärkerem Unkrautdruck (beispielsweise mit Klettenlabkraut) zu unbefriedigenden Wirkungsgraden. Die mechanische Unkrautbekämpfung wird den »Makel« einer Boden- und Witterungsabhängigkeit wohl nicht verlieren. Die begonnenen Untersuchungen und Versuche sowie die Erfahrungen der Praxis in Baden-Württemberg zeigen, daß in konkurrenzstarkem Wintergetreide meist bessere Ergebnisse erzielt werden als in Sommergetreide. Allerdings müssen auch mögliche Unkrautprobleme in der Folgekultur und der gesamten Fruchtfolge sowie standortspezifische Gegebenheiten mitberücksichtigt werden.

Das Verhindern der Samenreife durch Ausreißen von einzeln im Bestand vorhandenen Pflanzen und Heraustragen aus dem Getreideschlag stellt eine nicht zu unterschätzende wirksame Maßnahme dar. Sie ist besonders bei Vorkommen einzelner Flughaferpflanzen oder bei nesterweisem Auftreten von Disteln oder Ampfer empfehlenswert. Das Samenpotential im Boden kann auf diese Weise beachtlich reduziert werden.

Zwischen Ernte- und Neubestellung

Nach der Getreideernte (Stoppelbearbeitung) bieten Schälen, Fräsen, Grubbern usw. beste Möglichkeiten einer mechanischen Unkrautbekämpfung. Der Einsatz der wendenden und nichtwendenden Bodenbearbeitungsgeräte hat unterschiedliche Wirkung auf die Unkräuter. Standortspezifische Bodeneigenschaften müssen mitberücksichtigt werden. Die Bekämpfung **einjähriger Unkräuter** durch Stoppelbearbeitung darf, bedingt durch die meist ungünstigen Auflaufbedingungen zu dieser Jahreszeit, nicht zu hoch eingeschätzt werden. Die Grundbodenbearbeitung mit dem Pflug ist nach wie vor eine bewährte Maßnahme zur Verringerung des Unkrautbesatzes. Durch die wendende Bodenbearbeitung werden vorhandene Schadpflanzen beseitigt, ausgefallene Unkrautsamen vergraben und damit ein »sauberer Tisch« für die Folgekultur geschaffen. Pflügen bietet oft die einzige Möglichkeit, um dem Problem des Ausfallgetreides (z. B. Weizen in Gerste) Herr zu werden.

Nachteile der pfluglosen Verfahren sind trotz bodenschonender Eigenschaften mittlerweile unverkennbar. In verschiedenen Arbeiten wurden mögliche Auswirkungen durch den Einsatz des Schichtengrubbers und anderer pflugloser Bearbeitungsgeräte auf die Verunkrautung untersucht. Gemeinsames Ergebnis ist eine deutliche Zunahme von Ackerfuchsschwanz, einigen breitblättrigen Unkräutern, beispielsweise Vogelmiere, Klettenlabkraut, Kamille und mehrjährigen Arten (siehe Tab. 31). Diese Verfahren machen deshalb eine zuverlässige Unkrautbekämpfung erforderlich.

Ausdauernde Unkräuter werden durch intensive Bodenbearbeitung in ihrem Wachstum empfindlich gestört, wobei durch Zerschneiden der Wurzeln mit wendenden Werkzeugen (Schälpflug) die nachhaltigsten Effekte zu erzielen sind. Die Bekämpfung der Quecke durch intensive Stoppelbearbeitung nach der Getreideernte ist wirkungsvoll und billig. Mehrmaliger Einsatz von Grubber, Egge oder anderen Bodenbearbeitungsgeräten hemmt die Entwicklung des massenwüchsigen Wurzelwerkes (Tab. 32). Vollen Erfolg garantieren allerdings nur Trockenperioden, denn bei feuchter Witterung wird die Quecke zum Neuaustrieb angeregt. Quecken wandern von Weg- und Grabenrändern ein und werden in Bearbeitungsrichtung verschleppt. Durch sorgfältige Bearbeitung der Feldränder und des Vorgewendes läßt sich eine beginnende Verqueckung verhindern.

Die früher übliche Saatbettbereitung im Frühjahr mit Grob- und Feinegge bietet weitere Möglichkeiten zur Unkrautbekämpfung. Diese sind aber heute infolge der Forderung nach möglichst früher sowie boden- und wasserschonen-

Tab. 31. Einfluß wendender und nichtwendender Grundbodenbearbeitung auf den Unkrautbesatz und Kornertrag in Winterweizenmonokultur in den Jahren 1983–1986[1] (aus HURLE und KEMMER 1987)

	Pflug				Schichtengrubber			
Unkräuter (Anzahl/m²)	Jahr				Jahr			
	1983	1984	1985	1986	1983	1984	1985	1986
Ackerfuchsschwanz	1	2	29	24	3	38	347	1108
Klettenlabkraut	13	11	376	116	3	76	332	251
Vogelmiere	8	2	7	9	12	17	57	40
Persischer Ehrenpreis	10	3	5	3	9	1	3	17
Echte Kamille	52	24	17	100	90	140	90	97
Rote Taubnessel	18	12	26	25	21	23	31	14
sonstige Arten	23	42	63	89	12	60	132	57
Unkräuter insgesamt	125	96	523	366	150	355	992	1584
Winterweizen Kornertrag dt/ha	53,5	62,5	42,1	27,8	60,0	53,3	36,6	14,9

[1] in den Versuchen erfolgte keine Unkrautbekämpfung

Tab. 32. Bekämpfung der Quecke durch Bodenbearbeitung (Ergebnisse aus Versuchen in Baden-Württemberg 1979/80; aus HURLE und KEMMER 1987)

Versuchsort	Bodenart	Gerät	Arbeitsgänge Anzahl	Arbeitsgänge Zeitraum	Bekämpfungserfolg (%)[2]
Birkach	Lehm	Fräse und Grubber[1]	4	7. 9.– 8. 10.	84
Bittelbronn	sandiger Lehm	Grubber	3	10. 9.–13. 10.	67
Graben-Neudorf	Moor	Fräse	3	8. 8.– 9. 10.	69
Onolzheim	Ton	Fräse	4	12. 9.–24. 10.	67
Weil der Stadt	sandiger Lehm	Fräse und Grubber[1]	3	10. 9.–10. 10.	67
Wolpertshausen	toniger Lehm	Fräse und Grubber[1]	5	17. 8.–20. 10.	87

[1] Fräse wurde nur beim ersten Termin eingesetzt
[2] Vergleich zu unbehandelt im darauffolgenden Frühjahr

der Bearbeitung nicht mehr wirksam. Viele Unkräuter haben zu diesem Zeitpunkt noch nicht gekeimt und die aufgelaufenen Unkräuter werden durch fehlende Arbeitsgänge nicht nachhaltig vernichtet.

1.2.2.4 Chemische Unkrautbekämpfung

Mit chemischen Maßnahmen werden die Ungräser und Unkräuter ausgeschaltet, die aus ökonomischer Sicht im Getreidebestand mehr schaden als nutzen. Das Konzept der Schadensschwellen hat dabei zum Ziel, die vorbeugende Anwendung von Herbiziden auf Verdacht oder bei zu geringer Besatzdichte zu vermeiden. Durch regelmäßige Feldkontrollen, insbesondere durch Ermittlung von Art und Stärke der Verunkrautung wird eine gezielte und wirtschaftliche Bekämpfung erreicht. Richtige Wahl und sachgerechte Anwendung der Mittel nach guter fachlicher Praxis sind Voraussetzung für den Bekämpfungserfolg.

Herbizideinsatz in Wintergetreide

In **Wintergerste** und **Winterroggen** ist der termingerechte Einsatz von Herbiziden im Frühjahr wegen ungünstigen Witterungsbedingungen, Nichtbefahrbarkeit der Bestände und bereits fortgeschrittener Entwicklung der Ungräser und Unkräuter oft sehr schwierig. Ferner legt früh gesätes Wintergetreide seine Ertragsorgane noch vor Winter an. Auf diese Weise kann es schon im Herbst zu empfindlicher Unkrautkonkurrenz für die jungen Getreidepflanzen kommen. Auf Flächen, die einen Besatz mit herbstkeimenden Ungräsern oder Unkräutern deutlich oberhalb der Schwellenwerte erwarten lassen, bringt deshalb die Anwendung von Bodenherbiziden unmittelbar nach der Saat bis zum frühen Nachauflauf erhebliche Vorteile. Bei Winterroggen und Triticale sprechen auch Verträglichkeitsprobleme für den Vorauflauf. Aus den genannten Gründen muß auch das Vorauflaufverfahren im System des Integrierten Pflanzenschutzes akzeptiert werden. In spät gesäter Wintergerste kann die Verunkrautung mit ebenso guter Wirkung im Nachauflaufverfahren, insbesondere im Frühjahr, ausgeschaltet werden.

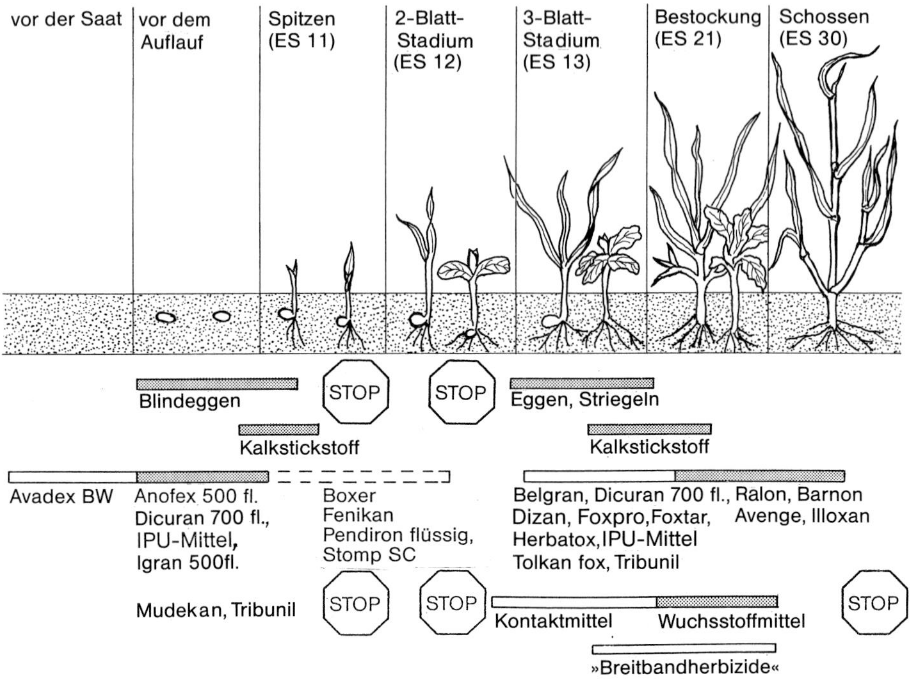

Abb. 37. Maßnahmen zur Unkrautbekämpfung in Getreide (Einsatzzeitpunkt und Mittelbeispiele).

Tab. 33. Anwendung von Vorauflaufherbiziden in Wintergetreide

Günstige Bedingungen
- gut abgesetztes, feinkrümeliges Saatbett
- gleichmäßige Saattiefe (2–3 cm) und ausreichende Bedeckung des Saatgutes mit Feinerde
- ausreichende Bodenfeuchtigkeit, exakte Stroheinarbeitung
- frühe Saat, starker Unkrautdruck vor allem mit Ackerfuchsschwanz und üppige Vorwinterentwicklung der Herbstkeimer
- unsichere Anwendungsbedingungen für Nachauflaufbehandlungen wegen Frostgefahr oder Regenperioden

Ungünstige Bedingungen
- schlechte Bodenstruktur, insbesondere grobscholliges Saatbett
- flache und ungleichmäßige Saattiefe
- extreme Bodentrockenheit
- schlechte Stroheinarbeitung und ungenügende Strohrotte
- Flächen mit erhöhter Auswinterungsgefahr (Nachbauprobleme)
- Spätsaat der Wintergerste

Bei **Winterweizen** ist der Nachauflaufbehandlung im Frühjahr der Vorzug zu geben. Vorauflaufbehandlungen sind bei früh gedrilltem Winterweizen und erfahrungsgemäß stärkerer Herbstverunkrautung oder auf solchen Böden zweckmäßig, die im Spätherbst oder Frühjahr schwer befahrbar sind. Frühjahrsbehandlungen ermöglichen außerdem eine gezielte Mittelwahl entsprechend der Leitunkräuter und wirtschaftlichen Schadensschwellen.

Vorauflauf- und frühe Nachauflaufbehandlungen
Vorauflaufbehandlungen sind für stark mit Ackerfuchsschwanz oder Windhalm vergraste Flächen und für ungewöhnlich unkrautwüchsige Standorte geeignet.

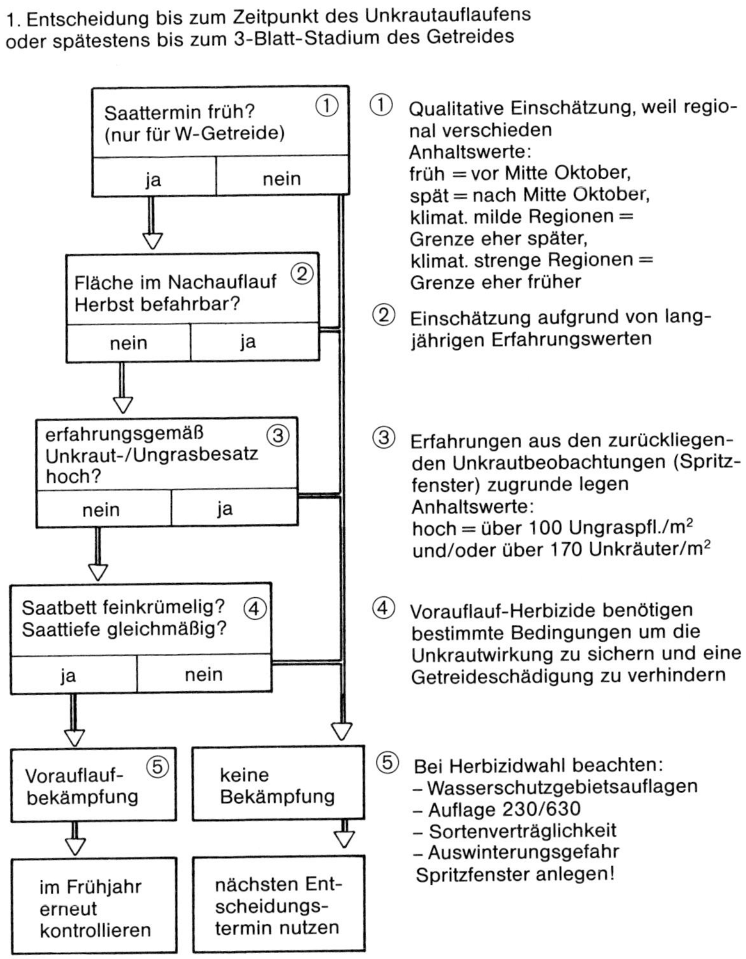

Abb. 38. Vorauflauf-Bekämpfung. Erfassung und Beurteilung der Verunkrautung im Getreide unter Berücksichtigung von Schadensschwellen (nach GEROWITT und HEITEFUSS 1988, verändert).

Tab. 34. Unkraut- und Ungrasbekämpfung in Wintergetreide – Herbstanwendung –

Mittel-Beispiele	Aufwand (l, kg/ha)	Anwendung	Kultur	Auflagen	Ackerfuchsschwanz	Windhalm	Einjähr. Rispe	Klettenlabkraut	Kamille	Vogelmiere	Ehrenpreisarten	Knöterícharten	Ackerstiefmütterchen	Ackerhohlzahn	Taubnessel	Kosten (DM/ha)
Anofex 500 fl.	3–4,0	VA	WG, WW, WR	B4, W 230, 261	++	++	++	-	++	++	+	++	(+)	++	+	96,– 72,–
Boxer	5,0	VA NAH	WG, WW, WR WG, WW, WR	B3, Xi 230, 264	+	++	++	++	(+)	++	++	-	(+)		++	151,–
Dicuran 700 fl. u. a. Chlortoluron-Mittel	2–3,5	VA NAH	WG, WW, WR WG, WW	B4, W 261	++	++	++	-	++	+	-	+	-	(+)	+	156,– 90,–
Fenikan	2,5–3,0	VA NAH	WG, WW, WR WG, WR	B3, Xn 264, 630	++	++	++	+	++	++	++	+	++	+	++	154,– 128,–
IPU-Mittel z. B. Arelon fl., Tolkan flo.	3–4,0	VA NAH	WG, WW, WR WG, WW, WR	B4, Xn 264, 630	++	++	++	-	++	++	-	-	-	-	-	127,– 95,–
Igran 500 fl., Terbutryn 500 fl.	3–3,5	VA	WG, WW, WR	B4 230, 264	+	++	++	-	++	++	+	+	+	(+)	-	110,– 95,–
Mudekan Demeril Kombi	4–5,0	VA	WG, WW, WR	B3, Xi 264, 630	+	++	++	-	+	++	+	+	+	++	++	119,– 95,–

Pendiron flüssig	4-5,0	VA	WG, WW, WR	B4, W	++	++	++	(+)	++	++	++	++	++	++	++	187,-
		NAH	WG, WW	261, 630												150,-
Ralon[1])	3,0	NAH	WW, WR	B4, 630	++	++	-	-	-	-	-	-	-	-	-	158,-
Stomp SC	5,0	VA	WG, WR	B4	++	++	++	+(+)	+	++	++	+	++	++	+	186,-
	4,0	NAH	WG, WW	264, 630	-	-	-	+(+)	+	++	++	++	++	++	++	148,-
Tolkan Fox	3,5	NAH	WG	B4, Xn 264, 630	++	++	++	+(+)	++	++	+	+	++	+	+	119,-
Tribunil[1])	3-4	VA	WG, WW, WR	B4, W 630	+	++	++	-	+	++	+	+	+	++	+	127,- 95,-

W : keine Anwendung in Wasserschutzgebieten
B3 : Bienen werden nicht gefährdet aufgrund der durch die Zulassung festgelegten Anwendung des Mittels
B4 : Nicht bienengefährlich
Xi : reizend
Xn : mindergiftig
230/630 : Keine Anwendung auf stärker geneigten Flächen bei Abschwemmungsgefahr in Gewässer. Anwendung nicht in unmittelbarer Nähe (10 m) von Gewässern.
261 : Mittel ist fischgiftig
264 : Mittel ist giftig für Fische und Fischnährtiere
[1]) : z. Z. nicht zugelassen
++ : gute Wirkung
+ : befriedigende Wirkung
- : keine hinreichende Wirkung
VA : Vorauflauf
NAH : Nachauflauf/Herbst
WG : Wintergerste
WW : Winterweizen
WR : Winterroggen

Eine Anwendung der Schwellenwerte ist nicht möglich. Die Bekämpfungsentscheidung ist nach der Saat auf der Grundlage der in Abb. 38 und Tab. 33 genannten Kriterien zu treffen. Weil einige Herbizide auch im frühen Nachauflauf gut wirksam sind, sind die Kontrollen bis zum 3-Blatt-Stadium des Getreides fortzuführen. Sind günstige Anwendungsbedingungen gegeben, ist der Einsatz beispielsweise der in der Tab. 34 genannten Bodenherbizide möglich.

Von einer beabsichtigten Vorauflaufbehandlung muß aus Gründen einer schlechten Unkrautwirkung und möglichen Schädigung der jungen Saat abgera-

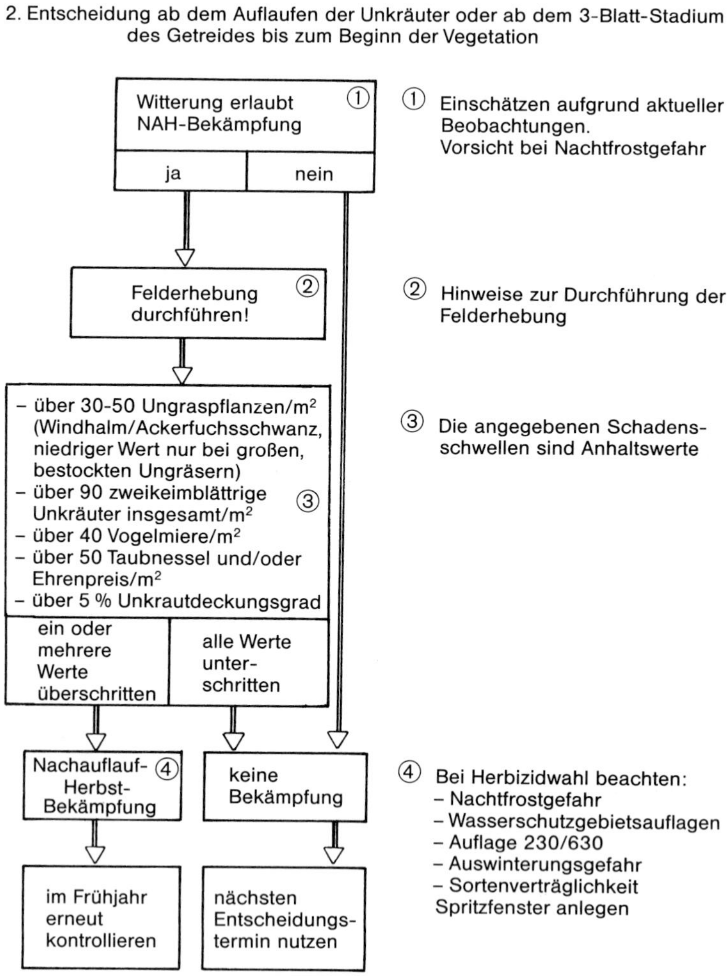

Abb. 39. Nachauflauf-Herbst-Bekämpfung. Erfassung und Beurteilung der Verunkrautung im Getreide unter Berücksichtigung von Schadensschwellen (nach GEROWITT und HEITEFUSS 1988, verändert).

ten werden, falls die in Tab. 33 genannten ungünstigen Anwendungsbedingungen vorliegen. In diesem Fall sollte auf den Einsatz der Herbizide im Vorauflaufverfahren unbedingt verzichtet und eine Nachauflaufbehandlung ins Auge gefaßt werden. Nicht zuletzt sind gezielte Nachauflaufbehandlungen für alle Standorte empfehlenswert, die ohnehin nur einen schwachen Unkrautbesatz erwarten lassen.

Neuere Erfahrungen zeigen, daß auch frühe Nachauflaufbehandlungen erfolgreich praktiziert werden können. Dafür eignen sich beispielsweise die Präparate Boxer, Fenikan, Pendiron fl. und Stomp SC, die unmittelbar nach der Saat durchgehend bis in den Nachauflauf eingesetzt werden können. Bei Anwendung im frühen Nachauflauf dürfen die Ungräser und Unkräuter das Keimblattstadium nicht wesentlich überschritten haben. Optimale Behandlungstermine sind meist vom Spitzen bis zum 2-Blatt-Stadium des Getreides (ES 10 bis 12) gegeben. Dieses Verfahren ist besonders für Wintergerste interessant, die erfahrungsgemäß am meisten unter Ungraskonkurrenz leidet. Unter witterungs- und bodenbedingt günstigen Einsatzbedingungen (Bodenfeuchtigkeit) kann die Aufwandmenge in Einzelfällen geringfügig reduziert (bis 25%) werden, wie mehrjährige Versuche in Baden-Württemberg belegen (Kemmer 1990).

Bodenherbizide sind in erster Linie gegen Ungräser wirksam und haben eine – je nach Wirkstoff – spezifische Breitenwirkung. Klettenlabkraut, Kamille und Ackerstiefmütterchen werden nicht von allen Herbiziden hinreichend erfaßt. Daher müssen die Mittel entsprechend der zu erwartenden Verunkrautung ausgewählt und ggf. gemischt werden. Vorhandene Wirkungsschwächen lassen sich je nach Bekämpfungserfolg und Unkrautbesatz durch eine gezielte Herbizidanwendung im Frühjahr ausgleichen.

Nachauflaufbehandlungen im Herbst

Wintergetreidebestände, in denen aus den erwähnten Gründen keine Vorauflaufbehandlung möglich war, können im Herbst nach dem Auflaufen (NAH) behandelt werden. Diese Maßnahme ist dann notwendig, wenn die Ungräser schon so weit entwickelt sind, daß ein rechtzeitiger Herbizideinsatz im Frühjahr unmöglich und der gewünschte Bekämpfungserfolg unsicher ist. Deshalb muß die Verunkrautung ab dem Auflaufen der Ungräser und Unkräuter oder ab dem 3-Blatt-Stadium des Getreides bis zum Eintreten anhaltender Nachtfröste beobachtet werden. Die Situation ist anhand der Abb. 39 zu beurteilen.

Bei Erreichen der Schadensschwellen stehen zur Ackerfuchsschwanz- und Windhalmbekämpfung verschiedene Mittel zur Verfügung. Die Wirkungssicherheit der meisten Wirkstoffe beruht auf einer Boden- und Blattwirkung. Auf sorptionsstarken Böden wird die Bodenwirkung jedoch unsicher. Abweichend davon hat Ralon (Fenoxapropethyl + Fenchlorazolethyl) nur eine Blattwirkung. Es ist speziell gegen Ungräser (nicht gegen breitblättrige Unkräuter) im 3- bis 6-Blatt-Stadium der Ungräser in Weizen und Roggen wirksam. Bei Einsatz von Stomp SC (Pendimethalin) im Nachauflaufverfahren im Herbst ist die Wirkung gegen Ackerfuchsschwanz und Kamille nur dann ausreichend, wenn diese noch nicht aufgelaufen sind; Klettenlabkraut wird bis zur Bildung des ersten Quirls erfaßt. Der Einsatz aller genannten Mittel sollte nur in gut entwickelten Beständen erfolgen. Behandlungen können bis Ende Oktober–Anfang November bei frostfreiem Wetter und während Perioden wüchsigen Wetters durchgeführt werden. Da diese Voraussetzungen jedoch nicht immer vorliegen, bleibt der Herbizideinsatz auf die genannten Fälle beschränkt.

In gut entwickelten Beständen (insbesondere Wintergerste und -roggen) können bei starker Verunkrautung mit ausschließlich breitblättrigen Unkräutern (ohne Ungräser) »Breitbandherbizide« (siehe Tab. 38) angewendet werden. Das Getreide muß auch bei diesem Verfahren das 3- bis 4-Blatt-Stadium zum Behandlungstermin erreicht haben. Die Behandlungen sollten abgeschlossen sein, bevor anhaltende Nachtfröste zu erwarten sind.

Nachauflaufbehandlungen im Winter

In manchen Jahren werden Herbizide ausgangs Winter (NAW) auf gefrorenem Boden (etwa Ende Februar–Mitte März) erfolgreich eingesetzt. Dieses Verfahren

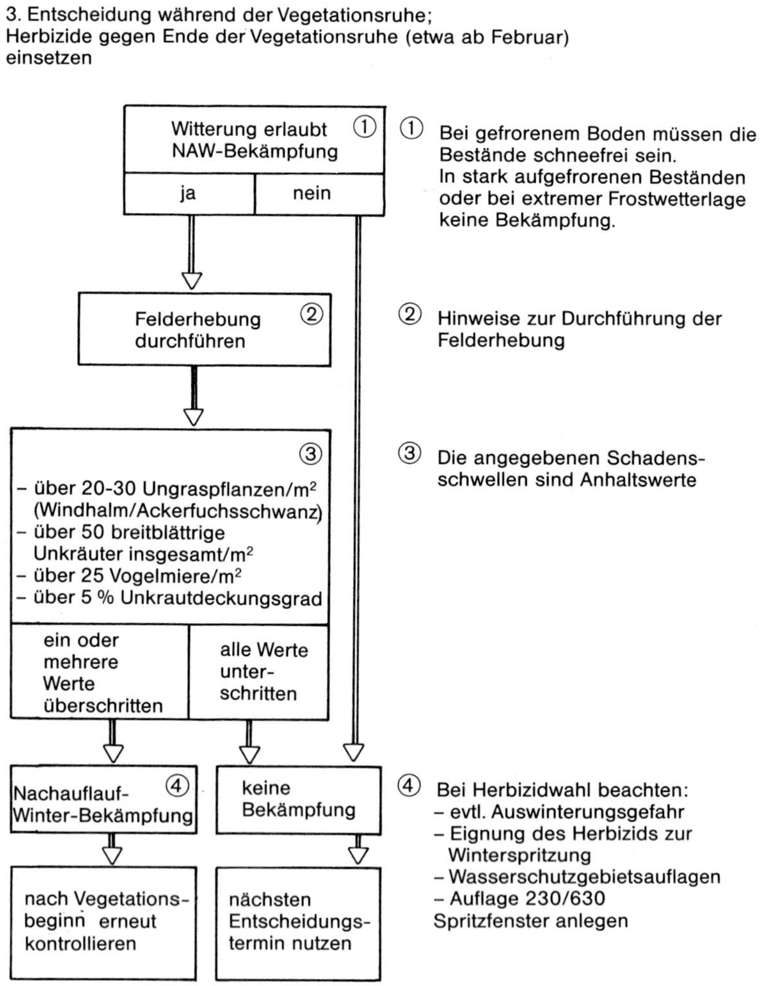

Abb. 40. Nachauflauf-Winter-Bekämpfung. Erfassung und Beurteilung der Verunkrautung im Getreide unter Berücksichtigung von Schadensschwellen (nach GEROWITT und HEITEFUSS 1988, verändert).

ist vor allem für Betriebe mit AHL-Düngung interessant. Trotz positiver Ergebnisse hinsichtlich Herbizidwirkung, Kulturverträglichkeit und Kornertrag sind mittlerweile auch die Grenzen und Risiken des Verfahrens augenscheinlich: Nichtbefahrbarkeit der Bestände, geschlossene Schneedecke, Wechselfröste, Abschwemmung der behandelten Böden und Auswaschung von Herbiziden ins Grundwasser. Wegen solcher Risiken und anwendungstechnischer Schwierigkeiten sind Behandlungen während der Vegetationsruhe nicht generell zu empfehlen, sondern oft nur stundenweise bei günstigen Witterungs- und Anbauverhältnissen möglich. Das Verfahren ist nur für gut entwickelte, gesunde Bestände geeignet, die das 3-Blatt-Stadium erreicht haben. Der Herbizideinsatz sollte unter Berücksichtigung der in Abb. 40 genannten Entscheidungskriterien erst gegen Ende der Vegetationsruhe oder unmittelbar nach Vegetationsbeginn vorgenommen werden.

Für sog. Winterspritzungen ist Stomp SC (Pendimethalin) ausgewiesen. Nach bisherigen Erfahrungen ist auch der Einsatz von IPU-haltigen Mitteln unproblematisch. Tank- oder Fertigmischungen dieser Wirkstoffe mit sog. Breitbandherbiziden sind zwar möglich, sollten aber wegen Wirkungs- und Verträglichkeitsproblemen auf Ausnahmefälle beschränkt bleiben.

Nachauflaufbehandlungen im Frühjahr

Frühjahrsbehandlungen sind für spätgesätes Wintergetreide und alle Standorte, die nur einen schwachen bis mittleren Unkrautbesatz erwarten lassen, empfehlenswert. Mit diesem Verfahren können Unkräuter und Ungräser unter Berücksichtigung von Schadensschwellen gezielt bekämpft werden. Wichtig ist, daß frühzeitig Feldkontrollen über den tatsächlich vorhandenen Unkrautbesatz erfolgen und diese ggf. bis zur letzten Bekämpfungsmöglichkeit zum Bestockungsende fortgeführt werden. Als Entscheidungshilfe für oder gegen Herbizidmaßnahmen dient die Abb. 41. In die Kontrollen sind selbstverständlich auch solche Getreideschläge einzubeziehen, die bereits im Herbst behandelt wurden, um notwendige Nachbehandlungen rechtzeitig zu tätigen.

Die übliche Frühjahrsbehandlung beginnt mit Vegetationsbeginn, sobald die Bestände wieder ergrünt sind, sich neue Wurzeln gebildet haben, der Boden befahrbar ist und keine stärkeren Nachtfröste mehr zu erwarten sind. Günstigster Anwendungstermin für die Herbizide im Nachauflaufverfahren ist bei Ackerfuchsschwanz das 3- bis 4-Blatt-Stadium, Windhalm kann bis zum 6-Blatt-Stadium bekämpft werden. Bei fortgeschrittenem Entwicklungsstadium ist der Bekämpfungserfolg unsicher und häufig unbefriedigend. Es stehen zwar zahlreiche Herbizide zur Verfügung, die aber aufgrund von W-Auflagen in Wasserschutz- und Heilquellenschutzgebieten nur eingeschränkt anwendbar sind. In mehrjährigen Versuchen haben sich beispielsweise die in der Tab. 35 genannten Herbizide bewährt.

Die Mittel erfassen neben ihrer speziellen Wirkung gegen Ackerfuchsschwanz und Windhalm auch Rispengräser und ein je nach Wirkstoff bzw. Wirkstoffkombination unterschiedlich breites Spektrum von breitblättrigen Unkräutern. Klettenlabkraut wird nur von Kombinationspräparaten bzw. Tankmischungen ausreichend erfaßt.

Die Wirkungsbreite vor allem gegen schwer bekämpfbare Arten kann durch Kombinationen entweder mit wuchsstoffhaltigen Präparaten oder Kontaktmitteln verbessert werden. Der Einsatz solcher Tank- bzw. Fertigmischungen führt jedoch nicht immer zu einem optimalen Bekämpfungserfolg, weil die unter-

Tab. 35. Unkraut- und Ungrasbekämpfung in Getreide – Frühjahrsanwendung –

Mittel-Beispiel	Wirkstoff	Aufwandmenge (kg bzw. l/ha)	Kultur	Auflage	Ackerfuchsschwanz	Windhalm	Einjähr. Rispe	Klettenlabkraut	Kamille	Vogelmiere	Ehrenpreisarten	Knötericharten	Ackerstiefmütterchen	Ackerhohlzahn	Taubnessel	Kosten (DM/ha)
Arelon-Kombi[1]; Belgran[1]	Isoproturon + Mecoprop + Ioxynil	5	WW, WG, WR	B4, 230 W	++	++	++	++	++	++	++	+	-	+	+	
Dizan	Isoproturon + Fluroxypyr	4 3	WW, WG, WR	B4, W 230, 261	++	++	++	++	++	++	-	+	-	++	+	146,- 109,-
Foxpro	Isoproturon + Bifenox + Dichlorprop	6	WW, WG, WR, SoW	B4, W 264, 630	(+)	++	++	++	++	++	+	++	++	++	++	156,-
Foxtar		7 6	WW, WG, WR, SoW		++	++	++	++	++	++	+	++	++	+	++	153,- 178,-
Herbatox Neu[1]	Isoproturon + Bentazon + DP	6–8	WW, WG, WR, SoW	B4, W, Xn, 264, 630	+(+)	++	++	+	++	++	+	++	-	+	+	
Dicuran 700 fl. u. a Chlortoluron-Mittel	Chlortoluron	2–3,5	WW, WG, WR	B4, W 261	++	++	++	-	++	+	-	+	-	-	+	157,- 89,-

IPU-Mittel z. B. Arelon fl., Tolkan flo	Isoproturon	2,5-3 2,5 2,5-3	WW, WG WR SoW, SoG	B4, Xn, 264, 630	++	++	++	-	++	++	-	-	-	-	-	95,- 80,-
Ralon[1])	Fenchlorazol + Fenoxaprop	3	WW, WR, SoW	B4 630	++	++	-	-	-	-	-	-	-	-	-	158,-
Tolkan Fox	Isoproturon + Bifenox	4,5 3,5	WW, WG, WR SoG, SoW	B4, Xn 630	++	++	++	+	++	++	+	+	++	(+)	++	153,- 119,-
Tribunil[1])	Methabenzthia- zuron	3-4 2	WW, SoW	B4, W W, 630	+	++	++	-	+	++	+	+	-	+	+	127,- 63,-

W : keine Anwendung in Wasserschutzgebieten
B4 : Nicht bienengefährlich
Xn : mindergiftig
230/630 : Keine Anwendung auf stärker geneigten Flächen bei Abschwemmungsgefahr in Gewässer
Anwendung nicht in unmittelbarer Nähe (10 m) von Gewässern
261 : Mittel ist fischgiftig
264 : Mittel ist giftig für Fische und Fischnährtiere
[1]) : z. Z. nicht zugelassen
++ : gute Wirkung
\+ : befriedigende Wirkung
\- : keine hinreichende Wirkung
WW : Winterweizen
WG : Wintergerste
WR : Winterroggen
SoW : Sommerweizen
SoG : Sommergerste

schiedliche Entwicklung der Ungräser bzw. Unkräuter meist einen Kompromiß hinsichtlich des idealen Einsatztermins erfordert. Von der jeweiligen Verunkrautung, den Temperaturen und der Witterung hängt es also ab, ob Einzelwirkstoffe oder Kombinationspräparate eingesetzt werden. Bei unsicheren Witterungsverhältnissen und bereits starker Entwicklung von Ackerfuchsschwanz oder Windhalm sind getrennte Spritzmaßnahmen durchzuführen. Ziel muß sein, die Ungraskonkurrenz möglichst frühzeitig auszuschalten. Gegen breitblättrige Unkräuter ist – je nach Leitunkräuter – der gezielte Einsatz von speziellen Mitteln zu einem späteren Zeitpunkt anzustreben. Solche Spritzfolgen ermöglichen unter günstigen Bedingungen eine Reduzierung der Aufwandmenge der

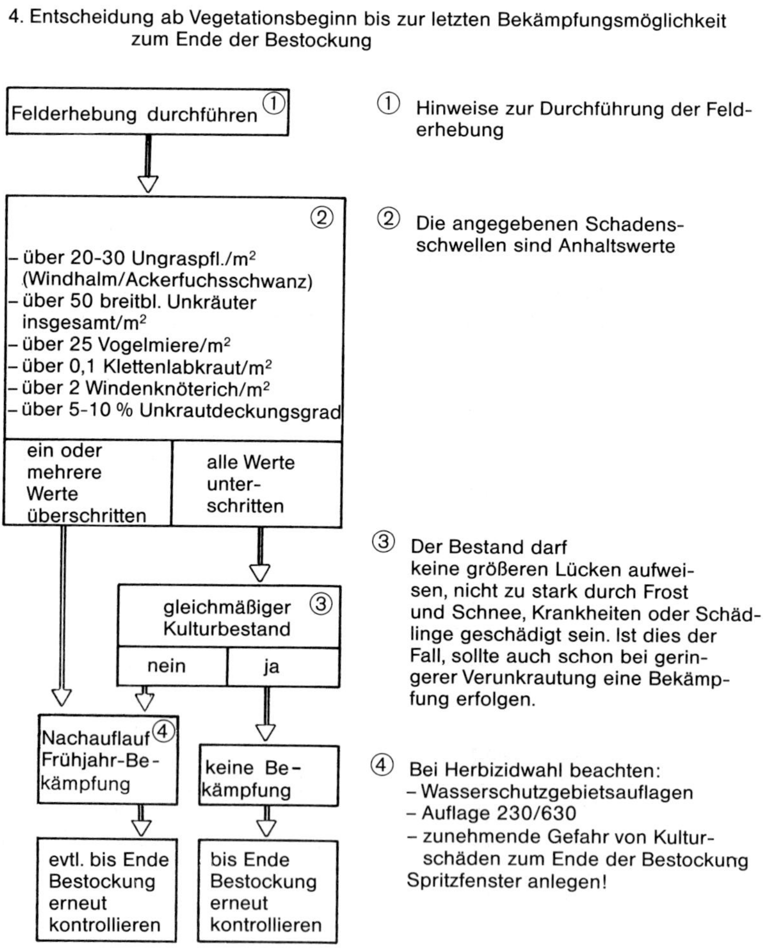

Abb. 41. Nachauflauf-Frühjahr-Bekämpfung. Erfassung und Beurteilung der Verunkrautung im Getreide unter Berücksichtigung von Schadensschwellen (nach GEROWITT und HEITEFUSS 1988, verändert).

Tab. 36. Nachbaumöglichkeiten bei vorzeitigem Umbruch von Wintergetreide

Mittel	S-Gerste S-Weizen	Hafer	Mais	S-Raps	Kartoffeln	Rüben	Körner-Leguminosen
Arelon fl. Tolkan flo	+	+	+	+	+	+	
Boxer	+	+	+		+	+	+
Dicuran 700 fl.	(+)	–	+		+		
Fenikan	+	(+)	(+)	(+)	+	(+)	
Igran 500 fl.	+		+		+		+
Mudekan Demeril	+	(+)	+	+	+	–	+
Pendiron fl.	(+)		+		+		
Stomp SC	(+)	–	(+)		(+)		(+)
Tribunil	(+)	(+)	+	–	+	+	+

– = Nachbau nicht möglich
\+ = Nachbau nach guter Bodendurchmischung möglich
(+) = Nachbau nach tiefer Pflugfurche möglich

vorgelegten Bodenherbizide und sind deshalb für das Getreide schonender und risikoärmer.

Ungünstige Witterungsverhältnisse (langandauernde Schneedecke, anhaltende Kahlfröste) während des Winters können die Wintergetreidebestände so stark schädigen, daß Umbruch erforderlich wird. Bei vorausgegangener Anwendung von Bodenherbiziden sind Nachbaubeschränkungen zu beachten. Die ackerbaulichen Maßnahmen sind nicht in jedem Fall einfach durchzuführen. Ein Umbruch sollte daher nur in Erwägung gezogen werden, wenn die verbleibenden Pflanzen keine ausreichende Bestandesdichte mehr erwarten lassen. Unter Umständen sind Düngungsmaßnahmen mit schnell wirkenden Düngemitteln mehr erfolgversprechend. Nachbauprobleme lassen sich vermeiden, wenn die Herbizide gezielt im Frühjahr ausgebracht werden.

Für die Beurteilung der Notwendigkeit einer Bekämpfung von breitblättrigen Unkräutern auf Getreideflächen ohne Vorkommen von grasartigen Unkräutern geben ebenfalls wirtschaftliche Schadensschwellen Anhaltswerte. Die Unkrautprobleme gehen in den meisten Fällen nur auf eine geringe Anzahl von Arten zurück. Die Möglichkeiten des Herbizideinsatzes werden im folgenden Abschnitt beschrieben.

Herbizideinsatz in Sommergetreide

Frühe Bestellung des Sommergetreides schafft günstige Keim- und Wachstumsbedingungen für Frühjahrskeimer, so daß sich in kürzester Zeit eine üppige Verunkrautung mit zweikeimblättrigen Arten entwickelt. Das Auftreten von einjährigen einkeimblättrigen Arten mit Ausnahme des Flughafers ist dagegen meist von untergeordneter Bedeutung.

Herbizidbehandlungen sind in konkurrenzstarkem Sommergetreide nur in wenigen Fällen wirtschaftlich lohnend. Vor Beginn des Herbizideinsatzes müssen deshalb die wirtschaftlichen Schadensschwellen beachtet und ggf. die Mittel entsprechend der Leitverunkrautung ausgewählt werden. Die in Abb. 41 genannten Zahlen sind auch für Sommergetreide verläßliche Richtwerte. Sommergetreide reagiert auf Herbizidbehandlungen empfindlicher als Wintergetreide. Die Notwendigkeit des Herbizideinsatzes ist deshalb kritisch zu prüfen.

Breitblättrige Unkräuter

Ertragsschädigende Unkräuter sind im kleinen Entwicklungsstadium leichter und mit geringerem Herbizidaufwand und folglich auch mit besserer Kulturverträglichkeit zu bekämpfen. Bei einer Mischverunkrautung ist es wirtschaftlicher, nur die am häufigsten vorkommenden Arten (Leitunkräuter) zu bekämpfen; andere, unter der Schadensschwelle liegende Einzelpflanzen, können toleriert werden. Durch gezielten Einsatz lassen sich Mittelmengen einsparen. Wichtig ist, daß die Problemunkräuter sicher ausgeschaltet werden. Die Bekämpfung kann mit Wuchsstoffmitteln, Kontaktmitteln, Kombinationsmitteln (Breitbandherbiziden) oder neuen Wirkstoffen vorgenommen werden.

Kontaktherbizide zeichnen sich durch gute Breitenwirkung gegen breitblättrige Samenunkräuter aus. Die Verträglichkeit gegenüber allen Getreidearten ist gut. Voraussetzung ist jedoch, daß sie sehr früh, ab 3-Blatt-Stadium des Getreides, möglichst im 2- bis 4-Blatt-Stadium der Unkräuter eingesetzt werden. Wurzelunkräuter werden nicht erfaßt. Eine gute Wirkung der Kontaktherbizide setzt viel Licht und Sonne sowie Temperaturen von mindestens +10 °C voraus. Der Einsatz der Kontaktherbizide ist besonders in der Nähe von wuchsstoffempfindlichen Kulturen empfehlenswert.

Systemisch wirkende **Wuchsstoffpräparate** sollten verwendet werden, wenn die Unkräuter bereits stärker entwickelt sind, eine Mischverunkrautung oder einseitig Problemunkräuter, wie z. B. Klettenlabkraut oder Knötericharten, dominieren. Das Wirkungsspektrum der einzelnen Wirkstoffe ist eingeschränkt, so daß das Mittel auf die Leitverunkrautung abzustimmen ist. Die preiswerten Wuchsstoffmittel erfassen nicht nur einjährige, sondern auch mehrjährige breitblättrige Arten (z. B. Distel, Winde), wenn sie genügend Blattmasse gebildet haben. Die Behandlung muß zwischen 5-Blatt-Stadium und abgeschlossener Bestockung (ES 21 bis 29) des Getreides erfolgen. Voraussetzung für eine gute Wirkung sind Temperaturen ab +15 °C sowie vor und nach der Spritzung wüchsige Witterungsverhältnisse. Negative, nicht immer sichtbare Auswirkungen auf die Kultur sind nicht auszuschließen. Keinesfalls darf bei Nachtfrostgefahr gespritzt werden. Hafer wird besonders durch 2,4 D-haltige, Roggen durch CMPP-haltige Mittel geschädigt. Vorsicht bei Spritzungen in der Nähe von Sonderkulturen (Abtriftgefahr). Wasserschutzgebietsauflagen sind zu beachten.

Bei stärkerer Verunkrautung mit Problemunkräutern, beispielsweise mit Klettenlabkraut, Kamille, Ackerstiefmütterchen, Ackerhohlzahn oder »winterharten« Unkräutern und bereits fortgeschrittener Unkrautentwicklung ist der Einsatz von **Kombinationspräparaten** nötig. Bei diesen sog. **Breitbandherbiziden** sind Wuchsstoff- und Kontaktmittel miteinander kombiniert. Damit gelingt es einerseits, die Wirkungslücken vor allem gegen Kamille, Klettenlabkraut, Ehrenpreis, Taubnessel und Ackerhohlzahn besser abzudecken und andererseits größere, schwerer bekämpfbare Unkräuter auch bei niedrigen Temperaturen sicher zu bekämpfen. Bei früher Anwendung (z. B. im Wintergetreide) sind Esterpräparate geeignet. Ab Temperaturen über +12 °C sind wegen möglicher Abtriftprobleme Salzformulierungen zu bevorzugen. Der Einsatzzeitpunkt liegt zwischen dem frühen Anwendungstermin der Kontaktmittel und dem späteren Termin der Wuchsstoffmittel. Bei Einsatz mit beginnendem Schossen des Getreides ist mit nachhaltigen Schäden zu rechnen.

Tab. 37. Wirkung der Wuchsstoffe und Kombinationen aus Wuchsstoffen, wuchsstoffähnlichen und anderen Wirkstoffen auf wichtige Unkräuter im Getreide

Mittel bzw. Wirkstoffe	**Unkräuter** Ackersenf	Ackerkratzdistel	Ehrenpreis	Hohlzahn	Kamille	Klettenlabkraut	Windenknöterich	Rainkohl	Stiefmütterchen	Taubnessel	Vogelmiere
2,4-D	++	++	-	-	+	-	-	-	-	-	-
MCPA	++	++	-	+	-	-	-	-	-	-	-
MCPA + 2,4-D	++	++	-	+	+	-	-	-	-	-	-
CMPP	++	+	+	-	-	++	-	-	-	-	++
CMPP + 2,4-D	++	++	+	-	-	++	-	-	-	-	++
Dicamba + MCPA	++	+	+	+	+	+	+	-	-	+	++
2,4-DP	++	+	+	-	-	++	++	-	-	-	++
2,4-DP + 2,4-D	++	++	+	-	+	++	++	-	+	-	++
2,4-DP + MCPA	++	++	+	-	-	++	++	-	-	-	++
Fluroxypyr		-	-	++	-	++	++		-	+	++

++: gute Wirkung
+ : befriedigende Wirkung
- : keine hinreichende Wirkung

Einige **neue Wirkstoffe** mit sicherer Wirkung gegen schwerbekämpfbare Unkräuter eignen sich besonders für eine schadensschwellenorientierte Unkrautbekämpfung. Starane 180 (Fluroxypyr) und Tristar (Fluroxypyr + Bromoxymil + Ioxynil) haben sich gegen Klettenlabkraut gut bewährt. Beide Mittel besitzen eine Wasserschutzgebietsauflage. Starane 180 ist in Wintergetreide zur Klettenlabkrautbekämpfung bis Stadium 39 ausgewiesen. Die Sulfonylharnstoffe Gropper (Metsulfuron), Concert (Metsulfuron + Thifensulfuron) und Pointer (Tribenuron-Methyl) wirken sicher gegen Stiefmütterchen, Kamille, Taubnessel, Hohlzahn und Vogelmiere. Nebenwirkungen bestehen gegen Disteln. Warme, wüchsige Witterung begünstigt die Wirkung. Die Mittel können bis zum 1-Knoten-Stadium (ES 31) des Getreides und somit auch noch gegen stärker entwickelte Verunkrautung eingesetzt werden. Wirkungslücken lassen sich mit Tankmischungen oder Spritzfolgen sicher schließen. Bei Tankmischungen ist eine Reduzierung der Aufwandmenge der einzelnen Komponenten möglich, die bei höheren Temperaturen, wüchsigem Wetter und kleinerem Entwicklungsstadium bis zu 30% betragen können. Bifenox-haltige Mittel haben eine hohe Wirkungssicherheit gegen Stiefmütterchen, Hohlzahn und Taubnessel auch bei kühlen Temperaturen im zeitigen Frühjahr. Die Wirkungsbreite beruht auf der Kombination mit Wuchsstoffmitteln (z. B. Bifenal, Foxtril) oder Isoproturon (z. B. Foxpro, Tolkan Fox).

Tab. 38. Wirkung der Kontaktmittel sowie verschiedener Kombinationen aus Kontaktmitteln und Wuchsstoffen und anderen Wirkstoffen auf Unkräuter im Getreide (Nachauflaufverfahren)

Mittel-Beispiele	Aufwandmenge (kg bzw. l/ha)	Auflagen	Ackersenf	Ehrenpreis	Hohlzahn	Kamille	Klettenlabkraut	Windenknöterich	Rainkohl	Stiefmütterchen	Taubnessel	Vogelmiere	Kosten (DM/ha)
Basagran	4,0	B4,Xi,W	++	-	-	++	++	+	++	-	-	++	118,-
Certrol B/Buctril	2,0	B4,Xn 261, 630	++	+	+	++	+	+	+	-	+	-	118,-
Trevespan/Certrol 40[1)]	1,0–1,5	B4, Xn 230, 261	+	+	+	++	+	+	+	-	+	+	169,-/ 113,-
Anitop	2,5–3,0	B4,Xn,W 230, 264	++	++	++	++	++	++	++	++	++	++	113,- 94,-
Basagran DP »neu«, Ultima DP	4,0	B4,Xn,W	++	++	+	++	++	++	++	+	+	++	131,-
Basagran Ultra/Herbenta Ultra	5,0	B4,Xn,W 230, 264	++	++	++	++	++	++	++	+	++	++	
Bifenal	3,5–4,0	B4,Xn, W 630, 261	++	++	++	(+)	++	++	++	++	++	++	108,-/ 95,-
Certrol DP/Trevespan DP	4,0	B4,Xn, W 230	++	++	+	++	++	++	++	+	++	++	109,-
Certrol H/Ultima MP[1)]	2,5–3,0	B4,Xn 230, 264	++	++	++	++	++	+	++	+	++	++	113,-/ 94,-

Foxtril	3,5–4,0	B4,Xn,W 263, 630	++	++	++	+	++	++	++	++	++	++	107,–/ 94,-
Oxytril M/Bottrol PE[1)]	2,0–2,5	B4,Xn,W 264, 630	++	++	++	++	++	+	++	+	+	++	
Starane 180	1,0	B4,Xi,W, 264, 630		-	++	-	++	++		-	+	++	71,-
Tristar	1,5	B4,Xn,W 230, 264	++	+	++	+	++	++		+	++	++	107,-
Concert	0,090	B4	++	+	++	++	(+)	+	++	++	++	++	106,-
Gropper	0,025–0,04	B4	++	-	++	++	-	-	++	++	++	++	82,–/ 52,-
Pointer	0,02–0,03	B4	++	-	++	++	-	+	+	+	++	++	46,–/ 68,-

++ : gute Wirkung
+ : befriedigende Wirkung
- : keine hinreichende Wirkung
1) : z. Z. nicht zugelassen
W : keine Anwendung in Wasserschutzgebieten
B4 : Nicht bienengefährlich
Xi : reizend
Xn : mindergiftig
230/630 : Keine Anwendung auf stärker geneigten Flächen bei Abschwemmungsgefahr in Gewässer. Anwendung nicht in unmittelbarer Nähe (10 m) von Gewässern.
261 : Mittel ist fischgiftig
264 : Mittel ist giftig für Fische und Fischnährtiere

Flughafer

Die Flughaferbekämpfung gestaltet sich aus keimungsbiologischen Gründen problematisch. Im Frühjahr läuft der Flughafer zeitlich sehr ungleichmäßig auf, bedingt durch seine lange Keimzeit (Februar–April) und unterschiedliche Keimtiefe (2 bis 20 cm). Die Flughaferpflanzen weisen somit zum Zeitpunkt der Behandlung häufig sehr unterschiedliche und für das betreffende Herbizid nicht immer empfindliche Entwicklungsstadien auf. Weitere Besonderheiten: lange

Tab. 39. Herbizide gegen Flughafer und Ackerfuchsschwanz in Sommer- und Wintergetreide

Mittel-Beispiel	Anwendung Aufwand (l, kg/ha)	Zeit-punkt	Auflagen	S-Gerste	S-Weizen	W-Gerste	W-Weizen	W-Roggen	Preis (DM/ha)
Flughafer									
Avadex BW	3,0	VSE	B4, 264, 630	×					75,-
Avenge[1)]	5,0	NA	B4, Xn, 230	×	×	×	×		
Barnon[1)]	3,5	NA	B4, Xn, 230	×	×	×	×		
Illoxan	2,5	NA	B4, Xi, 630	×	×		×		158,-
Ralon[1)]	2,5–3,0	NA	B4, 630		×		×	×	
Ackerfuchsschwanz									
Avadex BW	3,0	VSE	B4, 264, 630	×					75,-
Arelon flüssig Hora Turon 500 fl. Tolkan flo	2,5–3,0	NA	B4, Xn 264, 630	×	×	×	×	×	95,-/ 79,-
Arelon P fl.[1)]	4,5–5,5	NA	B4, Xn	×	×	×	×		111,-/91,-
Foxtar Foxpro	6,0	NA	B4, W, 264, 630		×	×	×	×	156,- 144,-
Herbatox Neu[1)]	5,0	NA	B4, Xn, W, 264, 630		×	×	×	×	
Ralon[1)]	3,0	NA	B4, 630		×		×	×	

VSE = Vorsaateinarbeitung
NA = Nachauflaufverfahren
W = Wasserschutzgebietsauflage
Xn = Mindergiftig
Xi = Reizend
230/630 : Keine Anwendung auf stärker geneigten Flächen bei Abschwemmungsgefahr in Gewässer. Anwendung nicht in unmittelbarer Nähe (10 m) von Gewässern.
264 : Mittel ist giftig für Fische und Fischnährtiere
[1)] z. Z. nicht zugelassen

Lebensdauer der Flughafersamen (bis zu acht Jahren), großes Samenpotential (etwa 100 Samen/Pflanze), selbst nach Jahren intensiver Bekämpfung sind immer noch genügend keimfähige Samen im Boden vorhanden. Daraus wird deutlich, daß eine intensive Flughaferbekämpfung nicht nur aus Einzelmaßnahmen - etwa ausschließlich die Anwendung von Herbiziden - bestehen darf, sondern auch durch verschiedene vorbeugende und anbautechnische Maßnahmen unterstützt werden muß. In Vordringungsgebieten ist es lohnend, einzelne Pflanzen unbedingt per Hand auszureißen und die Felder auch in den Folgejahren aufmerksam zu kontrollieren.

Bei regelmäßigem Flughafervorkommen wird in Sommergerste vielfach Avadex BW im Vorsaatverfahren mit Einarbeitung angewendet. Wirtschaftliche Schadensschwellen gibt es für die Nachauflaufbehandlung mit Blattherbiziden. Diese Spezialherbizide können teilweise auch in Wintergetreide eingesetzt werden, eine Bekämpfung ist aber nur in lückigen Beständen bei starkem Besatz (etwa 20 Pflanzen/m^2) lohnend. In Sommergetreide liegt die Schadensschwelle relativ niedrig (10 Pflanzen/m^2), um die Verseuchung des Bodens gering zu halten. Eine sichere Wirkung mit den blattaktiven Wirkstoffen ist gegeben, wenn die Hauptmasse des Flughafers das bekämpfungsgünstigste Entwicklungsstadium noch nicht überschritten hat. Ältere Flughaferpflanzen werden zunehmend widerstandsfähiger. Behandlungszeitpunkt und Mittelwahl müssen sich nach dem Entwicklungsstand des Flughafers richten. Mischungen mit anderen Präparaten, insbesondere Herbiziden, sind nicht in jedem Fall möglich.

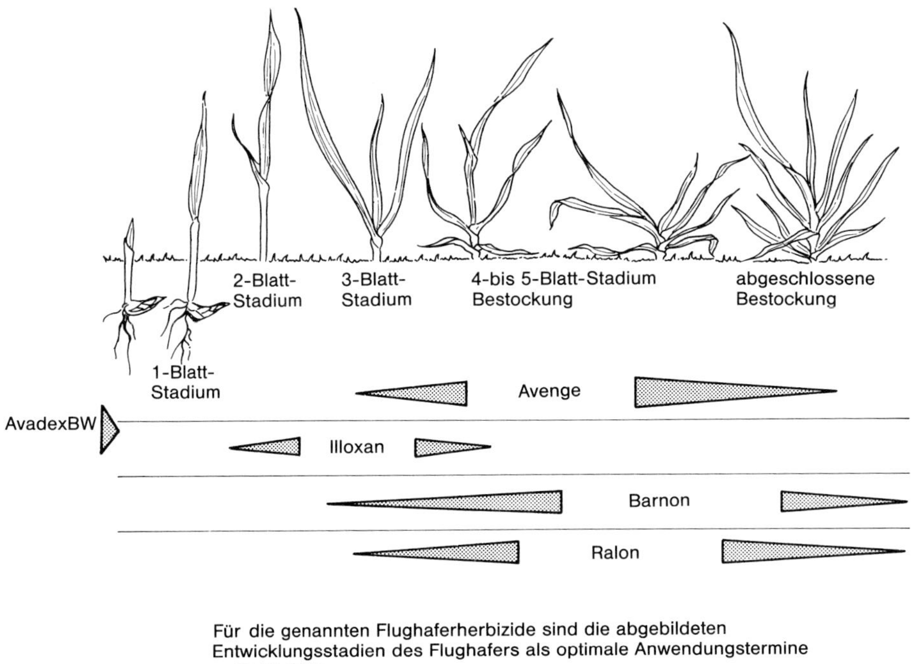

Für die genannten Flughaferherbizide sind die abgebildeten Entwicklungsstadien des Flughafers als optimale Anwendungstermine zu betrachten.

Abb. 42. Optimale Anwendungstermine für Flughafer-Herbizide.

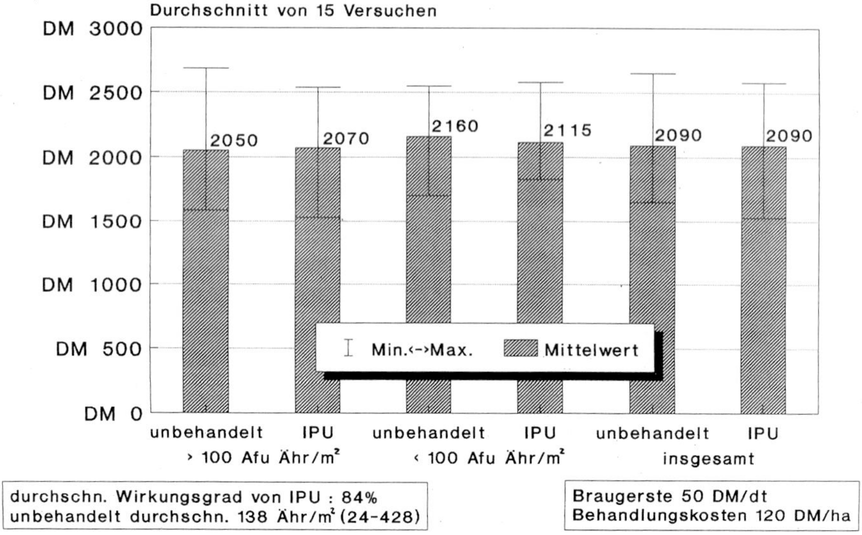

Abb. 43. Bekämpfung von Ackerfuchsschwanz und breitblättrigen Unkräutern in Sommergerste (1980 bis 1989). Marktleistung (DM/ha) nach Abzug der Behandlungskosten.

Ackerfuchsschwanz

Ackerfuchsschwanz oder der herbst- und winterkeimende Windhalm gelten zwar als typische Ungräser in Winterungen, erlangen aber vor allem in intensiven Wintergetreidefolgen auch in Sommergetreide Bedeutung. Besonders bei zeitiger Frühjahrsbestellung ist ein vermehrter Ackerfuchsschwanzaufwuchs zu beobachten. Versuchsergebnisse zeigen, daß eine Bekämpfung in der Regel nicht oder erst ab einem Besatz von etwa 100 Ähren je m² lohnend ist (Abb. 43). In Sommergerste oder -weizen bestehen die in Tab. 39 genannten Einsatzmöglichkeiten. Für Hafer ist z. Z. kein Mittel ausgewiesen. In dieser besonderen Situation ist der behelfsweise Einsatz von Kalkstickstoff (200 bis 300 kg/ha) möglich. Die Präparate sind gegen Windhalm, Gemeine Rispe und - je nach Mittelkombination - auch gegen Klettenlabkraut wirksam. Als idealer Einsatzzeitpunkt gilt das 2- bis 4-Blatt-Stadium von Ackerfuchsschwanz. Bei Spritzungen ab Bestockungsende des Getreides ist mit Schäden zu rechnen.

1.2.2.5 Spezielle Unkrautprobleme

Wasserschutzgebiete

Die Unkraut- und Ungrasbekämpfung ist in Wasserschutz- und Heilquellenschutzgebieten nur eingeschränkt möglich. Lücken bestehen derzeit wegen Wasserschutzgebietsauflagen für altbewährte Mittel, wie z. B. Wuchsstoff- und wuchsstoffhaltige Mittel. Dies bedeutet, daß solche Mittel und alle Tank- und Fertigmischungen mit diesen Wirkstoffen in den Schutzgebieten nicht angewendet werden dürfen. Nach vorläufigen Untersuchungsergebnissen wird damit gerechnet, daß bei der anstehenden Neubewertung der Wirkstoffe die Wasserschutzgebietsauflage von der Zulassungsbehörde gestrichen wird. Gegen ein- und zweikeimblättrige Unkräuter kommen für Nachauflaufbehandlungen nur die in Tab. 40 genannten Herbizide in Frage. Das Wirkungsspektrum ist bei den einzelnen Mitteln sehr verschieden. Grundlage für eine zufriedenstellende Wirkung, vor allem gegen hartnäckige Unkräuter, sind neben der richtigen Mittelwahl deshalb auch optimale Anwendungsbedingungen. Die Entscheidungen müssen stets unter Berücksichtigung der wirtschaftlichen Schadensschwellen getroffen werden. Da das Angebot von Alternativherbiziden äußerst gering ist, kann es bei Wintergetreide auf bestimmten Problemstandorten durchaus sinnvoll sein, bereits im Herbst vorbeugende Maßnahmen durchzuführen.

Distel, Ackerwinde
Ausdauernde Unkräuter werden durch verschiedene Faktoren begünstigt, obwohl sie gegenüber Wuchsstoffen sehr empfindlich sind. Eine nachhaltige Wirkung ist aber nur zu erwarten, wenn genügend Wirkstoff aufgenommen und in das Wurzelsystem abgeleitet wird. Der optimale Spritztermin liegt daher meist in der Schoßphase, wenn das Getreide etwa 25 bis 35 cm und die Unkräuter 15 bis 25 cm hoch sind. Die übliche Unkrautspritzung ist dann längst vorbei. Gegen Disteln und Ackerwinde sind die verträglicheren M- oder Kombi-Mittel zu bevorzugen. Warmes, wüchsiges Wetter fördert die Wirkung. Die Maßnahme ist auf Teilflächen zu beschränken, um das Risiko der Schädigung des Getreides (Ährendeformationen) möglichst gering zu halten. Dennoch lassen sich Wurzelunkräuter mit diesem Verfahren einfacher bekämpfen als in allen anderen Folgekulturen. Ackerwinde wird auch bei Spätanwendung (ES 39) von Starane gegen Klettenlabkraut miterfaßt. Gropper, Pointer und Concert besitzen eine Teilwirkung gegen Disteln.

Spätverunkrautung (Ernteerleichterung) und Zwiewuchs
Durchwachsende Unkräuter und Zwiewuchs in Getreide haben in Schlechtwetterperioden verheerende Folgen. Lagergetreide wird vor allem von lichtliebenden Unkräutern, wie z. B. Klettenlabkraut, Kamille, Windenknöterich und Quekken rasch überwuchert. Die Erntearbeiten werden durch den »grünen Filz« erschwert und verzögert, das Erntegut enthält viel Fremdbesatz und höhere Feuchtigkeitsgehalte. Lagerndes Getreide neigt außerdem zu Zwiewuchs.

Zur Bekämpfung von Unkräutern und Zwiewuchs ist Roundup (Glyphosat) zur Ernteerleichterung in lagerndem Getreide sowie gegen Unkräuter einschließlich Quecken in Wintergerste zugelassen. Befriedigende Wirkung und keine Nachteile für Ertrag, Keimfähigkeit und Triebkraft des Getreides sind mit dem Totalherbizid nur bei sachgemäßer Anwendung zum Zeitpunkt der Vollreife des Getreides (ES 91) spätestens 14 Tage vor der Ernte (Wartezeit) zu erwarten. Behandlungen in Saatgutvermehrungs- und Braugerstenbeständen sind nicht möglich. Der Roundup-Einsatz in vollreifem Getreide sollte stets die Ausnahme sein und sich ausschließlich auf die Beseitigung von extremen Ernteerschwernissen in Lagergetreide beschränken. Die gezielte Bekämpfung während der Bestokkungsphase ist daher von besonderer Bedeutung.

Queckenbekämpfung nach der Getreideernte
Die Maßnahmen richten sich vorwiegend gegen Quecke. Die Möglichkeiten einer wirksamen Reduzierung der Quecke mit mechanischen oder anbautechnischen Maßnahmen wird auf Seite 114 beschrieben. Bei starkem Queckenbesatz

Tab. 40. Unkraut- und Ungrasbekämpfung in Getreide in Wasserschutzgebieten (Nachauflaufbehandlungen - Frühjahr)

Mittel-Beispiele	Aufwand (l, kg/ha)	Auflagen	Kultur	Klettenlabkraut	Kamille	Vogelmiere	Ehrenpreisarten	Knötericharten	Ackerstiefmütterchen	Ackerhohlzahn	Taubnessel	Ackerdistel	Ackerfuchsschwanz	Windhalm	Einjähr. Rispe	Flughafer	Kosten (DM/ha)
Gegen breitblättrige Unkräuter																	
Kontaktmittel																	
Buctril Certrol B	2,0	B4, Xn, 261, 630	Getreide	+	++	-	+	+	-	+	+	-					118,-
Certrol 40[1]) Trevespan[1])	1-1,5	B4, Xn, 230, 261	Wi-, So- Getreide	+	++	+	+	+	-	+	+	-					169,-/113,-
Sulfonylharnstoffe																	
Concert	90 g	B4	WW, WR	(+)	++	++	+	+	++	++	++	(+)					106,-
Gropper	25-40 g	B4	WW, WR, SG, SW	-	++	++	-	-	++	++	++	(+)					82,-/52,-
Pointer	30 g	B4	Wi-Getreide, SG, SW	-	++	++	-	+	+	++	++	+					68,-

Gegen Ungräser und breitblättrige Unkräuter

Isoproturon-Mittel	2,5–3,0	B4, Xn, 264, 630	WG, WW, WR, SG, SW	-	++	++	-	-	-	-	-	-	++	++	++		75,–/95,–
Tolkan Fox	3,5–4,5	B4, Xn, 264, 630	WG, WW, WR, SG, SW	(+)	++	++	+	+	++	+	++	-	++	++	++		118,–/153,–
Ralon[1])	2,5–3,0	B4, 630	WW, WR, SW										++	++	-	++	
Avenge[1])	5,0	B4, Xn	WG, WW, SG, SW													++	274,–
Barnon[1])	3,5	B4, Xn	WG, WW, SG, SW													++	271,–
Illoxan	2,5	B4, Xi, 630	WW, SG, SW													++	157,–

WG = Wintergerste
WW = Winterweizen
WR = Winterroggen
SG = Sommergerste
SW = Sommerweizen
++ = gute Wirkung
\+ = befriedigende Wirkung
\- = keine hinreichende Wirkung
[1]) z. Z. nicht zugelassen
B4 : Nicht bienengefährlich aufgrund einer amtlichen Prüfung
Xn : mindergiftig
230/630 : Keine Anwendung auf stärker geneigten Flächen bei Abschwemmungsgefahr in Gewässer. Anwendung nicht in unmittelbarer Nähe (10 m) von Gewässern.
261 : Mittel ist fischgiftig
264 : Mittel ist giftig für Fische und Fischnährtiere

reichen jedoch die acker- und pflanzenbaulichen Maßnahmen nicht immer aus, so daß Herbizide angewandt werden müssen.

Nach der Getreideernte kommt das nicht selektive Blattherbizid Roundup zur Stoppelbehandlung in Frage. Voraussetzung für einen nachhaltigen Bekämpfungserfolg mit dem systemisch wirkenden Mittel ist, daß die Quecke zum Zeitpunkt der Behandlung genügend Blattmasse gebildet hat. Es ist deshalb wichtig, das Stroh sofort nach der Getreideernte zu räumen oder gut zu häckseln und exakt zu verteilen, um ein rasches und ungestörtes Wachstum der Quecke zu begünstigen. Keinesfalls darf eine Stoppelbearbeitung erfolgen. Günstigster Anwendungstermin ist, wenn die Quecke am Behandlungstermin mindestens 15 cm Wuchshöhe erreicht und mehr als drei Blätter je Trieb gebildet hat. Die Stoppelbehandlung kann entweder mit 5 l/ha oder 3 l/ha unter Beimischung von 10 kg/ha Schwefelsaurem Ammoniak mit gutem Erfolg vorgenommen werden. Rand- oder Teilflächenbehandlung der am meisten verqueckten Bereiche ermöglicht eine Reduzierung der Mittelkosten. **Vorsicht!** Nichtkulturland, wie z. B. Weg- und Grabenränder, Böschungen usw. dürfen nach den Bestimmungen des Pflanzenschutzgesetzes (Bußgeld) nicht mitbehandelt werden. Mit dem Stoppelumbruch auf den behandelten Flächen darf erst begonnen werden, wenn die Quecken vergilben und absterben.

1.2.3 Krankheiten

Verschiedene Krankheiten stellen wesentliche Begrenzungsfaktoren für quantitativ sichere und qualitativ hochwertige Getreideerträge dar. Im Ablauf der Vegetation sind dies folgende Schaderregerkomplexe:
- Auswinterung,
- Viruskrankheiten,
- Halmgrunderkrankungen,
- Blattkrankheiten,
- Ährenkrankheiten.

Es handelt sich um Beeinträchtigungen des Pflanzenwachstums vom Auflaufen bis zur Kornbildung, an denen samen-, boden- und luftbürtige Krankheitserreger beteiligt sind. Die Bestände müssen deshalb ständig aufmerksam kontrolliert werden.

1.2.3.1 Schäden durch Auswinterung

Nach schneereichen Wintermonaten und langanhaltender Schneedecke auf ungefrorenem Boden treten vor allem in üppig entwickeltem Wintergetreide parasitäre Auswinterungsschäden auf. Schwacher Befall hat lückige Bestände, starker Befall Umbruch und Neuaussaat zur Folge. Verursacht werden solche Schäden nicht nur durch Frost, sondern auch durch **Schneeschimmel-Fäule** *(Gerlachia nivalis)*, bei der die Pflanzen nach der Schneeschmelze reihen- oder nesterweise am Boden liegen und mit einem weißlichen, watteähnlichen Pilzgeflecht (Schneeschimmel) überzogen sind. Tote Pflanzenteile sind zunächst rötlich, später schmutziggrau oder bräunlich verfärbt. Es entstehen nesterweise Lücken und Kümmerpflanzen. Seltener sind Fehlstellen oder geschwächte Pflanzen bereits nach der Saat zu beobachten. Dies kann auch bei Sommergetreide (Hafer, Durum) manchmal der Fall sein. Die Krankheitsübertragung erfolgt durch verseuchtes Saatgut oder befallene Ernterückstände (Getreide, Mais, Gräser). Ungünstige Auflaufbedingungen, niedrige Temperaturen bei der Kei-

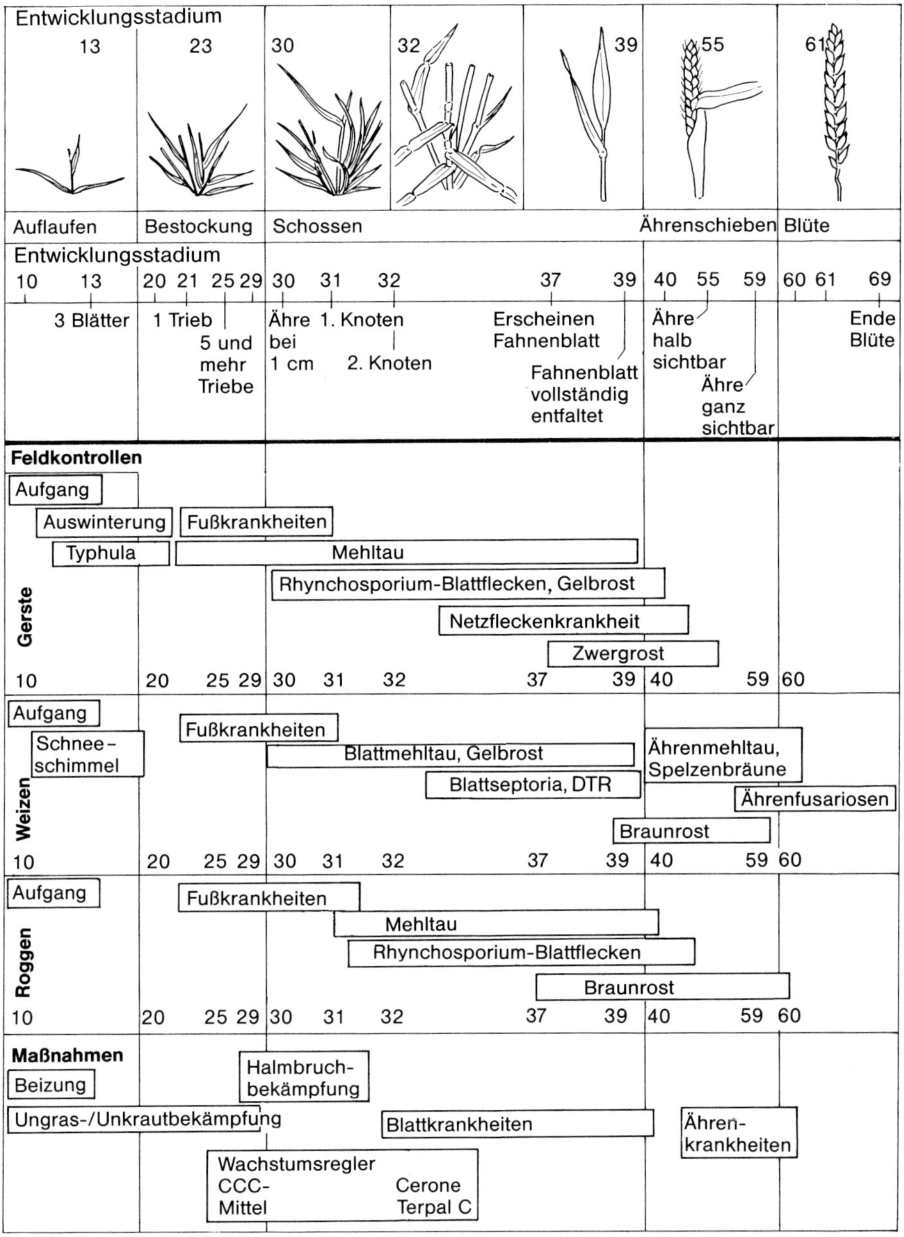

Abb. 44. Überwachung der Getreidebestände auf das Auftreten von Getreidekrankheiten.

mung, nasse Böden, zu dichte Saat oder üppige Vorwinterentwicklung, Sauerstoffmangel unter verharschter Schneedecke und alle Streßsituationen im Herbst und Winter wirken begünstigend.

Die Krankheit kann nur vorbeugend abgewehrt werden. Die Wahl gesunden Saatgutes und ordnungsgemäße Beizung mit gegen Fusarium wirkenden Beizmitteln ist Grundlage, um alle samen- und bodenbürtigen Sporen als Hauptüberträger auszuschalten. Auf eine gute Einarbeitung und rasche Zersetzung der Ernterückstände ist Wert zu legen. Die Schaffung optimaler Auflaufbedingungen (Saatbettbereitung, Saatzeit, Saattiefe usw.) und keine zu üppige Vorwinterentwicklung wirken befallsmindernd. In Befallslagen sollte Winterung nicht nach Getreide oder Mais angebaut werden. Geschwächte Bestände werden im Frühjahr durch geeignete Düngungs- und Pflegemaßnahmen im Wachstum gefördert. Umbruch ist nur bei Pflanzendichten unter 40% des Mindestabstandes oder größeren Bestandeslücken vorzunehmen.

Eine andere Ursache der Auswinterungsschäden kann die **Typhula-Fäule** *(Typhula incarnata)* sein. Wintergerste, seltener Roggen und Weizen, zeigen nach der Winterruhe nesterweise Vergilbungs- und Absterbeerscheinungen. Eindeutige Unterscheidungsmerkmale gegenüber Schneeschimmel sind die anfangs blaßroten, später braunvioletten, kugeligen 0,5 bis 3 mm großen Dauerkörper (Sklerotien) des Pilzes vorwiegend auf oder in abgestorbenen Blattscheiden. Die Übertragung der Krankheit erfolgt durch Sklerotien, die mehrere Jahre im Boden überdauern. Optimale Infektionsbedingungen herrschen bei Lichtarmut, hoher Luftfeuchte, Temperaturen knapp über dem Gefrierpunkt, folglich bei früher und anhaltender Schneedecke auf ungefrorenem Boden. Besonders anfällig sind durch unsachgemäße Kulturmaßnahmen, Krankheiten, Herbizide oder Witterungseinflüsse geschwächte Kulturpflanzen. Typhula-Fäule führt selten zu Totalschaden, da die im Frühjahr vorhandenen Fehlstellen durch gesunde und teilgeschädigte Pflanzen wieder geschlossen werden.

Der Typhula-Erreger ist ein Schwächeparasit. Deshalb sind zunächst alle Faktoren, welche die Pflanzen im Herbst oder Winter schwächen, auszuschalten. Die Jugendentwicklung der Wintergerste ist zu fördern, damit die Kultur kräftig und gesund überwintert. Dazu sind Bodenbearbeitung, Saat, Düngung (Gülle), Unkrautbekämpfung (nicht zu spät) optimal aufeinander abzustimmen. Auf den Wegbereiter Mehltau ist besonders zu achten und ggf. mit Fungizidmaßnahmen zu reagieren. In höher gelegenen und kühleren Anbaugebieten, in denen die Typhula-Fäule wirtschaftliche Bedeutung erlangt, ist die Beizung mit speziellen Wirkstoffen (z. B. Baytan UFB, Elanco Beize) wirtschaftlicher als eine Fungizidspritzung (z. B. Baycor-Spritzpulver) im Herbst. Befallene Pflanzen erholen sich schneller, wenn im Frühjahr ein schnellwirkender N-Dünger oder Blattvolldünger gegeben wird. Umbruch sollte nicht zu voreilig, sondern nur bei großen Bestandeslücken erfolgen.

1.2.3.2 Viruskrankheiten

Im Getreidebau sind zwei Viruskrankheiten von Bedeutung: **Viröse Gelbverzwergung** (barley yellow dwarf virus; BYDV), von der vor allem Gerste, aber auch Weizen und Hafer befallen werden und das **Gelbmosaikvirus** (barley yellow mosaik virus; BaYMV), das bislang nur an Wintergerste nachgewiesen wurde. In einzelnen Anbaulagen entstehen unter bestimmten Voraussetzungen erhebliche Ertragsverluste.

Erste Schadsymptome des **Gelbverzwergungsvirus** (BYDV) erscheinen im Herbst oder Frühjahr etwa zwei bis drei Wochen nach der Infektion: Bei Gerste leuchtendgelbe, bei Weizen gelb-orange und bei Hafer rote Blattverfärbungen (Haferröte). Befallene Pflanzen fallen nesterweise durch Zwergwuchs auf, sie sterben ab oder bilden keine oder nur kümmerliche Ähren und Rispen aus. Während des Schossens infizierte Pflanzen zeigen eine Gelbfärbung der Fahnenblätter, bei Hafer Rotfärbung. Typisch ist, daß die Ähren aufrecht aus dem Bestand herausragen, von Schwärzepilzen besiedelt werden, meist nur Kümmerkorn enthalten oder flissig sind. BYDV wird durch Blattläuse übertragen. Mit nennenswerten Ertragsverlusten ist dann zu rechnen, wenn virusbeladene Blattläuse in einem trocken-warmen Herbst das Getreide während und nach dem Auflaufen infizieren. Gefährdet sind deshalb alle extrem früh (bis Mitte September) gesäten Herbstsaaten. Ausgehend von solchen Befallsnestern können im Frühjahr Sekundärinfektionen erfolgen. Dies ist vor allem bei Überdauerung der Blattläuse nach einem milden Winter und zeitigen Frühjahr möglich, wie dies beispielsweise 1989/90 in einigen Anbaugebieten der Fall war.

Die wichtigste vorbeugende Maßnahme ist die Aussaat erst nach dem 20. September. Durch Beseitigung von Ausfallgetreide und Abmähen von grasbewachsenen Wegen in der Nähe von Wintergerstenschlägen kann die Virusgefahr vermindert werden. Geschädigte Bestände erhalten eine frühzeitige N-Düngung im Frühjahr.

Eine direkte Virusabwehr ist nicht möglich. Infektionen können nur durch Ausschaltung der Virusüberträger vermieden werden. Dazu ist es notwendig, alle frühgesäten Wintergetreidebestände, insbesondere in der Nähe von Maisbeständen und Grünland, auf Blattlausbefall zu kontrollieren.

Eine Insektizidbehandlung ist nur selten vorzunehmen. Vorbeugende Spritzungen sind sinnlos. Warndienst beachten!

Mit **Gelbmosaikvirus** (BaYMV) waren zunächst nur einzelne, inzwischen sind aber zusammenhängende Anbaugebiete verseucht. Durch Virusbefall bedingte Ertragsminderung kann je nach Gerstensorten und Witterungsverlauf zwischen 20 und 50% betragen. Befallene Wintergerstenpflanzen fallen ab Vegetationsbeginn im Feldbestand durch streifen- oder nesterartige Vergilbungen auf. Sicherste Befallsmerkmale sind strichelförmige, hellgrüne bis gelbe Aufhellungen parallel zu den Blattadern auf den jüngsten, noch nicht voll entfalteten Blättern. Der Krankheitsverlauf ist weitgehend von den Temperaturverhältnissen und von Resistenzeigenschaften der Sorte abhängig. Bei kühler Frühjahrswitterung sterben die Blätter von der Spitze her ab, bleiben virusbefallene Pflanzen im Wachstum zurück und reifen vorzeitig ab, während bei warmem, wüchsigem Wetter die Symptome unterdrückt werden. BaYMV wird durch den im Boden lebenden Pilz *Polymyxa graminis* übertragen. Das Virus bleibt in den Dauersporen des Pilzes länger als 10 Jahre lebensfähig. Die Krankheit wird innerhalb des Feldes, aber auch von Feld zu Feld durch Bodenbearbeitungsgeräte oder durch Verwehen von Bodenteilchen sehr rasch verschleppt.

Die Bekämpfung des Virus im Bestand ist nicht möglich. Keinesfalls soll Wintergerste nacheinander oder in enger Folge angebaut werden. Sommergerste ist der Wintergerste vorzuziehen. Der Anbau von virusresistenten Wintergerstensorten (z. B. 'Franka', 'Brunhild', 'Banjo', 'Sonate', 'Diana') vermindert das Risiko von Ertragsverlusten. Leider ist die Resistenz schon mehrfach gebrochen worden. An der Züchtung neuer Sorten mit verbesserten Anbaueigenschaften wird gearbeitet. Eine extrem frühe Wintergerstensaat ist zu vermeiden, da der

Virusbefall der Gerstenwurzel bereits im Herbst stattfindet. Aus pflanzenhygienischer Sicht ist dafür zu sorgen, daß keine verseuchte Erde auf unverseuchte Flächen gelangt.

1.2.3.3 Halmgrunderkrankungen

Die durch verschiedene Pilzgattungen verursachten **Fußkrankheiten** sind typische Fruchtfolgeerkrankungen, die sich umso besser entwickeln, je häufiger anfällige Wirtspflanzen auf demselben Feld angebaut werden. Sie befallen alle Getreidearten, wobei Wintergetreide stärker geschädigt wird als Sommergetreide. Winterweizen reagiert auf den Befall heftiger als Winterroggen und Wintergerste. Hafer gilt als Gesundungsfrucht. Hauptschädiger ist der Pilz *Pseudocercosporella* (früher: *Cercosporella) herpotrichoides*, der unter günstigen Infektionsbedingungen und durch parasitär bedingtes Lager Ertrags- und Qualitätsverluste bis über 30% verursachen kann. Die Pilze zerstören das Festigungsgewebe und die Leitungsbahnen, beeinträchtigen den Nährstofftransport und fördern nach Regen und Wind das Lagerrisiko.

Halmbruchkrankheit *(Pseudocercosporella herpotrichoides)*
Charakteristische Schadbilder sind die – meist erst ab Schossen oder Ährenschieben – am Halmgrund erscheinenden länglich-ovalen, braunen Flecken mit zentraler Aufhellungszone. Im Halminnern befindet sich an dieser Stelle ein watteartiges, graues Pilzgeflecht. Die Wurzeln selbst sind gesund. Fortschreitender Pilzbefall führt zu einer Vermorschung der Halmbasis und bei starkem Befall zu Halmbruch. Bei leichtem oder sehr spätem Befall in Verbindung mit großer Hitze ist häufig auch, ähnlich wie bei der Schwarzbeinigkeit, Weißährigkeit festzustellen. Das Schadausmaß hängt entscheidend vom Zeitpunkt der Erstinfektion und vom witterungsbedingten Befallsfortschritt ab. Durch milde Herbst- und Winterwitterung, vor allem aber durch kühlfeuchte Witterungsperioden während der Jugendentwicklung des Getreides (April–Mai) wird das Pilzwachstum begünstigt. Trockenperioden und warme, vorsommerliche Witterung wirken hemmend. Die Krankheit wird außerdem durch ein kompliziertes Wechselspiel folgender Faktoren beeinflußt:

- enge Getreidefruchtfolgen (> 75% Getreideanteil),
- frühe Herbstsaat mit kräftiger Vorwinterentwicklung,
- hohe Bestandesdichten,
- untätiger Boden mit ungünstiger Struktur und starkem Ungrasbesatz,
- ungenügende Strohrotte und infizierte Ernterückstände.

Eine verläßliche Befallsprognose der Halmbruchkrankheit und eine sichere Beurteilung der Notwendigkeit und Wirtschaftlichkeit von Bekämpfungsmaßnahmen ist derzeit nicht möglich. Ein Großteil der Pflanzen kann bereits infiziert sein, ohne daß sich sichtbare Symptome entwickeln. Den vorbeugenden Maßnahmen muß deshalb besondere Beachtung geschenkt werden. Das Halmbruchrisiko muß der Praktiker anhand folgender Kriterien abschätzen:

- Bei Bestockungsende Pflanzenproben auf Verbräunungen der Halmbasis untersuchen. Kritische Werte: bei Winterweizen etwa 25%, bei Wintergerste und Winterroggen 20 bis 30% der Pflanzen deutlich ausgeprägte Symptome auf den Blattscheiden. Besser – allerdings aufwendiger – sind Labortests oder Färbemethoden. Die weitere Befallsentwicklung ist jedoch stark witterungsabhängig.

- Bei der Milchreife Befallsbonituren durchführen. Liegen längerfristig Befallswerte über 60% vor, sind in den Folgejahren Fungizidmaßnahmen anzuraten.
- Warndienst-Hinweise des Pflanzenschutzdienstes beachten. Die vom Deutschen Wetterdienst (CERCPROG) errechneten witterungsbedingten Infektionswahrscheinlichkeiten geben wertvolle Anhaltspunkte.
- Ermittlung des schlagspezifischen »Halmbruchrisikos«. Dazu sind neben dem aktuellen Witterungsverlauf folgende biologische Einflußgrößen als befallsfördernd zu werten: früher Saattermin, Strohdüngung, hohe Bestandesdichte bei Vegetationsbeginn, Anbau weniger standfester Sorten und enge Getreidefruchtfolgen.

Die Gewißheit über eine tatsächliche, wirtschaftliche Schädigung des Getreides ist auch bei dieser Vorgehensweise nicht gegeben.

Eine **direkte Bekämpfung** empfiehlt sich bei Weizen und Roggen in Befallsjahren und -lagen, bei Wintergerste sind wirtschaftliche Behandlungserfolge seltener. Als optimaler Anwendungstermin kommt der Zeitraum zwischen Ende der Bestockung bis 2-Knoten-Stadium in Frage. Der Spritztermin ist dann als optimal anzusehen, wenn der Übergang des Erregers von der letzten Blattscheide auf den Halm verzögert wird.

Mit Fungiziden werden nur *Pseudocercosporella* zuverlässig erfaßt, nicht jedoch die anderen genannten Fußkrankheits-Erreger. Zwei Wirkstoffgruppen (Benzimidazole = BCM; Azole) sowie zwei Kombinationspräparate stehen zur Verfügung. Bei den systemisch wirkenden Benzimidazol-Präparaten überwiegt die heilende Wirkung gegen bereits in die Blattscheide eingedrungene Pilze. Da die vorbeugende Wirkungsdauer begrenzt ist, müssen diese Mittel nach der Infektion eingesetzt werden (ES 29 bis 32). Das Azol-Präparat Sportak wirkt lokalsystemisch. In den Kombinationspräparaten Sportak Alpha und Harvesan sind die günstigen Wirkungen beider Wirkstoffgruppen vereint. Damit kann der Anwendungstermin (bis ES 32) unabhängig vom Infektionstermin festgesetzt werden. Bei später Behandlung muß eine ausreichende Anlagerung der Wirkstoffe an der Halmbasis gewährleistet sein.

In Anbaugebieten, wo langjährig auf ein- und derselben Fläche BCM-Fungizide eingesetzt wurden, haben sich fungizidunempfindliche (resistente) Erregerstämme von *Pseudocercosporella herpotrichoides* gebildet. Dem Resistenzrisiko muß deshalb durch Begrenzung der Anzahl von Fungizidbehandlungen und konsequenten Wirkstoffwechsel vorgebeugt werden. Auf Standorten mit nachgewiesener BCM-Resistenz ist auf den Einsatz dieses Wirkstoffes unbedingt zu verzichten. Kalkstickstoff (3 bis 4 dt/ha) kann zur Befallsminderung der Halmbruchkrankheit eingesetzt werden.

Durch Behandlung von Weizen, Gerste und Roggen mit **Wachstumsreglern** (CCC/Cycocel, Cerone, Terpal C) wird das Längenwachstum gehemmt, die Halmbasis verstärkt und somit das parasitär und physiologisch bedingte Lagern des Getreides vermindert. Gegen die Fußkrankheitserreger selbst und Beeinträchtigung des Stofftransportes in den Leitbahnen wird keine Wirkung erzielt. Die Anwendung der Wachstumsregler ist nicht in allen Getreidearten gleichermaßen wirtschaftlich. Über die Notwendigkeit der Behandlung, die richtige Terminierung und Aufwandmenge muß in jedem Einzelfall unter Berücksichtigung der genannten Befallsfaktoren entschieden werden. Nur unter günstigen äußeren Anwendungsbedingungen wird die Maßnahme zum Erfolg.

Bei **Winterweizen** ist der Einsatz bei mittlerer bis hoher Ertragserwartung und normalem bis hohem N-Düngungsniveau empfehlenswert. Optimaler Anwen-

Tab. 41. Einsatz von Wachstumsreglern in Getreide

Mittel-Beispiel (Wirkstoff)	Auflagen	Praxisübliche Aufwandmengen in l/ha (Einsatzzeitraum)						Preis (DM/l)	Bemerkungen
		Winter-Gerste	Winter-Weizen	Winter-Roggen	Sommer-Gerste[1]	Sommer-Weizen	Hafer[1]		
CCC-Mittel (460 g/l Chlormequat)	B4, Xn	-	0,7–2,1 (21–32)	1,5–2,0 (30–32)	-	0,5–1,3 (21–31)	1,3–2,0 (31–49)	9,-	Wüchsige Witterung begünstigt die Wirkung.
Cycocel 720 (720 g/l Chlormequat)	B4, Xn	-	0,5–1,3 (21–32)	1,3–1,6 (30–37)	-	0,5–1 (21–31)	1,3–2 (32–49)	15,-	Kombination mit Herbiziden und Fungiziden möglich
Cerone[2] (Ethephon)	B4, Xi, 630	0,7–1,0 (37–49)	0,5–1,0[1] (37–51)	0,75–1,5 (37–51)	0,5–0,7 (37–51)	-	-	101,-	Einsatz nur in gut entwickelten, dichten, wüchsigen Beständen (z. B. nach Gülledüngung) mit ausreichender Wasserversorgung.
Terpal C (Ethephon + Chlormequat)	B4,Xn	1,5–2,5 (32–49)	1–2,5[1] (32–49)	1,5–2,0 (32–49)	0,75–1,5 (32–49)	1–1,5[1] (32–49)	-	46,-	Behandlung nur bei warmem, wüchsigem Wetter.
		Die Aufwendungen sind je nach Mittel, Standort, Sorte und Stickstoffversorgung zu differenzieren.							

Stadien: 21 : Beginn der Bestockung
31–32: Ein- bis Zwei-Knoten-Stadium
37 : Erscheinen des letzten Blattes
49 : Öffnen der letzten Blattscheide
51 : Beginn des Ährenschiebens (Grannenspitzen)

[1] Nur in Sonderfällen
[2] z. Z. nicht zugelassen
B4 : Nicht bienengefährlich
Xi : reizend
Xn : mindergiftig
630 : Keine Anwendung auf stärker geneigten Flächen bei Abschwemmungsgefahr in Gewässer. Anwendung nicht in unmittelbarer Nähe (10 m) von Gewässern.

dungstermin für CCC-Mittel oder Cycocel ist die Hauptbestockung (ES 25). In lageranfälligen Sorten ist eine Aufteilung der Cycocel-/CCC-Gabe (80% bei ES 21 bis 29; 20% bei ES 30 bis 32) sinnvoll. Bei akuter Lagergefahr können auch Terpal C oder Cerone vom 2-Knoten-Stadium bis zum Öffnen der Blattscheiden (ES 32 bis 49) eingesetzt werden. Die geringe Standfestigkeit des **Durum-Weizens** setzt den Wachstumsreglereinsatz voraus, um quantitative und qualitative Verluste zu vermindern. Für **Wintergerste** kommen nur Cerone und Terpal C in Frage. Die Behandlungen sind vor allem bei lageranfälligen Sorten, bei hohem Düngungsniveau und starker N-Nachlieferung aus dem Boden (Güllebetriebe) zu empfehlen. Beide Mittel können in einem sehr breiten Zeitraum (ES 32 bis 49) eingesetzt und somit an optimale Anwendungsbedingungen angepaßt werden. In **Winterroggen** und **Triticale** ist bei Halmbruchgefahr die kombinierte Anwendung von CCC und Halmbruchfungizid (ES 30 bis 32) anzuraten. In sehr wüchsigen Beständen können Cerone und Terpal C auch noch in der späten Schoßphase angewendet werden.

Sonstige Halmgrunderkrankungen

Die Schadsymptome der anderen Halmgrunderkrankungen sind bei einer Feldbonitur nicht mit Sicherheit auseinanderzuhalten, sondern nur durch Laboruntersuchungen zweifelsfrei zu diagnostizieren.

Schwarzbeinigkeit *(Gaeumannomyces graminis)* ist nach dem Ährenschieben des Weizens sichtbar. Nesterweise sind im Bestand taube, weiße Ähren zu sehen, die mit Schwärzepilzen überzogen sind. Im Gegensatz zur Halmbruchkrankheit verursacht der Erreger der Schwarzbeinigkeit eine Schwarzfärbung und Vermorschung der Wurzeln. Schwarzbeinigkeit hat lediglich auf Weizengrenzböden größere wirtschaftliche Bedeutung.

Lange, dunkelbraune Streifen, die von der Kronenwurzel oder dem ersten Halmknoten ausgehen, werden durch verschiedene **Fusarium-Pilze** verursacht. Die Flecken sind unscharf abgegrenzt. Der Halm vermorscht, die oberen Wurzeln sind oft braun und trockenfaul. Diese Pilzgattung kann auch als Ährenfusariose die Körner schädigen. Im Gegensatz zu *Pseudocercosporella* entwickeln sich die Pilze bei höheren Temperaturen besser. Sie sind deshalb vorwiegend in trockenwarmen Anbaugebieten, insbesondere auch an Durum-Weizen, anzutreffen. Durch Zunahme des Getreide- und Maisanteils in der Fruchtfolge erlangt dieser Erreger-Komplex gebietsweise größere Bedeutung.

Bei einer als **Scharfer Augenfleck** *(Rhizoctonia solani)* bezeichneten und mit *Pseudocercosporella* verwechselbaren Krankheit sind die Flecken scharf und dunkel gegenüber dem gesunden Gewebe abgegrenzt. Innerhalb des aschgrauen Augenfleckes findet man kleine dunkelbraune Dauerkörper des Pilzes. Bei starkem Befall vermorschen die Halme. Der Pilz tritt im allgemeinen weniger schädigend auf.

Gerste und Weizen können von **Braunfleckenkrankheiten** *(Helminthosporium sativum)* befallen werden. Neben schokoladenbraunen, streifigen Verfärbungen auf Keim- und Blattscheide sind solche Symptome auch an der Halmbasis festzustellen. Ein typisches Befallssymptom ist ein samtartig-schwarzer Pilzsporenbelag auf den Halmknoten, die vermorschen und bei Belastung umbrechen. Bei starkem Befall sind die Wurzeln (ähnlich Schwarzbeinigkeit) trockenfaul. Wegen hoher Temperatur- und Feuchtigkeitsansprüche des Pilzes blieben größere Schadensfälle bislang gering.

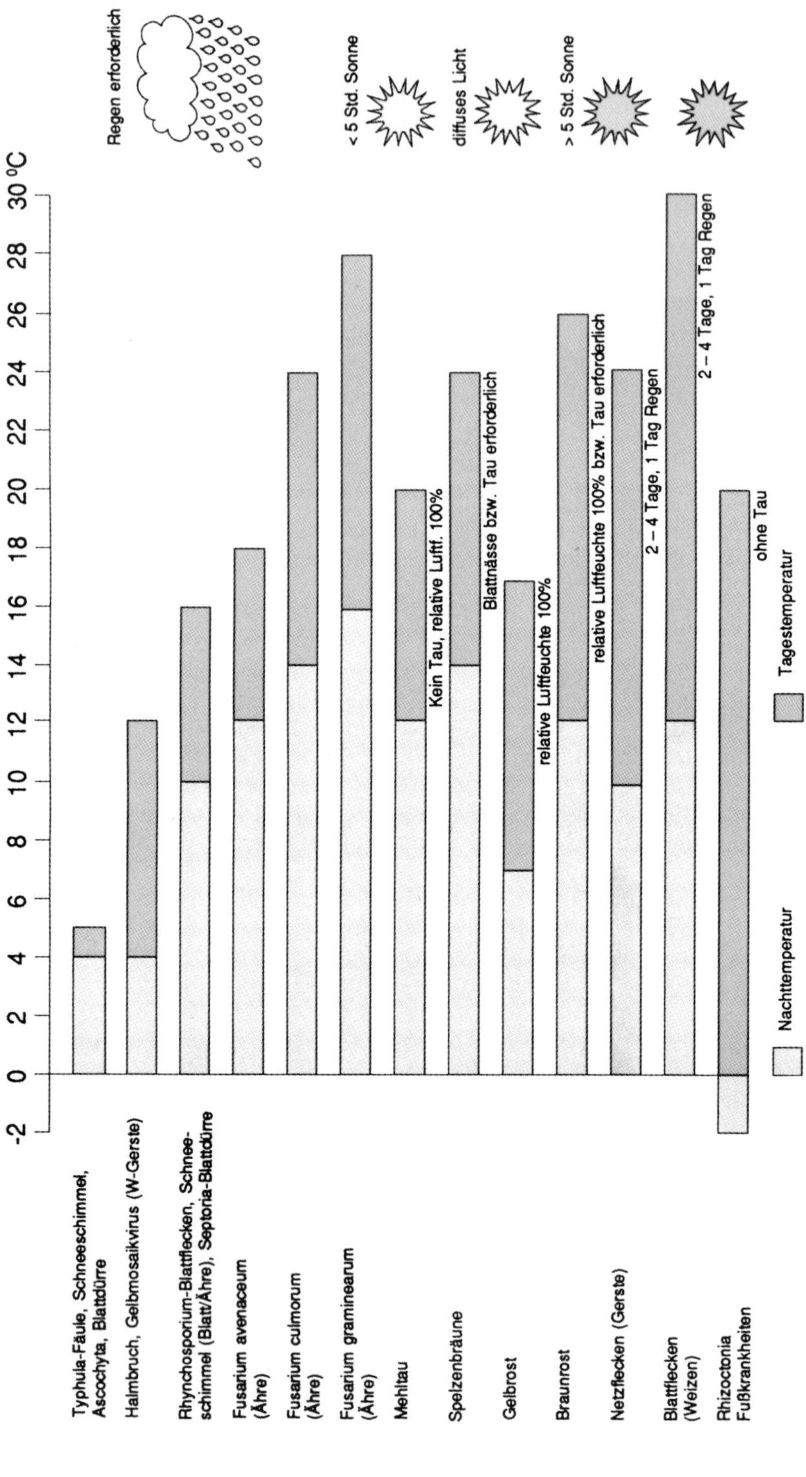

Abb. 45. Infektions- und Entwicklungsbedingungen von Getreidekrankheiten in Abhängigkeit von Temperatur und Witterung.

1.2.3.4 Blattkrankheiten

Echter Mehltau *(Erysiphe graminis)*
Es ist die wichtigste und am meisten verbreitete Getreidekrankheit, die vor allem auf Gerste und Weizen vorkommt. Die Krankheit kann schon in jungen Beständen auf Blättern und Blattscheiden, bei Weizen auch auf Ähren auftreten. Typisch sind weiße, abwischbare, watteähnliche Pusteln, die sich, ausgehend von punktartig chlorotischen Verfärbungen, allmählich zu einem pelzigen, graubraunen Pilzgeflecht ausweiten. In diesem werden später kleine, schwarze Fruchtkörper sichtbar. Bei ungünstigen Infektionsbedingungen oder sortenspezifischen Abwehrreaktionen entstehen insbesondere an Wintergerste oft nur unspezifische braune Blattflecken (Teerflecken). Stark befallene Blätter und Spelzen vergilben, vertrocknen und sterben ab. Es entstehen beträchtliche Ertrags- und Qualitätsverluste.

Gersten- und Weizenmehltau unterscheiden sich im Infektionsverlauf. Bei **Gerstenmehltau** sind zwei Schadphasen bedeutsam, nämlich im Herbst auf der Wintergerste sowie im Frühjahr auf beiden Gerstenformen; auf den oberen Blattetagen tritt dann eine gewisse Altersresistenz auf. Frühe Infektionen führen zu vorzeitigen Blattverlusten. Der **Weizenmehltau** kommt meist erst in der Schoßphase vor und setzt sein Schadenswerk auch auf der Ähre fort. Auf diese Weise wird die Funktion der für die Kornbildung wichtigen Assimilationsorgane (Fahnenblätter usw.) beeinflußt.

Der Witterungsverlauf bestimmt das Schadausmaß des Mehltaubefalls, wobei mittlere Temperaturen (18 bis 22 °C) und hohe relative Luftfeuchte zu einer explosionsartigen Vermehrung führen. Reichliche Niederschläge und lang anhaltende Trockenheit wirken befallshemmend. Folgende Standortfaktoren und kulturtechnische Maßnahmen sind befallsbegünstigend:
- befallene Ernterückstände und Nachbarschläge, Ausfallgetreide,
- Anbau anfälliger Sorten (Blatt- und Ährenbefall),
- dichte Saat,
- mastige Bestände mit überreichlicher N-Versorgung,
- Gülle mit starker N-Nachlieferung in der Schoßphase,
- hohe Anbauintensität,
- geschlossene Lagen, Flußauen und Nebelsenken.

Den besten vorbeugenden Schutz gewährleisten optimale Anbaubedingungen und jegliches Unterlassen von Anbaufehlern. Die direkte Mehltaubekämpfung ist erforderlich bei Befallsbeginn und zwar sobald die ersten Pusteln auf den unteren Blattspreiten und -scheiden auftreten.

Rhynchosporium-Blattfleckenkrankheit *(Rhynchosporium secalis)*
Durch Zunahme des Wintergerstenanbaus hat sich diese Blattkrankheit stark ausgebreitet. Neben Gerste werden auch Roggen und zahlreiche Gräserarten von spezialisierten Rassen befallen. Ab Bestockungsende sind auf Blattscheiden und Blattspreiten zunächst wäßrige, graugrüne Flecken, später unregelmäßige, länglich-ovale, weißlich bis graue Blattnekrosen sichtbar, die von einem scharf abgegrenzten, hell- bis dunkelbraunen Rand umgeben sind. Auf Roggenblättern treten die Symptome ohne scharfe Begrenzung gewöhnlich erst nach dem Schossen auf. Besonders gefährlich ist der Befall des Blattgrundes, weil damit ein rascher Verlust der gesamten Assimilationsfläche verbunden ist. Alle Blätter (einschließlich Fahnenblatt) und bei günstigen Infektionsbedingungen auch

Grannen und Ähren werden befallen. Die Sporenverbreitung erfolgt durch Regenspritzer.

Hohe Befallsgefahr mit *Rhynchosporium* besteht bei

- befallenen Ernterückständen auf der Bodenoberfläche, Ausfallgetreide und erkrankte Nachbarbestände (grüne Brücke),
- mangelnde Stroh- und Stoppelrotte, flache Stoppelbearbeitung, verminderte Bodenbearbeitung,
- verbreiteter Wintergerstenanbau und enge Gerstenfruchtfolge,
- empfindliche Gerstensorten,
- Frühsaat der Gerste und Anfangsbefall bereits im Herbst bzw. Frühjahr, begünstigt durch naßkalte Witterung,
- übermäßige Gülledüngung,
- feuchte Anbaulagen, häufige Blattbefeuchtung (Niederschläge, Tau) und Temperaturen im Bereich 10 bis 20 °C.

Bei häufigen Blattnässeperioden ist mit einem epidemischen Auftreten und erheblichen wirtschaftlichen Schäden vor allem bei Gerste zu rechnen. Trockene Witterung hemmt die Krankheitsausbreitung. Weil die Witterungsbedingungen unbeeinflußbar sind, müssen alle kulturtechnischen Maßnahmen so gestaltet werden, daß sie keine Voraussetzungen für höheren Befall bieten.

Helminthosporiosen

Neuerdings erlangen einige Blatterkrankungen, die von der Pilzgattung *Helminthosporium* verursacht werden, große Bedeutung. Als wichtigste sind zu nennen: *Helminthosporium* (oder *Drechslera*) *teres* (Netzfleckenkrankheit der Gerste) und *Helminthosporium* (oder *Drechslera*) *tritici-repentis* (Weizenblattdürre = »HTR« oder »DTR«). Die Ursachen sind nicht nur in der Jahreswitterung, sondern auch in den Veränderungen der Produktionstechnik zu suchen. Auch das Anwendungsverbot für quecksilberhaltige Beizmittel und der Einsatz von selektiv wirkenden Fungiziden dürften einen nicht zu unterschätzenden Beitrag leisten.

Helminthosporium gramineum (Streifenkrankheit der Gerste) und *Helminthosporium avenae* (Streifenkrankheit des Hafers) spielen nur bei unterlassener Saatgutbeizung (Seite 162) eine Rolle.

Netzfleckenkrankheit *(Helminthosporium* oder *Drechslera teres)*

Auf den Blättern der Winter- und Sommergerste entstehen braune Flecken, die allmählich zu Streifen mit netzartigem Muster verschmelzen. Die **Netzflecken** sind meist von einem gelben Hof umgeben. Bei samenbürtigen Infektionen ist schon die Keimscheide streifig verbräunt. Bei starkem Befall sterben die Blätter von der Spitze her ab. Es entstehen Ertragsausfälle bis 40%. Die Ausbreitung des Pilzes im Bestand erfolgt durch Sporen, die bei feuchtwarmer Witterung auf befallenen Pflanzen und Ernterückständen gebildet und mit dem Wind verweht werden.

Folgende Voraussetzungen fördern ein starkes Auftreten der Netzfleckenkrankheit und müssen durch Gegenmaßnahmen bewußt verhindert werden:

- intensiver Wintergerstenanbau und enge Gerstenfruchtfolge,
- Ernterückstände, insbesondere unverrottete Strohreste, erkrankte Nachbarbestände und Ausfallgerste (grüne Brücke),
- oberflächliche oder minimale Bodenbearbeitung,
- frühe Wintergerstensaat,

- anfällige Gerstensorten,
- Anfangsbefall im Herbst und zeitigen Frühjahr,
- hohe N-Versorgung (Gülle) der Gerste,
- Wachstumsregler und gegen *Helminthosporium* unwirksame Fungizide.

Feuchtwarme Witterungsabschnitte im Mai–Juni (Temperaturen über 20 °C, Luftfeuchte 70 bis 90%) begünstigen den Infektionsverlauf. Die Krankheit breitet sich deshalb oft erst kurz vor oder während des Ährenschiebens explosionsartig aus.

Helminthosporium-Blattdürre *(Helminthosporium* oder *Drechslera tritici-repentis)*
Es ist die entsprechende Helminthosporium-Erkrankung bei Weizen, die vor allem an Weizen nach Weizenvorfrucht wirtschaftliche Schäden verursacht. Charakteristisch sind ab der späten Schoßphase auf den Blattspreiten kleine hellbraune Flecken mit dunkelbraunem Zentrum und deutlich gelbem Hof. Sie dehnen sich aus und verursachen ein Absterben der Blätter von der Spitze her. Die Blattachseln bleiben lange gesund. Feuchtwarme Witterung begünstigt die Krankheit. Mit einem epidemischen Auftreten ist dann zu rechnen, wenn

- Weizen nach Weizen folgt,
- Strohreste der Vorfrucht auf der Bodenoberfläche verbleiben,
- anfällige Sorten angebaut werden,
- Streßsituationen das Wachstum beeinträchtigen.

Unter diesen Voraussetzungen konnte sich die Krankheit in den letzten Jahren in Süddeutschland vor allem bei pflugloser Bodenbearbeitung (Minimalbodenbearbeitung) ertragsschädigend auswirken. Deshalb müssen alle befallsfördernden Faktoren vorsorglich ausgeschaltet werden, um den Befallsdruck dieser Krankheit zu vermindern.

Septoria-Blattbräune und Blattdürre des Weizens
Je nach Witterung und Anbaulage sind es mehr oder weniger häufig zu beobachtende Krankheitserscheinungen. Nach feuchtkühler Witterung werden während des Schossens auf den Blattachseln gelbe bis dunkelbraune Flecken sichtbar. Während der Blatt- und Spelzenbräuneerreger *(Septoria nodorum)* in allen niederschlagsreichen Gebieten vorkommt, tritt die Blattdürre *(Septoria tritici)* hauptsächlich in Küstennähe sowie in regenreichen und kühlen Jahren auf. Beide Pilze sind vom Krankheitsbild her nur schwer voneinander zu unterscheiden. Charakteristisch für den Befall mit *Septoria tritici* sind streifige Nekrosen auf den Blättern mit dunklen Fruchtkörpern (Pyknidien), während diejenigen von *Septoria nodorum* - soweit überhaupt vorhanden - verstreut liegen. Weizenähren werden nur von *Septoria nodorum* befallen. Der Krankheitsverlauf wird entscheidend von der Witterung beeinflußt. In regenreichen Jahren und bei reichlich vorhandenen Infektionsquellen (befallene Ernterückstände) »springt« der Befall von den älteren zu den jüngeren Blättern. Blattbefall von *Septoria nodorum* kann hinsichtlich Ertragsbeeinflussung gefährlicher sein als Ährenbefall. Der Schaden beruht im wesentlichen auf Verminderung des Tausendkorngewichts und der Kornzahl je Ähre.

Rostkrankheiten
Rostpilze sind Schaderreger mit schneller Vermehrungsrate und höchstem Schädigungsvermögen. Wichtigste Rostarten an Getreide sind: **Gelbrost** *(Puccinia striiformis)* an Weizen und Gerste, selten auf Roggen; **Braunrost** *(Puccinia*

recondita) an Weizen; **Zwerg- oder Braunrost** *(Puccinia hordei)* an Gerste und neuerdings **Braunrost** *(Puccinia dispersa)* an Hybridroggen und Triticale. **Schwarzrost** *(Puccinia graminis)*, der alle Getreidearten befällt und **Haferkronenrost** *(Puccinia coronata)* sind heute von untergeordneter Bedeutung.

Hauptmerkmal der Rostkrankheiten ist die Ausbildung von abwischbaren Pusteln mit pulvrigem Inhalt (Sommersporen) vorwiegend auf den Blattspreiten. Vergilbungserscheinungen, vorzeitiges Absterben der Assimilationsorgane, Mindererträge bei epidemischem Auftreten bis zu 50% sowie Qualitätsverluste durch schlechte Kornausbildung sind die Folge. Typisch für Gelbrostbefall sind gelbe, streifenförmig zwischen den Blattadern angeordnete Sporenlager. Bei starkem Befall greift der Pilz auch Ähren (Spelzen, Grannen, Ährenspindel) an. Braunrost ist an rostbraunen, Zwergrost an hellbraunen verstreut auftretenden Pusteln auf der Blattoberseite und den Halmen zu erkennen. Später bilden sich auf der Blattunterseite strichartige dunkelbraune bis schwarze Wintersporenlager, die von der Blattoberhaut bedeckt bleiben. Die Verbreitung der Sporen erfolgt mit dem Wind über weite Entfernungen.

Befallsfördernde Faktoren für **Gelbrost**:
- starker Gelbrostbefall im Vorjahr,
- gute Übersommerung an Nachschossern und Ausfallgetreide,
- frühzeitige Erwärmung im Frühjahr und feuchtkühle Witterung (10 bis 15 °C) im Frühsommer; Temperaturen nicht über 20 °C,
- Anbaukonzentration von hochanfälligen Sorten,
- Frühsaat des Getreides,
- hohe Anbauintensität und hohe N-Gaben,
- Anbau von Winter- und Sommergetreide einer Art nebeneinander.

Befallsfördernde Faktoren für **Braun-** bzw. **Zwergrost**:
- gute Überwinterungsmöglichkeit in mildem Winter,
- überwiegend warme Witterung (18 bis 25 °C) im Frühsommer mit wenigen Stunden Blattbenetzung (Tau) und langer Sonnenscheindauer,
- hohe reifeverzögernde N-Gaben.

Beide Rostarten unterscheiden sich deutlich in ihren Ansprüchen an Temperatur und Feuchtigkeit und dementsprechend auch im Zeitpunkt und in der Häufigkeit ihres Auftretens. Braunrost ist im Vergleich zu Gelbrost weniger hitzeempfindlich und stellt geringere Feuchtigkeitsansprüche, so daß die Braunrostgefahr in trocken-warmen Sommern zum Zeitpunkt des Ährenschiebens am größten ist. Aufgrund der starken Witterungsabhängigkeit sind Rostepidemien nicht regelmäßig zu erwarten. Befallsmindernd wirken in jedem Fall überlegte Anbaumaßnahmen.

1.2.3.5 Ährenkrankheiten

Ährenmehltau *(Erysiphe graminis)*
Der Pilz tritt im intensiven Weizenanbau nahezu regelmäßig in bekämpfungswürdigem Ausmaß auf. Typisch ist, daß er sich bei geeigneten Witterungsbedingungen und empfindlichen Weizensorten explosionsartig vermehrt und sehr rasch die oberen Blattetagen und Ähren besiedelt. Ährenbefall beginnt meist an den Spelzenlängskanten. Der Pilz zerstört die an der Ertragsbildung maßgeblich beteiligten Assimilationsorgane, wie Fahnenblatt und Ähre und verursacht demzufolge hohe Ertrags- und Qualitätsverluste. Schadbild und Infektionsverlauf des Mehltaupilzes wurden auf Seite 147 beschrieben.

Spelzenbräune *(Septoria nodorum)*
Sie ist in warmen und niederschlagsreichen Anbaulagen oder Sommermonaten eine wichtige Weizenkrankheit. Erstinfektionen gehen von befallenem Saatgut (verbräunte und korkenzieherartige Verkrümmungen der Keimlinge) aus. Die Hauptvermehrung erfolgt im wesentlichen während des Schossens, wenn Regen die Verbreitung des Pilzes in den Blattetagen begünstigt. Der Pilzbefall ist im Blattbereich schwierig zu diagnostizieren (siehe Seite 149). Die Infektionen sind erst nach der Weizenblüte an punktförmigen braunvioletten Flecken und von der Spelzenspitze her fortschreitend schokoladenfarbigen Verbräunungen (Spelzenbräune) mit punktförmigen Fruchtkörpern eindeutig zu erkennen. Je nach Befallszeitpunkt und -verlauf wird die Kornausbildung (Kümmerkorn) - ähnlich wie bei Ährenmehltau - beeinträchtigt. Trockenheiße Witterung wirkt befallshemmend.

Die Krankheit wird gefördert durch
- infiziertes Saatgut und unverrottete Pflanzenrückstände,
- Anbau anfälliger, spätreifender Sorten,
- kurzstrohige Sorten oder starke Halmverkürzung,
- hohe Luftfeuchte (Tau) in Tälern oder windgeschützten Lagen,
- geschwächte Bestände infolge ungünstiger Witterung, unsachgemäßen Herbizideinsatz, Krankheitsbefall (Mehltau),
- späte Stickstoffgaben und starke Reifeverzögerung,
- dichte Bestände und Lagergetreide.

Feuchtwarme Witterung (Gewitter) ab der späten Schoßphase und häufige Niederschläge vor und während des Ährenschiebens sind optimale Infektionsbedingungen. Bei sachgerechter Anbautechnik sind die Infektionschancen für den Pilz *Septoria nodorum* ungünstiger.

Brandkrankheiten *(Tilletia* spp.; *Ustilago* spp.*)*
Bekannte Brandkrankheiten sind der **Weizensteinbrand** *(Tilletia caries)*, **Zwergsteinbrand** *(Tilletia controversa)* sowie der an Weizen, Gerste und Hafer vorkommende **Flugbrand** *(Ustilago tritici, U. nuda, U. avenae)*. Diese samenübertragbaren Krankheiten sind heute zwar durch Saatgutwechsel und regelmäßige Beizung unbedeutend, können aber bei Mißachtung dieser vorbeugenden Abwehrmaßnahmen rasch schädigendes Ausmaß erlangen. Eine ausführliche Beschreibung folgt auf Seite 164. Neben diesen werden in der Fachliteratur weitere Brandkrankheiten genannt: **Gerstensteinbrand** *(Ustilago hordei)*, **Gerstenschwarzbrand** *(Ustilago nigra)*, **Gedeckter Haferbrand** *(Ustilago kolleri)* und **Roggenstengelbrand** *(Tuburcinia occulata)*. In der Praxis sind sie jedoch bedeutungslos.

Ährenfusariosen
Die als **Ährenfusarium** oder **Partielle Taubährigkeit** bezeichnete Krankheit hat in den letzten Jahren lokal an Bedeutung gewonnen. Die Symptome zeigen sich nach der Blüte bis Ende der Milchreife mit gelblich-weißlichen Ährchen und an einem vorzeitigen Ausbleichen einzelner Spelzen oder Ährenpartien der sonst noch grünen Ähre. Den Schaden verursachen verschiedene Fusariumpilze (vorwiegend *Fusarium culmorum, Fusarium nivale, Fusarium graminearum, Fusarium avenaceum*), die an Weichweizen, Durum-Weizen, Roggen, Triticale, Gerste und Hafer anzutreffen sind. Je nach Verseuchung bildet sich auf den Spelzen ein lachsfarbener Belag *(F. culmorum, F. graminearum)* oder ein dunkler Ring mit hellem Hof *(F. nivale)*. Ährenfusariosen führen je nach Infektionszeitpunkt zu

unterschiedlichen Ertrags- und Qualitätsverlusten. Bei früher Infektion (etwa ES 49) werden die befallenen Kornanlagen vollständig zerstört (Taubährigkeit) und die Kornzahl je Ähre vermindert. Befall gegen Ende der Getreideblüte hat Schmachtkornbildung zur Folge. Auch die Qualitätseigenschaften des Getreides (Keimfähigkeit, Backfähigkeit, Brauqualität, Glasigkeit) werden negativ beeinflußt und der Futterwert wegen Mykotoxinbildung gemindert. Die einzelnen Fusarium-Pilze haben hinsichtlich Temperatur und Feuchtigkeit unterschiedliche Ansprüche, deshalb ist mit extremem Befall nur in bestimmten Jahren zu rechnen.

Die Zunahme der Ährenfusariosen hat folgende Ursachen:
- enge Folge von anfälligen Wirtspflanzen (Getreide, Mais),
- verminderte Strohrotte und Anreicherung von Infektionsquellen durch reduzierte Bodenbearbeitung,
- hohe Anbauintensität (Nährstoffversorgung, Halmverkürzung),
- Einsatz von Fungiziden ohne Fusariumwirkung,
- durch unsachgemäße Kulturmaßnahmen gestreßte Bestände,
- Blattverletzungen durch Schadorganismen, Maschinen usw.

Vorbeugenden Kulturmaßnahmen ist besondere Beachtung zu schenken, da die bisher vorhandenen Blatt- und Ährenfungizide gegen die Erreger der Partiellen Taubährigkeit nicht hinreichend wirken. DIEHL und FEHRMANN (1989) berichten, daß nach künstlichen Infektionen und Anwendung von Tebuconazol (Folicur) eine beachtliche Kontrolle des Ährenbefalls durch *Fusarium culmorum* erreicht wurde. Unter Praxisbedingungen gelegentlich zu beobachtende positive Ergebnisse sind lediglich als »Zufallstreffer« zu werten.

Schwärzepilze

Bei niederschlagsreicher Witterung während der Abreife des Getreides sind die Ähren häufig von einem schmutzig-braunen Belag überzogen. Es handelt sich beispielsweise um Pilze der Gattung *Cladosporium* spp. und *Alternaria* spp., die als Folgeparasiten bereits geschwächte oder absterbende Pflanzen besiedeln. Ihre wirtschaftliche Bedeutung ist gering, da sie das Pflanzenwachstum zu diesem Zeitpunkt nicht mehr hemmen. Die primären Schadursachen beruhen meist auf Halmbasiserkrankungen, Ährenkrankheiten, insbesondere partielle Taubährigkeit, Blattlausbefall (Honigtau) oder Trockenschäden.

1.2.3.6 Vorbeugende Maßnahmen

Bei der Darstellung der einzelnen Krankheiten sind die vorbeugenden Maßnahmen bereits genannt worden. Sie werden in der folgenden Tabelle 42 nochmals zusammengefaßt.

1.2.3.7 Empfehlungen für Bekämpfungsmaßnahmen

Voraussetzung für die Gesunderhaltung der Getreidepflanzen sind alle Maßnahmen zur Förderung ihrer Wachstumsbedingungen. Integrierter Pflanzenschutz hat daher mit vorbeugenden Maßnahmen, der Pflanzenhygiene und einer sorgfältigen Kulturtechnik zu beginnen. Hier ergeben sich wirkungsvolle Ansätze, um primäre Infektionsquellen zu verringern, die befallsfördernden Faktoren abzuschwächen und die Gefahr größerer Verluste zu verhindern.

Getreidepflanzen müssen bis etwa 50 Tage nach dem Ährenschieben assimilationsfähige Fahnenblätter und Ähren haben, wenn nicht erhebliche Ertrags- und Qualitätseinbußen in Kauf genommen werden sollen. Über 50% der im Korner-

Tab. 42. Beeinflussung verschiedener pilzlicher Schaderreger bei Getreide durch acker- und pflanzenbauliche Maßnahmen

	Planung			Vorbereitung			Pflege			
	Stand-ort-wahl	Frucht-folge	Sorten-wahl	Bodenbear-beitung	Saat	Saatgut-beizung	Unkraut-bekämpfung	N-/Gülle-Düngung	Halm-verkür-zung	Ernte-reste, Ausfall-getreide
Schneeschimmel	●	○			●	●		○		●
Typhula-Fäule	●	○		○	○	●				○
Halmbruchkrankheit	○	●	○	○	●		○	●	○	●
Schwarzbeinigkeit und		●		○						●
andere Fußkrankheiten		●			○					
Gelbrost			●		○			○		○
Braunrost, Zwergrost			●					●		○
Weizenblattdürre (DTR)		●	○	●						●
Blatt- und Ährenmehltau	○	○	●		●			●	○	
Blatt- und Spelzenbräune	●		●	●	○		○	●	●	●
Fusariosen	○	○		○	○	●		○	●	○
Rhynchosporium-Blattflecken	○	○	○	●	○		○	●		●
Netzfleckenkrankheit			○	●	○	○		●	○	●

Wirkung
● stark
○ mäßig

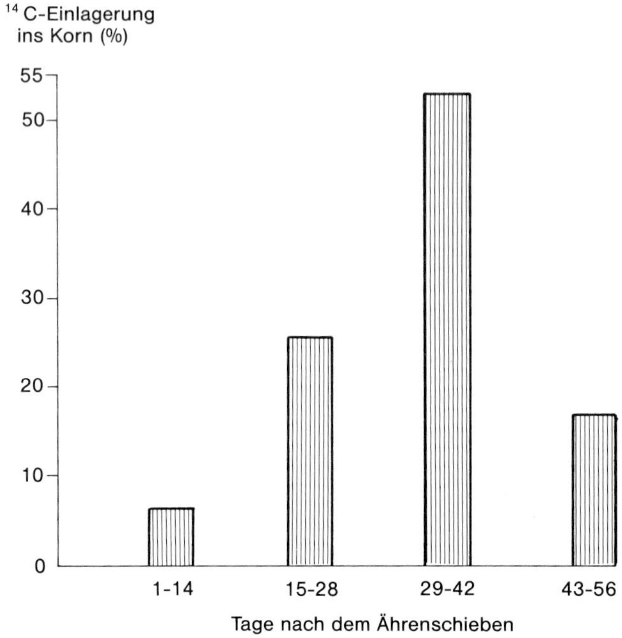

Abb. 46. ^{14}C-Assimilat-Einlagerung ins Korn (in Prozent) in Abhängigkeit vom zeitlichen Verlauf der Assimilationsleistung von Fahnenblättern und Spelzen nach dem Ährenschieben (in Anlehnung an Stoy).

trag gebundenen Assimilate werden in einem Zeitraum von 14 Tagen erst vier bis sechs Wochen nach dem Ährenschieben produziert (Stoy 1973). Diese Leistung vollbringen nur gesunde Pflanzen. Das Schädigungsrisiko der Pilzkrankheiten ist während des Schossens bis zum Ährenschieben am größten, so daß die Funktionstüchtigkeit der oberen Pflanzenorgane entscheidend beeinträchtigt werden kann. Die Pflanzen müssen besonders dann mit Fungiziden geschützt werden, wenn günstige Bedingungen (Witterung) für die Ausbreitung der Schaderreger herrschen und diese die Assimilationsleistung beeinträchtigen.

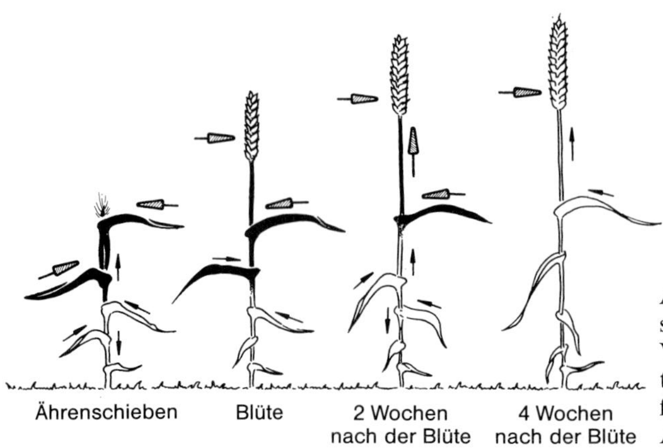

Abb. 47. Dynamische Darstellung der Bildung und Verteilung von Photosyntheseprodukten in der reifenden Getreidepflanze (in Anlehnung an Stoy).

Ein von den Grundsätzen des Integrierten Pflanzenschutzes geleiteter Fungizideinsatz gegen Blatt- und Ährenkrankheiten setzt deshalb **regelmäßige Kontrollen** der Getreidebestände voraus. Durch rechtzeitigen Fungizideinsatz werden die Schadwirkungen der Krankheiten begrenzt und die besten Wirkungsgrade erzielt. Einen bereits fortgeschrittenen Befall zu stoppen ist schwierig. Der richtige Spritztermin liegt daher immer bei Befallsbeginn. Befallskontrollen machen starre Spritzsysteme überflüssig.

Winter- und Sommergerste
Bei früher Aussaat anfälliger Sorten kann der **Mehltau** in Winter- und Sommergerste bereits während der Bestockungsphase auftreten. Solche Frühinfektionen (bis 3-Blatt-Stadium) lassen sich bei Wintergerste durch eine Beizung mit Baytan UFB oder Elanco Beize flüssig verhindern. Saatgutbehandlungen sind aber nur dort lohnend, wo anfällige Sorten in mehltaugefährdeten Lagen bei frühem Saattermin und guten Keimbedingungen gesät werden. Für Sommergerste wird eine Saatgutbehandlung nicht empfohlen, da die mehltauwirksamen Beizen je nach Sorte und Witterung deutliche Auflaufverzögerungen verursachen können. Bei Sommergerste ist die gezielte Spritzung bei Befallsbeginn der Saatgutbehandlung überlegen. Gezielte Blattbehandlungen sind auch in Wintergerste zu bevorzugen, falls Mehltau nur gelegentlich und unregelmäßig auftritt.

Für diesen Anwendungsbereich sind zahlreiche Fungizide (siehe Tab. 43) zugelassen, die entweder aus Einzelwirkstoffen oder Mischpräparaten bestehen. Sehr wesentlich ist der Einsatz der Mehltaufungizide zu Beginn einer Befallsausbreitung, wenn die ersten Pusteln (1% Blattbefall) beobachtet werden. Dies gilt vor allem für Azol-Fungizide (z. B. Bayfidan, Desmel, Folicur, Sportak). Gegen fortgeschrittenen Befall helfen Morpholin-Mittel (Corbel, Calixin) wegen ihrer guten Stopwirkung am besten, da sie sehr schnell in die Pflanzen eindringen und auch bei tieferen Temperaturen wirken. Vorsicht bei hohen Temperaturen (> 25 °C) und nach Schlechtwetterperioden! Ähnliche Eigenschaften besitzen Kombinationspräparate (z. B. Colt, Ilbex, Simbo) oder entsprechende Tankmischungen, da sie sich durch gute Dauer- und Breitenwirkung (z. B. gegen Blattfleckenkrankheiten) auszeichnen. Bei sehr schwachem Mehltaubefall kann auch Sportak eingesetzt werden, wenn gleichzeitig Halmbruch- oder Blattfleckenkrankheiten mitbekämpft werden sollen.

In Sommergerste und bei geringerer Ertragserwartung auch in Wintergerste ist meist eine Spritzung während des Schossens ausreichend. An den älteren Blättern ist ab diesem Zeitpunkt eine zunehmende Resistenz gegenüber Mehltau festzustellen. In intensiv geführten Wintergerstebeständen kann eine weitere Behandlung notwendig werden, wenn das dritte oder zweite Blatt von oben Befall zeigt und gleichzeitig evtl. auch Blattfleckenkrankheiten oder Rostkrankheiten auftreten.

Samenbürtiger Befall von **Rhynchosporium-Blattfleckenkrankheit** und **Netzfleckenkrankheit** kann durch eine Saatgutbehandlung mit entsprechend wirksamen Beizmitteln vorbeugend abgewehrt werden. Größere wirtschaftliche Bedeutung hat jedoch der Blattbefall, der sich bei entsprechenden Witterungsbedingungen während des Schossens aus verschiedenen Infektionsquellen entwickelt. Unter Berücksichtigung der Anbaubedingungen und Sortenanfälligkeit sind Gegenmaßnahmen mit den in Tab. 43 genannten Fungiziden dann empfehlenswert, wenn die ersten augenfleck- oder netzartigen Schäden (2% bis 5% Befall) auf den unteren Blättern gefunden werden und eine weitere Krankheitsausbreitung auf-

Tab. 43. Fungizide gegen Fuß-, Blatt- und Ährenkrankheiten an Getreide

Mittel-Beispiel	Aufwand-menge (l, kg/ha)	Auf-lagen	Wirksam[1] in: Gerste						Weizen							Roggen				Kosten (DM/ha)
			Mehltau	Rhynchosporium	Netzflecken	Gelbrost	Zwergrost	Ps. Cercosporella	Mehltau	Braunrost	Gelbrost	HTR-Blattdürre	Blatt-Septoria	Spelzenbräune	Ps. Cercosporella	Mehltau	Braunrost	Rhynchosporium	Ps. Cercosporella	
Fußkrankheiten																				
BCM-Präparate		B4, Xn, 630		(+)				++							++			(+)	++	
Harvesan	1,2	B4, Xn	++	+++	++	++	++	++	++	++	++	++	++		++	++	++	+++	++	119,-
Sportak Alpha	1,5	B4, Xn,	+	++	++			+++	+			++	++		+++	+		++	+++	99,-
Sportak	1,2	230, 261	+	++	++			++	+			++	++		++	+		++	++	94,-
Blattkrankheiten																				
Afugan	2,0	B1, Xn, 230, 264	+		+				+			+				+				82,-
Bayfidan	0,5	B4	++	+		++	++		++	++	++					++	++	+		54,-
Corbel	1,0	B4, Xn, 264, 630	+++	+		+	++		+++	++	+					+++				85,-
Desmel	0,5	B4, Xi, 630	++	++	++	++	++		++	++	++	++	+	++		++	++	++		81,-
Folicur	1,25	B4, Xi, 264, 630	++	++	++	+++	+++		++	+++	+++		++	+++						94,-
Matador (Bayfidan + Folicur)	1,0	B4, Xi, 264, 630	+++	++	++	+++	+++		+++	+++	+++	++	++	+++		+++	+++	++		110,-
Sportak	1,2	B4, Xn, 230, 261	(+)	++	++			++	(+)			++	++	++	++	(+)		++	++	94,-

Colt (Bayfidan + Calixin)	1,0	B4, Xn, 264, 630	+++	+		++	++	+++	++	++		+		+++	++	+	88,-
Desgan (Desmel + Afugan)	1,0	B1, Xn, 264, 630	++	++	+++	++	++	++			+	+		++	++	++	97,-
Ilbex (Desmel + Calixin)	1,0	B4, Xn, 264, 630	+++	+++	++	++	++	+++	++	++	++	++	++	+++	++	+++	97,-
Simbo (Desmel + Corbel)	1,0	B4, Xn, 630, 264	+++	+++	++	++	++	+++	++	++	++	++	++	+++	++	+++	108,-
Ährenkrankheiten																	
Daconil Extra	2,2	B4, Xi, 230, 261										+	++				51,-
Dyrene fl.	4,0	B4, Xi, 230, 261										+	+++				93,-
Bayfidan + Dyrene fl.	0,5 + 4,0	B4, Xi, 230, 261						++	++	++		+	+++				126,-
Corbel + Dyrene fl.	0,75 + 4,0	B4, Xn, Xi, 630						+++	++			+	+++				156,-
Matador + Dyrene fl.	1,0 + 2,0	B4, Xi, 230, 261						+++	+++	+++	++	++	+++				137,-
Sambarin (Desmel + Daconil)	2,0	B4, Xi, 230, 261						++	++	++	++	++	++				126,-
Simbo Extra-Pack (Simbo + Daconil)	1,0 + 1,5	B4, Xi, 230, 264						+++	++	++	++	++	+++				137,-
Syncro-Pack (Desmel + Escal)	0,5 + 2,0	B4, Xi, 264, 630						++	++	++	++	++	++				129,-

B1 : bienengefährlich
B4 : Nicht bienengefährlich
Xi : reizend
Xn : mindergiftig
230/630 : Keine Anwendung auf stärker geneigten Flächen bei Abschwemmungsgefahr in Gewässer. Anwendung nicht in unmittelbarer Nähe (10 m) von Gewässern.

261 : Mittel ist fischgiftig
264 : Mittel ist giftig für Fische und Fischnährtiere
+++ = gute Wirkung
++ = hinreichende Wirkung
\+ = Nebenwirkung
1) ausgewiesene Anwendungsbereiche beachten

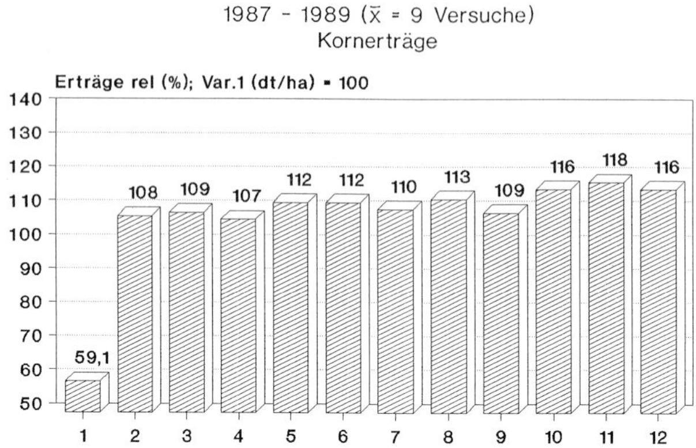

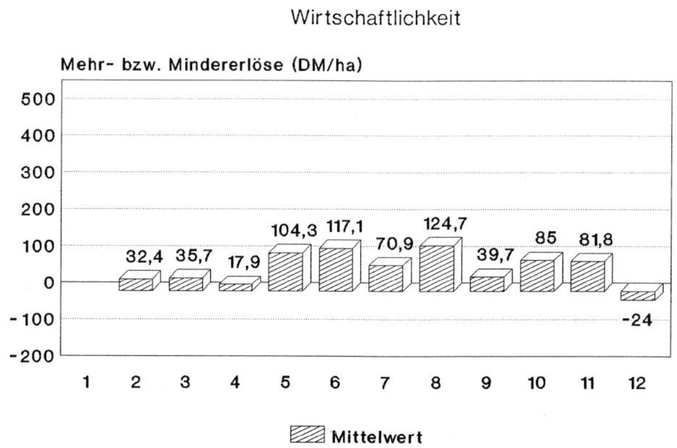

Versuchsplan

Var. Nr.	Mittel	Aufwand kg, l/ha	Anwendung
1	Unbehandelt	-	-
2	Sportak	1,2	ES 31
3	Ilbex	1,0	ES 31
4	Colt	1,0	ES 31
5	Desmel	0,5	ES 37-39
6	Ilbex	1,0	ES 37-39
7	Turbo Pack	1,5	ES 37-39
8	Simbo	1,0	ES 37-39
9	Colt	1,0	ES 37-39
10	Sportak	1,2	ES 31
	Desmel	0,5	ES 39-49
11	Ilbex	1,0	ES 31
	Turbo Pack	1,5	ES 39-49
12	Colt	1,0	ES 31
	Bayfidan + Dyrene fl.	0,5 + 4,0	ES 39-49

Abb. 48. Fungizideinsatz in Wintergerste.

grund der Wetterlage wahrscheinlich erscheint. Wichtig ist, daß das »Hochschaukeln« der Pilze von unten nach oben unterbunden wird. Bei gleichzeitigem Befall von Mehltau **und** Blattfleckenkrankheiten ist auf entsprechend breit wirksame Mittel (Kombinationspräparate) zu achten. Die Netzfleckenkrankheit breitet sich wegen der höheren Temperaturansprüche oft erst in der späten Schoßphase aus, so daß eine zweite Behandlung erfolgen muß, sobald Neuinfektionen auf den oberen Blättern zu beobachten sind.

In Versuchen des Pflanzenschutzdienstes Baden-Württemberg (Abb. 48) hat sich bei Wintergerste generell und bei anfälligen Sommergerstensorten eine Behandlung während des Schossens (ES 37 bis 39) als effektiv gegen Blattfleckenkrankheiten erwiesen. Bei Infektionen vorwiegend mit Rhynchosporium-Blattflecken brachten die Behandlungen in der frühen Schoßphase (ES 32 bis 37) und bei überwiegend Netzflecken gegen Ende des Schossens bis zum Grannenspitzen (ES 37 bis 49) lohnende Mehrerträge. Spritzungen nach dem Ährenschieben sind nur bei hohem Infektionsdruck wirtschaftlich sinnvoll.

Bei hoher Ertragserwartung sind in Wintergerste Spritzfolgen einzuplanen. Dies gilt ganz besonders bei hoher Intensität und Anbau von stärker anfälligen Sorten, Gülledüngung sowie witterungs- und lagebedingt günstigen Infektionsvoraussetzungen. Die Erstbehandlung sollte etwa Anfang des Schossens (ES 32) z. B. mit Desmel, Folicur, Ilbex oder Sportak und die Zweitbehandlung mit einem Kombinationspräparat im Fahnenblattstadium (ES 39 bis 49) durchgeführt werden, um eine gesunde Abreife zu gewährleisten. Bei Behandlungen vor Schoßbeginn wird der Spritzabstand zwischen beiden Maßnahmen zu groß. Auf Wirkstoffwechsel muß geachtet werden, um einer möglichen Fungizidresistenz entgegenzuwirken.

Gelbrost und **Zwergrost** an Winter- und Sommergerste treten nicht regelmäßig auf und sind nur regional von Bedeutung. Wegen der höheren Temperaturansprüche des Zwergrostpilzes und der späteren Abreife der Sommergerste ist Sommergerste stärker gefährdet als Wintergerste. Da die Rostpilze oft schlagartig oder nur nesterweise auftreten, ist bei den Befallskontrollen aufmerksam auf diese Krankheiten zu achten. Rostfungizide sind sofort zu spritzen, wenn die ersten Befallsnester (Gelbrost) oder Rostpusteln auf der dritt- oder zweitobersten Blattetage zu finden sind. Gegen die Rostkrankheiten wirken die in der Tab. 43 genannten Fungizide. Bei der Mittelwahl ist die Wirkungsbreite der Blattfungizide zu berücksichtigen, falls andere Pilzkrankheiten miterfaßt werden sollen. Gegen Zwergrost sind Behandlungen bis spätestens zu Beginn der Blüte sinnvoll.

Winter- und Sommerweizen

Die einzelnen Weizensorten sind unterschiedlich empfindlich gegenüber **Blatt-** und **Ährenmehltau**. Bei deutlichem Auftreten von **Blattmehltau** (1% befallene Blattfläche), hohem Infektionsdruck und günstiger Witterung (Hochdruckwetterlagen) für die weitere Ausbreitung ist eine Bekämpfung mit den in Tab. 43 genannten Mitteln zweckmäßig. Dies kann in dichten Beständen und bei anfälligen Sorten bereits bei Beginn des Schossens (ES 32) der Fall sein. Bei kühlen Temperaturen und fortgeschrittenem Befall sind beispielsweise Corbel oder morpholinhaltige Mischpräparate zu bevorzugen, da sie weitgehend witterungsunabhängig sind und sehr schnell wirken. Für den Einsatz von Azol-Fungiziden (z. B. Bayfidan, Desmel, Matador) sollten warme, wachstumsförderliche Witterungsverhältnisse gegeben sein. In frühgesätem Winterweizen mit enger Getreidefolge und möglicher Halmbruchgefahr kann ein Halmbruchmittel beigemischt werden.

Bei weniger anfälligen Sorten oder später Weizensaat (Rübenweizen) tritt Blattmehltau häufig erst nach dem Erscheinen des letzten Blattes (ab ES 39) auf. Falls mit einer deutlichen Ausweitung des Befalls mit Mehltau (> 1% Befall auf dem dritten Blatt von oben) und anderen Blattkrankheiten (Blattseptoria, Blattdürre, Rost) zu rechnen ist, ist eine Fungizidspritzung im Fahnenblattstadium ratsam. Tab. 43 gibt eine Übersicht der in Frage kommenden Fungizide. Die normale Ährenbehandlung erfolgt so spät, daß nur Teilwirkungen gegen Befall auf den mittleren Blattetagen erzielt werden. Wichtig ist, daß der Infektionsdruck auf die obersten Blätter und Ähren reduziert wird. Nur bei toleranten Sorten und schwachem Befall kann mit der Bekämpfung bis zum Beginn des Ährenschiebens gewartet werden. Die Wirtschaftlichkeit einer Behandlung gegen **Ährenmehltau** zum Zeitpunkt des Ährenschiebens (ES 51 bis 59) steht außer Frage.

Helminthosporium-Blattdürre (HTR oder DTR) ist kein generelles Krankheitsproblem im Weizenanbau, sondern nur bei Anbau von Weizen nach Weizen oder reduzierter Bodenbearbeitung von größerer Bedeutung. Warmfeuchte Witterung begünstigt den Befall. Unter diesen Voraussetzungen hat sich der Einsatz von Desmel, Matador oder Sportak bewährt. Aufgrund der heilenden Wirkung können die Mittel bis 14 Tage nach vermuteten Infektionen eingesetzt werden, spätestens jedoch, wenn die ersten Nekrosen auf den untersten Blättern beobachtet werden. Diese Wirkstoffe bieten unter gegebenen Befallsbedingungen ab Fahnenblattstadium (ES 39) auch einen wirkungsvollen Schutz gegen Septoria-Pilze. Bei trockenen Witterungsbedingungen sind keine Spritzungen erforderlich.

Die gezielte Bekämpfung der **Blatt-** und **Spelzenbräune** ist sehr schwierig, weil die Infektionen des Pilzes zunächst unsichtbar, meistens aber mit nicht eindeutig diagnostizierbaren Symptomen in den Blattetagen und erst relativ spät auf den Spelzen erfolgen. Ein Prognoseverfahren zur Beurteilung der Bekämpfungsnotwendigkeit wird z. Z. erprobt. Der Praktiker sollte vorerst noch nach den Erfahrungen der Vorjahre unter Berücksichtigung des aktuellen Witterungsverlaufes und evtl. befallsfördernden Anbaubedingungen handeln.

Nach Anwendung von Sportak oder Sportak Alpha gegen die Halmbruchkrankheit bis zum 2-Knoten-Stadium ist eine Teilwirkung gegen vorhandenen Septoria-Befall zu erzielen. In sommerfeuchten Lagen mit bekannt starkem Infektionsdruck durch **Blattseptoria** und bereits augenscheinlich festgestellten Blattinfektionen vermindert die Ausbringung von Desmel, Matador oder entsprechenden Kombinationsmitteln ab Erscheinen des letzten Blattes (ES 37 bis 39) die Befallsgefahr für die oberen Assimilationsorgane. Bei anhaltend trockener Witterung ist jedoch der Befallsdruck gering.

Bei feuchtwarmer Witterung vor und während des Ährenschiebens (Gewitter) ist in Befallslagen (Waldnähe, Flußniederungen) mit hoher Luftfeuchtigkeit und in allen Späterntegebieten sowohl in Winter- als auch in Sommerweizen (einschl. Durum-Weizen) ein Fungizideinsatz gegen **Spelzenbräune** in aller Regel lohnend. Der günstigste Bekämpfungstermin ist während des Ährenschiebens (ES 51 bis 59), wenn etwa 80% der Ähren geschoben sind. Spritzungen nach der Getreideblüte fallen in der Wirkung deutlich ab. Zur Ährenbehandlung haben sich die Kontaktfungizide wie Dyrene flüssig, Daconil Extra bewährt. Neuerdings sind auch Escal (lokalsystemisch) und Matador (systemische Wirkung) zugelassen. In extremen Befallslagen, beispielsweise in Küsten- oder Höhengebieten, mit sehr starkem Septoria-Infektionsdruck sind Spritzfolgen im Fahnenblattstadium (mit den bereits erwähnten Fungiziden) und Mitte bis Ende des Ährenschiebens empfehlenswert, um einen ausreichenden Dauerschutz der Ähren zu gewährleisten.

Wegen der langsamen Abreife des Winter- und Sommerweizens befallen häufig **Mehltau** und **Spelzenbräune** die Ähren. Daher ist es üblich, daß bei Befallsgefahr durch beide Krankheiten zur Ährenbehandlung bis zum Beginn der Blüte Tankmischungen oder Kombinationspräparate eingesetzt werden. Neben den in Tab. 43 genannten Kombinationen sind weitere Mischungen von Mehltau- und Spelzenbräunefungiziden möglich. Die Abschlußbehandlung zum Ährenschieben ist die wichtigste, in weniger anfälligen Weizensorten häufig auch die einzige ertragssichernde Fungizidmaßnahme. Bei Durum-Weizen dient die Maßnahme zur Absicherung der Qualität.

Rostkrankheiten sind nur gebiets- und jahrgangsweise von Bedeutung. **Gelbrost** tritt in Küstengebieten häufiger, in anderen Gebieten nur nach längeren kühlfeuchten Witterungsabschnitten auf. Im Gegensatz dazu tritt der wärmeliebende **Braunrost** nach überwiegend warmer, trockener Witterung und bei meist fortgeschrittener Vegetation auf. Nur der Einsatz von Blattfungiziden mit Rostwirkung sofort beim Sichtbarwerden erster Rostpusteln verspricht ausreichenden Erfolg. Braunrost wird in der Regel bei der Bekämpfung der Ährenkrankheiten miterfaßt.

Winterroggen und Triticale

Im Vergleich zu Weizen und Gerste sind die Krankheitsprobleme bei Winterroggen und Triticale geringer. In getreidereichen Fruchtfolgen erlangt die **Halmbruchkrankheit** häufig bekämpfungswürdige Befallsstärke, die wirtschaftliche Einbußen bringt und somit den Einsatz von Wachstumsreglern und Fungiziden rentabel macht.

Rhynchosporium-Blattflecken und **Blattmehltau** sind dagegen nur regional in Abhängigkeit von den Witterungs- und Standortverhältnissen von Bedeutung. Hybridsorten sind anfälliger gegen Mehltau. Wird zur Halmbruchbekämpfung Sportak Alpha (ES 32) verwendet, ist mit einer Nebenwirkung gegen *Rhynchosporium* zu rechnen. Da die Blattkrankheiten gut zu erkennen sind, ist ein gezielter Einsatz von Fungiziden möglich. Maßnahmen sollten während der Schoßphase nur erfolgen, sobald sich geringer Ausgangsbefall infolge günstiger Infektionsbedingungen ausweitet. Zugelassen sind verschiedene Fungizide, die evtl. mit den Wachstumsreglern Terpal C oder Cerone kombiniert werden können. Bei hohem Ertragsniveau und Anbau von Hybridroggen sind die Behandlungen wirtschaftlich interessant.

Braunrost tritt in warmen Anbaulagen, insbesondere an Hybridroggen und Triticale in ertragsschädigendem Ausmaß auf. Da Rostpilze meist schlagartig auftreten, sind Fungizidbehandlungen notwendig, wenn die ersten Rostpusteln sichtbar werden. Blattbehandlungen mit den in Tab. 43 genannten Fungiziden (außer Sportak oder Sportak Alpha) sind auch gegen Rost wirksam.

1.2.3.8 Durch Beizen bekämpfbare Krankheiten

Die Beizung dient dem Schutz der Samenkörner gegen anhaftende oder eingedrungene und gegen einzelne bodenbürtige Schadpilze. Eine sorgfältige Saatgutbehandlung ist somit die Grundlage für einen lückenlosen und gleichmäßigen Aufwuchs und hohe Erträge. Mit geringem Wirkstoffaufwand werden Krankheiten bekämpft, die nach dem Auflaufen der Keimlinge nicht mehr erfaßt werden. Dies gilt insbesondere für die samenbürtigen Pilzkrankheiten Schneeschimmel und andere Fusariosen, Steinbrand an Weizen und Durum, Zwergsteinbrand an Winterweizen und Dinkel, Streifenkrankheit der Gerste sowie Flugbrand an

Weizen, Gerste und Hafer. Gefährlich sind auch Septoria an Weizen; Braunfleckigkeit *(Helminthosporium sativum)* an Gerste und Weizen sowie Streifenkrankheit *(Helminthosporium avenae)* an Hafer. Gegen die bodenbürtige Typhula-Fäule an Wintergerste besitzen einige Beizmittel Nebenwirkung.

Zunehmende Bedeutung hat die fungizide Saatgutbehandlung zur frühen Bekämpfung samenbürtiger Blattkrankheiten, wie z. B. Netzfleckenkrankheit der Gerste und anderer Helminthosporiosen. Spezielle systemische Beizmittel sind außerdem in Wintergerstenlagen lohnend, wo mit frühem Befall mit Mehltau oder Rhynchosporium-Blattflecken zu rechnen ist. Die Beizung gibt allerdings keine vollständige Sicherheit.

In Tab. 44 sind Beispiele von gängigen Beizmitteln genannt, die entweder als Universalbeizmittel mit großer Wirkungsbreite oder als Spezialbeizmittel mit relativ engem Wirkungsspektrum angeboten werden. Entscheidungskriterien bei der Mittelwahl sind:

- Wirkungsbreite und Getreideart,
- Befallserwartungen unter Berücksichtigung der Sortenanfälligkeit und der Witterung im Aufwuchsjahr,
- Erzeugungsrichtung (Konsumgetreide, Saatgutvermehrung),
- Formulierung des Beizmittels (Feuchtbeizmittel, wasserlösliche Mittel),
- Pflanzenverträglichkeit und Preis des Präparates.

Auf die Beizung von Wintergetreide darf nicht und bei Sommergetreide nur in Ausnahmefällen verzichtet werden. Es ist eine wichtige Pflanzenschutzmaßnahme im Sinne des Integrierten Pflanzenschutzes.

Bei der Anwendung von Beizmitteln werden an die Saatgutqualität hohe Anforderungen gestellt. Eine hohe Beizqualität wird nur mit einwandfrei gereinigtem Saatgut ohne Abrieb, Auswuchs und Druschverletzungen erreicht. Die Behandlung von feuchtem Saatgut mit über 16% Wassergehalt kann zu Auflaufschäden führen. Eine gut funktionierende Beiztechnik entscheidet über den Erfolg der Saatgutbehandlung.

Fusariosen

Von wirtschaftlicher Bedeutung sind *Gerlachia nivalis* (Schneeschimmel) an Gerste, Weizen und Roggen und *Fusarium culmorum* an Weizen. Am Keimling anhaftende Sporen verringern die Auflaufrate und führen zu Auflaufverzögerungen und Fehlstellen im Bestand. Die Saatgutbehandlung gewährleistet einen wirksamen Schutz des Keimlings und unterbricht die Infektionskette für Fuß- (Seite 145) und Ährenerkrankungen (Seite 151).

Helminthosporiosen

Die **Streifenkrankheit der Gerste** *(Helminthosporium gramineum)* ist eine wichtige pilzliche Erkrankung der Gerste, die bei unregelmäßiger oder fehlender Saatgutbeizung schwere Schäden hervorruft. Die ersten Befallsmerkmale sind ab dem 4- bis 5-Blatt-Stadium der Gerste in Form von gelblichen, später sich bräunenden Streifen (Streifenkrankheit), zu sehen. Das erkrankte Blattgewebe schlitzt streifenförmig auf, die ganze Pflanze ist im Wuchs beeinträchtigt. Die Ähren bleiben teilweise in der Blattscheide stecken und die Kornausbildung ist mangelhaft. Es erkranken nur solche Pflanzen, die aus (samenbürtig) infizierten Körnern wachsen. Die Infektion des Gerstenkeimlings ist bei tiefen Temperaturen z. Z. der Keimung besonders erfolgreich, während zügiges Auflaufen das Befallsrisiko

Tab. 44. Saatgutbehandlung von Winter- und Sommergetreide

Mittel-Beispiel (Aufwandmenge in ml je dt Saatgut)	Kenn-zeichnung	Wirkungsbereich								Preis (DM/dt)
		Weizen			Roggen	Gerste			Hafer	
		Stein-brand	Flug-brand	Schnee-schimmel	Schnee-schimmel	Streifen-krankheit	Flug-brand	Mehl-tau	Flug-brand	
Abavit Universal Feuchtbeize[2]	Xn, B3	200	200	200	150	250 (auch gegen Netzflecken)	250		200	15,30/9,20
Arbosan GF Neu	B3					300	300			12,90
Baytan Universal-Flüssigbeize[2]	B3					500[1] (auch gegen Rhynchosporium und Netzflecken)	500[1]	500[1]		19,30
Domestin Flüssigbeize	B3	200	200	200	150				150	12,70/9,50
Elanco-Beize flüssig	Xi, B3					200	200 So-Gerste	200		15,70
Galbas	Xn, B3	400		400	400					14,50
Panogen	Xn, B3	200		200	200					12,70
Rovral UFB	Xi, B3	150	200	150	150	150			150	11,80/15,80
Sibutol-Flüssigbeize[2]	B3	200 (auch gegen Zwergsteinbrand)	200	200	150				150	12,90/9,70

[1]) Wintergerste
[2]) Auch als Trockenbeizmittel mit Haftmittel erhältlich
B3 : Bienen werden nicht gefährdet aufgrund der durch die Zulassung festgelegten Anwendung des Mittels
Xi : reizend
Xn : mindergiftig

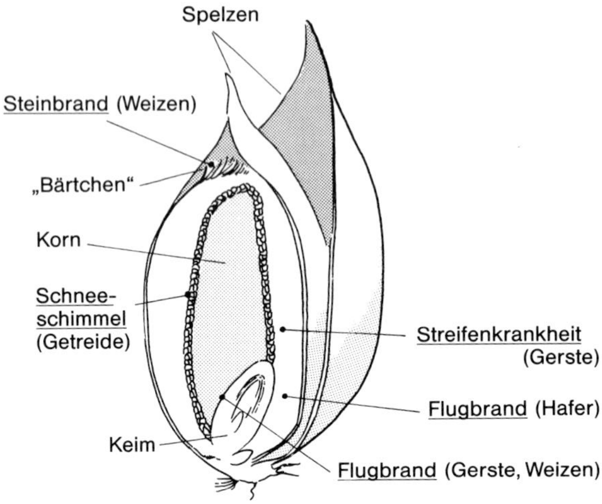

Abb. 49. Samenbürtige Krankheiten des Getreides.

mindert. Die Verwendung von gesundem Saatgut und regelmäßige Beizung ist die sicherste Abwehrmaßnahme gegen samenbürtigen Befall.

Ein verwandter Schadpilz verursacht die **Streifenkrankheit des Hafers** *(Helminthosporium avenae)*. Der samenübertragbare Pilz kann bereits am Keimling Schäden verursachen und auf den ersten Blättern vom Blattgrund ausgehend hellgrüne Flecken mit rötlichem Rand hervorrufen. Die Blattflecken fließen später zu Streifen zusammen. Stark befallene Blätter sind verkrümmt und sterben schließlich ab. Entwicklung und Infektion des Pilzes entsprechen dem o. g. Erreger.

Brandkrankheiten

Flugbrand *(Ustilago* spp.*)*
Der Flugbrand zählte früher zu den wichtigsten Getreidekrankheiten, hat aber wegen wirksamer Saatgutbeizung und regelmäßigem Saatgutwechsel an Bedeutung verloren. Bei der Saatgutvermehrung gelten Toleranzgrenzen für die An- und Aberkennung. Das auffallende Erscheinungsbild ist nach der Getreideblüte zu beobachten, wenn an den Ähren statt Kornanlagen und Spelzen unförmige, von einem Häutchen umschlossene, schwarzbraune Brandähren und während der Abreife nur noch leere Ährenspindeln oder Rispenäste vorhanden sind.

Die einzelnen Getreidearten werden von jeweils spezifischen Rassen befallen: **Weizenflugbrand** *(Ustilago tritici)*, **Gerstenflugbrand** *(Ustilago hordei),* **Haferflugbrand** *(Ustilago avenae)*. Der Befallsverlauf ist bei Weizen und Gerste derselbe, unterscheidet sich aber von Haferflugbrand. Neuinfektionen erfolgen während der Blüte, indem die Sporen vom Wind auf gesunde Blütenanlagen verstäubt werden. Weizen- und Gerstenflugbrand besiedeln sofort Fruchtwand und Embryo (Blüten- oder Embryoinfektion). Haferflugbrand verharrt zunächst zwischen den Deckspelzen und dringt erst bei der Keimung in den Haferkeimling (Keimlingsinfektion) ein.

Gersten-, Weizen- und Haferflugbrand erlangen bei nachlässiger Beizung sehr rasch wirtschaftliche Bedeutung. Die Verwendung von zertifiziertem Saatgut oder Saatgut aus befallsfreien Beständen ist eine wichtige Vorsorgemaßnahme. Mit Flugbrand infizierte Samenkörner können nur mit speziell gegen Flugbrand wirkenden Beizmitteln ausreichend geschützt werden. Eine sorgfältige Saatgutbehandlung ist daher für die Saatgutvermehrung grundsätzlich und für den Konsumanbau dann zu empfehlen, wenn das Saatgut aus einem mit Flugbrand verseuchten Anbaugebiet stammt.

Steinbrand des Weizens *(Tilletia* spp.*)*
Steinbrand des Weizens *(Tilletia caries)* und der Zwergsteinbrand *(Tilletia controversa)* können zu empfindlichen Qualitäts- und Ertragsverlusten führen. Brandiges Getreide kann weder für Mahl- noch für Futterzwecke und auch nicht als Saatgut verwendet werden. In Vermehrungsbeständen führt Steinbrandbefall zu Aberkennung. Der gewöhnliche Steinbrand kommt in allen Weizenlagen vor. Verluste gibt es, wenn die Saatgutbeizung unsachgemäß oder gar nicht vorgenommen wird. Der Zwergsteinbrand tritt nur in Einzeljahren regional begrenzt in einigen Höhenlagen von Bayern und Baden-Württemberg auf. Seit der Einführung spezieller Beizmittel hat der Zwergsteinbrand an Bedeutung verloren.

Das Schadbild beider Krankheiten wird erst nach dem Ährenschieben deutlich. Anstelle der Körner bilden sich in den Ähren kugelförmige, braunschwarze Brandbutten, die zunächst schmierig sind und nach Heringslake riechen (Stinkbrand). Beim Dreschen wird der Sporenstaub aus den zerschlagenen Brandbutten mit den gesunden Körnern vermischt oder auf das Feld verstäubt. Beide Steinbranderreger unterscheiden sich sehr auffällig. Von Zwergsteinbrand befallene Pflanzen zeigen übermäßige Bestockung, deutliche Halmverkürzung (Zwergwuchs), die häufig nur etwa die Hälfte bis zwei Drittel der gesunden Pflanze beträgt. Beim gewöhnlichen Steinbrand sind diese Symptome weniger deutlich ausgeprägt. Steinbrand wird mit den am Saatgut äußerlich anhaftenden Sporen übertragen. Beim Zwergsteinbrand geht die Infektion der jungen Weizenkeimlinge vorwiegend vom Boden aus. Sporenkeimung und Infektionen kommen aber nur zustande, wenn bestimmte Witterungsverhältnisse herrschen und gekeimte Sporen auf Pflanzen im anfälligen Stadium (Anlage der Bestockungstriebe) treffen. Diese Voraussetzungen erfüllen meist Frühsaaten.

Regelmäßige Beizung von Winter-, Sommer- und Durum-Weizen gegen Weizensteinbrand ist die wichtigste und sicherste Maßnahme. In den bekannten Befallsgebieten des Zwergsteinbrandes ist das Weizen- und Dinkelsaatgut mit dem gegen Zwergsteinbrand wirksamen Mittel Sibutol (Bitertanol + Fuberidazol) zu beizen. Die Wirkungsdauer des Mittels ist begrenzt, so daß zusätzliche, vorbeugende Maßnahmen notwendig sind: Die Saat des Weizens ist möglichst bis Ende Oktober zu verschieben, da dann mögliche Infektionen des auflaufenden Weizens erschwert werden. Enge Fruchtfolgen mit Winterweizen und der Anbau von Klee und Luzerne sollten vermieden werden. Auf stark verseuchten Flächen kann auf Sommerweizen ausgewichen werden.

1.2.4 Tierische Schädlinge

Im Getreidebau sind Schädlingskalamitäten im Vergleich zu Schadpflanzen und pilzlichen Schaderregern relativ selten. Wirtschaftlich bedeutsame Schäden sind nur in manchen Jahren unter bestimmten Witterungsbedingungen und meist nur regional festzustellen. Deswegen ist das Auftreten tierischer Schädlinge aufmerksam zu kontrollieren, um Abwehrmaßnahmen gezielt durchzuführen.

Fritfliege *(Oscinella frit)*
Hohe Pflanzenausfälle sind im Frühjahr und Herbst während der Bestockung des Getreides (Weizen, Gerste, Hafer, Roggen, Durum) möglich. Gefährdet sind vor allem späte Frühjahrssaaten und frühe Herbstsaaten nach einem trockenwarmen Witterungsverlauf. Vergilbende Herzblätter, die sich leicht aus der Blattscheide ziehen lassen, sind ein sicherer Hinweis auf Fritfliegenschaden. An der Triebbasis sind bei sorgfältiger Kontrolle glasig-weiße Larven (5 mm) oder bräunliche Puppen zu finden. Ganze Pflanzen oder Einzeltriebe sterben ab, bereits bestockte Pflanzen fallen durch übertriebene Bestockung auf. In milchreifem Getreide werden die Kornanlagen von Gerste und Hafer (seltener Weizen und Roggen) zerstört. Es entstehen Taubährigkeit oder Kümmerkörner. Die verschiedenen Schadsymptome sind auf die jährlich in drei Generationen auftretende Fritfliege zurückzuführen.

Brachfliege *(Delia coarctata)*
Welkeerscheinungen mit nester- oder reihenweiser Vergilbung der Herzblätter im März–April sind Anzeichen für Brachfliegenbefall. Die Pflanzenverluste sind in einzelnen Jahren und Anbaulagen schwerwiegend, wenn das Wachstum witterungsbedingt langsam voranschreitet. Bei guter Bestockung sind die Schäden meist tolerierbar. Die Brachfliege befällt hauptsächlich Winterweizen und -roggen, seltener Sommergetreide (außer Hafer). Mit stärkerem Befall ist dort zu rechnen, wo Getreide nach Rüben oder Kartoffeln folgt und die Rüben lückig standen oder unter Trockenheit gelitten haben, die Kartoffeln früh geerntet wurden oder das Kartoffelkraut infolge Krautfäule vorzeitig abgestorben ist. Dies ist darauf zurückzuführen, daß die Brachfliege im Sommer des Vorjahres die Eier auf garen, schattigen oder schwach bedeckten Boden (Brache) ablegt. Die Junglarven bohren sich im zeitigen Frühjahr in mehrere Pflanzen ein.

Eine Schadensbegrenzung ist mit anbautechnischen Maßnahmen möglich. Auf Schlägen, die Brachfliegenbefall befürchten lassen, ist eine tiefe Pflugfurche und eine gute Rückverfestigung des Bodens mittels Krumenpacker vor der Weizensaat anzuraten. Die Saatzeiten sind sehr entscheidend für Schädlingsbefall. Schaden der Brachfliege wird durch möglichst frühe Saat des Winter- und Sommergetreides verringert. Umgekehrt kann eine zu frühe Wintergetreidesaat den Fritfliegenbefall begünstigen. Wachstumsfördernde Maßnahmen (Saatbettbereitung, nicht zu tiefe Saat, Düngung), die eine kräftige Entwicklung der Pflanzen und eine zeitige Bestockung fördern, vermindern die Verluste.

Eine direkte Bekämpfung von **Brachfliege** und **Fritfliege** kann nur vorbeugend erfolgen, da es derzeit keine zuverlässigen Prognoseverfahren über die Entwicklung der abgelegten Eier und schlüpfenden Larven gibt. Bei hohem Befallsrisiko ist deshalb eine Saatgutbehandlung mit insektizidem Saatgutpuder empfehlenswert, deren Wirkung zumindest so weit ausreicht, daß der Getreidebestand vor Totalausfall geschützt wird. Zur Vermeidung von Keim- und Auflaufschäden ist das gepuderte Saatgut bald nach der Behandlung auszusäen. Werden Schäden durch Brachfliege oder Fritfliege festgestellt, sind Behandlungen weder mit Kontakt- noch mit systemisch wirkenden Insektiziden wirksam. In diesem Fall gilt folgende Empfehlung: Teil- oder schwach geschädigte Bestände werden im Frühjahr gewalzt und erhalten eine Kopf- oder Blattdüngung mit schnellwirkenden Stickstoffdüngern, um die Bestockung der Pflanzen anzuregen. Muß bei starken Schäden durch Brachfliege umgebrochen werden, ist tiefes Pflügen und Saatgutpuderung des folgenden Sommergetreides ratsam.

Drahtwurm *(Agriotes*-Arten*)*
Selten treten an Getreide Schäden durch Drahtwürmer auf. Im Gegensatz zu der von Frit- und Brachfliege verursachten Gelbherzigkeit werden die jungen Getreidepflanzen vollständig geschädigt, da die unterirdischen Pflanzenteile faserig angefressen und abgebissen werden. Bedeutsamer ist Drahtwurmbefall in Mais oder Rüben. Insektizide Saatgutpuder wirken bei Getreide nicht zufriedenstellend.

Getreidehähnchen *(Lema melanopa* oder *L. lichenis)*
Der Schädling tritt zwar regelmäßig - vorwiegend in Winterweizen und Hafer - auf, seine wirtschaftliche Bedeutung darf aber nicht überbewertet werden. Durch frühzeitigen Verlust der Assimilationsfläche treten Störungen in der Nährstoffversorgung auf, die jedoch nur bei starkem Befall oder unter ungünstigen Wachstumsbedingungen die Kornbildung beeinflussen. Der Schädling wird durch warme, trockene Witterung begünstigt. Schadsymptome sind ab Mai zu beobachten. Die 4 bis 6 mm langen Käfer (je nach Art: Rothalsiges Getreidehähnchen oder Blaues Getreidehähnchen) fressen streifenförmige Löcher zwischen den Blattnerven und legen zahlreiche Eier ab. Typischer ist der Schabefraß auf der Blattoberseite, den die aus den Eiern schlüpfenden Larven verursachen. An den Schadstellen sind die gelb-schwarzen, bis 5 mm langen mit einer schmutzig-grünen Kotschicht bedeckten Larven (mit Nacktschnecken verwechselbar) zu finden. Der Schabefraß wird erst bei Zerstörung von mehr als 10% Blattfläche kritisch, da zahlreiche natürliche Gegenspieler (z. B. Marienkäfer, Raubwanzen, Schlupfwespen) Eier und Larven fressen bzw. parasitieren. Trotz des auffälligen Schadbildes wird die Schadensschwelle (siehe Tab. 15, Seite 50 ff.) nur selten erreicht.

Getreideblattläuse
Verschiedene Blattläuse erlangen im intensiven Getreidebau von Jahr zu Jahr unterschiedliche Bedeutung. Die wichtigsten Arten sind:
- **Große Getreideblattlaus** *(Sitobion avenae)*:
  grün bis rötlich, schwarze Hinterleibsröhrchen; befällt Ähren und Rispen, sobald diese geschoben sind.
- **Bleiche Getreideblattlaus** *(Metopolophium dirhodum)*:
  bleichgrün mit grünem Längsstreifen auf dem Rücken, blaßgrüne Hinterleibsröhrchen; vorwiegend an der Blattunterseite.
- **Haferblattlaus** *(Rhopalosiphum padi)*:
  grünlich mit rötlichem Querband um die Hinterleibsröhrchen; auf Blattspreiten, in Blattscheiden und auf Ähren.

Der Befall beginnt in der Schoßphase, nimmt während des Ährenschiebens zu, die Massenvermehrung und Hauptschadperiode liegt zwischen Blüte und Milchreife. Danach bricht die Blattlauspopulation meist sehr rasch zusammen. Die Vermehrung der Getreideblattläuse wird vorwiegend durch Witterungseinflüsse, aber auch durch Kulturmaßnahmen (z. B. gute Stickstoffversorgung, Fungizidbehandlung) begünstigt, die eine längere Abreifezeit des Weizens bewirken. Wirtschaftliche Schäden entstehen nur bei Massenbefall auf Fahnenblättern und Ähren, wenn die Blattläuse die Assimilationsleistung durch Saugtätigkeit und Honigtaubildung beeinträchtigen.

Eine andere Schadwirkung beruht auf der möglichen Übertragung von Viruskrankheiten, z. B. der Virösen Gelbverzwergung (BYDV). Allerdings erfolgen die

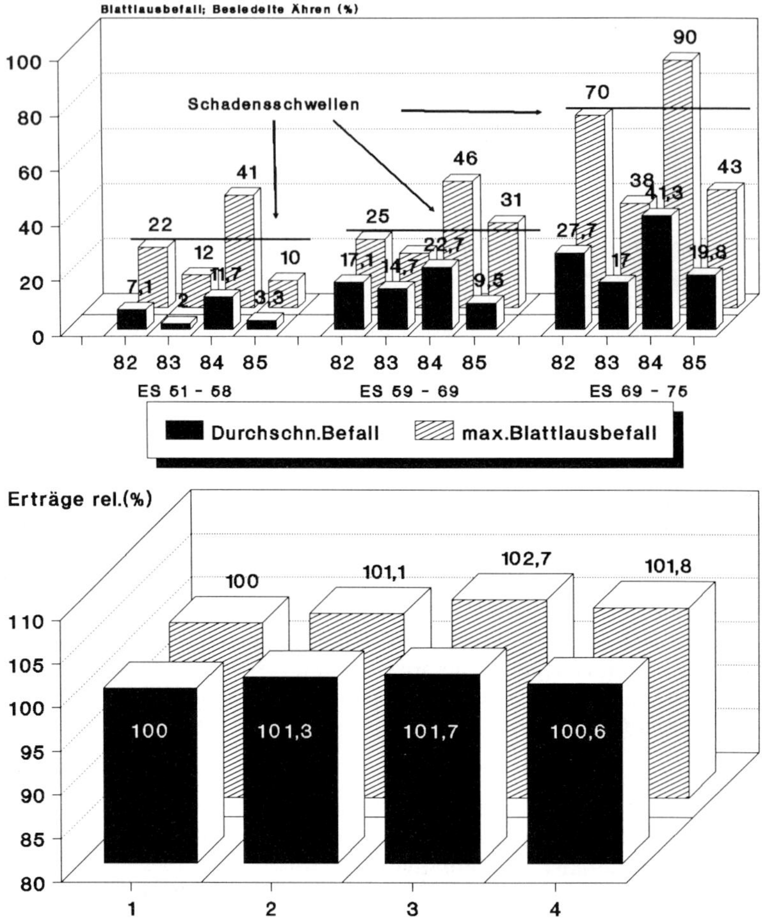

Versuchsplan

Lfd. Nr.	Mittel	Aufwand (kg/ha)	Behandlung
1	Unbehandelt	–	–
2	Pirimor-Granulat	0,3	Stadium 51–58
3	Pirimor-Granulat	0,3	Stadium 59–69
4	Pirimor-Granulat	0,3	Stadium 71–75

Relativerträge: Versuche 1982–1985
Mittelwert aus 29 Versuchen (= dunkle Säulen);
Unbehandelt = 70,3 dt/ha (= 100 %)
Mittelwert aus 11 Versuchen, in denen Schadensschwellen erreicht wurden (= schraffierte Säulen)
Unbehandelt = 73 dt/ha (= 100 %)

Abb. 50. Bekämpfung von Blattläusen in Winterweizen.

Infektionen bereits im Herbst oder während der Schoßphase des Getreides. Dies ist nur bei starkem Blattlausflug im Herbst und Überdauerung der Blattläuse nach einem milden Winter der Fall.

Versuchsergebnisse (Mittnacht 1987) aus einem mehrjährigen Versuchsprogramm (Abb. 50) verbieten eine routinemäßige Insektizidbehandlung in Winterweizen. Getreideblattläuse erlangen nur in einzelnen Jahren und Anbaugebieten wirtschaftliche Bedeutung. Als optimaler Behandlungstermin hat sich in den meisten Fällen das Ende der Getreideblüte (ES 59 bis 69) erwiesen.

Getreideblattläuse als Saugschädlinge sind stets gezielt auf der Grundlage von exakten Befallskontrollen (siehe Seite 57) und nie vorbeugend etwa zusammen mit fungiziden Ährenbehandlungen zu bekämpfen. Die Ermittlung der Schadensschwellen gibt dem Praktiker eine gute Entscheidungshilfe für die Beurteilung der Notwendigkeit und richtige Terminierung des Insektizideinsatzes. Bei Erreichen der Schwellenwerte gilt folgende Mittelempfehlung: Nichtbienengefährliche und nützlingsschonende Mittel (z. B. Pirimor) sind zu bevorzugen. Auf den Einsatz breitwirksamer Insektizide ist zu verzichten, da auf diese Weise auch die natürlichen Blattlausfeinde beeinträchtigt werden.

Für die Herbstbekämpfung zur Verminderung der Virusübertragung gibt es noch keine praktikablen Schwellenwerte. Warndiensthinweise des Pflanzenschutzdienstes beachten!

Getreidenematoden

Unter den zahlreichen Nematodenarten kommen an Getreide vor allem dem **Getreidezystenälchen** oder **Hafernematoden** *(Heterodera avenae)* und **Stock-** oder **Stengelälchen** *(Ditylenchus dipsaci)* wirtschaftliche Bedeutung zu. Die Ausweitung des Getreidebaus und die mit empfindlichen Wirtspflanzen belasteten Fruchtfolgen haben die Zunahme von freilebenden und zystenbildenden Nematoden begünstigt, so daß heute ein hoher Anteil der Ackerfläche mit Nematoden verseucht ist. Unter feuchtkühlen Anbaubedingungen ist regelmäßig mit Ertragsverlusten zu rechnen, die auf stark befallenen Feldern 30 bis 50% erreichen können. Auf Nematodenprobleme muß verstärkt Augenmerk gerichtet werden, da Schäden und Schadursachen in der Praxis häufig übersehen, anderen Ursachen angelastet und deshalb oft unterschätzt werden.

Getreidezystenälchen oder **Hafernematoden** kommen an allen Getreidearten und zahlreichen Gräsern (z. B. Flughafer) vor. Die Empfindlichkeit nimmt in der Reihenfolge Hafer, Sommerweizen, Sommergerste, Wintergerste, Winterweizen, Winterroggen ab. Mais kann unter günstigen Bedingungen ebenfalls geschädigt werden, die Nematoden können sich allerdings nur wenig vermehren. Äußerlich sind folgende Schadbilder zu sehen: nesterweise Wachstumshemmungen, Vergilben der Blätter, schwache Bestockung, kümmerliche Rispen- bzw. Ährenbildung. Typisch sind starke Seitenwurzelbildung mit struppig verfilzten Wurzeln und weißen stecknadelkopfgroßen Zysten. Die Zysten enthalten Eier und Larven und bleiben im Boden fünf bis zehn Jahre infektiös. Die fadenförmigen Larven schlüpfen im Frühjahr, dringen in die Wurzeln von Wirtspflanzen ein und beeinträchtigen das Pflanzenwachstum. Das Schadausmaß wird durch ungünstige Umweltbedingungen (Trockenheit, Krankheiten usw.) verstärkt.

Eine biologische Rasse des **Stock-** und **Stengelälchens** befällt vorwiegend Getreide und Mais, andere Rassen haben bevorzugt Rüben (Rübenkopfälchen), Kartoffeln oder Ackerbohnen als Wirtspflanze. Die Getreiderasse ist im Vergleich zu diesen von geringerer Bedeutung. Bei Winterroggen, Hafer und Mais äußert sich der Befall am deutlichsten mit folgenden Symptomen: gehemmtes Längenwachstum, übermäßige Bestockung (Stockkrankheit), zwiebelartige Verdickungen der Triebbasis, Blattmißbildungen.

Die Bekämpfung der beiden genannten Nematodenarten beschränkt sich auf ackerbauliche Abwehrmöglichkeiten, da der Einsatz von Nematiziden aus ökonomischen und ökologischen Gründen nicht vertretbar ist. Bei Befallsverdacht ist eine Bodenuntersuchung ratsam, um das Schaderregerspektrum zu identifizieren. Wichtige Elemente der integrierten Bekämpfung sind folgende Anbaumaßnahmen:

- Bei Befall mit Hafernematoden anfällige Sommergetreidearten nur alle fünf bis sechs Jahre und stets am Anfang einer Getreidefolge anbauen.
- Auf Flächen mit Stock- und Stengelälchen Anbau von Hafer, Roggen, Mais und Leguminosen mehrere Jahre einstellen.
- Durch frühe Saat, optimale Saatbettbereitung, frühe und kräftige Düngung einen Wachstumsvorsprung vor der Nematodenentwicklung anstreben.
- Konsequente Bekämpfung der zahlreichen als Wirtspflanzen dienenden Ungräser und Unkräuter in allen Fruchtfolgegliedern.
- Geschädigte Bestände mit schnellwirkenden Stickstoffdüngern »stärken«, damit das anfällige Stadium schneller überwachsen wird.

Blatt- und Ährenschädlinge

Örtlich und jahrgangsweise begrenzt treten Schadinsekten auf:

- an Halmen und Blättern
  Sattelmücke *(Haploidiplosis marginata)*, Gelbe Getreidehalmfliege *(Chlorops pumilionis)*, Getreideminierfliege *(Hydrellia griseola, Agromyza* spp.*)*, Getreidewickler *(Cnephasia pumicana)*;
- an Ähren und Kornanlagen
  Gelbe und Orangerote Weizengallmücke *(Contarinia tritici, Sitodiplosis mosellana)*, Getreidewickler und Ährenwickler *(Cnephasia pumicana, C. longana)* Getreidethripse oder Blasenfuß *(Haplothrips aculeatus, Limothrips cerealium)*.

Wirtschaftlich bedeutsame Schäden mit spürbaren Ertragsverlusten sind nur in Ausnahmefällen festzustellen. Deshalb sind Bekämpfungsmaßnahmen im allgemeinen nicht lohnend. Warndienst und Schadensschwellen (Tab. 15) beachten!

Vorratsschädlinge

Ein häufig anzutreffendes Problem in Getreidesilos und -lagerräumen ist der Befall mit vorratsschädigenden Insekten. **Kornkäfer** *(Sitophilus granarius)* kommen am häufigsten vor, aber auch **Reiskäfer** *(Sitophilus oryzae)*, **Leistenkopfplattkäfer** *(Cryptolestes* spp.*)*, **Getreidekapuziner** *(Rhizopertha dominica)* und andere Schädlinge sind mancherorts von Bedeutung. Angefressene oder ausgehöhlte Körner, ansteigende Temperaturen und Feuchtigkeit des Lagergutes und muffiger Geruch sind deutliche Anzeichen für Schädlingsbefall. In der Folge treten häufig Fäulnispilze auf; bei Verfütterung ist bei den Tieren mit Ernährungsstörungen zu rechnen. Ursachen der zunehmenden Bedeutung von Vorratsschädlingen sind in der Verschleppung mit Getreide und Futtermitteln und optimalen Überwinterungsmöglichkeiten in warmen Getreidelagern zu sehen.

Um einem Schädlingsbefall vorzubeugen, sind vor der Einlagerung des neuen Erntegutes folgende Hygienemaßnahmen durchzuführen: Leere Lagerräume und Speichereinrichtungen (Elevatoren usw.) sind zunächst gründlich zu reinigen. Restmengen von Altgetreide oder verkäfertes Getreide werden fein geschrotet und sofort verfüttert. Fugen, Ritzen und sonstige Hohlräume, in denen Vorratschädlinge »Unterschlupf« finden, werden ausgebessert und abgedichtet. Danach ist der Getreidespeicher mit einem gegen Vorratsschädlinge zugelassenen Verfahren zu entwesen. Dabei werden Fußboden, Decke, Wände und ggf. auch Säcke und Fördergeräte mit der Rückenspritze unter Verwendung beispielsweise von Baythion 500 EC oder Actellic 50 behandelt. Bei der Einlagerung sollte neues Getreide nicht neben alten Partien gelagert werden. Mit hohen Temperaturen oder zu feucht eingelagertes Getreide muß wiederholt belüftet bzw. sofort getrocknet werden, da Wärme und Feuchtigkeit den Befall mit Speicherschädlingen fördern. Getreidelager ständig auf Schädlingsbefall kontrollieren.

Die Behandlung von Getreidevorräten, die leichten Käferbefall aufweisen, kann mit Actellic 50 vorgenommen werden. Das Mittel ist bei der Umlagerung auf den Fördergutstrom zu spritzen. Bei stark befallenem Lagergut ist die Dauerwirkung nicht ausreichend, so daß solche Partien möglichst rasch verfüttert werden sollten. Größere Getreidesilos sind meist mit einer Begasungsanlage ausgerüstet, die allerdings nur von geschultem Personal konzessonierter Firmen betrieben werden darf.

2 Mais

Die Anbaufläche von Mais wurde in den letzten drei Jahrzehnten wie kaum bei einer anderen Kulturart vergrößert. Wurden 1960 nur etwa 56 000 ha in der Bundesrepublik angebaut, so waren es 1989 1,113 Mio. ha. Die Gründe dieser Flächenerweiterung sind gleichzeitig die Vorteile des Maisanbaus:

- Auflockerung der Getreidefruchtfolgen,
- hoher Kilostärkeertrag bei geringen Ertrags- und Qualitätsschwankungen und sichere Konservierung,
- gute Mechanisierung von der Saat bis zur Ernte,
- wenig Pflanzenschutzmaßnahmen erforderlich.

2.1 Anbautechnische Maßnahmen

2.1.1 Standortansprüche

Mais verlangt hohe Wärmegrade, möglichst keine Nachtfröste, gut verteilte Niederschläge zwischen 300 und 900 mm und Anbauflächen ohne starke Hangneigung.

Er keimt erst bei mindestens 8 °C Bodentemperatur. Werden diese Temperaturen nicht erreicht, dann verzögert sich die Keimung und Mikroorganismen können das Saatgut schädigen.

Schwache Nachtfröste von -2 °C im Frühjahr können zum Abfrieren der Blätter führen, allerdings erholt sich der Mais, weil die Wachstumsspitze im Schutze der Blatthüllen unter der Erde liegt. Im Herbst ist der Mais gegen Fröste um -1 °C sehr empfindlich und erfriert. Für die regionale Abgrenzung des Maisanbaus spielen deshalb die Temperaturen die entscheidende Rolle. Frostgefährdete Höhenlagen sind für den Maisanbau ungeeignet.

An die Bodenart stellt der Mais keine besonderen Ansprüche. Er wächst besonders gut auf fruchtbaren, nährstoffreichen Böden. Kalte und schlecht durchlüftete Böden sind für den Anbau weniger geeignet und sollten bei ungünstigen klimatischen Voraussetzungen ausgeschlossen werden.

Die Bodenerosion wird in hängigem Gelände durch Maisanbau gefördert, weil der Boden spät bedeckt wird und dadurch der Aufschlag der Regentropfen nicht gebremst und somit das Wasseraufnahmevermögen des Bodens reduziert wird. Durch Bodenbedeckung mit Pflanzenmulch wird die Erosionsgefahr erheblich vermindert.

2.1.2 Fruchtfolge

Mais ist mit sich selbst verträglich. Öfterer Nachbau nach sich selbst bringt schwierige Unkrautprobleme durch mehrjährige Unkräuter und auch ein verstärktes Auftreten der Fusarien-Pilze. Diese Krankheitserreger verursachen Keimlings-, Stengel- und Kolbenfäule, die nicht mit Pflanzenschutzmitteln zu bekämpfen sind. Die Folgefrucht Getreide wird nach Mais stärker mit Fusarien befallen. Auf das Auftreten von Stengelälchen reagiert der Mais unberechenbar. Bei kühl-feuchter Witterung bis zwei Monate nach der Saat und bei nachfolgend kühlem Sommer ist der Mais durch diese Nematoden stark gefährdet, so daß die Pflanzen »umfallen« können. Nach Hafer und Ackerbohnen kann der Mais durch die Stengelälchen erheblich gefährdet werden, weniger in der Fruchtfolge Mais nach Mais.

An die Vorfrucht stellt der Mais keine besonderen Ansprüche. Er gedeiht nach Getreide und auch nach Blattfrüchten.

Als Vorfrucht läßt sich Mais gut in Getreidefruchtfolgen einbauen, weil er eine »Gesundungsfrucht« hinsichtlich der Getreide-Fußkrankheiten Halmbruchkrankheit und Schwarzbeinigkeit ist. Zudem hinterläßt er beträchtliche Mengen an Mineralstoffen und Humus.

2.1.3 Bodenbearbeitung

Die Bodenbearbeitung soll die frühzeitige Erwärmung, ausreichende Durchfeuchtung des Keimbettes und Erschließung des Wurzelraumes fördern.

Am besten hat sich die Herbstfurche auf mittleren und schweren Böden bewährt. Die Frühjahrsfurche auf leichten Böden soll ausgangs Winter gezogen werden, um das Absetzen des Bodens zu ermöglichen – eventuell Krumenpacker und Krümler verwenden – und um noch Gülle ausbringen zu können. Das mittelfeine Saatbett soll zur Wasserschonung nur 5 bis 6 cm tief gelockert werden.

Zunehmend wird der Pflug durch verschiedene Grubberarten ersetzt. Dadurch kann die Bodenerosion vermindert und Energie gespart werden. Mit speziellen Verfahren kann im Frühjahr die Maissaat direkt in die durch Frost oder Herbizide abgestorbene Pflanzenmasse ausgebracht werden.

2.1.4 Aussaat

Die Saatzeit ist abhängig von der hohen Bodentemperatur von 8 °C (zweite Hälfte April). Auf leichten Böden sollte das Maiskorn auf 5 bis 6 cm, auf schweren Böden auf 4 bis 5 cm abgelegt werden. Je nach Standort, Reifegruppe und Verwendung des Maises werden 70 000 bis 130 000 Pflanzen/ha angestrebt.

2.1.5 Pflanzenernährung

Mais braucht eine rechtzeitige Nährstoffversorgung für die Produktion von 120 bis 200 dt/ha Trockenmasse. Zunächst ist durch die langsame Jugendentwicklung auch die Nährstoffaufnahme gering. Das intensive Wachstum setzt nach dem Rispenschieben ein. Dann besteht ein erhöhter Bedarf an Stickstoff, Kali und Phosphat. Stickstoff wird der Pflanze, in Abhängigkeit von der Bodenart, seiner biologischen Aktivität, dem Humusgehalt und der Ertragserwartung, zur Verfügung gestellt. Unter den klimatischen Anbaubedingungen der Bundesrepublik sind 160 bis 200 kg/ha für die Bedarfsdeckung ausreichend. Phosphat wird 160 bis 220 kg/ha und Kali 150 bis 200 kg/ha gedüngt. Durch eine geteilte Stickstoffgabe von 40 kg/ha als Unterfußdüngung zur Saat und 90 kg/ha breitflächig oder in Reihendüngung im zeitigen Jugendstadium ausgebracht, wird die Gesamtmenge auf etwa 130 kg Stickstoff je Hektar reduziert. Durch Untersaat, einer Mischung von Deutschem und Welschem Weidelgras, wird Stickstoff im Herbst gebunden, so daß das Grundwasser weniger durch Nitrat belastet wird. Im Körnermais wird diese Untersaat acht Tage nach dem Hacken bei 50 cm hohem Mais mit einem Exaktdüngerstreuer (20 kg/ha) ausgebracht. Für das Gelingen der Untersaat dürfen Herbizide nur im Band eingesetzt werden. Im nur 1,30 bis 1,50 m hohen Saatmais wird Winterrübsen (12 bis 15 kg/ha) im August ausgesät. Die überwinternde Untersaat wird im Frühjahr mit einem Herbizid behandelt, da sonst Durchwuchsprobleme in der Folgefrucht auftreten können. Nach Untersuchungen im Pilotprojekt »Umweltschonender Maisanbau« des Landes Baden-Württemberg wurden durch dieses System die Nitratgehalte deutlich gesenkt.

2.2 Integrierte Abwehr- und Bekämpfungsmaßnahmen

2.2.1 Nichtparasitäre Schäden

Mangelkrankheiten
Stehen dem Mais nicht entsprechend große Nährstoffreserven zur Verfügung, kann es zu Mangelkrankheiten kommen.
Stickstoffmangel ist durch eine Aufhellung der Blattfarbe, Kümmerwuchs und leichte Starrtracht sichtbar. Die Blätter bleiben klein und vergilben frühzeitig. Gelegentlich zeigt sich bei Mais eine Anthocyanfärbung der Blattspreiten und Blattscheiden. Zudem können die weiblichen Anlagen zugunsten der männlichen unterdrückt werden. Die Wurzeln bleiben hell in der Farbe, wobei wenig Seitenwurzeln ausgebildet werden.
Phosphorsäuremangel führt zur übermäßigen Chlorophyllausbildung, so daß die Blätter längere Zeit dunkelgrün bleiben und starr nach oben gerichtet sind (Starrtracht). Ältere Blätter sind an den Rändern und Blattspitzen kräftig purpurfarben verfärbt. Die männlichen Blüten werden zugunsten der weiblichen unterdrückt. Beim Ausgraben sieht man dunkel gefärbte Wurzeln.
Kalimangel zeigt sich durch eine starke Wellung der Blattoberfläche, Herabhängen der Blätter und rot-braune Verfärbung der Blattränder.
Manganmangel verursacht weißliche Streifennekrosen zwischen den Blattnerven. Auf Moorböden und humosen Sandböden wird Mangan festgelegt, ebenso durch stärkere Kalkgaben.

Tab. 45. Feldkontrollen in Mais

Zeitpunkt	Kontrolle auf	Methode	Abwehr- und Bekämpfungsmaßnahmen	Erläuterungen
Vor der Saat	Drahtwurm	Kartoffelmethode	Drahtwürmer in Kartoffelstücke, dann Anwendung von Insektiziden	Seite 58 und 186
Zum Auflaufen	Keimlingskrankheiten Vogelfraß Drahtwürmer	Augenscheinliche Beurteilung der geschädigten Pflanzen und der Fehlstellen	Bekämpfung nicht mehr möglich! Gegebenenfalls schnellwirkenden N-Dünger einsetzen	Seite 183 Seite 186
Nach Auflaufen bis 4-Blatt-Stadium	Unkräuter	Bestimmen der Unkräuter und Ungräser Schätzen des Deckungsgrades	Einsatz der Hackmaschine Bandbehandlung mit Herbiziden Flächenbehandlung mit Herbiziden	Seite 175 ff.
Maishöhe 50 cm	Fritfliegenbefall	Augenscheinliche Beurteilung	Bekämpfung nicht mehr möglich! (für nächstes Jahr Saatgutinkrustierung vormerken)	Seite 187
	Nematodenschäden	Augenscheinliche Beurteilung	Bekämpfung nicht möglich!	
Kurz vor dem Fahnenschieben	Maiszünsler	Warndienst des Pflanzenschutzdienstes beachten!	Anwendung von *Trichogramma evanescens*	Seite 188

Der sonst selten auftretende **Zinkmangel** ist beim Mais öfters zu finden. Zunächst zeigen die älteren Blätter gelbe Streifen zwischen den Adern, anschließend werden sie gelblich-weiß, um schließlich abzusterben. Bei starkem Zinkmangel sind auch die jungen Blätter blaßgelb bis weiß. Die Pflanzen zeigen Zwergwuchs wegen der verkürzten Internodien. Diese Mangelerscheinung tritt insbesondere bei hohen pH-Werten bzw. Phosphatgehalten auf. Deshalb ist eine Blattdüngung empfehlenswert, da bei einer Bodendüngung das Zink sofort fixiert wird und damit für die Pflanze wirkungslos bleibt.

Frostschäden

Da Mais sehr kälteempfindlich ist, sind kälte- oder frostgeschädigte Pflanzen nicht selten anzutreffen. Bei sehr jungen Pflanzen verfärben sich die Blätter von der Spitze her und vertrocknen. Auf alten Blättern sind gelb-grüne Blattverfärbungen in Form eines Ringes (Frostringe) erkennbar. Die Blätter sind durchscheinend wäßrig, später grau-grün und hängen schlaff herab.

2.2.2 Unkräuter

Mais reagiert auf Verunkrautung mit starken Wuchsdepressionen und hohen Ertragsausfällen bis zum Totalschaden. Bis zum 4- bis 6-Blatt-Stadium ist der Mais sehr konkurrenzstark gegen Unkräuter. Danach ist die Beseitigung der Unkräuter unbedingt erforderlich.

Die bisherige Unkrautbekämpfung basierte auf den Atrazinmitteln. Hohe Kulturpflanzenverträglichkeit, sichere Unkrautwirkung und Preiswürdigkeit zeichneten dieses Standardherbizid im Mais aus. In diesen Vorteilen lagen aber auch gleichzeitig die Nachteile begründet. Die regelmäßige Anwendung führte zur

- Folgeverunkrautung schwierig zu bekämpfender Unkräuter wie Ackerwinde, Quecke, Ackerdistel,
- Selektion triazinresistenter Unkräuter, wie Weißer Gänsefuß, Spreizende und Echte Melde, Kreuzkraut,
- Belastung des Grundwassers und des Trinkwassers durch leichte Löslichkeit und langsamen Abbau des Wirkstoffes.

Aus dem ursprünglich hervorragenden Wirkstoff wurde ein geächtetes Mittel, das letztlich als Negativbeispiel für das von der Öffentlichkeit befürchtete unsichere Verhalten der Pflanzenschutzmittel in der Umwelt gilt.

Atrazinmittel sind seit dem 31. 12. 1990 nicht mehr zugelassen und dürfen seit dem 29. 3. 1991 nicht mehr angewandt werden.

2.2.2.1 Mechanische Unkrautbekämpfung

Durch das Fehlen von Atrazin und die Einschränkungen der Herbizidanwendung in Wasserschutzgebieten wird das Hacken des Unkrautes im Mais wieder versucht und untersucht, zumal der Mais bis Ende der 50er Jahre eine **Hackfrucht** war. Mit selbstführenden Parallelogrammen am Hackgerät wie auch mit abrollenden Geräten wird der Boden sehr flach gehackt, ohne die empfindlichen Maiswurzeln zu beschädigen. Die erste Maschinenhacke muß möglichst früh im 2- bis 3-Blatt-Stadium des Maises erfolgen, damit der Mais nach dem 4-Blatt-Stadium weitgehend unkrautfrei ist. Die zweite Hacke schließt im 6- bis 8-Blatt-Stadium an (Abb. 51). Die Hirse und auch die Unkräuter dürfen bei der ersten Hacke das 2-Blatt-Stadium bzw. die Kleine Rosette nicht überschritten haben. Der Erfolg der Hackarbeit wird verbessert, wenn der Acker vor der Saat abgeschleppt wird, so daß die Unkräuter und Ungräser zeitlich gleichmäßiger und zahlenmäßig stärker keimen. Vorteilhaft ist auch ein mittelfeines Saatbett für eine wirksame Hackarbeit. Gleiches gilt für den versuchsmäßigen Einsatz der Reihenhackbürste. Mit rotierenden Kunststoffscheiben werden die Unkräuter bis nahe an die Maispflanzen herausgezogen. Die Unkrautwirkung ist gut. Nachteilig ist die große Staubentwicklung und die geringe Schlagkraft.

In Jahren mit einer günstigen Frühjahrswitterung für die Maisentwicklung und bei termingerechten Einsätzen der Maschinenhacke reicht diese mechanische Unkrautbekämpfung zwischen den Maisreihen aus, um größere Ertragsausfälle zu verhindern. Häufiger Niederschlag im Frühjahr kann dagegen die Hackarbeiten verzögern bzw. unmöglich werden lassen, so daß die Bekämpfung des Unkrautes nicht hinreichend wirksam ist bzw. völlig unterbleibt, so daß nicht akzeptable Ertragsverluste entstehen (Tab. 46).

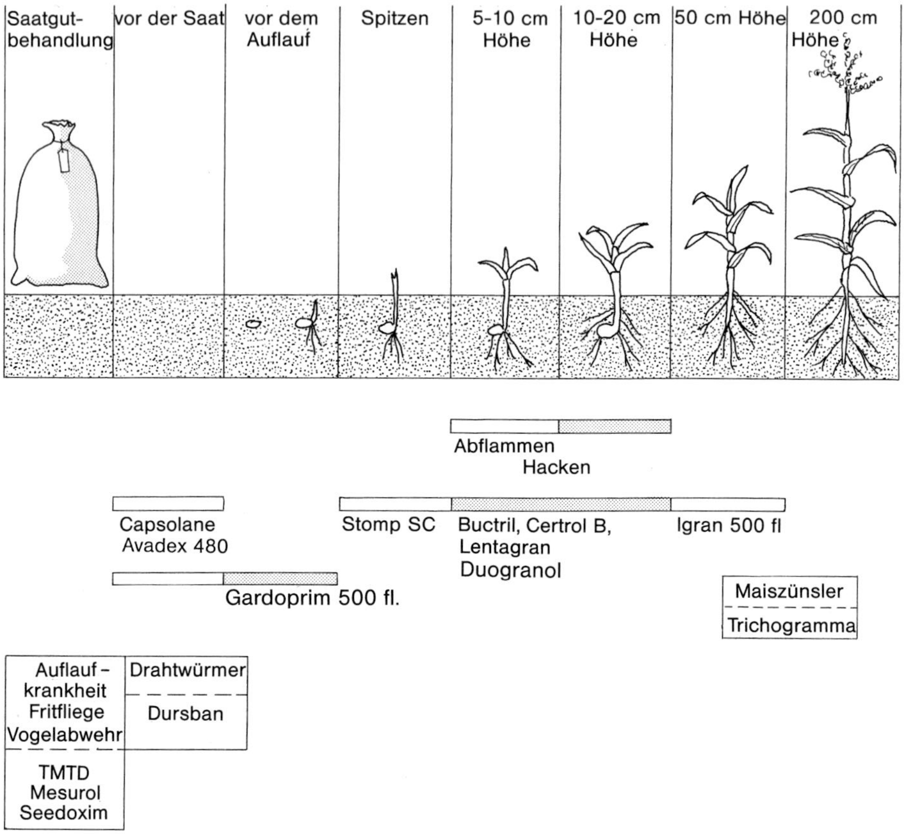

Abb. 51. Pflanzenschutzmaßnahmen in Mais (Schadorganismen, Mittelbeispiele, Einsatzzeitpunkt).

Tab. 46. Bekämpfung von Unkräutern in Mais 1986 und 1987 (aus Hohenh. Gem. Vers.)

1986: 100 % = 184 dt/ha 1987: 100 % = 134 dt/ha	rel. Kolbengewicht (%) 1986	 1987
1. unbehandelt	100	13
2. Herbizid ganzflächig	100	100
3. Herbizid in der Reihe	101	66
4. Herbizid in der Reihe 2 x Ma.-Hacke zw. den Reihen	106	100
5. Herbizid ganzflächig 2 x Ma.-Hacke zw. den Reihen	102	102
6. Handhacke in der Reihe 2 x Ma.-Hacke zw. den Reihen	102	84
7. Herbizid zw. den Reihen	100	92
8. Ma.-Hacke zw. den Reihen 2 x	102	47

Neben den unberechenbaren Witterungsverhältnissen hängt der Einsatz der Hacke auch von anderen Faktoren ab. In erosionsgefährdeten Gebieten erhöht eine intensive Hackarbeit die Gefahr eines verstärkten Bodenabtrags. Auf kieshaltigen oder gar steinigen Böden ist eine ordnungsgemäße Hackarbeit nicht möglich.

Versuche mit Abflammgeräten werden in Baden-Württemberg durchgeführt. Im 1- bis 2-Blatt-Stadium des Maises wird ein 20 cm breiter Streifen behandelt, wobei der Brenner etwa 12 cm über der Pflanzenreihe geführt wird. Der Gasverbrauch beträgt rund 17 bis 25 kg/ha bei 75 cm Reihenabstand und 3 m Arbeitsbreite, wodurch die Kosten etwa 100 DM/ha betragen. Für 1 ha werden 1,5 Stunden benötigt. Die Unkrautwirkung ist gegen zweikeimblättrige einjährige Unkräuter befriedigend, Lücken sind gegen alle Ungräser deutlich erkennbar. Der abgeflammte Mais erholt sich und bringt vergleichbare Erträge. Selbst ein zweimaliges Abflammen hat keine nachteiligen Auswirkungen auf die Verträglichkeit. Die praktische Anwendung wird sich wegen der hohen Kosten und der geringen Schlagkraft nur auf spezielle Betriebe beschränken.

2.2.2.2 Kombinierte Unkrautbekämpfung

Die Witterungs- und Standortabhängigkeit der mechanischen Unkrautbekämpfung und der nichtbearbeitete Streifen innerhalb der Maisreihen bedeuten eine zu hohe Unsicherheit für eine erfolgreiche Kontrolle des Unkrautes. Deshalb ist die Maschinenhacke durch eine Bandbehandlung der Maisreihen mit Herbiziden zu ergänzen (Tab. 47 und 48).

Tab. 47. Entscheidungsablauf bei der integrierten Unkrautbekämpfung im Mais

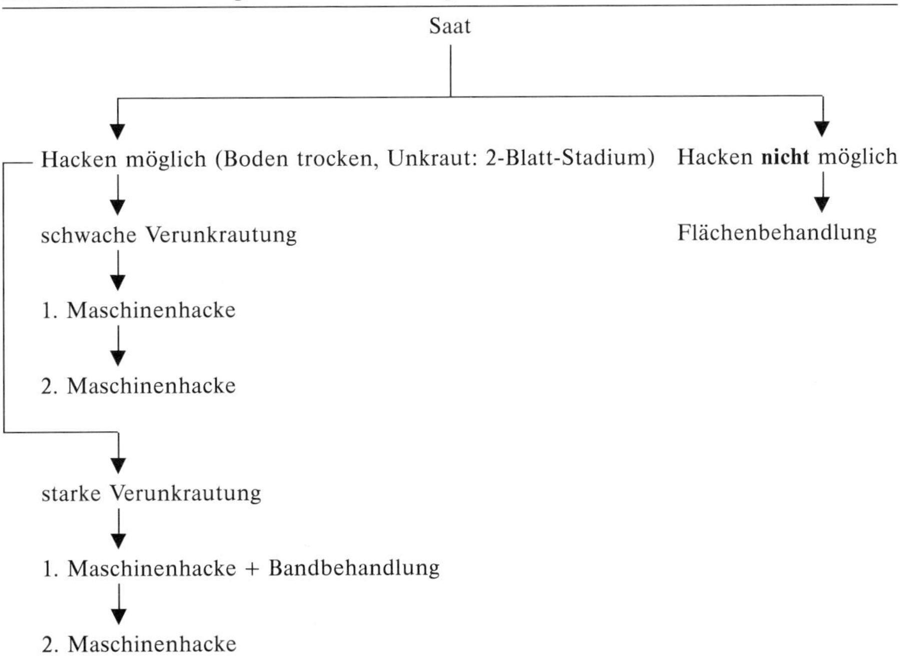

Tab. 48. Entscheidungsablauf bei der integrierten Unkrautbekämpfung im Mais

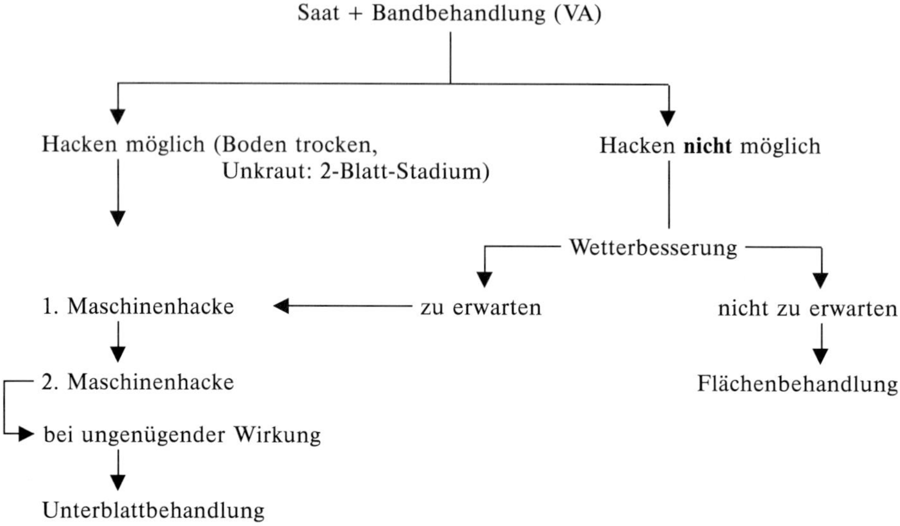

Die Vorteile sind:
- Unkrautkonkurrenz wird für die junge Maispflanze in der Reihe ausgeschaltet,
- Hackarbeiten zwischen den Maisreihen sind nicht so eng termingebunden und damit witterungsunabhängig,
- 60% Herbizide werden eingespart.

Auch bei ungünstiger Witterung ist diese integrierte Unkrautbekämpfung zuverlässig, während die alleinige Maschinenhacke ohne Bandbehandlung wegen der unzureichenden Unkrautwirkung zwischen den Reihen größere Ertragsverluste verursacht.

Technische Voraussetzungen für die Bandbehandlung bei der Saat sind Feldspritzen im Frontanbau mit Bandspritzdüsen an der Sämaschine. Bei der Maschinenhacke muß die Reihenzahl auf die Sämaschine abgestimmt werden. Sollen im Nachlaufverfahren Herbizide im Bandspritzverfahren mit gleichzeitigem Hacken ausgebracht werden, dann sind 80°-Düsen an das Hackgerät anzubauen. Dieses Verfahren hat im Vergleich zur Bandbehandlung zur Saat einige Nachteile, wie Verstopfen der Düsen, schlechte Wirkung bei verstaubten Pflanzen und fehlende Nachauflaufherbizide.

Wahl der Herbizide

Die Wahl der Herbizide hängt von den vorhandenen Unkrautarten, dem vorgesehenen Anwendungsverfahren und gegebenenfalls von Anwendungsbeschränkungen in Wasserschutzgebieten ab. Nach Wegfall des Atrazins ist die Unkrautbekämpfung im Mais teurer, schwieriger und nicht so wirkungssicher geworden. Vom Maisanbauer verlangt die integrierte Unkrautbekämpfung:
- Kenntnisse über vorhandene bzw. zu erwartende Unkräuter und Ungräser,
- Erfahrungen über bestehende Triazinresistenzen bei Unkräutern auf dem Schlag,

- Kenntnisse über das Wirkungsspektrum und Anwendungsverfahren von Herbiziden,
- technische Fertigkeiten beim Einsatz von Herbiziden und der Maschinenhacke,
- regelmäßige Bestandskontrollen zur Entscheidung über anzuwendende Bekämpfungsverfahren.

Gegen **breitblättrige Samenunkräuter** stehen die Herbizide Buctril bzw. Certrol B (Bromoxynil), Gardoprim 500 flüssig (Terbuthylazin), Lentagran (Pyridate) und Stomp SC (Pendimethalin) in den verschiedenen Tank- und Fertigmischungen zur Verfügung.

Im Nachauflauf wirken die Kontaktmittel Buctril bzw. Certrol B, Duogranol und Lentagran gegen die sich in der Kleinen Rosette befindlichen breitblättrigen Samenunkräuter auch auf humosen Böden zufriedenstellend. Voraussetzung für eine erfolgreiche Bekämpfung sind warme Witterung, trockene Maispflanzen und ungeschwächte Bestände. Um Pflanzenschäden zu vermeiden, sollte nicht in oder kurz nach Kälte- oder Regenperioden behandelt werden.

Die Wirkung wird verbessert und sicherer, wenn Stomp SC (3 l/ha) im Vorauflauf und Buctril bzw. Certrol B im Nachauflauf (soweit notwendig) als Spritzfolge angewandt werden. Ähnlich gute Erfolge bringt Lentagran in Kombination mit den o. g. Kontaktmitteln oder mit Gardoprim 500 fl. Die Vorzüge liegen dabei auch in der sicheren Bekämpfung triazinresistenter Unkräuter durch Lentagran.

Das Triazin Gardoprim 500 fl. wirkt nur über den Boden, nicht über das Blatt. Es wird deshalb im Vorsaatverfahren mit Einarbeiten und im Vorauflauf angewandt. Das bekämpfbare Unkrautspektrum ist ähnlich dem des Atrazins; allerdings ist keine hinreichende Wirkung gegen Ackerfuchsschwanz, Flughafer, Klettenlabkraut und Hühnerhirse zu erwarten. Auch triazinresistente Unkräuter werden nicht erfaßt. In Kombination mit anderen Mitteln im Nachauflauf erhöht Gardoprim 500 fl. die Dauerwirkung (z. B. Mais-Kombi und Lido-Pack). In Baden-Württemberg ist die Anwendung in Wasserschutzgebieten verboten.

Gegen **Ackerfuchsschwanz** und **Flughafer** stehen Capsolane und Avadex 480 zur Verfügung. Seit dem Atrazinverbot nehmen diese Ungräser im Mais an Bedeutung zu. Während Atrazin »nebenbei« vor allem den Ackerfuchsschwanz bekämpfte, muß nun planmäßig dieses Ungras und auch der Flughafer in die Bekämpfung einbezogen werden.

Capsolane (EPTC) mit 10 l/ha vor der Saat auf ebenen abgesetzten Boden ausgebracht und sofort bzw. bis spätestens noch acht Stunden auf 8 bis 10 cm Tiefe eingearbeitet, ist sicher wirksam gegen Ackerfuchsschwanz, Flughafer, Hirsearten und teilweise auch gegen Ackerschachtelhalm. Einige Samenunkräuter, außer Kreuzblütler, werden ebenfalls bekämpft, so daß in bestimmten Fällen auf zusätzliche Herbizide verzichtet werden kann. Bei stärkerem Unkrautdruck können zur gezielten Nachbehandlung Buctril bzw. Certrol B angewandt werden. Capsolane wirkt auch auf humosen Böden bis 10 % Humusgehalt. Eine Bandbehandlung ist wegen der gründlichen Einarbeitung derzeit technisch sehr schwierig.

Avadex 480 (Triallate) bekämpft Ackerfuchsschwanz und Flughafer mit 2,5 l/ha und Einarbeitung. Zum Zeitpunkt der Behandlung dürfen die Ungräser nicht aufgelaufen sein, da sonst die Wirkung unzureichend ist. Eine frühzeitige Anwendung ist deshalb angebracht, zumal Spätfröste die Wirkung nicht beeinträchtigen. Gegen breitblättrige Unkräuter ist eine zusätzliche Behandlung erforderlich.

Gegen **Hirsearten** sind mehrere Herbizide wirksam. Neben dem bereits genannten Capsolane kann Gardoprim plus (Terbuthylazin + Metolachlor) mit 6 l/ha unmittelbar nach der Saat bis zu 10 cm Maishöhe eingesetzt werden. Es ist wirksam gegen alle Hirsearten und viele breitblättrige Unkräuter, wobei die Hirsen das 1- bis 2-Blatt-Stadium nicht überschritten haben sollten. Auf besonderen Standorten, z. B. humosen Böden, schnell abtrocknenden Sandböden oder bei spät auflaufender Bluthirse ist der Termin »Spitzen des Maises« beim 1-Blatt-Stadium der Hirse zu wählen. Gegen stärkeren Ackerfuchsschwanzbesatz ist Gardoprim plus nur teilweise wirksam und gegen Flughafer ist mit keiner hinreichenden Wirkung zu rechnen.

Mit dem Stentan-Pack Stomp SC + Gardoprim plus (3,0 + 4,5 l/ha) können alle Hirsearten und breitblättrige sowie »triazinresistente« Unkräuter bekämpft werden. Die Anwendung ist im Vorauflauf möglich, aber auch im frühen Nachauflauf zum »Spitzen des Maises«. Dieser Anwendungszeitpunkt eignet sich besonders für trockenen Boden.

Nach dem Auflaufen bis zum 6-Blatt-Stadium des Maises kann die Kombination Gardoprim plus + Lentagran (Zintan-Pack) mit 4,5 l/ha + 2,0 l/ha gegen Hirsearten und breitblättrige Unkräuter eingesetzt werden. Auch mit dieser Kombination wird der Ackerfuchsschwanz nur teilweise und der Flughafer nicht hinreichend bekämpft.

Im Vorauflaufverfahren ist die Kombination Stomp SC + Gardoprim 500 fl. (4,0 + 2,0 l/ha) wirksam gegen die Hühnerhirse und breitblättrige sowie triazinresistente Unkräuter, und bei feuchtem Boden auch gegen Ackerfuchsschwanz.

Stomp SC mit 4,0 l/ha ist sicher wirksam nur bei feuchtem Boden und im Keimblattstadium der Unkräuter, außer gegen Kamille und Kreuzkraut. Gegen Hühnerhirse und Ackerfuchsschwanz ist nur unter o. g. Bedingungen mit einer befriedigenden Wirkung zu rechnen, nicht aber gegen Flughafer. Die später noch auflaufenden Unkräuter können gezielt mit einem der genannten Kontaktmittel bekämpft werden.

Als »Feuerwehr« muß Igran 500 fl. bzw. Fali Terbutryn 500 fl. (Terbutryn) im Unterblattspritzverfahren genannt werden. Bei Vorlage eines Herbizides gegen die breitblättrigen Unkräuter ist das Mittel bei spätem Durchwuchs der Hirsearten recht gut wirksam (Tab. 49).

2.2.2.3 Spezielle Unkrautprobleme

Zur Bekämpfung der Acker- und Zaunwinde im Mais ist mit Banvel 4S (Dicamba) das erste Herbizid für diese Indikation von der Biologischen Bundesanstalt geprüft und ausgewiesen. Bei der Behandlung soll warme, wachstumsfördernde Witterung herrschen und die Winde muß 20 cm lange Triebe entwickelt haben. Kulturpflanzenschäden sind nicht auszuschließen.

Neuerdings ist auch Starane 180 (Fluroxypyr) mit 1,5 l/ha gegen die Ackerwinde mit einer Trieblänge von 10 bis 20 cm ausgewiesen. Mais kann bis zum 6-Blatt-Stadium bzw. bis zu einer Wuchshöhe von 30 cm behandelt werden. Neben der Winde werden auch breitblättrige Unkräuter wie Klettenlabkraut, Vogelmiere, Schwarzer Nachtschatten, Franzosenkraut und Taubnesselarten erfaßt, wenn diese Unkräuter das 4- bis 6-Blatt-Stadium nicht überschritten haben. Nicht hinreichend bekämpft werden Melde- und Gänsefußarten, Kamille, Flohknöterich und Amarant.

Tab. 49. Unkrautbekämpfung in Mais außerhalb von Wasserschutzgebieten

Mittel (Wirkstoff)	Aufwand (kg, l/ha)	Anwendung	Kennzeichnung	Weißer Gänsefuß	Knöterich-arten	Klettenlabkraut	Bingelkraut	Amarant	Flughafer, Ackerfuchsschwanz	Hühnerhirse	Blut- und Borstenhirse	Preis (DM/ha)
Gardoprim 500 fl. (Terbuthylazin)[1])	1,5–2,0	VS m. E. VA	B3, Xn 230	++	++	-	+	+	-	-	-	84,– 112,–
Mais-Kombi (Terbuthylazin[1]) Bromoxynil)	1,5 + 1,5	VA NA	B4, Xn 261, 630	++	++	++	+	+	-	-	-	122,–
Duogranol (Bromoxynil + Pyridate)	2,0 - 3,0	NA	B4, Xn 262, 264 630, W	++	+	++	+	+	-	-	-	120,– 180,–
Gardoprim 500 fl. + Lentagran (Terbuthylazin + Pyridate)	1,5 + 1,5	VA NA_2	B4, Xn, Xi W 230	++	++	++	++	++	-	-	-	162,–
Lentagran + Buctril bzw. Certrol B (Pyridate + Bromoxynil)	1,75 + 1,5	NA_2	B4, Xn, Xi W 261, 630	++	++	++	++	++	-	+	-	173,–
Gardoprim plus[1]) (Terbuthylazin + Metolachlor)	6,0	VA-NA_1	B4, Xi 230, 261	++	++	+	+	+	-	++	+	150,–

Tab. 49. Fortsetzung

Mittel (Wirkstoff)	Aufwand (kg, l/ha)	Anwendung	Kennzeichnung	Weißer Gänsefuß	Knöterich-arten	Kletten-labkraut	Bingel-kraut	Amarant	Flughafer, Ackerfuchs-schwanz	Hühner-hirse	Blut- und Borsten-hirse	Preis (DM/ha)
Stentan Pack[1]) Terbuthylazin + Metolachlor + Pendimethalin	4,5+3,0	VA-NA_1	B4, Xi, Xn 264, 630	++	++	++	++	+	-	++	+	188,-
Gardoprim plus[1]) + Lentagran (Terbuthylazin + Metolachlor + Pyridate)	4,0+2,0	NA_1	B4, Xi, Xn W 230, 261	++	++	++	++	+	-	++	+	204,-

[1]) : Außerhalb von Baden-Württemberg auch innerhalb von Wasserschutzgebieten
B3 : Bienen werden nicht gefährdet aufgrund der durch die Zulassung festgelegten Anwendung des Mittels
B4 : Nicht bienengefährlich aufgrund einer amtlichen Prüfung
Xi : reizend
Xn : mindergiftig
W : Keine Anwendung in Wasserschutzgebieten
230/630 : Keine Anwendung auf stärker geneigten Flächen bei Abschwemmungsgefahr in Gewässer. Anwendung nicht in unmittelbarer Nähe (10 m) von Gewässern.
VS m. E.: Vor der Saat mit Einarbeiten
VA : Vor dem Auflaufen des Maises
NA : Nach dem Auflaufen des Maises
NA_1 : im Keimblattstadium der Unkräuter bis 3-Blatt-Stadium des Maises
NA_2 : im 3- bis 6-Blatt-Stadium des Maises

261 : Mittel ist fischgiftig
262 : Mittel ist giftig für Algen
263 : Mittel ist giftig für Fischnährtiere
264 : Mittel ist giftig für Fische und Fischnährtiere
++ : gute Wirkung
\+ : befriedigende Wirkung
\- : keine hinreichende Wirkung

Tab. 50. Unkrautbekämpfung in Mais innerhalb von Wasserschutzgebieten

Mittel (Wirkstoff)	Aufwand (kg, l/ha)	Anwendung	Kennzeichnung	Weißer Gänsefuß	Knöterich-arten	Klettenlabkraut	Bingelkraut	Flughafer, Ackerfuchsschwanz	Hühnerhirse	Blut- und Borstenhirse	Preis (DM/ha)
Capsolane (EPTC)	10,0	VS m. E.	B3	+	-	-	-	++	++	++	132,-
Capsolane (EPTC) + Buctril bzw. Certrol B (Bromoxynil-Ester)	10,0 + 1,5	VS m. E. NA_2	B4, Xn 261, 630	++	++	++	+	++	++	++	215,-
Buctril bzw. Certrol B (Bromoxynil-Ester)	1,5	NA_2	B4, Xn 261, 630	++	++	++	+	-	-	-	82,-
Stomp SC (Pendimetalin) + Buctril bzw. Certrol B	4,0 + 1,5	NA1 NA2	B4 230, 264 630	++	++	++	++	-	+	-	218,-
Stomp SC + Dual 500 fl. (Metolachlor)	4,0 + 2,0	NA_1	B3 230, 264 630	++	++	+	++	-	++	++	240,-
Igran 500 fl. (Terbutryn)	4,0	NA (Unterblatt)	B4 230, 264	+	+	-	+	++	++	++	120,-

B3 : Bienen werden nicht gefährdet aufgrund der durch die Zulassung festgelegten Anwendung des Mittels
B4 : Nicht bienengefährlich aufgrund einer amtlichen Prüfung
Xi : reizend
Xn : mindergiftig
230/630 : Keine Anwendung auf stärker geneigten Flächen bei Abschwemmungsgefahr in Gewässer. Anwendung nicht in unmittelbarer Nähe (10 m) von Gewässern.
VS m. E.: Vor der Saat mit Einarbeiten
NA : Nach dem Auflaufen des Maises
NA_1 : im Keimblattstadium der Unkräuter bis 3-Blatt-Stadium des Maises
NA_2 : im 3- bis 6-Blatt-Stadium des Maises

261 : Mittel ist fischgiftig
263 : Mittel ist giftig für Fischnährtiere
264 : Mittel ist giftig für Fische und Fischnährtiere
++ : gute Wirkung
\+ : befriedigende Wirkung
\- : keine hinreichende Wirkung

Deshalb sollen vorbeugende Maßnahmen, wie weite Fruchtfolgestellung des Maises, gegen die Wurzelunkräuter eingeplant werden. Bei 50% Mais in der Fruchtfolge treten Quecken, Ackerwinden, aber auch die einjährigen Unkräuter wie Hirsen, Vogelknöterich, Weißer Gänsefuß und Windenknöterich verstärkt auf, nicht dagegen das gefährliche Klettenlabkraut. Bei 33% Mais in der Fruchtfolge entschärft sich das Problem der Wurzelunkräuter recht deutlich. Diese können im Getreide relativ sicher und billig mit Wuchsstoffmitteln zu einem späteren Zeitpunkt (ES 31) bekämpft werden. Der ständige frühe Einsatz der sogenannten Breitbandherbizide im Getreide hat zwangsläufig die Ackerdistel und auch die Ackerwinde gefördert.

Im Mais sollten Wuchsstoffmittel nur in Ausnahmefällen eingesetzt werden. Bei ungünstigen Wachstumsbedingungen sind Schäden bis zum Totalschaden nicht auszuschließen. Teilflächenbehandlungen mit der Rückenspritze vermindern diese Gefahren. Das Anwendungsrisiko trägt in jedem Falle der Landwirt.

2,4-D ist zur Bekämpfung von Ackerdistel und Ackergänsedistel geeignet. Es wird bei gutem Wuchswetter bei einer Maishöhe von 15 bis 20 cm eingesetzt. Verträglicher ist eine Unterblattbehandlung mit diesem Wuchsstoff ab 40 bis 50 cm Maishöhe.

Quecken

Der Einsatz von Roundup (Glyphosat) in Tankmischung mit schwefelsaurem Ammoniak (3 l + 10 kg/ha) ist nach der Getreideernte und regional auch nach der Maisernte eine wirkungsvolle Möglichkeit zur Queckenbekämpfung. Der Wasseraufwand sollte 200 bis 300 l/ha betragen. Für einen guten Erfolg muß die Quecke 2 bis 3 grüne Blätter haben und wenig mit Erde verschmutzt sein. Die Bodenbearbeitung kann nach beginnender Vergilbung erfolgen. Schwefelsaures Ammoniak muß über ein Sieb eingespült werden, damit es keine Düsenverstopfungen gibt. Capsolane ist mit 16 l/ha gegen Quecke ausgewiesen (siehe Seite 179).

Triazinresistente Unkräuter

Die Selektion triazinresistenter breitblättriger Unkräuter ist seit einigen Jahren zu einem praktischen Problem geworden. Resistent gegen Atrazin, Gardoprim 500 fl. Igran 50 und Simazin sind Weißer Gänsefuß, Feigenblättriger Gänsefuß, Spreizende und Echte Melde, Schwarzer Nachtschatten, Zottiges Franzosenkraut, Zurückgekrümmter Amarant, Gemeines Kreuzkraut, Ampferblättriger Knöterich und Windenknöterich. Ihre Bekämpfung ist mit allen triazinfreien Herbiziden wie Buctril bzw. Certrol B, Duogranol, Lentagran und Stomp möglich.

Kartoffeldurchwuchs

In Betrieben mit Kartoffelanbau hat sich dieses bestehende Bekämpfungsproblem durch die milden Winter 1988 und 1989 verschärft. Zahlreiche Kartoffelstauden (10 bis 45 Pflanzen/m^2) und kräftige Einzelpflanzen bis zur Wuchshöhe von 60 cm führen zu einem »ansehnlichen Ertrag« von immerhin 100 dt/ha bei einem Knollendurchmesser von 20 bis 55 mm (Kees 1990). Sichere Bekämpfungsmöglichkeiten bestehen derzeit nicht.

Wasserschutzgebiete

Zum Schutz des Grundwassers müssen Herbizide in Wasserschutzgebieten auf ein unbedingt notwendiges Minimum reduziert werden. Sicherlich reichen in manchen Jahren mechanische Verfahren für die Unkrautbekämpfung aus. Durch ihre Witterungsabhängigkeit sind jedoch Bandbehandlungen mit Herbiziden einzuplanen. In erosionsgefährdeten Gebieten können auch Flächenbehandlungen erforderlich werden. Bei der Herbizidwahl ist das Anwendungsverbot bestimmter Herbizide und zusätzlich das Verbot von Terbuthylazin in Wasserschutzgebieten nach der Schutzgebiets- und Ausgleichsverordnung in Baden-Württemberg zu beachten (Tab. 50).

2.2.3 Krankheiten

Auflaufkrankheiten
In Jahren mit ungünstiger Frühjahrswitterung können Auflaufkrankheiten erhebliche Bedeutung erlangen. Lückige Bestände sind eine sichtbare Folge. Als Erreger der Auflaufkrankheiten kommen mehrere Pilze in Frage, von denen die allgegenwärtigen, bodenbürtigen Pythium- und Fusariumarten die wichtigsten sind. Sie befallen das Maiskorn und die junge Pflanze, wenn das Wachstum durch niedrige Temperaturen oder verschlämmten Boden verzögert wird.

Eine Beizung des Saatgutes mit TMTD (Thiram) ist unerläßlich. In der Regel bezieht der Praktiker bereits gebeiztes Saatgut. Diese Beizmittel bekämpfen die Krankheiten nicht sicher, weil nur die samenbürtigen Erreger abgetötet, die bodenbürtigen Pilze jedoch nur unzureichend von der Keimpflanze abgehalten werden können. Es sind unbedingt alle ackerbaulichen Maßnahmen anzuwenden, die den Auflauf und das Wachstum des Maises beschleunigen. Auf keinen Fall sollte zu früh in noch kalten Boden gesät werden.

Wurzel-, Stengel- und Kolbenfäule *(Fusarium* spp.*)*
Wurzel-, Stengel- und auch die Kolbenfäule werden durch *Fusarium*-Arten verursacht. Diese Pilze leben weitverbreitet im Boden und sind mit Fungiziden nicht zu bekämpfen.

Zur Ernte sind stark befallene Stengel umgeknickt und notreife Kolben liegen auf dem Boden. Erste Symptome sind bei der Blüte als dunkle Flecken und Zonen am unteren Stengelteil sichtbar. Der Stengel wird weich und das Mark löst sich auf, so daß nur noch die Leitbündel übrig bleiben. Befallene Pflanzen sterben ab.

Die Kolbenfäule beeinträchtigt den Ertrag, das Tausendkorngewicht und die Keimfähigkeit.

Die am besten geeignete Bekämpfungsmaßnahme ist der Anbau weniger anfälliger Sorten, da es völlig resistente Sorten noch nicht gibt.
Weitere Maßnahmen sind:
- keine dichten Bestände,
- Kalimangel vermeiden,
- Stickstoffdüngung nach Bedarf,
- Maiszünsler bekämpfen, weil seine Fraßgänge Eingangspforten für die Pilze sind,
- mehrgliedrige Fruchtfolge einhalten.

Maisbeulenbrand *(Ustilago maydis)*
Diese Krankheit tritt in wirtschaftlich bedeutendem Umfang selten auf. Außergewöhnlich stark wurde in dem sehr warmen Jahr 1976 der Mais befallen. Folgende Kritierien für eine Keimung der Sporen müssen erfüllt sein.

- Sporen gelangen durch Wind oder Regen vom Boden auf die Pflanze,
- Pflanze muß teilungsfähiges Gewebe haben (Fahnen, Blätter, Kolben).

Auf Grund dieser Bedingungen können die ersten Blätter, die Fahne oder der Kolben zu unterschiedlichen Zeitpunkten befallen werden. Die bekannten auffälligen »Maisbeulen« können am Stengel, an Blättern, Fahnen und Kolben auftreten.

Befallener Mais kann verfüttert werden, soweit das verschmutzte Futter noch von den Tieren aufgenommen wird. Die »Beulen« sind jedenfalls nicht giftig. In Fütterungsversuchen wurden keine nachteiligen Auswirkungen bei Masttieren festgestellt. An trächtige Tiere sollte brandige Silage nicht verfüttert werden.

2.2.4 Tierische Schädlinge

Wirtschaftliche Bedeutung haben Drahtwürmer, Nematoden, Fritfliegen, Maiszünsler und örtlich auftretende Schäden durch Vogelfraß.

Drahtwürmer *(Agriotes* spp.*)*
Sie verursachen einen lückigen Auflauf des Maises und das nesterweise Absterben junger Maispflanzen. Beim Nachgraben findet man Drahtwürmer in oder neben den Maiskörnern. Die Drahtwürmer sind Larven des Schnellkäfers, die drei bis fünf Jahre zur Entwicklung benötigen. Besonders nach Grünlandumbruch muß mit Drahtwurmfraß gerechnet werden, weil die Schnellkäfer ihre Eier vorzugsweise auf Grünland ablegen.

Als vorbeugende Maßnahmen sollten Mais, Kartoffeln und Zuckerrüben nicht nach Grünlandumbruch angebaut werden. Gute Humuswirtschaft kann die Schäden verringern, weil bei genügend hoher Bodenfeuchtigkeit auch tote organische Substanz angenommen wird. Der Wiesenumbruch soll im Sommer an heißen Tagen mit rotierenden Geräten erfolgen.

Als Prognose über das Vorhandensein von Drahtwürmern hat sich die »Kartoffelmethode« bewährt. Nur wenn in den Kartoffelhälften oder in unmittelbarer Umgebung Drahtwürmer vorhanden sind (1 Drahtwurm genügt) ist eine Bekämpfung mit Dursban flüssig (Chlorpyrifos) im Vorsaatverfahren mit gründlicher Einarbeitung gerechtfertigt. Bewährte Möglichkeiten sind auch die Saatfurchenablage von Curaterr-Granulat (Carbofuran) oder Counter 2G (Terbufos) mit Granulatstreuern. Bekämpfungsmöglichkeiten im Vorauflauf- und Nachauflaufverfahren bestehen nicht.

Vögel
Fasane, Rabenkrähen und Tauben können den Mais schädigen.

Fasane scharren zu flach gesäte Körner heraus und picken sie auf. Keimlinge werden herausgezogen und der gelbe Stengelteil abgebissen. Größere Pflanzen (3- bis 4-Blatt-Stadium) sind nicht mehr gefährdet. Die Krähen schädigen die Keimlinge und Jungpflanzen in ähnlicher Weise wie die Fasane.

Die Abwehr der Vogelschäden wird durch Vergällungsmittel (Repellents) möglich gemacht. Die Inkrustierung des Saatgutes mit Mesurol flüssig (Methiocarb) mit 1 l/100 kg Saatgut oder Seedoxim FHL (Bendiocarb) mit 0,8 l/100 kg Saatgut schützt das Korn, nicht aber die Jungpflanze. Fasanenschäden werden weitgehend abgewehrt, wenn das Saatgut mit Mesurol oder Seedoxim behandelt wird und eine Ablenkungsfütterung in Zusammenarbeit mit dem Jagdberechtigten erfolgt.

Stengelälchen *(Ditylenchus dipsaci)*
Nematoden treten sporadisch auf. Die stark bestockten Pflanzen kümmern nesterweise und können ab 50 cm Höhe umfallen. Die Blätter sind verdreht und tütenförmig zusammengerollt, so daß Fritfliegenschaden vermutet werden kann. Allerdings ist im Gegensatz zum Fritfliegenschaden die Wurzelbildung durch die Nematoden geschädigt.

Die Stengelälchen sind sehr schlanke, nur 1 mm lange Fadenwürmer. Sie leben frei in der oberen Bodenschicht bis 20 cm und befallen den unteren Stengelteil. In der Pflanze findet die Begattung und Eiablage statt. Die schnellste Entwicklung erfolgt bei 15 °C in einem Zyklus von 19 bis 23 Tagen. Nach der Ernte verlassen die Älchen die Pflanze und wandern in den Boden. Bei ungünstigen Verhältnissen - beispielsweise keine Wirtspflanzen angebaut - können Stengelälchen bis zwei Jahre im Ruhezustand verharren.

Die früher vertretene Rassentheorie ging von eng spezialisierten Rassen für bestimmte Wirtspflanzen aus. Heute weiß man, daß die Rübenrasse neben Rüben auch Mais, Ackerbohnen, Roggen, Hafer, Sonnenblumen und Erbsen befällt, die Roggenrasse befällt noch Hafer, Raps, Mais, Weißklee, Schweden- und Steinklee, Gelbklee, Ackerbohnen, aber auch Phacelia, Glatthafer, Windhalm, Windenknöterich, Flohknöterich, Vogelmiere, Klettenlabkraut u. a.

Nicht befallen werden Weizen, Kartoffeln, Esparsette und Hornschotenklee. Die Abwehr der Stengelälchen ist schwierig, weil der Wirtspflanzenkreis groß ist. Mehrmaliger Anbau von Winterweizen und Wintergerste könnten den Befall mindern, allerdings entstehen dann Probleme durch die Getreidefruchtfolge. Eine direkte Bekämpfung durch Nematizide ist nicht möglich.

Fritfliege *(Oscinella frit)*
In Gebieten mit einer verzögerten Maisentwicklung (Grenzlagen des Maisanbaus) oder in Jahren mit ungünstiger Witterung kann die Fritfliege zu einem bedeutenden Schädling werden. Erst bei 20 bis 50 cm Höhe des Maises werden an stark bestockten Pflanzen gewellte, in sich verschlungene, verdrehte und aufgeschlitzte Blätter und perlschnurartige Fraßstellen sichtbar. Bekämpfungs- oder Abwehrmöglichkeiten sind in diesem Stadium nicht mehr gegeben, weil die Fritfliege schon Mitte Mai auftritt und zwei bis drei Eier an den zwei- bis dreiblättrigen Mais ablegt.

Vorbeugende Maßnahmen sind nur bedingt wirksam. Keinesfalls sollte Mais in klimatischen Grenzlagen angebaut werden. Optimale Düngung und gute Bodenverhältnisse verbessern das Wachstum, so daß der Mais den Maden der Fritfliege »aus den Zähnen« wächst.

Der Befall muß auch deshalb reduziert werden, weil fritfliegenbefallener Mais stärker unter Maisbeulenbrand zu leiden hat.

Als umweltschonende direkte Bekämpfung hat sich die Inkrustierung des Saatguts mit Mesurol (Methiocarb) oder Seedoxim FHL bewährt. Mit geringen Wirkstoffmengen direkt an das Saatgut, also den Wirkort, aufgebracht, wird der Schädling erfolgreich und preiswert bekämpft.

Eine Flächenbehandlung nur im 2-Blatt-Stadium des Maises mit verschiedenen Insektiziden wie z. B. Basudin 40 (Diazinon) ist teurer und nicht so wirksam, weil sich der Mais nicht immer gleichmäßig entwickelt. Zudem ist die Flächenbelastung höher als bei der Saatgutinkrustierung.

Maiszünsler *(Ostrinia nubilalis)*
Im Gegensatz zur Fritfliege schädigt der Maiszünsler in wärmeren Regionen, also in den Hauptanbaugebieten. Allerdings haben sich in den letzten Jahren Rassen gebildet, die durchaus auch in kühleren Gebieten schädlich werden können. Erst spät in der Vegetation werden abgebrochene Fahnen, aus Bohrlöchern austretender Kot der Raupen und später umgebrochene Stengel und herabhängende, befressene Kolben sichtbar.

Die Ende Juni bis Mitte August fliegenden Weibchen des Falters legen 15 bis 20 weißliche Eier in flachen Häufchen an die Unterseite der Blätter, nahe der Mittelrippe, ab. Nach sieben bis zwölf Tagen schlüpfen die Raupen und wandern zu den Fahnen, bohren sich dort ein und fressen sich im Stengel abwärts. Zur Ernte befinden sich die von 2 auf 25 mm gewachsenen schwarzköpfigen Larven knapp über dem Boden. Sie überwintern und verpuppen sich im Maisstroh.

Bei der mechanischen Bekämpfung des Maiszünslers wird bei der Körnermaisernte möglichst tief gemäht und das Stroh sofort gehäckselt. Gegenläufig arbeitende Hinterpflückerhäcksler sind dabei wirkungsvoller als in Fahrtrichtung arbeitende Geräte. Es überleben aber noch überraschend viele Larven in der Stoppel, so daß andere Bekämpfungsverfahren integriert werden müssen. Zusätzliches, sauberes, tiefes Pflügen mit vorherigem Fräsen vermindert die Maiszünslerpopulation (einschließlich der Wintermortalität der Larven) ganz erheblich. Mit nichtwendender Bodenbearbeitung sind diese Abtötungsraten nicht zu erreichen. Zusätzliche Bekämpfungsmaßnahmen mit **Trichogramma-Schlupfwespen** werden bei CCM und Körnermais in der Regel notwendig sein (Langenbruch 1989).

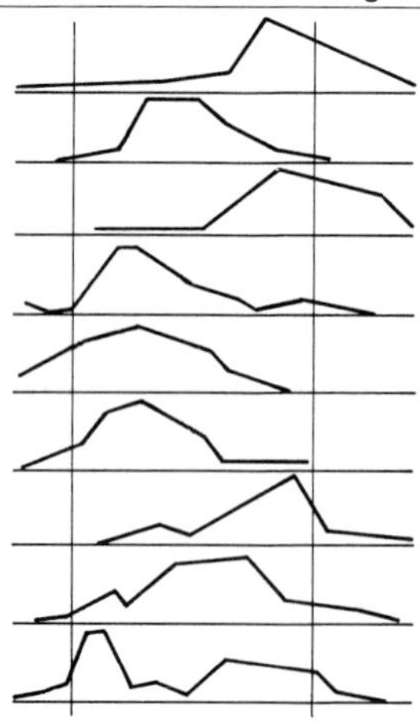

Jahr	Flugverlauf des Maiszünslers (Lichtfallenfänge) Juni Juli August	Höhepunkt	Ausbringen der Eiparasiten 1. Termin	2. Termin	3. Termin	behandelte Fläche (ha)
1978		25. 07	12. 07	18. 07	25. 07	75
1979		17. 07	03. 07	10. 07	17. 07	100
1980		27. 07	21. 07	28. 07	05. 08	225
1981		07. 07	08. 07	16. 07	28. 07	457
1982		09. 07	02. 07	09. 07	16. 07	498
1983		09. 07	30. 06	07. 07	14. 07	758
1984		30. 07	05. 07	16. 07		1 014
1985		24. 07	28. 06	09. 07		1 218
1986		03. 07	27.-30.06	09.-12. 07		1 300

Abb. 52. Daten der Trichogramma-Anwendung und Flugverlauf von *Ostrinia nubilalis* in der südlichen Oberrheinebene (nach Stein 1987).

Die Maiszünslerbekämpfung mit *Trichogramma evanescens* ist derzeit das einzige biologische Verfahren im Ackerbau. Trotz des doppelten Preises im Vergleich zum Insektizid wird dieses Verfahren auf 3000 ha angewendet. Für den Erfolg ist der Freilassungstermin der Trichogramma-Schlupfwespen entscheidend. Die Mehrzahl der Parasiten muß vor Beginn der Eiablage des Schädlings geschlüpft sein und sich im Maisbestand verteilen. Hierfür benötigen die winzigen Schlupfwespen einige Tage Vorsprung, da sie sich vor allem mehr laufend als fliegend fortbewegen. Der Maisanbauer erfährt vom Pflanzenschutzdienst den optimalen Termin der Freilassung. Mit Pheromon- und Lichtfallen wird dieser Termin ermittelt. Er liegt in Südwestdeutschland in der Regel Ende Juni bis Ende Juli (Abb. 52).

Die Parasiten müssen vor Regen geschützt werden. Gegebenenfalls sind sie ein oder zwei Tage in einem kühlen Kellerraum (nicht im Kühlschrank) aufzubewahren.

Mit dem Kapsel-Verfahren »Trichocap« werden in 200 Pappkapseln/ha Nützlinge ausgesetzt. Nach acht bis zehn Tagen erfolgt eine zweite Ausbringung. Die Kapseln werden von Hand nach einem Verteilungsmuster möglichst bei Windstille ausgestreut.

Beim Rähmchen-Verfahren werden Papprähmchen mit aufgeklebten Eiern des Nützlings an die Maisblätter per Hand aufgehängt.

Vorteile der biologischen Zünslerbekämpfung:

- Ausbringen der Nützlinge per Hand ist einfach, so daß Stelzenschlepper oder Hubschrauber entbehrlich sind,
- keine Auflagen hinsichtlich Anwenderschutz, Bienenschutz, Wasserschutz und Schutz der Oberflächengewässer sowie der Nachbarkulturen,
- Nützlinge (Blattlausfeinde) im Mais werden nicht geschädigt,
- Einsatztermin wird vom amtlichen Pflanzenschutzdienst bekanntgegeben,
- keine Rückstände von Pflanzenschutzmitteln.

3 Zucker- und Futterrüben

Zuckerrüben gehören zu den wettbewerbsfähigsten Marktfrüchten. Futterrüben stellen in Viehhaltungsbetrieben eine geschätzte Futtergrundlage dar. Rübenanbau setzt die perfekte Beherrschung der Produktionstechnik voraus mit dem Ziel, einen hohen Feldaufgang und ein ungestörtes Rübenwachstum zu gewährleisten sowie Ernte- und Qualitätsverluste zu verhindern. Ohne ausreichenden Pflanzenschutz, d. h. ohne Ausrichtung der gesamten Anbautechnik auf Vermeidung und Abwehr von Pflanzenverlusten oder -schäden ist Zuckerrübenbau nicht denkbar.

3.1 Anbautechnische Maßnahmen

3.1.1 Standortansprüche

Tiefgründige Böden mit guter Wasser- und Nährstoffversorgung fördern die Jugendentwicklung und vermindern das Risiko stärkerer Beeinträchtigungen durch Unkräuter und Ungräser oder erheblicher Verluste durch Krankheiten und

Schädlinge. Beispielsweise sind Schäden durch Auflaufkrankheiten oder viröse Vergilbungskrankheit um so weniger zu befürchten, je mehr die Standortbedingungen für ein zügiges Jugendwachstum sorgen.

3.1.2 Fruchtfolge

Um die Vermehrung bodenbürtiger oder spezifischer Schadorganismen nicht zu fördern, sollten Rüben höchstens in einer vierjährigen, besser fünfjährigen Fruchtfolge auf derselben Fläche angebaut werden. Der Anteil in der Fruchtfolge darf 33% nicht überschreiten, wenn sich Fruchtfolgeprobleme nicht häufen sollen. Gefährlichste Fruchtfolgeschädlinge sind die Rübennematoden, deren Auftreten um so wahrscheinlicher ist, je häufiger Beta-Rüben und Kreuzblütler in der Anbaufolge wiederkehren. Als Zwischenfrüchte sind grundsätzlich nematodenresistente Sorten zu wählen.

Als Vorfrucht für Rüben kommen früh räumende Kulturen, insbesondere Winter- und Sommergerste, in Betracht. Nach Wiesenumbruch ist mit erhöhtem Befall von Bodenschädlingen zu rechnen. Beim Anbau von Rüben neben einem vorjährigen Rübenschlag sind die Randreihen durch überwinternde Schädlinge (z. B. Moosknopfkäfer) gefährdet.

Um die biologische Aktivität und Abwehrkraft des Bodens gegen schädigende Einflüsse zu fördern, ist auf eine ausreichende Humusversorgung Wert zu legen. In viehlosen Betrieben, in denen Stallmist und Ackerfutter (Leguminosen) anfallen, muß verstärkt für Stroh- und Gründüngung gesorgt werden. Zwischenfruchtanbau bewirkt nicht nur eine Verbesserung des Bodengefüges, sondern Verhinderung von Bodenerosion und Nitrateintrag in das Grundwasser. Die vielfältigen Ansprüche nach guter Beschattung des Bodens, starker Wurzelbildung und ausreichendem Erosionsschutz erfüllen abfrierende Zwischenfrüchte, wie z. B. Phacelia, sowie nematodenresistente Gelbsenf- oder Ölrettichsorten am besten.

3.1.3 Bodenbearbeitung

Boden- und strukturschonende Bearbeitung und sorgfältige Saatbettbereitung sind Grundlagen für sichere Erträge. Ein gleichmäßiger und hoher Feldaufgang ist nur durch ein optimales Saatbett und eine sachgerechte, auf die jeweiligen Standort- und Jahresbedingungen abgestimmte Bodenbearbeitung zu erzielen. Dies wird erreicht durch

- intensive Stoppelbearbeitung nach der Vorfrucht,
- tiefe, bei nicht zu nassem Boden durchgeführte Herbstfurche,
- gleichmäßig abgesetzte Krume ohne Verdichtungen, Hohlräume oder »Polster« aus unverrottetem organischem Material,
- einebnen von rauhen Furchen ausgangs Winter zur Vermeidung von trockenen »Furchenkämmen« und feuchten »Furchentälern«. Vorsicht auf leicht zur Verschlämmung oder Verdichtung neigenden Böden!
- gleichmäßiges, flaches und ebenes Saatbett mit einem festen (aber nicht verdichteten) Saatunterbett und einer lockeren, nicht zu feinkrümeligen Bodendeckschicht. Der Boden darf nicht zu früh und nur mit soviel Arbeitsgängen wie nötig, aber so wenig wie möglich, bearbeitet werden.

In getreidereichen Fruchtfolgen ist für die Bodenbearbeitung nach Aberntung der Getreidevorfrucht besondere Sorgfalt aufzuwenden. Eine gleichmäßige Zer-

Keimung	Aufgang
1. Bodenart	1. Bodenart
2. Bodenzustand	2. Bodenzustand
3. Temperatur	3. Saattiefe
4. Sauerstoff	4. Witterungsablauf
5. Kapillares Bodenwasser	5. Pilzl. Schädlinge
6. Niederschläge	6. Tier. Schädlinge
	7. Ionenkonzentration im Boden

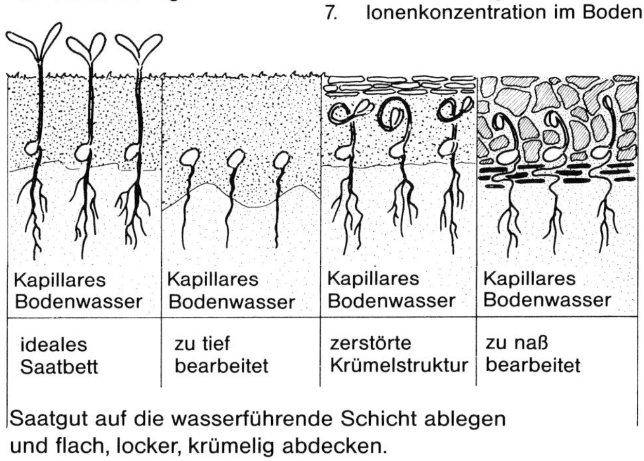

Abb. 53. Einfluß der Saatbettbereitung auf Keimung und Aufgang.

kleinerung und Verteilung der auf dem Feld verbleibenden Strohreste und wiederholte flache, nichtwendende Bearbeitung des Bodens ist von Vorteil. Ausfallgetreide und herbstkeimende Unkräuter werden zum Auflaufen angeregt und ein »sauberer Tisch« für die Folgefrucht bereitet.

Bei beabsichtigtem Mulchsaatverfahren (siehe Seite 42) muß eine ordnungsgemäße Bodenbearbeitung und Zwischenfruchtbestellung erfolgen.

3.1.4 Aussaat

Grundsätzlich ist eine möglichst frühe Saat anzustreben, wobei die Saatzeit letztlich von den die Saatbettbereitung beeinflussenden Witterungs- und Bodenverhältnissen abhängig ist. Als optimale **Saattiefe** gelten 0,5 bis 1,5 cm. Bei der **Saatdichte** spielen der durchschnittliche Feldaufgang und arbeitswirtschaftliche Überlegungen eine Rolle. Für einen optimalen Zuckerertrag sind ein gleichmäßiger Bestand von etwa 70 000 bis 80 000 Rübenpflanzen pro Hektar anzustreben. Um diesen Forderungen gerecht zu werden, stehen der Praxis Drillgeräte mit hohem technischem Standard zur Verfügung.

Wichtige Beurteilungskriterien für die **Sortenwahl** sind Rübenertrag, Zuckergehalt und Schosserfestigkeit sowie Resistenzeigenschaften bezüglich bestimmter Krankheiten. Mit der Wahl resistenter Sorten wird die Gefahr von Cercospora-Blattfleckenkrankheit und Mehltau verringert. Auf Rizomania-Befallsflächen sind tolerante Sorten derzeit die einzige erfolgreiche Gegenmaßnahme. Bei Futterrüben ist je nach Saatgutform (Normalsaatgut, Präzisionssaatgut, Monogermsaatgut) vor der Aussaat ggf. eine fungizide Saatgutbehandlung bzw. zusätzliche Saatgutpuderung gegen tierische Schädlinge zweckmäßig. Zuckerrübensaatgut kommt ausschließlich als pilliertes Monogermsaatgut in den Handel. Das Saatgut enthält in der Pillenhüllmasse fungizide und insektizide Wirkstoffe zum Schutz der Keimlinge gegen samen- und bodenbürtige Schadpilze sowie gegen Bodenschädlinge. Saatgutbehandlungen und das Beidrillen von Granulaten entsprechen selbst als vorbeugende Maßnahmen dem Grundsatz des Integrierten Pflanzenschutzes, weil sie im Gegensatz zur Flächenbehandlung nur punktuell in das Bodenleben eingreifen und zusätzliche Pflanzenschutzmaßnahmen überflüssig machen.

3.1.5 Pflanzenernährung

Zucker- und Futterrüben gehören zu den Kulturarten mit hohem Nährstoffbedarf. Bodenuntersuchungen geben Aufschluß über den Nährstoffvorrat im Boden und sind für eine ordnungsgemäße mineralische und organische Düngung besonders wichtig.

Jeder Fehler in der zeitlichen und mengenmäßigen Bemessung der mineralischen Hauptnährstoffe gefährdet nicht nur Ertrag und Qualität der Rübenernte, sondern erhöht auch die Wahrscheinlichkeit von Schäden durch Krankheiten und Schädlinge. Zu hohe Düngergaben kurz vor oder nach der Saat gefährden den Feldaufgang durch Versalzung des Bodens und führen zu Keimschädigungen. Hohe, einseitige oder zu spät verabreichte **Stickstoffgaben** haben eine zu üppige Blattentwicklung zur Folge und fördern u. a. die Anfälligkeit und Empfindlichkeit der Pflanzen gegenüber Blattläusen, Vergilbungskrankheit, Echtem Mehltau und Blattfleckenkrankheiten. Besonders die Rübenqualität wird negativ beeinflußt. Durch Anwendung von Kalkstickstoff vor der Saat werden aufgrund fungizider bzw. herbizider Nebenwirkung Auflaufschäden durch bodenbürtige Pilze (insbesondere Wurzelbrand) verringert und keimende Unkräuter vernichtet. Mit **borhaltigen Düngemitteln** läßt sich die durch Bormangel verursachte Herz- und Trockenfäule vorbeugend bekämpfen. Auf sauren und strukturgeschädigten Böden wirkt eine ausreichende **Kalkversorgung** strukturverbessernd. Die Aufkalkung sollte mindestens ein Jahr vor dem Anbau von Rüben erfolgen, damit die Wirkung den Rüben zugute kommt und nicht statt dessen Bormangel Herz- und Trockenfäule verursacht.

3.1.6 Erntetechnik

Die Rodearbeiten sollten mit der heute zur Verfügung stehenden Schlagkraft der Vollerntemaschinen bei abgetrocknetem Boden erfolgen, um Strukturschäden möglichst gering zu halten.

In Gebieten mit Nematoden- oder Rizomania-Befall sollten verseuchte Felder zuletzt beerntet werden. Bei überbetrieblichem Maschineneinsatz ist Vorsorge gegen eine Verschleppung der genannten Schaderreger mit den Erntemaschinen oder Transportgeräten in befallsfreie Gebiete zu treffen. Gleiches gilt für verseuchte Rübenerde oder Pflanzenreste von Rübenlagerplätzen. Rübenmieten sind häufig Ausgangsherd für tierischen und pilzlichen Schädlingsbefall und deshalb im Frühjahr sorgfältig zu rekultivieren.

Nach der Rübenernte müssen mit Blattkrankheiten infizierte Blattreste und auf dem Feld verbleibende Rübenblätter sauber untergepflügt werden, um Sporenmaterial von oben aufliegenden Blättern zu vernichten.

3.2 Integrierte Abwehr- und Bekämpfungsmaßnahmen

3.2.1 Nichtparasitäre Schäden

An Zucker- und Futterrüben können verschiedene Nährstoffmangelerscheinungen auftreten, von denen die durch **Bormangel** verursachte **Herz-** und **Trockenfäule** am meisten verbreitet ist. Die Herzblätter der Rüben bleiben klein, verfärben sich im Hochsommer zunächst gelb, später schwarzbraun und vertrocknen. Im Spätsommer vermorscht der Rübenkopf ähnlich wie bei Rübenkopfälchen. Bormangel tritt besonders auf kalkreichen und überkalkten Böden bei Wassermangel auf. Auf Bormangelböden sind deshalb vorbeugend borhaltige Düngemittel zu verwenden. Die Böden sollten nicht zu hoch und niemals kurz vor der Bestellung aufgekalkt werden. Beim Auftreten erster Mangelerscheinungen können Solubor oder Librel Bor als Blattdüngung gespritzt werden. Weniger häufig sind an Rüben **Mangan-**, **Magnesium-** oder **Molybdänmangel** zu beobachten. Die Mangelkrankheiten zeigen sich meist als schwierig identifizierbare Vergilbungserscheinungen zwischen den Blattnerven. Akute Mangelerscheinungen mit diesen Spurenelementen lassen sich durch Blattdüngung mit Mangansulfat oder Folicin, Magnesiumsulfat (Bittersalz) bzw. Natrium- oder Ammoniummolybdat beheben.

Extreme **Witterungsbedingungen** in Form von Frost, Hagel, Wind und starker Sonneneinstrahlung können die Rübenpflanzen, je nach Entwicklungsstand und Eintreten des Schadereignisses erheblich schädigen. **Frost** wirkt sich vor allem während des Auflaufens der Rüben negativ aus. Nach **Hagelschlag** sind Blattverletzungen und Verwundungen ideale Eintrittspforten für bakterielle oder pilzliche Schaderreger. Schäden durch **Wind** sind vor allem dann zu befürchten, wenn durch »Wiegebewegungen« und »Sandstrahleffekte« die Pflanzen verletzt werden (Einschnürungen am Wurzelhals, Verletzungen der Epidermis). Junge Rübenblätter sind nach längeren Regenperioden gegenüber intensiver Sonneneinstrahlung so empfindlich, daß sie durch **Sonnenbrand** geschädigt werden können. Nach solchen witterungsbedingten Schädigungen der Rüben ist besonders bei notwendigen Herbizidmaßnahmen besondere Vorsicht geboten.

Schlechte **Bodenstruktur** und **Verdichtungshorizonte** stören das Wurzelwachstum und die gesamte Entwicklung der Rüben. Die Wurzeln sind meist korkenzieherartig verdreht und die Rübenkörper beinig. Solche Schäden entstehen durch unsachgemäße Bodenbearbeitung, Befahren des Bodens in zu feuchtem Zustand, unverrottete Strohschichten, Pflugsohlenbildung und Staunässe. Alle Bodenbearbeitungsmaßnahmen müssen so erfolgen, daß sie ein ungestörtes Pflanzenwachstum ermöglichen.

Herbizidschäden können auf verschiedene Art und Weise entstehen. Aufgang oder Wachstum der jungen Rüben werden durch Bodenherbizide beeinträchtigt, wenn zu hohe Aufwandmengen insbesondere auf leichten Sandböden und degradierten Lößböden ausgebracht werden. Nachauflaufbehandlungen haben bei Mißachtung der äußeren Anwendungsbedingungen (extreme Tagestemperaturen, hohe Sonnenscheinintensität, Nachtfröste; siehe Abb. 56), fehlerhaften Dosierungen (Überlappung, Überdosierung, schlechte Querverteilung) oder risikoreichen Tankmischungen meist eine verminderte Kulturverträglichkeit zur Folge. Diese führen zumindest kurzfristig zu Wachstumsstockungen. Bei Abtrift mit Wuchsstoff- oder Kontaktherbiziden in der Nähe von Rübenbeständen entstehen Deformationen oder Verätzungen der Rübenpflanzen und Pflanzenverluste.

Tab. 51. Feldkontrollen in Zucker- und Futterrüben

Zeitpunkt	Kontrolle auf	Methode	Abwehr- und Bekämpfungsverfahren	Erläuterungen
Vor der Saat	Rübennematoden Rübenkopfälchen	Bodenuntersuchungen im Labor	Anbaupausen (Fruchtfolge); Hygienemaßnahmen; Granulatanwendung zur Saat	Seite 217
	Drahtwurm	Kartoffelmethode	falls Befall festzustellen ist, Insektizide einarbeiten oder Granulatanwendung zur Saat	Seite 213
	Unkräuter	Erfahrungen der Vorjahre auf dem Schlag	mechanische Bodenbearbeitung; Vorsaateinarbeitung von Herbiziden bei Frühjahrstrockenheit (evtl. Splitting)	Seite 197 Seite 199
Nach der Saat	Unkräuter	Erfahrungen der Vorjahre auf dem Schlag	Vorauflaufanwendung mit verminderten Herbizidmengen	Seite 199 Seite 202
Zum Auflaufen	Unkräuter Ungräser	Keimblattstadium beobachten	Nachauflaufbehandlung (1. NAK) entsprechend Leitunkräuter	Seite 202
	Bodenschädlinge Auflaufkrankheiten	Feldaufgang, ober- und unterirdische Schäden feststellen	Vorbeugende Saatgutbehandlung; Granulatanwendung zur Saat; Pflanzenwachstum fördern; Insektizide nur in Einzelfällen	Seite 212 Seite 208
	Ackerschnecken	Bretter, Säcke, Schneckenfolie auslegen	Schneckenkorn streuen	Seite 214
Nach dem Auflaufen	Unkräuter Ungräser	Keimblattstadium beobachten	Folgespritzungen (2. NAK, 3. NAK) bei Erscheinen der nächsten Unkrautwelle; Hacken und Bandspritzen	Seite 202 Seite 197
Mai–Juni	Rübenfliegen	Eigelege, Blattschäden kontrollieren	Vorbeugende Saatgutbehandlung; Flächenbehandlung nur bei starkem Befall	Seite 214

Fortsetzung Tab. 51.

Zeitpunkt	Kontrolle auf	Methode	Abwehr- und Bekämpfungsverfahren	Erläuterungen
Mai–Juli	Schwarze Bohnenlaus, Grüne Pfirsichblattlaus, Viröse Rübenvergilbung	Koloniebildung bzw. Besiedlung beobachten	Frühbefall durch Granulate zur Saat; Insektizide bei Massenbesiedlung; Vektorenbekämpfung	Seite 216 Seite 209
Nach dem Reihenschließen	Blattfleckenkrankheiten	augenscheinliche Kontrolle ab August	Fungizidmaßnahmen bei starkem Befall; infizierte Blattreste unterpflügen	Seite 211
August	Herz- und Trockenfäule	augenscheinliche Kontrolle von Herzblättern und Rübenkopf	Blattdüngung; borhaltige Düngemittel verwenden	Seite 193
August–September	Viröse Wurzelbärtigkeit	augenscheinliche Kontrolle der Blätter und Rüben	keine Bekämpfung mehr möglich; Bodenuntersuchung und Sortenwahl	Seite 210
Bei der Ernte	Viröse Wurzelbärtigkeit, Rübennematoden, Rübenkopffäule	augenscheinliche Kontrolle der Rübenkörper	Bodenuntersuchung und Sanierungsplan erstellen; Hygienemaßnahmen	Seite 210 Seite 217

3.2.2 Unkräuter

3.2.2.1 Notwendigkeit der Bekämpfung

Wichtigste Ziele der Unkrautbekämpfung sind, die Vereinzelungs- und Erntearbeiten zu erleichtern und Ertrags- und Qualitätsverluste zu verhindern. Die Entwicklung von Monogermsaatgut und selektiv wirkenden Herbiziden waren deshalb wesentliche Fortschritte, mit denen die Voraussetzungen für den handarbeitsarmen oder vereinzelungslosen und vollmechanisierbaren Rübenanbau geschaffen wurden. Die arbeitsintensive Hackfrucht konnte sich zu einer arbeitsextensiven »Spritzfrucht« entwickeln. Bei Futterrüben ist wegen des meist kleinflächigen Anbaus eine weniger stürmische Entwicklung zu verzeichnen.

Rüben sind im jungen Entwicklungsstadium den meisten Konkurrenzpflanzen in den Ansprüchen an die Wachstumsfaktoren unterlegen. Kultur und Unkraut konkurrieren vom Auflaufen bis zum Reihenschließen miteinander. Um eine nachhaltige Beeinträchtigung des Rübenwachstums auszuschließen, müssen Rüben spätestens vier bis sechs Wochen nach dem Auflaufen unkraut- und ungrasfrei sein. Vorher und begrenzt auch danach kann eine Verunkrautung geduldet werden. Praktikable Schadschwellenwerte für die Beurteilung der Notwendigkeit von Bekämpfungsmaßnahmen existieren nicht. Es ist davon auszugehen, daß bereits 10% Unkrautdeckungsgrad im 4- bis 6-Blatt-Stadium der Rüben zu wirtschaftlichen Ertragsverlusten führen. Rest- und Spätverunkrautung stellt

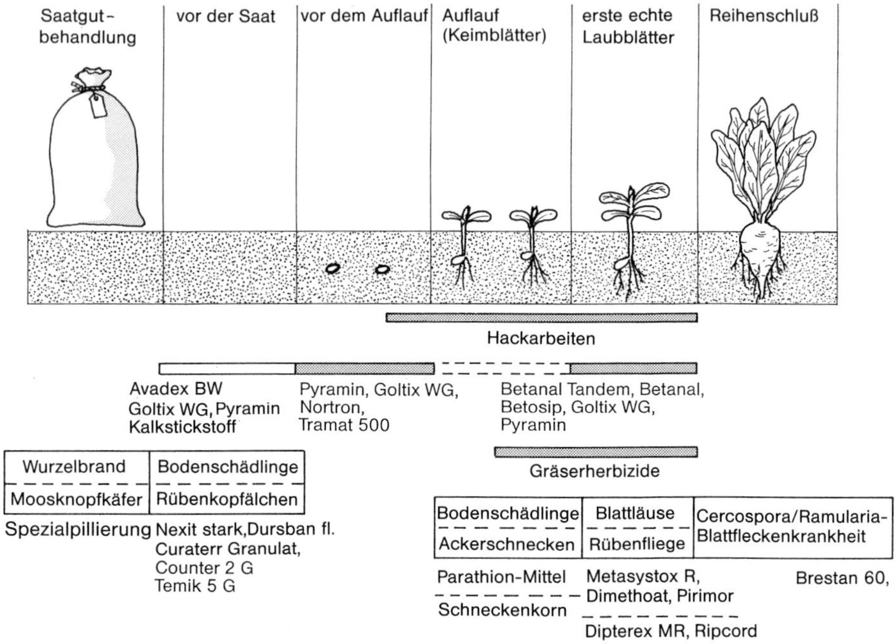

Abb. 54. Pflanzenschutzmaßnahmen in Rüben (Schadorganismen, Mittelbeispiele, Einsatzzeitpunkt).

den reibungslosen Einsatz von Vollerntemaschinen in Frage. Deshalb ist eine weitgehende Unkrautfreiheit der Rübenbestände vor allem mit hochwachsenden oder verholzenden Unkräutern (z. B. Gänsefußarten) wichtig. Einige Unkräuter besitzen Wirtspflanzeneigenschaften für Fruchtfolgeschädlinge (z. B. Rübenkopfälchen).

Neben diesen negativen Eigenschaften haben zwischen den Rübenreihen auflaufende Unkräuter und Ungräser auch eine wichtige ökologische Funktion zu erfüllen. Ein tolerierbarer Unkrautbesatz kann das Gefährdungspotential von Bodenschädlingen verringern (z. B. Drahtwurm, Moosknopfkäfer), weil die Insekten von der jungen Saat »abgelenkt« werden. Solche günstigen Einflüsse konnte z. B. El Titi (1986) in seinen Untersuchungen feststellen. Vorhandener Pflanzenwuchs hat aufgrund seiner Bodenbedeckung bei Wasser- und Winderosion eine nicht zu unterschätzende Schutzfunktion gegen unerwünschten Bodenabtrag. Im Sinne des Integrierten Pflanzenschutzes sind deshalb gezielte Nachauflaufbehandlungen zu bevorzugen, um diese positiven Effekte besser nutzen zu können.

Von den Grasartigen machen insbesondere Flughafer und Ackerfuchsschwanz, gebietsweise Unkrauthirsen und gelegentlich Einjährige Rispen spezielle Bekämpfungsmaßnahmen erforderlich. Bei den Breitblättrigen bereiten folgende Arten besondere Bekämpfungsprobleme: Klettenlabkraut, Kamille, Windenknöterich und Hundspetersilie sowie die wegen ihres Wärmebedürfnisses spät auflaufenden Arten Schwarzer Nachtschatten, Franzosenkraut, Amarant, Bingelkraut und Weißer Gänsefuß/Melde. Mit zunehmend geringerer Intensität der Bodenbearbeitung in der Kultur bzw. gesamten Fruchtfolge erlangen auch mehrjährige Arten, wie z. B. Ackerkratzdistel, Ackerwinde u. a. an Bedeutung.

3.2.2.2 Mechanische Unkrautbekämpfung

Durch die Saatbett-Vorbereitung wurden im klassischen Rübenanbau bedingt durch die spätere Saat (Mitte April) und durch mehrmalige Bodenbearbeitung vor der Bestellung nachhaltige Erfolge gegen auflaufende Unkrautsamen erzielt. Der moderne Rübenanbau läßt eine derartige Vorgehensweise nicht mehr zu, so daß Keimung und Auflauf von Rüben und Unkraut gleichzeitig erfolgt. In Zuckerrüben überwiegt heute aus arbeitswirtschaftlichen Gründen die Herbizidanwendung.

Seit einigen Jahren finden sog. Spritz-Hack-Systeme wegen besserer gerätetechnischer Konstruktionen und Einsparung von Herbizidkosten wieder stärkere Beachtung. Dabei ist es üblich, die Unkräuter in der Rübenreihe mit Herbiziden und zwischen den Reihen durch mehrmalige Hackmaßnahmen auszuschalten. Die Vorteile der Kombination von Hacken und Spritzen sind:

- Mittelkosten lassen sich zu 50% einsparen,
- Spätverunkrautung wird verhindert, sofern die Maschinenhacke noch rechtzeitig vor dem Schließen des Bestandes erfolgt,
- einjährige oder ausdauernde Unkräuter werden ausgeschaltet,
- bei trockener Witterung und bei verschlämmten oder verkrusteten Böden wird das Rübenwachstum angeregt.

Bandspritzungen sind im Vor- und Nachauflaufverfahren möglich und richten sich in der Regel gegen breitblättrige Unkräuter. Ungräser lassen sich besser durch Flächenbehandlung ausschalten. Die Bandbreite sollte mindestens 20 cm betragen, damit nicht zu »scharf« an der Rübenreihe gehackt werden muß. Die Feldspritze muß mit einer Bandspritzeinrichtung umgerüstet und mit speziellen Düsen ausgestattet werden. Voraussetzung für das Bandspritzverfahren ist der schlagkräftige Einsatz der Maschinenhacke. Jede Bodenbearbeitung schafft allerdings günstige Keimbedingungen für neue Unkrautsamen, so daß weitere Bearbeitungsmaßnahmen zur Unkrautbekämpfung eingeplant werden müssen. Auf erosionsgefährdeten Flächen oder unter feuchten Witterungsverhältnissen sind den mechanischen Verfahren der Unkrautbekämpfung deutliche Grenzen gesetzt.

In Futterrüben wird die mechanische Unkrautbekämpfung, meist nach Flächenbehandlung, mit Vorauflaufherbiziden noch verhältnismäßig häufig praktiziert. Vorhandene Unkräuter werden beim Vereinzeln der Rüben und die Rest- oder Folgeverunkrautung in der Regel durch mehrmaligen Einsatz der Maschinen- oder Handhacke bis zum Reihenschließen entfernt.

3.2.2.3 Chemische Unkrautbekämpfung

Um den vorhandenen Unkrautproblemen Herr zu werden, stehen verschiedene Herbizide und Spritzverfahren mit vielfältigen Kombinationsmöglichkeiten zur Verfügung. Die Wahl des am besten geeigneten Verfahrens und Mittels muß unter Berücksichtigung der schlagspezifischen Bedingungen, Betriebsgröße und Arbeitskräfteausstattung entschieden werden. Je nach Gegebenheiten haben sich in den letzten Jahren verschiedene Strategien zur Unkrautbekämpfung durchgesetzt. Vorrangig ist dabei die Forderung, die Bestände mit möglichst geringem Herbizid- und Geldaufwand entweder in sinnvoller Kombination mit Hackmaß-

Spritzverfahren im Zuckerrübenanbau

Spritzverfahren \ Kenndaten	Anwendungsverfahren	Düsenart	Bemerkungen
Flächenspritzung 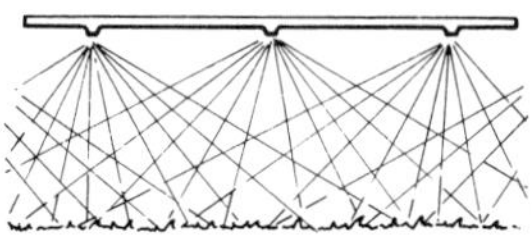	VSE VA NA	z.B. 1100 ( ) Tee Jet Lechler Hardi Agrotop	Gegen Ungräser und breitblättrige Unkräuter VSE/VA: vor der Saat bzw. vor Aufgang der Rüben NAK/L: im Keimblattstadium der Unkräuter bis 6-Blatt-Stadium der Rüben
Reihen-Band-Spritzung 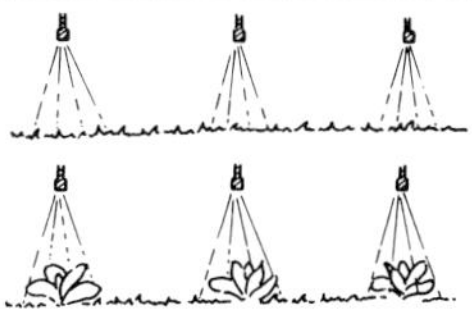	VA NA	z.B. 800 ( ) E Tee Jet Lechler Hardi Agrotop	Gegen breitblättrige Unkräuter VA: nach der Saat bis kurz vor Aufgang der Rüben NAK/L: im Keimblattstadium der Unkräuter bis 6-(8-)Blatt-Stadium der Rüben
Unterblatt-Band-Spritzung 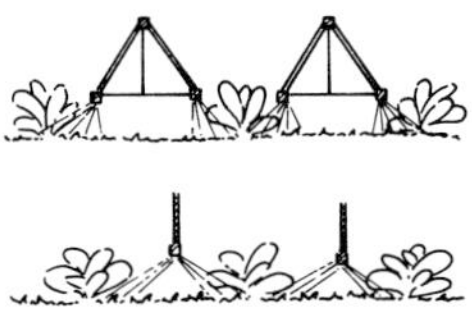	NA	z.B. OC-/UB- Tee Jet Lechler Hardi Agrotop	NAL: ab 6-(8-)Blatt-Stadium bis kurz vor Reihenschluß der Rüben (mit Blattheber oder Spritzschirm)

VSE Vorsaatverfahren mit Einarbeitung
VA Vorauflaufverfahren
NAL Nachauflaufverfahren

Wahl der Düsengröße für die Bandspritzung

1. Ermittlung der Wasseraufwandmenge (l/ha)

$$\frac{\text{Bandbreite (cm)}}{\text{Reihenabstand (cm)}} \times \begin{array}{l}\text{Wasseraufwandmenge (l/ha)}\\ \text{bei Ganzflächenspritzung}\end{array} = \text{l/ha}$$

Beispiel: $$\frac{20\ \text{cm}}{50\ \text{cm}} \times 250\ \text{l/ha} = 100\ \text{l/ha im Band}$$

2. Ermittlung der Düsenausstoß-Menge

$$\frac{\underset{\text{(km/h)}}{\text{Fahrgeschwindigkeit}} \times \underset{\text{(m)}}{\text{Reihenabstand}} \times \underset{\text{(l/ha)}}{\text{Wasseraufwand}}}{600} = \text{l/min}$$

Beispiel: $$\frac{6\ \text{km/h} \times 0{,}5\ \text{m} \times 100\ \text{l/ha}}{600} = 0{,}5\ \text{l/min}$$

Der Spitzdruck sollte etwa 2 bar betragen.

Abb. 55. Spritzverfahren im Zuckerrübenanbau.

nahmen oder in aufeinander abgestimmten Spritzfolgen weitgehend unkrautfrei zu halten. Ökonomische und ökologische Gesichtspunkte müssen dabei in Einklang gebracht werden, die vom Praktiker spezielle Kenntnisse und gute Erfahrungen im Umgang mit Rübenherbiziden verlangen:

- Erkennen der Unkrautarten im frühen Entwicklungsstadium,
- Kenntnis über Wirkungsspektrum und -weise der Herbizide,
- Beurteilung der aktuell herrschenden Anwendungsbedingungen.

Derzeit sind nachfolgend genannte Verfahren praxisüblich.

Vorsaat- und Vorauflaufverfahren

Die Vorteile liegen darin, daß die Unkrautkonkurrenz rechtzeitig vor dem Aufgang der Rüben und ohne arbeitswirtschaftliche Risiken ausgeschaltet wird. Sie sind besonders für den Zucker- und Futterrübenbau mit Vereinzelung (Korrekturhacke) sowie auf allen Schlägen ohne Problemunkräuter interessant. Witterungsbedingte schwächere Wirkung oder Wirkungslücken der Herbizide müssen durch intensive Hackarbeit oder durch Herbizidbehandlungen im Nachauflaufverfahren ausgeglichen werden.

Je nach Unkrautflora werden die Bodenherbizide Goltix WG, Pyramin WG oder andere chloridazonhaltige Mittel unmittelbar vor oder nach der Rübensaat angewendet. Auf Schlägen mit starkem Klettenlabkrautbesatz ist die Kombination mit Tramat 500 oder Nortron 500 (Ethofumesat) erforderlich.

Die Wirkung der Bodenherbizide wird durch die Bodenfeuchtigkeit entscheidend beeinflußt. Daher werden die Herbizide teilweise auch im sog. Splittingverfahren ausgebracht, um eine größere Wirkungssicherheit besonders bei unregelmäßiger Niederschlagsverteilung zu erzielen.

Bei zu erwartendem starkem Auftreten von Flughafer oder Ackerfuchsschwanz kann deren gleichzeitige Bekämpfung zusammen mit den Unkräutern erfolgen. Auf solchen Standorten wird Avadex BW im Vorsaatverfahren mit anschließender Einarbeitung in Tankmischung mit Pyramin WG oder Goltix WG eingesetzt. Mit der Vorsaateinarbeitung lassen sich auch Insektizidbehandlungen gegen Bodenschädlinge kombinieren.

Vorauflaufverfahren mit verminderten Aufwandmengen und Folgespritzungen

Dieses System ermöglicht bei starker Verunkrautung oder bei Zuckerrübenanbau auf Endabstand mit einer Vorauflaufbehandlung mit bis zu 50% reduzierten Aufwandmengen den ersten Unkrautdruck zu verringern und später auflaufende Unkräuter zu schwächen. Durch gezielte Folgespritzungen im Nachauflaufverfahren werden die verbliebenen oder neu aufgelaufenen Unkräuter und Ungräser ausgeschaltet. Dies bringt eine geringere Kostenbelastung und deutliche Risikominderung, falls Schlechtwetterperioden und Nichtbefahrbarkeit des Bodens eine termingerechte Behandlung unmöglich machen. Das Verfahren ist bei früher Rübensaat und auf unkrautwüchsigen Standorten einschließlich Kamille zweckmäßig. Auch die Kulturverträglichkeit der Herbizide ist vor allem auf leichten Sandböden und degradierten Lößböden besser.

Je nach Unkrautwüchsigkeit werden Nachbehandlungen in der Regel erst nach dem Auflaufen der Rüben in zwei Teilgaben erforderlich. Die erste Folgespritzung (1. NAK) ist durchzuführen, sobald sich die Unkräuter im Keimblattstadium befinden. Eine weitere Behandlung (2. NAK) muß bei Erscheinen der nächsten Unkrautwelle zur Verhinderung der Spätverunkrautung erfolgen. Der Praktiker kann dabei zwei oder drei Wirkstoffe entsprechend der Leitunkräuter kombinie-

Tab. 52. Unkrautbekämpfung in Zucker- und Futterrüben

Mittel-Beispiele	Aufwandmenge (l, kg/ha)	Anwendung	Auflagen	Klettenlabkraut	Windenknöterich	Vogelmiere	Weißer Gänsefuß (früh)	Kamillearten	Taubnessel	Ehrenpreis	Amarant	Bingelkraut	Franzosenkraut	Ackerfuchsschwanz	Flughafer	Preis (DM/ha)
Vorauflaufverfahren																
Pyramin WG Curbetan flüssig[1])	4,0 6,0	VSE, VA VSE, VA	B4, W 630	-	++	++	++	++	++	++	-	-	+	-	-	186,-
Goltix WG	5,0	VSE, VA	B4, 630	+	-	++	++	++	++	++	+	-	++	-	-	328,-
Tramat 500 Nortron 500	1,5–2,0	VA	B4	+		++								(+)	-	252,- /189,-
Tramat 500 + Pyramin WG	1,5+2,0	VA	B4, W 630	+	+	++	++	++	++	++	-	-	+	+	-	282,-
Avadex BW	3,0–3,5	VSE	B4, 264, 630											++	++	87,- /75,-
Avadex BW + Goltix WG	3,0+5	VSE/VA	B4, 264, 630	+	-	++	++	++	++	++	+	-	+	++	++	403,-
Avadex BW + Pyramin WG	3,0+3,0	VSE/VA	B4, W 264, 630 261	-	++	++	++	++	++	++	-	-	+	++	++	214,-

Nachauflaufverfahren																
Betanal Betosip	6,0	NA_L	B4, Xi	-	+	++	++	-	++	++	-			-	-	287,-
Betanal Tandem	3,0 3-4,0	1. NA_K 2. NA_K	B4, 261	++	+	++	++	-	++	++	-	++	++	-	-	198,- /148,-
Betanal Tandem + Goltix WG	1,5+1,0 2+1,0	1. NA_K 2. NA_K	B4 630, 261	++	+	++	++	++	++	++	++	++	++	-	-	303,-
Betanal Tandem + Pyramin WG	1,5+1,0 2+1,0	1.NA_K 2. NA_K	B4, W 630, 261	+	++	++	++	+	++	++	+	+	++	-	-	268,-

VSE/VA : Vorsaateinarbeitung/Vorauflauf
1. NA_K : Behandlung im Keimblattstadium der Unkräuter, unabhängig von der Entwicklung der Rüben
2. NA_K : Zweitbehandlung bei erneutem Auflaufen von Unkräutern
NA_L : Behandlung im Laubblattstadium der Unkräuter
W : keine Anwendung in Wasserschutzgebieten
B4 : Nicht bienengefährlich
Xi : reizend
230/630 : Keine Anwendung auf stärker geneigten Flächen bei Abschwemmungsgefahr in Gewässer. Anwendung nicht in unmittelbarer Nähe (10 m) von Gewässern.
261 : Mittel ist fischgiftig
264 : Mittel ist giftig für Fische und Fischnährtiere
++ : gute Wirkung
+ : befriedigende Wirkung
- : keine hinreichende Wirkung
[1]) : z. Z. nicht zugelassen

ren und gezielt spritzen. In Tab. 52 ist zusammengestellt, welche Wirkungslücken die wichtigsten Herbizide haben und wie diese durch entsprechende Tankmischungen zu schließen sind. Für die Anwendung gelten die Hinweise des folgenden Abschnittes.

Reine Nachauflaufbehandlungen

Die Forderungen des Integrierten Pflanzenschutzes nach gezielter Anwendung der Herbizide erfüllt das Nachauflaufverfahren. Die mehrmalige Ausbringung von Tankmischungen mit Blatt- und Bodenherbiziden unter gleichzeitiger Reduzierung der Herbizid- und Wasseraufwandmengen im reinen Nachauflaufverfahren gewährleistet eine hohe Wirkungssicherheit, bessere Rübenverträglichkeit und vor allem eine Einsparung der Herbizidmengen und -kosten. Es ist an viele Unkrautprobleme anpassungsfähig, verlangt vom Praktiker allerdings gute Sachkenntnis.

Die erste Spritzung (1. NAK) muß unabhängig vom Entwicklungsstadium der Rüben möglichst im Keimblatt- bis höchstens 1. Laubblattstadium der Unkräuter erfolgen. Bei Neuauflauf von Unkräutern sind erneut Behandlungen (2. NAK, 3. NAK) im Keimblattstadium der Unkräuter notwendig. Die Kombinationsmöglichkeiten sind auf die Leitverunkrautung abzustimmen. In der Praxis haben sich beispielsweise die in der Tab. 53 genannten Tankmischungen bewährt. Entsprechend der Fertigmischung Betanal Tandem sind auch verschiedene Kombinationspackungen, bestehend aus den Wirkstoffen Phenmedipham und Ethofumesat, und künftig auch eine neue Wirkstoffkombination (»Betanal Progress«) im Handel erhältlich.

Tab. 53. Herbizidkombinationen gegen schwerbekämpfbare Unkräuter

Leitunkräuter	Mittelkombination (Beispiel)	Vorauflauf VA	Nachauflauf (kg, l/ha) 1. NAK	2. NAK	3. NAK
Allgemeine Verunkrautung	Betanal Tandem + Goltix WG	-	1,5-2,0 +1,0	1,5-2,5 +2,0	
Bingelkraut, Klettenlabkraut, Weißer Gänsefuß	Betanal Tandem + Goltix WG	-	1,5-2,0 +1,0	1,5-2,0 +1,0	1,5-2,0 +2,0
Klettenlabkraut	Betanal Tandem	-	2,5	2-3,0	2-3,0
Kamille, Klettenlabkraut	Goltix WG oder Pyramin WG	1,5-2,0			
	Betanal Tandem + Goltix WG	-	1,5-2,0 +1,0	1,5-2,0 +2,0	
Windenknöterich, Bingelkraut	Betanal Tandem + Pyramin WG	-	1,5-2,0 +1,0	1,5-2,0 +1,0	1,5-2,0 +1,0
Ausfallraps, Kamille	Betanal Tandem + Goltix WG Wasseraufwandmenge: ca. 200 l/ha	-	1,5-2,0 +1,0	2,0 +2,0	2,0 +2,0

Die genannten Standardempfehlungen dürfen nicht starr übernommen werden. Mischung und Dosierung der Nachauflaufherbizide ist je nach Art und Stand der Verunkrautung und der aktuellen Witterungsverhältnisse flexibel zu handhaben. Eine laufende Beobachtung der Unkrautentwicklung ist deshalb unabdingbar, wobei auch auf folgende äußere Anwendungsbedingungen besonderes Augenmerk gerichtet werden muß:

- im Keimblattstadium der Unkräuter ist die Wirkung am sichersten,
- niedrige Aufwandmengen sind bei feuchtem Boden, hohen Temperaturen, wüchsiger Witterung und kleinen Unkräutern zu wählen,
- höhere Aufwandmengen gelten für stärker entwickelte Pflanzen,
- nur gesunde, wüchsige und nicht gestreßte Rüben behandeln,
- bei extremen Temperaturen (über 25 °C) und Sonnenschein wegen besserer Verträglichkeit erst in den Abendstunden spritzen,
- Vorsicht bei Nachtfrostgefahr,
- unmittelbar nach längeren Regen- oder kühlfeuchten Witterungsperioden sind die Rüben sehr empfindlich, da die Blätter eine relativ schwache Wachsschicht ausgebildet haben,
- keine Mischungen mit Insektiziden vornehmen.

Unter schwierigen Bedingungen werden die Rübenherbizide verschiedentlich mit ölhaltigen Haftmitteln (Oleo 11 E), Schwefelsaurem Ammoniak (SSA), Ammonnitrat-Harnstoff-Lösung (AHL) oder organischen Präparaten (Siapton, Aminosol) gemischt, um die Herbizidkosten zu senken und die Herbizidwirkung zu verbessern. Diese Zusatzstoffe (Additive) verändern die physikalischen Eigenschaften der Spritzbrühe dahingehend, daß das Tröpfchenspektrum und die Haftung auf der Blattoberfläche verbessert, die Verdunstung verringert und damit die Wirkstoffaufnahme beschleunigt wird. Sie sind aber kein Ersatz für herbizide Wirkstoffe. Eine Beimischung kann nicht generell, allenfalls nur bei Besatz mit bereits weiter entwickelten Problemunkräutern oder verspätetem Behandlungstermin erfolgen. Oleo 11 E ist – wie mehrjährige Versuchsergebnisse bestätigen – den anderen Zusatzstoffen leicht überlegen (Teichmann und Bauer 1989; Mittnacht 1990). Die Spritzungen mit Öl sollten dann aber möglichst in die Abendstunden verlegt werden, da es bei starker Sonneneinstrahlung sehr leicht zu Rübenschäden kommen kann. Für solche Mehrfachmischungen trägt stets der Anwender das Risiko. In den meisten Fällen aber bietet die richtige Wahl des optimalen Behandlungstermins bessere Chancen für eine Wirkungsverbesserung und Mitteleinsparung.

3.2.2.4 Spezielle Unkrautprobleme

Ungräser, wie z. B. Ackerfuchsschwanz und Flughafer, sind auf vielen Rübenstandorten zu finden, während Hirse (vorwiegend Hühnerhirse, gebietsweise auch Blut- und Borstenhirse) vor allem in klimatisch günstigeren Gebieten Bedeutung haben. Ausfallgetreide wird in manchen Betrieben – je nach Bodenbearbeitung (pfluglose Bestellung) und Fruchtfolge – zu einem Problem. Zur Minderung solcher Ungrasprobleme, insbesondere des Ausfallgetreides oder der Quecke, sollten zunächst die acker- und pflanzenbaulichen Möglichkeiten, beispielsweise sorgfältige Stoppelbearbeitung und Winterfurche oder Zwischenfruchtbau, genutzt werden.

Die genannten Ungräser können durch gezielte Anwendung der in der Tab. 54 genannten Spezialherbizide wirksam bekämpft werden. Depon Super wirkt gegen Ausfallweizen unzureichend. Gegen Rispengräser besitzen alle Spezialherbizide

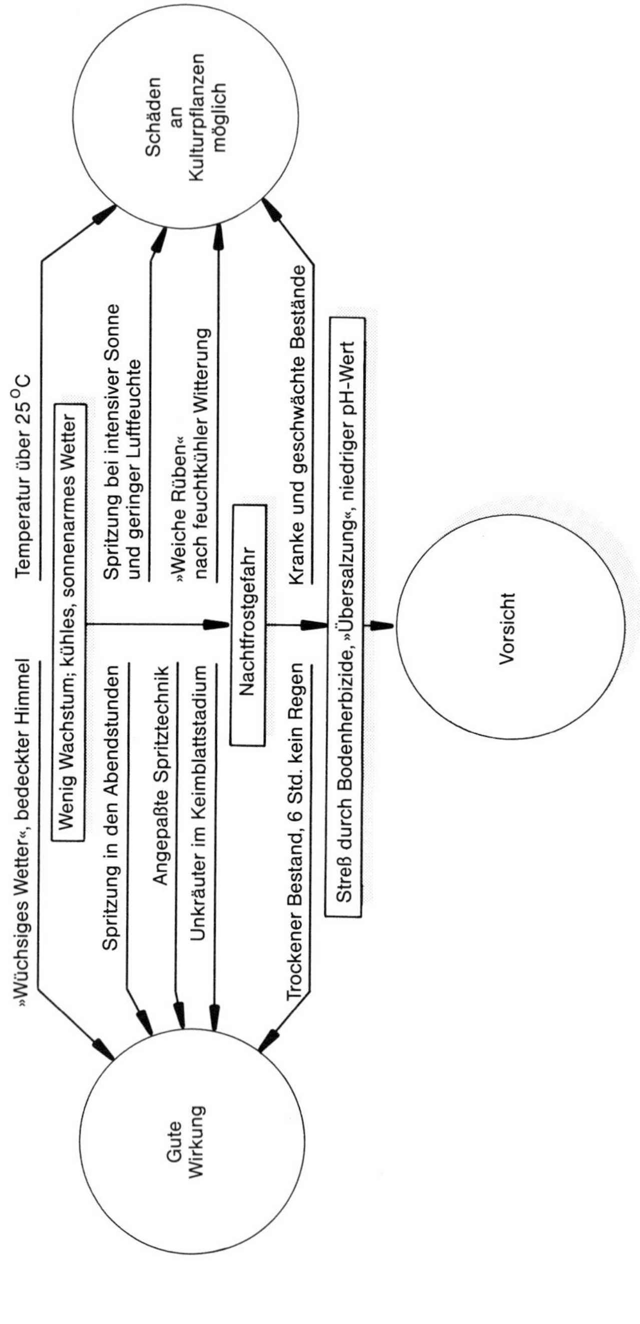

Abb. 56. Einfluß verschiedener Faktoren auf die Wirkung von Herbiziden.

Tab. 54. Herbizide gegen Ungräser in Zucker- und Futterrüben

Mittel-Beispiel	Auf-wand-menge (l, kg/ha)	Anwen-dung	Auflagen	Ackerfuchsschwanz	Flughafer	Hirsearten	Einj. Rispe	Ausfallgetreide	Quecke	Preis (DM/ha)
Avadex BW	3,0–3,5	VSE	B4 264, 630	++	++	-	-	-	-	70,–/82,–
Depon Super	1,5–2	NA	B4, Xi 230, 264	++	++	++	-	+	-	88,–/105,–
Fervinal Plus	2,5	NA	B4, W 230, 261	++	++	++	-	++	-	124,–
Focus Ultra	1,5–2	NA	B4, Xi	++	++	++	-	++	-	81,–/108,–
Fusilade 2000	1,5	NA	B4, Xn 264, 630	++	++	++	-	++	(+)	150,–
Gallant	1,0–1,5	NA	B4, Xi, W 230, 261	++	++	++	(+)	++	(+)	115,–/172,–
Targa	1,5	NA	B4, Xn 261, 630	++	++	++	-	++	-	150,–

W : keine Anwendung in Wasserschutzgebieten
B4 : Nicht bienengefährlich
Xi : reizend
Xn : mindergiftig
230/630 : Keine Anwendung auf stärker geneigten Flächen bei Abschwemmungsgefahr in Gewässer. Anwendung nicht in unmittelbarer Nähe (10 m) von Gewässern.
261 : Mittel ist fischgiftig
264 : Mittel ist giftig für Fische und Fischnährtiere
++ : gute Wirkung
\+ : befriedigende Wirkung
\- : keine hinreichende Wirkung

eine Wirkungslücke, lediglich Gallant hat eine Nebenwirkung. In Betrieben mit Vorkommen von Rispengräsern muß deshalb in der Vorfrucht auf eine sorgfältige Bekämpfung (Isoproturon) geachtet werden.

Der Herbizideinsatz erfolgt unabhängig vom Entwicklungsstadium der Rüben, sobald die Ungräser vollständig aufgelaufen sind und die Masse sich im 2- bis 4-Blatt-Stadium befindet. Für eine gute Wirkstoffaufnahme sind ausreichende Blattmasse und gute Benetzung entscheidend. Warme, wüchsige Witterung und hohe Luftfeuchte beschleunigen die Wirkung, während Trockenheit und Kälte hemmend wirken. Je aktiver die Pflanzen sind, umso schneller tritt die Wirkung ein. Die meisten Gräserherbizide können bei sachgemäßer Anwendung mit anderen Nachauflaufmitteln ohne wesentliche Beeinträchtigung der Wirkung und Verträglichkeit kombiniert werden. Die Frage der Tankmischung muß aber in erster Linie am Entwicklungsstadium der zu bekämpfenden Unkräuter entschieden werden. Als optimaler Anwendungstermin für die vorwiegend blattwirksamen Wirkstoffe gilt das 2-Blatt-Stadium der Ungräser. Unter diesen Voraussetzungen können – wie Versuchs- und Praxiserfahrungen zeigen – jeweils etwa 40 bis 50% der zugelassenen Aufwandmenge in zwei Folgespritzungen den genannten Standardmischungen (maximal 3 Wirkstoffe) zugegeben werden. Die Zumischung von Additiven ist jedoch nicht ratsam.

Durch **Spätverunkrautung** mit massenwüchsigen Unkräutern wird die Erntearbeit erschwert. Auf wärmeliebende Unkräuter, wie z. B. Amarant oder Spätkeimer, wie z. B. Weißer Gänsefuß (Melde) oder Bingelkraut ist besonderes Augenmerk zu richten. Bei reinen Nachauflaufspritzungen ist auf Standorten mit einem starken Auftreten z. B. von Melde oder Amarant die Goltixmenge zum Zeitpunkt 2. NAK auf 2 kg/ha zu erhöhen oder eine dritte Behandlung (Versiegeln) vorzunehmen. Mit fortschreitendem Entwicklungsstadium der Rüben bilden sich jedoch »Spritzschatten«, die Unkräuter bzw. Boden zu stark abdecken.

In Zucker- und Futterrüben, die nesterweise mit **Ackerdisteln** verunkrautet sind, ist zur Teilflächenbehandlung Lontrel 100 zugelassen. Die Anwendung erfolgt, wenn die Masse der Disteln 15 bis 20 cm Wuchshöhe erreicht hat und wüchsige Witterungsbedingungen herrschen. Die Anwendung von Lontrel 100 (Clopyralid) ist in Wasserschutzgebieten verboten.

Auf erosionsgefährdeten oder leicht verschlämmenden Böden findet das sog. **Mulchsaatverfahren** zunehmende Verbreitung. Nach der Ernte der Vorfrucht werden nach pflugloser oder wendender Bodenbearbeitung entweder abfrierende Zwischenfrüchte oder winterharte Arten (Tab. 11) gesät. Je nach Verfahren ergeben sich unterschiedliche Effekte für den Erosionsschutz, die Nährstoffbindung und letztlich auch für die unkrautregulierenden Maßnahmen. Allgemeingültige Rezepte gibt es nicht.

Besondere Unkrautprobleme entstehen durch eine weit entwickelte Herbst- oder Frühjahrsverunkrautung besonders bei Mulchsaat ohne Saatbettbereitung. Alle Maßnahmen der Zwischenfruchtbestellung müssen deshalb eine rasche Beschattung des Bodens und nachhaltige Unkrautunterdrückung zum Ziel haben. Im Herbst oder Winter aufgelaufenes Unkraut oder Ausfallgetreide wird entweder bei tragendem Frost oder unmittelbar vor der Rübensaat mit geeigneten Gerätekombinationen beseitigt. Nachteilige Auswirkungen auf den Erosionsschutz sind damit verbunden. Starke Altverunkrautung oder nicht abgefrorene Zwischenfrüchte können vor der Rübensaat mit 2 bis 3 l/ha Roundup (Glyphosat) + 10 kg/ha Schwefelsaures Ammoniak oder 2,5 l/ha Basta (Glufosinateammonium) abgetötet werden. Die Folgeverunkrautung sollte vorzugsweise im Nachauflaufverfahren (1. NAK, 2. NAK) ausgeschaltet werden.

3.2.2.5 Geräte- und Applikationstechnik

Eine wichtige Voraussetzung für das Gelingen von »Minimalspritzungen« ist die Reduzierung der Wassermenge auf etwa 200 l/ha, da eine Mindestkonzentration der Wirkstoffe in der Spritzbrühe nicht unterschritten werden darf. Die Wirkungssicherheit und das Risiko von Abtriftschäden nimmt beim Ausbringen von weniger als 200 l/ha deutlich zu. Geringere Wassermengen dürfen deshalb nur bei Windstille ausgebracht werden. Der Erfolg dieses Verfahrens hängt somit von einer geeigneten Geräteausstattung und gut funktionierender Spritztechnik ab. Besonders wichtig bei der Ausbringung verminderter Herbizid- und Wasseraufwandmengen sind:

- Richtige **Düsenausstattung**. Für die Wahl der Düsengröße sind Wasseraufwandmenge (l/ha), Spritzdruck (bar), Tropfenspektrum und Fahrgeschwindigkeit (km/h) entscheidend. Membranrückschlagventile sind vorteilhaft.

Tab. 55. Kenndaten und Eignung von Flachstrahldüsen für Flächenspritzung im Zuckerrübenbau (nach RIEPKE 1989)

Wasser-aufwand-bereiche (l/ha)	Flachstrahldüse	Be-triebs-druck (bar)	Düsen-aus-stoß (l/min)	Wasseraufwand (l/ha) 6 km/h	7 km/h	Mittlere volumetri-sche Tropfen-durchmesser (mm)	Windge-schwin-digkeit Einsatz-grenze (m/s)
100	Hardi 4110-14	1,5	0,64	128	110		1
	Lechler LU 367-02	1,5	0,55	110	94	0,181	
	TeeJet 11002 XR	1,5	0,56	112	96		
150–200	Hardi 4110-16	1,5	0,79	158	135		2
		2,0	0,91	182	156		
	Lechler LU 407-03	1,5	0,82	164	141	0,228	
		2,0	0,95	190	163	0,203	
	Teejet 11003 XR	1,5	0,84	164	144		
		2,0	0,97	194	166		
200–300 (idealer Bereich!)	Hardi 4110-20	1,5	1,13	226	194		3
		2,0	1,30	260	223		
		3,0	1,59	318	273		
	Lechler LU 447-04	1,5	1,09	218	187	0,255	
		2,0	1,26	252	216	0,229	
		3,0	1,55	311	266	0,203	
	TeeJet 11004 XR	1,5	1,12	224	192		
		2,0	1,12	258	221		
		3,0	1,58	316	271		
300–400	Hardi 4110-24	1,5	1,47	294	252		4–5
		2,0	1,70	340	291		
		3,0	2,08	416	357		
	Lechler LU 487-05	1,5	1,36	273	234	0,292	
		2,0	1,57	315	270	0,292	
		3,0	1,94	388	333	0,240	
	TeeJet 11005 XR	1,5	1,40	280	240		
		2,0	1,61	322	276		
		3,0	1,97	394	338		

- Gleichmäßige **Querverteilung** und exakte Dosierung.
- Ausreichende **Filterung** der Behandlungsflüssigkeit. Neben geeigneten Düsenfiltern ist zusätzlich zum Saugfilter ein Druckfilter mit Selbstreinigung (Düsenzentralfilter) vor der Armatur zu verwenden.
- Angepaßte **Pumpenleistung**. Ein Ausflocken oder Schäumen der Spritzbrühe im Faß ist durch geeignete Pumpen oder Einbau von Entlastungs-Rücklaufleitungen zu verhindern.
- **Manometer** mit gespreizter Skala im Arbeitsbereich.

Die genannten Anforderungen machen in der Regel eine Umrüstung der vorhandenen Feldspritze erforderlich, wobei die herkömmliche Spritztechnik durchaus reicht. Ideallösungen sind eigene Spritzgeräte (Zweitspritze) für den Rübenbau oder die gemeinschaftliche Nutzung von sog. selbstfahrenden Arbeitsmaschinen (Leichtfahrzeuge).

3.2.3 Krankheiten

Zahlreiche Pilz- und Viruskrankheiten können an Zucker- und Futterrüben auftreten und Ertrag und Qualität der Rüben erheblich beeinträchtigen. Die durch Pilze und Viren - vereinzelt auch Bakterien - verursachten Krankheiten zeigen sich durch Schäden an Keim- und Jungpflanzen, an Blättern und am Rübenkörper.

3.2.3.1 Wurzelbrand und Seitenwurzelfäule

Es sind alljährlich in mehr oder weniger starkem Ausmaß an Zucker- und Futterrüben auftretende Krankheitserscheinungen. Hervorgerufen werden diese durch verschiedene Pilzarten, die mit dem Rübensaatgut (samenbürtig) übertragen werden (z. B. *Phoma betae*) oder vom Boden aus (bodenbürtig) Keim- und Jungpflanzen befallen (z. B. *Pythium*-Arten, *Aphanomyces*).
Die Folgen sind:

- schlechtes, lückiges Auflaufen der Keimpflanzen,
- Vergilbungs- und Welkeerscheinungen an den ersten Blättern,
- Umfallen und Absterben der jungen Pflänzchen,
- dunkle Einschnürungen an Wurzeln und Wurzelhals (Wurzelbrand).

Bei entsprechenden Witterungsbedingungen und unsachgemäßer Aussaat können auf Endabstand gesäte Rübenbestände so stark ausgedünnt werden, daß u. U. sogar Umbruch notwendig wird. Besonders groß ist die Befallsgefahr bei staunassen, verdichteten, verschlämmten und verkrusteten Böden, die unter Sauerstoffmangel leiden.

Die Wurzelbranderreger befallen - je nach Infektionsbedingungen - die jungen Wurzeln bis weit über das Keimblattstadium hinaus. Die Pflanzen werden dadurch im Wachstum gehemmt, weil auch die Seitenwurzeln geschädigt werden (Seitenwurzelfäule). Eine eindeutige Diagnose der Schadursachen (Erregerkomplex) ist oft schwierig. Die Parasitierung der Pflanzen erfolgt gewissermaßen in »Arbeitsteilung«. *Phoma* und *Pythium* infizieren keimende Samen bereits bei relativ niedrigen Temperaturen und führen bei kühler Witterung zu stärkeren Auflaufschäden. *Pythium* und *Aphanomyces* werden durch reichliche Niederschläge begünstigt. *Aphanomyces* benötigt allerdings eine höhere Bodenerwärmung und ist deshalb meist während der späten Rübenentwicklung als Hauptverursacher der Seitenwurzelfäule aktiv.

Pilliertes Rübensaatgut enthält bereits in der Pillenhüllmasse spezielle Rübensamenbeizmittel (z. B. Thiram, Mancozeb) gegen Auflaufkrankheiten. Diese Wirkstoffe erfassen vor allem *Phoma betae*, gegenüber den bodenbürtigen Pilzen sind sie jedoch nur teilwirksam. Das systemisch wirkende Fungizid Tachigaren (Hymexazol) verlängert die Wirkungsdauer und hat ein breiteres Spektrum gegen Wurzelbranderreger.

Die Beizmittel allein garantieren unter ungünstigen Bedingungen keine Befallsfreiheit. Der Schadensverhütung dienen deshalb vorwiegend acker- und pflanzenbauliche Maßnahmen. Wurzelbrand zeigt sich immer bei ungünstigen Keim- und Wachstumsbedingungen. Die Befallsgefahr kann durch standortgerechte Kalkung, ausreichende Humusversorgung und gute Krümelstruktur des Bodens vermindert werden. Eine optimale Saatbettvorbereitung, nicht zu feine Bodenbearbeitung vor der Saat (Verschlämmungsgefahr), zeitgerechte frühe Saat und flache Saatgutablage wirkt der Ausbreitung des Wurzelbrandes entgegen.

Bodenverdichtungen und Verkrustungen sind unbedingt zu vermeiden. Alle Maßnahmen, die eine Förderung des Keimlingswachstums und zügige Jugendentwicklung bewirken, stärken die Widerstandskraft gegen Bodenpilze.

3.2.3.2 Viruserkrankungen

Viröse Rübenvergilbung

Die viröse Vergilbung hat in manchen Jahren verheerende Auswirkungen bei Zuckerrüben, da sie vor allem bei sehr frühen Infektionen erhebliche Ertrags- und Qualitätsverluste verursachen kann. In Futterrüben sind wirtschaftliche Schäden durch Virosen weniger bekannt. Diese besonders in West- und Norddeutschland wichtige Krankheit tritt ab Juni, häufiger erst ab Juli–August nesterweise im Rübenschlag auf, wobei sich das Gewebe, beginnend bei den älteren Blättern, zwischen den Blattadern gelb bis gelbrot (vor allem an Futterrüben) färbt. Charakteristisch ist, daß die Blattadern und jüngeren Blätter des Rübenkopfes grün bleiben. Vergilbte Blätter nehmen eine starre Wuchsform an, rollen sich ein und werden spröde. Sie erzeugen beim Zusammendrücken ein knackendes Geräusch, das bei ähnlichen Schadbildern, verursacht durch Mg-Mangel, Staunässe oder Strukturschäden, nicht entsteht. Von diesen Befallsnestern wird der gesamte Bestand mehr oder weniger rasch durchseucht.

Rüben können von mehreren pflanzenschädlichen Vergilbungsviren befallen werden. Zu den wirtschaftlich bedeutsamsten zählen neben einer Reihe weiterer Virosen

- **Nekrotisches Vergilbungsvirus** (beet yellow virus = BYV)
- **Mildes Vergilbungsvirus** (beet mild yellowing virus = BMYV).

Beide Viruskrankheiten sind im Bestand schwierig zu unterscheiden, zumal es Mischinfektionen und auch Sekundärinfektionen mit Schwächepilzen gibt.

Die für die Vergilbungserscheinungen verantwortlichen Viren werden durch Blattläuse, insbesondere durch die Grüne Pfirsichblattlaus *(Myzus persicae)* und in geringerem Ausmaß durch die Schwarze Rübenlaus bzw. Bohnenlaus *(Aphis fabae)* übertragen. Die Blattläuse infizieren sich auf ihrem Anflug zum Rübenfeld an »Virusquellen« wie z. B. an Winterspinat, in offenen Mieten ausgetriebenen Futterrüben oder Unkräutern und »laden das Virus ab« beim Besaugen der Rübenblätter. Mit BYV infizierte Blattläuse sind nur wenige Tage, mit BMYV beladene Läuse dagegen während der gesamten Lebensdauer infektionsfähig. Blattläuse überwintern nicht nur in Eiform, sondern auch als Laus, so daß nach einem milden Winter häufig mit frühem und starkem Blattlausbefall und folglich mit starker viröser Vergilbung zu rechnen ist.

Eine direkte Bekämpfung der das Krankheitsbild verursachenden Viren ist nicht möglich. Bekämpfungsmaßnahmen müssen sich deshalb gegen die Infektionsherde und die Virusüberträger selbst richten, um einer Ausbreitung der Krankheit vorzubeugen. Offene Rübenmieten sind rechtzeitig vor dem Aufgang der Rüben zu räumen und abzudecken. Unkräuter in den Rüben, die als Virus- und Blattlauswirtspflanzen dienen, sind sorgfältig zu beseitigen.

Diese Maßnahmen sind jedoch nicht ausreichend, da virusübertragende Blattläuse auch mit dem Wind über größere Entfernungen angeweht werden können. In bekannten Befallsgebieten lassen sich die Vektoren nur durch gezielte Behandlungen mit systemischen, möglichst nützlingsschonenden Insektiziden ausschalten. Sorgfältige Blattlauskontrollen im eigenen Rübenbestand und Beachtung der Warnmeldungen geben Entscheidungshilfen. Die direkten und vorbeugenden Bekämpfungsmaßnahmen werden auf Seite 216 dargestellt.

Viröse Wurzelbärtigkeit oder Rizomania
Die aus dem Mittelmeerraum stammende und seit Mitte der 70er Jahre in der Bundesrepublik auftretende Krankheit zählt zur gefährlichsten Zuckerrübenkrankheit. Die Ertragsverluste betragen nicht selten 50% einer Normalernte mit einem unter 10% sinkenden Zuckergehalt. Auffallend sind die Veränderungen der Nichtzuckerstoffe (Zuckerausbeute). Das Schadausmaß kann von Jahr zu Jahr schwanken, da die Befallsstärke durch den Verlauf der Jahreswitterung beeinflußt wird.

Hervorgerufen wird die Krankheit durch das Aderngelbfleckigkeitsvirus (BNYVV). Erkrankte Pflanzen bleiben im Wachstum zurück, zeigen eine gelbliche bis hellgrüne Blattfarbe, steile Blattstellung und welken bei sommerlichen Hitzeperioden sehr schnell, weil die Nährstoff- und Wasserversorgung der Wurzeln nicht mehr funktioniert. Dieses Erscheinungsbild kann mit N-Mangel, Bearbeitungsfehlern oder Staunässe verwechselt werden. Die für die Krankheit sehr tpyische Gelbfleckigkeit entlang den Blattadern tritt nur selten auf. Sicherste Erkennungsmerkmale für Rizomaniabefall sind auffallend kleine Rübenkörper mit dichten, braunen Wurzelbärten, die durch Absterben der ersten Seitenwurzeln und fortlaufende Neubildung von Feinwurzeln entstehen, und deutliche Verbräunungen der Gefäßbündelringe.

Das Aderngelbfleckigkeitsvirus wird durch den verbreitet vorkommenden Bodenpilz *Polymyxa betae* in die Wurzeln der Rüben übertragen und kann im Boden längere Zeit mit der Dauerform des Pilzes überleben. Der Pilz entwickelt sich bei hoher Bodenfeuchtigkeit und Bodentemperaturen über 20 °C, verursacht aber selbst kaum nennenswerte Schäden. Entscheidend für die Krankheitsentstehung ist die Anwesenheit und Ausbreitung des Virus im Gefäßsystem der Rüben. Krankheitsfördernd wirken außerdem Strukturschäden, stauende Nässe oder hoher Grundwasserstand.

Gezielte Bekämpfungsmöglichkeiten sind weder gegen den Bodenpilz noch gegen das den Schaden verursachende Virus möglich. Hervorragende Erfolge sind durch Züchtung resistenter oder feldtoleranter Zuckerrübensorten erzielt worden. Der Anbau von toleranten Sorten ist somit die derzeit aussichtsreichste Abwehrmaßnahme. In den Befallsgebieten haben sich zusätzlich indirekte Bekämpfungsverfahren als hilfreich erwiesen:
- Verbesserung der Bodenstruktur,
- keine zu enge Fruchtfolge von Beta-Rüben,
- sachgemäße Saatbettvorbereitung,
- möglichst frühe Aussaat,
- zurückhaltende Zusatzberegnung.

Diese Maßnahmen bringen zwar keine durchschlagenden Erfolge, beschleunigen aber die Jugendentwicklung der Zuckerrüben und verzögern die Infektion der jungen Rüben mit dem Erreger.

3.2.3.3 Blattfleckenkrankheiten
Zucker- und Futterrüben können von pilzlichen Schaderregern befallen werden, die in den Sommermonaten nach Reihenschluß verschiedenartige Blattflecken verursachen. Wirtschaftlich wichtig ist die **Cercospora-Blattfleckenkrankheit** *(Cercospora beticola)*, die vor allem in wärmeren Rübenanbaugebieten Süddeutschlands häufiger zu finden ist. Die Krankheit breitet sich unter feuchtwarmen

Bedingungen (hohe Luftfeuchtigkeit, lang anhaltende Taubildung) beginnend von Befallsnestern auf den gesamten Bestand aus. Typische Schadbilder auf den älteren Blättern sind 2 bis 3 mm große, zunächst rötliche, später hellgraue Blattflecken mit rötlichem oder braunem Rand. Im Inneren der Flecken sind schwärzliche Punkte (Sporenträger) mit filzigem Belag zu erkennen. Bei zunehmendem Befall fließen die Blattflecken ineinander, die Blätter vertrocknen und sterben ab.

Eine ähnliche, allerdings etwas seltenere Krankheitserscheinung ist die **Ramularia-Blattfleckenkrankheit** *(Ramularia beticola)*. Die Blattflecken sind im allgemeinen größer (bis 1 cm), heller und unregelmäßiger geformt. Im Gegensatz zu *Cercospora* entwickelt sich der Pilz bereits bei niedrigeren Temperaturen (+ 8 °C bis 20 °C) und feuchten Bedingungen. Verwechslungsmöglichkeiten bestehen mit der selten auftretenden **Phoma-Blattfleckenkrankheit** *(Phoma betae)*. Die Blattflecken sind wesentlich größer (bis 2 cm), grau bis bräunlich und mit konzentrischen dunklen Ringen (Pfauenauge) durchsetzt. Seltener sind neben den genannten pilzlichen auch **bakterielle Blattfleckenkrankheiten** *(Pseudomonas syringae)* an Rüben zu beobachten. Die Bakterien infizieren die Pflanzen über Spaltöffnungen oder Verletzungen (z. B. nach Hagel).

Der Schaden der genannten Pilzkrankheiten beruht darauf, daß bei anhaltenden Infektionsbedingungen ständig Blätter absterben und verstärkt Neuaustrieb gebildet wird. Der frühzeitige Verlust von Assimilationsflächen und der Verbrauch von Reservestoffen zur Blattbildung beeinträchtigen Ertrag und Qualität der Rüben. Die Auswirkungen auf den Zuckergehalt und die Ausbeute sind dabei meist größer als auf den Ertrag. Abgestorbene Pflanzenreste stellen ein Infektionspotential für den Schlag selbst und alle Nachbarbestände dar, da die Pilzsporen von Wind und Regen verfrachtet werden. Dies ist auch die Ursache dafür, daß bei pfluglosem Ackerbau die Blattkrankheiten wieder an Bedeutung gewinnen.

Durch Saatgutbehandlung werden die samenbürtigen Sporen abgetötet und somit frühe Infektionen ausgeschaltet. Wegen des meist unregelmäßigen und oft schlagartigen Auftretens der Blattfleckenkrankheiten dürfen vorbeugende Maßnahmen zur Befallsminderung nicht vernachlässigt werden:

- geeignete Sortenwahl und Anbau blattgesunder Sorten,
- weitgestellte Fruchtfolge; Rüben nicht unmittelbar neben dem letztjährigen Rübenfeld anbauen,
- sauberes Unterpflügen von infizierten Blattresten nach der Rübenernte (Zuckerrüben - Weizen).

Zur direkten Bekämpfung von Cercospora-Blattflecken sind die Fungizide Brestan 60 und kupferhaltige Mittel zugelassen; Brestan 60 ist außerdem gegen Ramularia-Blattfleckenkrankheit ausgewiesen. Die Kontaktwirkung dieser Präparate macht einen vorbeugenden Fungizidschutz möglichst vor dem Auskeimen der Sporen, d. h. sofort beim Auftreten der ersten Blattflecken notwendig. Warndienst beachten! Je nach Befallsdruck und Witterung ist die Behandlung (max. 3) zum Schutz der nachwachsenden Blattmasse zu wiederholen.

Neben den genannten Blattkrankheiten sind bei Futter- und Zuckerrüben weitere Krankheitserscheinungen bekannt; beispielsweise **Alternaria-Blattbräune** *(Alternaria tenuis)* oder **Echter Mehltau** *(Erysiphe betae)* nach warmen Spätsommertagen. Schäden sind nur nach sehr frühem Befall und anhaltender Infektion zu erwarten. Die Krankheiten treten im allgemeinen selten auf.

3.2.3.4 Lagerfäulen

An gerodeten Futter- und Zuckerrüben sind auf eingemieteten oder zwischengelagerten Rüben verschiedene Lagerfäulen zu beobachten, die durch zahlreiche Pilze (z. B. *Penicillium*- und *Rhizoctonia*-Arten, *Botrytis cinerea, Sclerotinia sclerotiorum)* verursacht werden. Sie gelangen durch Verletzungen in den Rübenkörper und finden bei unsachgemäßer Lagerung (hohe Temperaturen und Feuchtigkeit, Blattreste, Schmutz) gute Entwicklungsbedingungen.

Direkte Gegenmaßnahmen sind nicht möglich. Deshalb müssen vor allem Futterrüben möglichst schonend geerntet, trocken, mit möglichst geringem Schmutz- und Blattanteil und frostfrei gelagert werden. Temperatur und Luftfeuchte sind durch Be- oder Entlüftung zu steuern. Wenn erste Faulstellen beobachtet werden, ist eine baldige Verfütterung empfehlenswert. Bei Zuckerrüben wird dem Befall mit Lagerfäulen durch entsprechende technische Einrichtungen (z. B. Belüftung) und durch zügige Verarbeitung vorgebeugt.

3.2.4 Tierische Schädlinge

Zucker- und Futterrüben werden von einer Reihe tierischer Schaderreger bedroht. Keim- und Jungpflanzen sind davon in besonderem Maße betroffen, da die aus einem Einzelkorn sich entwickelnden Pflanzen ideale Voraussetzungen für den »Angriff« von unter- und oberirdisch lebenden Schädlingen bieten.

3.2.4.1 Bodenschädlinge

Keimende und auflaufende Rübenpflanzen sind durch zahlreiche Bodenschädlinge gefährdet, von denen vor allem Moosknopfkäfer, Springschwänze, Tausendfüßer und Drahtwurm wirtschaftlich spürbare Pflanzenverluste verursachen. Ungleichmäßiger und lückiger Feldaufgang, welkende und absterbende Keimpflanzen sowie mehr oder weniger deutliche Fraßstellen an den Keimwurzeln lassen auf Befall mit diesen Schädlingen schließen.

Moosknopfkäfer *(Atomaria linearis)*

Der nur 1 bis 1,5 mm große, bräunlich gefärbte, scheue Käfer frißt kleine, rundliche Löcher in den Wurzelhals und gelegentlich auch in die Keim- und Herzblätter der Rübenpflänzchen. Die Keimlinge kippen bei starkem Fraß um. Der Käfer überwintert an Rüben- und Pflanzenresten im Boden und besiedelt von dort aus die Bestände. Ein vermehrtes Auftreten ist dann festzustellen, wenn Rüben nach Rüben folgen oder vorjährige Rübenfelder, Blatt- und Rübenmieten an das Feld angrenzen. Das häufige Einpflügen großer Mengen an Rübenblatt dürfte eine Ursache für den in den letzten Jahren zunehmenden Befall sein.

Springschwänze oder Collembolen *(Onychiurus*- und *Sminthuriden*-Arten*)*

Die kleinen, weißen, feuchtigkeitsliebenden Insekten (1 bis 2 mm) mit kugeligen oder gestreckten Körpern schädigen unter- oder oberirdisch durch Schabefraß an Keimlingen oder Keimwurzeln bzw. auf der Blattunterseite der Keimblätter. Collembolen sind normalerweise wertvolle Humuszersetzer. Bei unzureichend verrotteter organischer Substanz (Stallmist, Strohrest, Zwischenfrüchte) kann jedoch deren Massenvermehrung im zeitigen Frühjahr so stark gefördert werden, daß einige »Spezialisten« auch lebendes Pflanzenmaterial angreifen. Nur unter solchen Bedingungen und verzögerter Keimlingsentwicklung infolge Bodenverkrustung oder Kälte sind größere Pflanzenverluste möglich.

Tausendfüßer (mehrere Arten)
Vorwiegend der **Gemeine Tausendfüßer** *(Blaniulus guttulatus)* zerfrißt junge Wurzeln und nagt dicht unter der Bodenoberfläche Löcher in das Hypokotyl. Die Keimpflanzen beginnen zu welken und sterben ab. Tausendfüßer halten sich bevorzugt in feuchten, humusreichen Böden auf, wo sie sich von abgestorbenem Pflanzenmaterial ernähren. Ähnlich wie bei Collembolen wirken unzersetzte organische Pflanzenreste befallsfördernd. Kann bei Frühjahrstrockenheit das Feuchtigkeitsbedürfnis der Tiere nicht mehr gedeckt werden, wird dieses an jungen Unkräutern und Rübenpflänzchen »gestillt«.

Drahtwürmer *(Agriotes*-Arten*)*
Die Fraßschäden der Larven verschiedener Schnellkäferarten sind denen von Tausendfüßern ähnlich, können aber auch noch an älteren Pflanzen beobachtet werden. Die hellbraunen »drahtigen« Larven sind in unmittelbarer Nähe der Wurzeln von welkenden oder abgestorbenen Pflänzchen zu finden.

Drahtwürmer benötigen für ihre Entwicklung zum Schnellkäfer mehrere Jahre, so daß innerhalb eines Befallsgebietes alle Larvenstadien gleichzeitig vorhanden sind. In humosen, feuchten Lagen, nach Wiesenumbruch oder mehrjährigem Feldfutterbau können beträchtliche Schäden entstehen. Besondere Vorsicht ist deshalb auf humosen Böden oder drei bis fünf Jahre nach dem Umbruch geboten (Kontrollmethode: siehe Seite 58).

Sichtbare Schäden durch Bodenschädlinge sind mit direkten Maßnahmen kaum mehr zu reparieren. Das gesamte Zuckerrübensaatgut und das pillierte Futterrübensaatgut ist daher zum Schutz gegen Bodenschädlinge mit dem Wirkstoff Carbofuran (Carbofuran-Pille) behandelt. Beim Rübenanbau mit geringen Ablageweiten und Korrekturhacke ist der Saatschutz gegen **Moosknopfkäfer** u. a. Bodenschädlinge wirksam. Auch gegen Frühbefall durch oberirdisch fressende Schädlinge, z. B. **Erdflöhe** oder **Rübenfliege** ist eine Wirkung zu erwarten. Eine zusätzliche Insektizidbehandlung ist nur in Ausnahmefällen erforderlich. Bei Futterrübensaatgut, das noch keinen vorbeugenden Insektizidschutz enthält, ist eine Saatgutbehandlung oder Flächenbehandlung (siehe Seite 214) empfehlenswert.

Vorbeugend gegen Bodenschädlinge können alle Maßnahmen genutzt werden, die die Keimung und Jugendentwicklung der Rüben begünstigen. Dazu zählen
- optimale Saatbettbereitung,
- nicht zu frühe Aussaat,
- Vermeidung von Verdichtungen und Verkrustungen,
- ausreichende Kalkversorgung.

Auf Flächen, die regelmäßig Drahtwurm- oder Moosknopfkäferbefall erwarten lassen, sollte möglichst nicht auf Endabstand gesät werden, um evtl. Pflanzenverluste ausgleichen zu können. Durch weitgestellte Rübenfolge, gleichmäßige Einarbeitung und gute Verrottung von Blatt- und Rübenresten sowie Anbau von Rüben nicht direkt neben vorjährigen Rübenfeldern kann größeren Schäden durch Moosknopfkäfer vorgebeugt werden. Kurz vor der Rübensaat darf keine Übermenge von unzersetzter organischer Masse aus der Vor- oder Zwischenfrucht in den Boden eingebracht werden, um eine Vermehrung der natürlichen Humuszersetzer (z. B. Collembolen oder Tausendfüßer) in Grenzen zu halten. Bei Herbizidbehandlungen im Bandspritzverfahren oder Nachauflaufbehandlungen dienen die vorübergehend stehenbleibenden Unkräuter den Bodenschädlingen als »Ablenkungsfutter«.

Im vereinzelungslosen Zuckerrübenanbau oder wenn viel organische Masse durch Stroheinarbeitung oder Zwischenfrüchte vorhanden ist, kommt der Bekämpfung von Bodenschädlingen große Bedeutung zu. Jeder aufgelaufene Rübenkeimling muß erhalten bleiben. Wird höherer Befallsdruck durch Bodenschädlinge erwartet, ist eine Saatfurchenbehandlung beispielsweise mit den Granulaten Counter 2 G (Terbufos) oder außerhalb von Wasserschutzgebieten mit Curaterr Granulat (Carbofuran) möglich. Die Granulate wirken gegen Moosknopfkäfer und Rübenfliege, Counter 2 G außerdem gegen frühen Blattlausbefall, Curaterr Granulat (mit 1,0 g/lfd. m) gegen Drahtwurm. Die Präparate müssen mit einem geeigneten Granulatstreuer unmittelbar hinter der Saatablage in die noch offene Saatfurche ausgebracht und sorgfältig mit Erde abgedeckt werden. In Sonderfällen kann auch eine Flächenbehandlung mit lindanhaltigen Mitteln oder Dursban flüssig vor der Saat mit Einarbeitung gegen Drahtwurm und Moosknopfkäfer erfolgen.

Ackerschnecken *(Deroceras*-Arten*)*
Unter feuchten Witterungsbedingungen und bei Vorhandensein von reichlich organischer Masse (Mulchsaat) bereiten Nacktschnecken während der Auflaufphase erhebliche Schwierigkeiten, indem sie nachts und in der Dämmerung die jungen Keimlinge und ersten Laubblätter unter- und oberirdisch abfressen und den Vegetationskegel zerstören. Sie sind unter Erdkluten versteckt und nicht ohne weiteres zu sehen. Silbrigglänzende Schleimspuren und abgeschürfte Blattreste sind ein sicherer Beweis für Schneckenbefall. Bei anhaltend feuchter Frühjahrswitterung oder an feuchten Standorten in der Nähe von Wiesen, Graben- oder Waldrändern sind stärkere Ausfälle zu befürchten. Falls der Befall nicht rechtzeitig erkannt und abgewehrt wird, können Teilflächen total geschädigt werden.

Die Wahrscheinlichkeit von Schneckenschäden wird durch feinkrümeliges, gut abgesetztes Saatbett und sorgfältiges Einbringen von Zwischenfrüchten (vorher abwelken lassen) vermindert. Besondere Aufmerksamkeit erfordern die erwähnten befallsgefährdeten Rübenschläge. Kontrollen sind vor allem in der Dämmerung nach der auf Seite 58 beschriebenen Vorgehensweise durchzuführen. Bei Befall muß unverzüglich Schneckenkorn gestreut werden, wobei unter Umständen Rand- oder Teilflächenbehandlungen ausreichend sind. Bei feuchten Witterungsbedingungen müssen die Befallskontrollen auch nach der Behandlung fortgesetzt werden.

3.2.4.2 Blattschädlinge

Rübenfliege *(Pegomyia betae)*
Etwa zu Beginn der Roßkastanienblüte ist mit der Eiablage auf den Keim- und ersten Laubblättern der Rüben zu rechnen. Von der in mehreren Generationen auftretenden Rübenfliege schädigt im allgemeinen nur die erste Generation wegen der dann noch geringen Blattmasse der jungen Rübenpflanzen. Die Bedeutung des Frühbefalls hat aber in den letzten Jahren durch den Insektizidschutz in der Saatgutpille abgenommen. Durch den Minierfraß der gelblichen Larven zwischen Blattober- und -unterhaut entstehen anfänglich hellgrüne, später bräunliche, unregelmäßige, blasige Flecken. Mit fortschreitendem Befall vergrößern sich die Blattminen; das geschädigte Blattgewebe vertrocknet und reißt auf. Der augenscheinliche Schaden darf jedoch nicht überbewertet werden. Nur bei sehr frühem Befall und verzögertem Jugendwachstum sind nachhaltige

Tab. 56. Mittel zur Bekämpfung von Rübenschädlingen

Schädling	Mittel – Beispiel	Aufwand-menge	Auflagen	Anwendungs-termin	Preis (DM/kg bzw. l)
Moos-knopfkäfer, Boden-schädlinge	Carbofuran-Pille (Spezialpillie-rung)	–	–	In die Pille ein-gearbeitet	–
	Counter 2G	0,5 g/m	B3,T,264,630	Unmittelbar zur Saat in die Saatfurche aus-bringen	14,–
	Curaterr-Granulat	1.0 g/m	B1,Xn,W,630,264		13,–
	Dursban flüssig	2,0 l/ha	B1,Xn,264,630	Vor oder unmit-telbar nach der Saat spritzen; vor der Saat mit Einarbeitung	106,–
	Nexit flüssig[1)]	1,0 l/ha	B1,Xn,230,264		87,–
Rüben-fliege, Blattläuse	Counter 2 G	0,5 g/m	B3,T,264,630	Unmittelbar zur Saat in die Saatfurche aus-bringen	14,–
	Temik 5 G (Frühbefall)	1,0 g/m	B1,T,W,261,630		17,–
	Dimethoat-Präparate	0,6 l/ha	B1,Xn,W,230,264	Warndienst beachten	22,–
	Dipterex MR	0,9 l/ha	B1,T,630		33,–
	Ultracid 40	0,6 l/ha	B1,T,264,630		68,–
Rüben-fliege	Ripcord 10	0,6 l/ha	B2,Xn,630,264	Warndienst beachten	81,–
Blattläuse (als Virus-vektoren)	Metasystox R	0,6 l/ha	B1,T,264,630	Warndienst beachten	47,–
	Pirimor	0,3 kg/ha	B4,Xn,230,263		117,–
Rüben-nematoden	Temik 5 G	1,0 g/m	B1,T,W,261,630	Unmittelbar zur Saat	17,–

1) Keine Anwendung in Wasserschutzgebieten in Baden-Württemberg
W: keine Anwendung in Wasserschutzgebieten
B 1: Bienengefährlich
B 2: Bienengefährlich, ausgenommen bei Anwendung nach dem täglichen Bienenflug bis 23.00 Uhr
B 3: Bienen werden nicht gefährdet aufgrund der durch die Zulassung festgelegten Anwendung des Mittels
B 4: Nicht bienengefährlich aufgrund einer amtlichen Prüfung
T: giftig
Xn: mindergiftig
230/630: Keine Anwendung auf stärker geneigten Flächen bei Abschwemmungsgefahr in Gewässer. Anwendung nicht in unmittelbarer Nähe (10 m) von Gewässern.
263: Mittel ist giftig für Fischnährtiere
264: Mittel ist giftig für Fische und Fischnährtiere

Beeinträchtigungen des Rübenwachstums zu erwarten. An zügig wachsenden Rüben können Blattflächenverluste bis zu 20% toleriert werden, ohne daß merkliche Ertragsverluste zu befürchten sind.

In der Regel wird bei Verwendung der Carbofuran-Pille oder bei Einsatz von insektiziden Granulaten zumindest Frühbefall der Rübenfliege abgewehrt. Dennoch ist es ratsam, den Warndienst zu beachten und die Rübenbestände laufend zu kontrollieren, um nach Überschreiten der bekannten Schwellenwerte (Tab. 15) gezielt eine Insektizidbehandlung vornehmen zu können.

Wenn keine Carbofuran-Pille ausgesät wurde (z. B. bei Futterrüben), stoppt eine rechtzeitige Behandlung den Befall und verhindert Schäden. Für den Insektizideinsatz kommen die in Tab. 56 genannten Mittel in Frage. Bei gleichzeitig starkem Blattlausbefall sind Präparate zu empfehlen, die auch gegen Blattläuse wirksam sind.

Blattläuse

Ab Mitte Mai fliegen die ersten Blattläuse in die Rübenbestände ein, von denen in »Läusejahren« vornehmlich die **Schwarze Bohnenlaus** oder **Rübenlaus** *(Aphis fabae)* und die **Grüne Pfirsichblattlaus** *(Myzus persicae)* starke Ertrags- und Qualitätsminderungen verursachen. Bei der Besiedlung werden lückige Bestände bevorzugt. Die **Rübenlaus** (etwa 2 mm lang, blauschwarz bis braunschwarz) befällt die Herzblätter und Blattunterseite der Sommerwirte und bildet Kolonien. Die Blätter kräuseln sich und rollen sich ein. Bei warmer, trockener Witterung vermehren sich die Läuse sehr rasch und beeinträchtigen durch ihre Saugtätigkeit und Bildung von »Honigtau« das Blattwachstum der jungen Rüben. Hinzu kommt, daß sie - wenn auch selten - das nekrotische Vergilbungsvirus (BYV) übertragen können. Ende Juli bricht die Blattlauspopulation infolge Verpilzung, Parasitierung (z. B. Schlupfwespe) oder Dezimierung durch natürliche Gegenspieler (z. B. Marienkäfer, Florfliegen usw.) zusammen. Die zahlenmäßig meist geringer auftretenden **Grüne Pfirsichblattläuse** (1,7 bis 2,7 mm lang, grünlich) sind als Hauptüberträger der verschiedenen Erreger der virösen Vergilbung schädlich. Nesterweise beginnende Vergilbungserscheinungen an älteren Blättern sind die Folge. Verformungen der Blätter durch Besaugen sind nur bei stärkerem Befall festzustellen.

Insektizide Wirkstoffe in der Rübenpille (Carbofuran) reichen aus, um den ersten Anflug abzuwehren. Gegen früh erscheinende Grüne Pfirsichblattläuse sind auch die zur Saat beigedrillten insektiziden Granulate Temik 5 G (Aldicarb) und Counter 2 G (Terbufos) wirksam. Im allgemeinen kann mit einer Wirkungsdauer bis maximal acht Wochen nach der Saat gerechnet werden. Wurden diese Vorbehandlungen nicht durchgeführt, müssen die Rübenbestände sorgfältig kontrolliert und die Warndiensthinweise genau beachtet werden. Besondere Aufmerksamkeit ist bei Rüben in der Nähe von Hausgärten, Sonderkulturen und Rübenmieten geboten. Zuflugbeginn und Massenbesiedlung sind witterungsabhängig. Bei Erreichen der wirtschaftlichen Schadensschwellen (Tab. 15) sind Abwehrmaßnahmen notwendig; dafür stehen zahlreiche Insektizide zur Verfügung. Nützlingsschonenden Insektiziden ist Vorrang zu geben. Der Ausbreitung von Virusvektoren muß durch eine gezielte gemeinschaftliche Aktion begegnet werden.

3.2.4.3 Nematoden

Die Verseuchung der Böden mit Nematoden (= Fadenwürmer) wird häufig unterschätzt und vielfach auch zu spät erkannt. Bei Rüben, insbesondere im intensiven Zuckerrübenanbau, werden **Rübennematoden** oder **-zystenälchen** *(Heterodera schachtii)* und **Rübenkopfälchen** *(Ditylenchus dipsaci)* wegen ihrer hohen Vermehrungsrate und langen Überlebensfähigkeit im Boden zu einer ernsten Gefahr, falls Rüben und andere anfällige Wirtspflanzen zu häufig in der Fruchtfolge erscheinen. Es sind erhebliche Beeinträchtigungen von Rübenertrag und Zuckergehalt zu befürchten.

Rübennematoden *(Heterodera schachtii)*
Äußere Anzeichen eines Befalls sind nesterweise auftretendes Welken und Kümmern der Pflanzen ab Ende Juni. Charakteristische Schadbilder sind Rübenkörper mit einem dichten Wurzelgeflecht (Wurzelbart), das mit winzigen, stecknadelkopfgroßen, zunächst weißen, dann gelbbraunen Zysten (= Rübenzystenälchen) besetzt ist. Die »Bärtigkeit« ist mit Rizomania (siehe Seite 219) verwechselbar. Die Eier und Larven können in der widerstandsfähigen Zyste jahrelang im Boden überdauern, um bei entsprechendem Wirtspflanzenangebot und unter feuchtwarmen Bedingungen erneut aktiv zu werden. Wirtspflanzen sind neben Futterrüben, Raps und Senf auch zahlreiche Unkrautarten aus der Familie der Gänsefußgewächse und Kreuzblütler, so daß es rasch zu einer Dauerverseuchung und zu der gefürchteten »Rübenmüdigkeit« der Böden kommen kann. Die Verbreitung der Nematoden erfolgt durch Verschleppung mit verseuchter Erde an Maschinen und Geräten oder Pflanzenresten.

Rübenkopfälchen *(Ditylenchus dipsaci)*
Schäden sind im Jungpflanzenstadium an Verdrehungen, Kräuselungen und Verdickungen an Blättern und Blattstielen zu erkennen. Die Pflanzen bleiben im Wachstum zurück. Das volle Ausmaß des Schadens wird jedoch erst im Spätsommer oder bei der Ernte sichtbar, wenn am Rübenkopf schorfartige, schwarz verfärbte, später morsche, ganz oder teilweise verfaulte Stellen (= Rübenkopffäule) zu beobachten sind. Das Schadbild kann auch mit der durch Bormangel verursachten Herz- und Trockenfäule (Seite 193) verwechselt werden. Bei dieser Nematodenart gibt es verschiedene Rassen mit unterschiedlichem Wirtspflanzenkreis. Zahlreiche Unkräuter dienen als »Zwischenvermehrer« und verhindern den natürlichen Populationsrückgang. Die Nematoden bleiben in einem Ruhestadium über viele Jahre lebensfähig und sind nach Wiederbefeuchtung voll infektionsfähig.

Vorhandene Nematodenprobleme sind nur durch sinnvolle, auf Standort und Fruchtfolge abgestimmte (integrierte) Maßnahmen zu lösen. Am erfolgreichsten sind strikte Einhaltung mehrjähriger Anbaupausen und Vermeiden anderer Wirtspflanzen in der Fruchtfolge. Auf mit **Rübenzystenälchen** verseuchten Flächen (Bodenuntersuchungen) dürfen nur alle vier Jahre, bei schwerem Befall alle fünf bis sechs Jahre Futter- oder Zuckerrüben angebaut werden. Nichtwirtspflanzen, wie z. B. Weizen, Gerste, Kartoffeln sind zu bevorzugen; Raps und andere Kreuzblütler – auch als Zwischenfrucht (ausgenommen nematodenresistente Arten) – sind zu meiden. Auf eine regelmäßige Bekämpfung der kreuzblütigen Unkräuter ist Wert zu legen. Das »Aushungern« des **Rübenkopfälchens** über eine gestreckte Fruchtfolge ist sehr schwierig, weil aufgrund des Rassengemisches sowohl Kulturpflanzen (Roggen, Hafer, Mais, Leguminosen) als auch Ungräser und Unkräuter (Klettenlabkraut, Vogelmiere, Hederich, Senf, Flughafer, Knöterich und Meldearten) Wirtspflanzen sind. Vorbeugend ist eine mindestens fünfjährige Fruchtfolge einzuhalten und sorgfältige Unkrautbekämpfung anzustreben.

Durch Anbau von nematodenresistenten Ölrettich- oder Senfsorten als Zwischenfrucht kann vorhandener Besatz von zystenbildenden (Rübennematoden), nicht jedoch von freilebenden (Rübenkopfälchen) Nematoden vermindert werden. Diese biologische Bekämpfungsmethode ist bei schwachem Nematodenbesatz erfolgversprechend, aber auch bei stärkerem Befall als Begleitmaßnahme zur Granulatanwendung sinnvoll. Eine nematodenreduzierende Wirkung wird dann erreicht, wenn spezielle Sorten (beschreibende Sortenliste) nach frühräumenden Vorfrüchten in einen tief gelockerten Boden gesät werden. Die in die Wurzeln eindringenden Nematodenlarven werden am Aufbau einer weiteren Vermehrungsgeneration dadurch gestört, daß die resistenten Sorten keine Ernährungsgrundlage für die Entwicklung der Weibchen bis zur Zyste bieten. Voraussetzung ist eine frühe und sorgfältige Saat sowie gute und schnelle Durchwurzelung des Bodens, damit möglichst viele Nematoden zum Schlüpfen angeregt werden und rasch in die Wurzeln eindringen.

Neben den genannten Maßnahmen gelten auch folgende Empfehlungen:
- Befallene Rübenkörper separat einsammeln und vernichten.
- Alle acker- und pflanzenbaulichen Maßnahmen nutzen, die das Wachstum fördern und dadurch die Schadwirkung der Nematoden in Grenzen halten. Frühe Aussaat, gute Nährstoffversorgung und optimale Bodenstruktur schaffen günstige Startbedingungen für das Rübenwachstum.
- Auf befallsfreien Flächen muß die Einschleppung der Schädlinge mit verseuchter Rübenerde oder Pflanzen unterbunden werden.

Chemische Maßnahmen dienen vorrangig der Ertragssicherung, nicht jedoch der Minderung des vorhandenen Nematodenbesatzes. Für diese Fälle stehen dem Rübenanbauer nematizide Granulate (z. B. Temik 5 G) zur Verfügung, die bei der Aussaat mit Spezialgeräten im Beidrillverfahren in die Saatfurche ausgebracht werden. Sie schützen auch vor Frühbefall mit Rübenfliegen und Blattläusen. Der Einsatz in Wasserschutzgebieten ist verboten, so daß sich die Nematodenbekämpfung auf solchen Flächen äußerst problematisch gestaltet.

4 Winterraps

Raps ist stärker als Getreide, Zuckerrüben, Mais und Kartoffeln jährlichen Ertragsschwankungen unterworfen. Die Schwankungen entstehen durch Witterungseinflüsse, unsachgemäße Bestellung, Unkrautkonkurrenz und Schädlings- und Krankheitsbefall. Grundlage des praktischen Pflanzenschutzes ist daher zunächst eine vorbeugende Schadensbegrenzung durch sachgerechte Anwendung aller kulturtechnischen Maßnahmen. Ziel muß dabei sein, bestmögliche Wachstumsbedingungen für die Kultur zu schaffen. Die Notwendigkeit jeder Pflanzenschutzmaßnahme ist bei weiter sinkenden Produktpreisen kritisch zu prüfen.

4.1 Anbautechnische Maßnahmen

4.1.1 Standortansprüche

Raps hat mit seiner tiefreichenden Pfahlwurzel beste Voraussetzungen, auch auf weniger guten Böden wirtschaftliche Deckungsbeiträge zu bringen. Lagen mit langsamer Abreife der Rapsbestände schneiden dabei besser ab als sommertrokkene Anbaugebiete. Wichtig für stabile Erträge ist eine an Standort und Witterung angepaßte Produktionstechnik.

4.1.2 Fruchtfolge

Raps stellt keine hohen Ansprüche an die Vorfrucht; im allgemeinen ist eine frühräumende Getreideart (Wintergerste, Sommergerste) vorteilhaft, um eine gründliche Bodenbearbeitung, vorbeugende Ungras- und Unkrautbekämpfung, gute Strohrotte und optimale Saatbettbereitung zu ermöglichen. Die günstige Vorfruchtwirkung des Körnerrapses vor allem in getreideintensiven Fruchtfolgen ist wegen Bodengare, Nährstoffzustand, Wasserführung usw. unumstritten.

Rapsintensive Fruchtfolgen bedeuten ein erhöhtes Anbaurisiko durch einen allmählich zunehmenden Befalls- oder Infektionsdruck mit tierischen, besonders aber mit pilzlichen Schaderregern und auch mit Problemunkräutern. Bei dreijähriger Wiederkehr werden Krankheiten, beispielsweise Weißstengeligkeit, Wurzelhals- und Stengelfäule sowie Schädlinge, beispielsweise Stengelrüßler, Schotenrüßler und Schotenmücke zu äußerst gefährlichen Fruchtfolgeschaderregern. Auch Erbsen und Sonnenblumen werden von der Weißstengeligkeit befallen. In den betriebswirtschaftlich interessanten Folgen »Winterraps – Winterweizen – Wintergerste« sind Getreidedurchwuchs und Verunkrautung mit Ackerfuchsschwanz bereits vorprogrammiert. Unter dem nahezu »immergrünen Blätterdach« finden Ackerschnecken gute Überlebens- und Vermehrungsbedingungen. Aus den genannten Gründen sollte Raps nur alle vier bis fünf Jahre auf demselben Felde folgen.

Rapsanbau ist in einer Zuckerrüben-Fruchtfolge problematisch. Körnerraps ist – wie alle Kreuzblütler und die Rübe selbst – eine Wirtspflanze des Rübennematoden *(Heterodera schachtii)*. Ferner ist an den auflaufenden Ausfallraps zu denken, der nicht nur wiederum als Wirtspflanze für Nematoden dient, sondern auch in der Unkrautbekämpfung erhebliche Schwierigkeiten und hohe Herbizidkosten verursacht. Eine regelmäßige Nematodenuntersuchung ist bei diesen Fruchtfolgen unumgänglich.

4.1.3 Bodenbearbeitung

Bodenbearbeitung bedeutet gleichzeitig Saatvorbereitung. Um dem feinkörnigen Rapssaatgut einen schnellen, gleichmäßigen Aufgang und den jungen Rapspflänzchen eine gute Durchwurzelung der Krume zu garantieren, muß ein nach unten für Wasser und Wurzeln offenes, abgetrocknetes, gut abgesetztes, hohlraumfreies, feinkrümeliges Saatbett geschaffen werden. Unter diesen Voraussetzungen werden auch Wirkung und Kulturverträglichkeit der Bodenherbizide begünstigt und den Ackerschnecken Lebensraum entzogen.

Das Stroh der Vorfrucht sollte möglichst geräumt werden. Verbleibt Stroh auf dem Feld, ist auf eine gute Zerkleinerung und exakte Verteilung (keine Strohnester) der Häcksel zu achten. Danach wird der Boden flach bearbeitet, um das Auflaufen von Ausfallgetreide zu fördern, damit es mechanisch vernichtet werden kann. Raps reagiert sehr empfindlich auf Bodenverdichtungen, deshalb sollte nach Möglichkeit auf eine krumentiefe Pflugfurche nicht verzichtet werden. Gleichzeitig wird aufgelaufener Getreide- und Unkrautaufwuchs untergepflügt. Der Einsatz von Packer oder Walze ist für eine geringere Wasserverdunstung und bessere Rückverfestigung des Bodens empfehlenswert. Danach erfolgt die Saatbettbereitung und in diesem Arbeitsgang evtl. auch die Einarbeitung der Vorsaatherbizide. Auf zur Verschlämmung neigenden Böden sollte ein mittelfeines Saatbett bereitet werden.

4.1.4 Aussaat

Die optimale **Saatzeit** beginnt etwa Mitte August und kann nur in klimatisch günstigen Gebieten oder bei gutem Bodenzustand auch noch Ende August bis Anfang September erfolgen. Verspätete Aussaat hemmt die Jugendentwicklung des Rapses und beeinträchtigt die Ertragsbildung negativ. Zu üppige Vorwinterentwicklung erhöht die Auswinterungsgefahr.

Saatzeit und **Saatstärke** stehen in enger Korrelation. Ziel muß sein, daß die Rapspflanzen mit flachliegender Rosette (sechs bis acht Blätter) und gut ausgebildeter Pfahlwurzel in den Winter gehen. Diese Voraussetzungen erfüllen frühe und dünne Saaten. Eng stehende Pflanzen neigen zum Überwachsen und zur Stengelbildung, sind stärker frostgefährdet und können sich im Frühjahr nur schlecht regenerieren. Sie sind anfälliger für Krankheiten und Lager. Der Bestand sollte im Frühjahr etwa 40 bis 50 Pflanzen je m^2 haben; dazu sind je nach Bodenstruktur, Sätechnik und Saatzeit zwischen 3 und 4,5 kg/ha Saatgut erforderlich.

Bei der **Sortenwahl** sind neben der Ertragssicherheit auch Winterfestigkeit, Spätsaatverträglichkeit, Standfestigkeit und Widerstandsfähigkeit gegen verschiedene pilzliche Schaderreger wichtige Kriterien. Für den integrierten Pflanzenschutz im Rapsanbau sind die Resistenzeigenschaften einer Sorte besonders wichtig, da Winterraps nahezu elf Monate auf dem Feld steht und vielen Angriffen von Krankheiten mit langen Infektionszeiträumen ausgesetzt ist. Dem Rapsanbauer ist deshalb zu empfehlen, die Ergebnisse aus Landessortenversuchen als Entscheidungshilfe bei der Sortenwahl zu nutzen. Weitere Fortschritte auf dem Gebiet der Resistenzzüchtung sind auch bei den glucosinolatfreien Sorten zu erwarten.

Rapssaatgut ist grundsätzlich mit insektiziden und fungiziden Beizmitteln behandelt. Wegen unterschiedlicher Inkrustierungsverfahren werden die Fließeigenschaften teilweise verändert. Bei Saatgutwechsel ist deshalb des Abdrehen der Sämaschine und wiederholte Kontrolle des Saatgutflusses (wegen Abrieb) ratsam. Das spezialgebeizte Saatgut muß gleichmäßig vom Boden bedeckt in 2 bis 3 cm Tiefe abgelegt werden, um einen hohen einheitlichen Feldaufgang zu erzielen. Wegen der Gefahr von Vogelschäden darf kein Saatgut auf der Oberfläche liegen bleiben.

4.1.5 Pflanzenernährung

Raps stellt hohe Ansprüche an die Nährstoffversorgung des Bodens. Er nimmt wesentlich mehr Nährstoffe auf als in den Ernterückständen zu finden sind, deshalb muß über den Entzugswert gedüngt werden.

Raps hat einen hohen Bedarf an **Kalk** und braucht einen pH-Wert über 6,5. Zur Anhebung der Bodenreaktion werden Kalkungen angeraten, die entweder nach der Ernte der Vorfrucht auf die Stoppeln oder nach der Saat durchgeführt werden. Die bessere Kalkversorgung führt gleichzeitig auch zu einer stabileren Krümelstruktur des Bodens und mindert die Lebensbedingungen der Dauersporen der Kohlhernie.

Die mineralische Düngung mit **Phosphat** und **Kali** ist auf die Ergebnisse der Bodenuntersuchung abzustimmen. Der Hauptbedarf liegt im Frühjahr während des Schossens. Raps benötigt sowohl für die Herbstentwicklung als auch für das Hauptwachstum im zeitigen Frühjahr viel **Stickstoff.** Ob eine N-Düngung noch im Herbst notwendig ist, hängt von der N-Verfügbarkeit (Bodenqualität, Vorfrucht) ab. Nach Stroheinarbeitung ist grundsätzlich eine Gabe von 30 bis 40 kg je ha angebracht. Dies gilt auch für Septembersaaten und insgesamt schwach entwickelte Bestände. Eine Überdüngung im Herbst hat schlechte Winterfestigkeit, im Frühjahr Verzögerung von Blüte und Reife und vor allem erhöhten Krankheitsbefall zur Folge.

Für optimales Wachstum ist neben den Hauptnährstoffen eine Mindestkonzentration mit **Spurennährstoffen** unentbehrlich. Neuere Untersuchungen zeigen, daß eine ausreichende Versorgung, insbesondere mit **Bor** und **Schwefel** immer wichtiger wird (SCHNUG 1989). Bei mangelhafter Versorgung kommt es zu schlechter Ausbildung der Blüten und Schoten. Deshalb sollten bereits bei der Grunddüngung solche P- und K-Dünger verwendet werden, die entsprechende Spurenelemente enthalten. Mit Bor und Schwefel sollte dann gezielt gedüngt werden, wenn die Bodenuntersuchungen einen Bedarf aufzeigen.

Eine organische Düngung mit **Gülle** ist sowohl im Herbst (20 bis 30 m^3 je ha) auf die Stoppel der Vorfrucht oder zur Stroheinarbeitung als auch im Frühjahr (20 m^3 je ha) mit Exaktverteilern als Kopfdüngung möglich. Eine gute Durchwurzelung verhindert Stickstoffauswaschungen. Die Kenntnis der Nährstoffgehalte der Gülle ist jedoch eine wichtige Voraussetzung für eine harmonische Düngung.

4.1.6 Maßnahmen nach der Ernte

Rapssamen bleiben in tieferen Bodenschichten mehrere Jahre lang keimfähig. Zur Unterbindung von Rapsdurchwuchs in der Folgekultur sollte deshalb zunächst das Auflaufen der ausgefallenen Rapskörner gefördert werden. Ausfallraps ist zwar als »Zwischenfrucht« nutzbar, muß aber zusammen mit noch vorhandenen Ernterückständen spätestens Ende August beim Auflaufen der neuen Rapsbestände in den Boden eingearbeitet sein, um Infektionsquellen verschiedener pilzlicher Schaderreger zu schließen. Die Bodenbearbeitung nach der Ernte ist somit eine wichtige phytosanitäre Maßnahme.

4.2 Integrierte Abwehr- und Bekämpfungsmaßnahmen

4.2.1 Nichtparasitäre Schäden

Nährstoffmangel wird bei Raps relativ selten sichtbar, obwohl er einen hohen Bedarf an Haupt- und Spurennährstoffen hat. Aus diesem Grunde sind regelmäßige Bodenuntersuchungen und eine nährstoffbedarfsgerechte Düngung außerordentlich wichtig. **Bormangel** ist auf alkalisch reagierenden Böden oder nach Aufkalkung häufiger zu beobachten. Die Symptome sind beulenartiges Zusammenrollen der oberen Blätter und rötliche bis gelbbraune Verfärbungen. Anhaltender Mangel führt zu Stauchungen und Verdickungen der Stengel, verkorkenden Längsrissen auf den Blattstielen und schlechter Schotenausbildung. Auf gefährdeten Standorten sind borhaltige Düngemittel mit der Grunddüngung zu verabreichen oder borhaltige Blattdünger (Konzentration max. 1%) zu spritzen. In den letzten Jahren war **Schwefelmangel** an Doppelnull-Raps in verschiedenen

Tab. 57. Feldkontrollen in Winterraps

Zeitpunkt	Kontrolle auf	Methode	Abwehr- und Bekämpfungsmaßnahmen	Erläuterungen
Vor der Saat	Unkräuter Ungräser Ausfallgetreide	Erfahrungen der Vorjahre auf dem Schlag	Sorgfältige Bodenbearbeitung und Saatbettbereitung; Vorsaateinarbeitung von Herbiziden in Wasserschutzgebieten	Seite 227 Seite 230
Nach der Saat	Unkräuter Ungräser Ausfallgetreide	Erfahrungen der Vorjahre auf dem Schlag	Vorauflaufherbizide bei optimalen Anwendungsbedingungen (evtl. Splitting)	Seite 230
Zum Auflaufen	Ackerschnecken	Bretter, Säcke, Schneckenfolie auslegen	Schneckenkorn streuen	Seite 241
Nach dem Auflaufen ES 17	Unkräuter Ungräser Ausfallgetreide	Keimblattstadium beobachten; auszählen	Anwendung von Herbiziden, falls Schadensschwelle überschritten	Seite 228 230
	Rapserdfloh	Gelbschalenfang, augenscheinliche Kontrolle »Fensterfraß«	Jugendwachstum fördern; Insektizidbehandlung, falls Schadensschwelle überschritten	Seite 240
	Wurzelhals- und Stengelfäule Mehltau	augenscheinliche Kontrolle (Lupe!)	Sortenwahl im nächsten Jahr beachten; Fungizide nur in Ausnahmefällen	Seite 234 Seite 238
ES 21 bis Februar	Unkräuter Ungräser Ausfallgetreide	Schadensschwelle ermitteln, Kulturzustand beurteilen	Anwendung von Herbiziden, falls Schadensschwelle überschritten	Seite 228 230
Bei Vegetationsbeginn	Auswinterungsschäden	augenscheinliche Kontrolle, Bestandesdichte feststellen	Umbruch nur, wenn keine ausreichende Pflanzenzahlen; Nachbaubeschränkungen beachten	Seite 233
	Ausfallgetreide	Schadensschwelle ermitteln	Anwendung von Spezialherbiziden im Frühjahr, falls Schadensschwelle überschritten	Seite 228 232

Fortsetzung Tab. 57.

Zeitpunkt	Kontrolle auf	Methode	Abwehr- und Bekämpfungsmaßnahmen	Erläuterungen
Nach Vegetationsbeginn	Rapsstengelrüßler Kohltriebrüßler	Gelbschalenfang	Insektizidbehandlung sofort bei Erreichen der Schadensschwelle; Bestandsentwicklung fördern	Seite 241
Vor der Blüte	Rapsglanzkäfer Kohlschotenrüßler Stengelschädlinge	Gelbschalenfang; abklopfen	Insektizidbehandlung sofort bei Erreichen der Schadensschwelle	Seite 243 244
	Wurzelhals- und Stengelfäule Cylindrosporiose	augenscheinliche Kontrolle (Lupe!)	vorbeugende Abwehrmaßnahmen vormerken (Sortenwahl!), Fungizide gegen Sclerotinia haben Nebenwirkung	Seite 234 Seite 236
Bei der Blüte	Kohlschotenrüßler Kohlschotenmücke	abklopfen Flug beobachten	Insektizidbehandlung nur bei sehr starkem Befall evtl. in Kombination mit Fungiziden; Bienenschutz-Verordnung beachten!	Seite 244
	Rapskrebs Rapsschwärze	Befallswahrscheinlichkeit schätzen	vorbeugende Fungizidmaßnahmen	Seite 235 238
Nach der Blüte	Rapskrebs Abreifekrankheiten Rapsschwärze	augenscheinliche Kontrolle und Befallsermittlung	keine Bekämpfung mehr möglich; vorbeugende Maßnahmen für nächstes Jahr vormerken	Seite 235 239 Seite 238
	Schotenschädlinge	Beurteilung der geschädigten Schoten	keine Bekämpfung mehr möglich	Seite 244
Nach der Ernte	Stengel- und Wurzelhalserkrankungen	augenscheinliche Kontrolle und Befallsermittlung auf der Stoppel	Ernterückstände und Ausfallraps unterpflügen; vorbeugende Maßnahmen für nächstes Jahr vormerken	Seite 234 239

Anbaugebieten zu beobachten. Die Symptome zeigen sich zunächst an chlorotischen Gelbfärbungen der jüngeren Blätter und kümmerlichem Wuchs (mit N-Mangel verwechselbar). Bei akutem Mangel verfärben sich die Blütenblätter hellgelb bis weiß, die Pflanzen reagieren mit unvollständiger Schoten- und Samenausbildung. Der Rapsertrag sinkt. Werden solche Schäden beobachtet, ist eine Pflanzenanalyse und Bodenuntersuchung anzuraten. Vor vorbeugender Schwefeldüngung wird jedoch gewarnt. Nur auf der Grundlage von Empfehlungen ist eine gezielte Düngung mit sulfathaltigen Boden- und Blattdüngern vorzunehmen und diese regelmäßig in die Düngerplanung einzubeziehen.

Durch **Frost** kann es bei Raps zu Auswinterung während der Vegetationsruhe oder zu Pflanzenschäden nach Vegetationsbeginn kommen. Mit **Auswinterung** ist dann zu rechnen, wenn ein plötzlicher Kälteeinbruch ohne schützende Schneedecke auf wenig »abgehärtete« Pflanzen im Spätherbst, sowie länger anhaltende Kahlfröste unter -15 °C oder starke Wechselfröste ausgangs Winter auf Pflanzen und Wurzeln einwirken. Das Schadbild geht von teilgeschädigten Pflanzen mit stark abgefrorenen Blättern, deren Vegetationskegel aber noch nicht ernsthaft geschädigt sind, bis hin zu Totalschaden mit mehr oder weniger großen Fehlstellen im Bestand. Besonders gefährdet sind solche Pflanzen, die entweder durch zu späte Saat noch klein oder durch zu frühe und dichte Saat und reichliche N-Versorgung besonders üppig entwickelt sind. Die Aussaat muß deshalb so erfolgen, daß Winterraps noch vor Vegetationsruhe den Boden gründlich durchwurzelt. Larven des Rapserdflohs begünstigen infolge des Minierfraßes die Frosteinwirkung.

Spätfröste während des Streckungswachstums des Rapses verursachen Verkrümmungen und Aufplatzen der Stengel. Das Schadbild ist mit Befall der Stengelschädlinge verwechselbar. Der Schaden verwächst sich meist wieder, die Wachstumsrisse sind jedoch Eintrittspforten für pilzliche Schaderreger (z. B. *Phoma lingam, Botrytis cinerea*). Kälte während der Blüte kann zum Umknicken der Blütenstände und zu vermindertem Schotenansatz führen.

Durch Anwendung von Herbiziden in und neben Rapsbeständen sind **Herbizidschäden** möglich. Rapsherbizide verursachen bei schlechter Saatbettbereitung, unsachgemäßer Saat, Überdosierung oder nach Starkregen Keimschäden, sobald der Wirkstoff in die Keimzone des Rapskeimlings gelangt. Eine ordnungsgemäße Saatbettherrichtung ist deshalb Voraussetzung für eine gute Verträglichkeit solcher Wirkstoffe. Bei der Unkrautbekämpfung im Getreide mit wuchsstoffhaltigen Mitteln ist in der Nähe von Raps besondere Vorsicht geboten, da Abtrift zu starken Wachstumsstörungen führt.

Die **Knospenwelke** ist ein noch nicht eindeutig erklärbarer Schaden. Das Schadbild zeigt sich meist in der unteren Hälfte des Blütenstandes, indem die Blütenanlagen vertrocknen und deutlich verkürzte Blütenstiele ohne Schotenansatz zurückbleiben, ähnlich wie bei Glanzkäferbefall. Ursache sind vermutlich Störungen in der Wasser- und Nährstoffversorgung, insbesondere bei Wechselwitterung und Trockenheit.

4.2.2 Unkräuter

4.2.2.1 Notwendigkeit der Bekämpfung

Winterraps besitzt – abgesehen vom Jugendstadium – eine starke Konkurrenzkraft gegenüber Ungräsern und Unkräutern. Versuchsergebnisse (Hurle und Kemmer 1983; Dingebauer 1990; Wahmhoff 1990) belegen, daß bei mittlerer

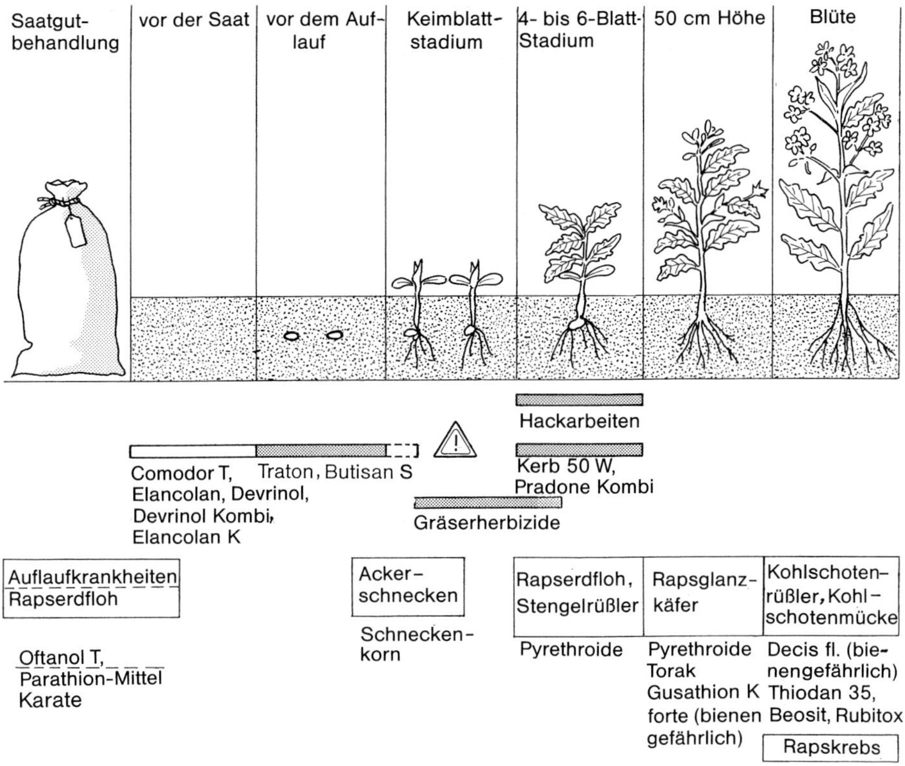

Abb. 57. Pflanzenschutzmaßnahmen in Raps (Schadorganismen, Mittelbeispiel, Einsatzzeitpunkt).

Verunkrautung mit etwa 15 bis 20% Unkrautdeckungsgrad nur etwa die Hälfte aller Herbizidmaßnahmen kostendeckende Mehrerträge brachten. Auf unkrautwüchsigen Standorten ließen sich dagegen durch Herbizidanwendung empfindliche Ertragsverluste im Vergleich zu unbehandelten, stark verunkrauteten Parzellen verhindern. Daraus ergibt sich die Forderung, daß vor allem herbstkeimende Unkrautarten rechtzeitig ausgeschaltet werden müssen. Für die Notwendigkeit der Unkrautbekämpfung sprechen aber nicht nur sichere und bessere Rapserträge, sondern auch Qualitätskriterien des Erntegutes (z. B. Fremdbesatz, Feuchtigkeitsgehalt) und betriebswirtschaftliche Gesichtspunkte (z. B. Ernteerschwernisse, Reinigungs- und Trocknungskosten). Auch die Ausschaltung blühender Unkräuter wegen des Einsatzes bienengefährlicher Insektizide vor der Rapsblüte oder die Vernichtung von Krankheitsüberträgern (z. B. Kreuzblütler) ist eine wichtige Vorsorgemaßnahme.

Auf den Rapsfeldern treten mehr als 20 verschiedene Unkrautarten auf, von denen aber lediglich die in der Abb. 58 genannten ein- und zweikeimblättrigen Arten häufiger vorkommen. Zu den Leitunkräutern in Winterraps zählen Klettenlabkraut, Vogelmiere und Kamillearten. Von den Ungräsern herrschen Acker-

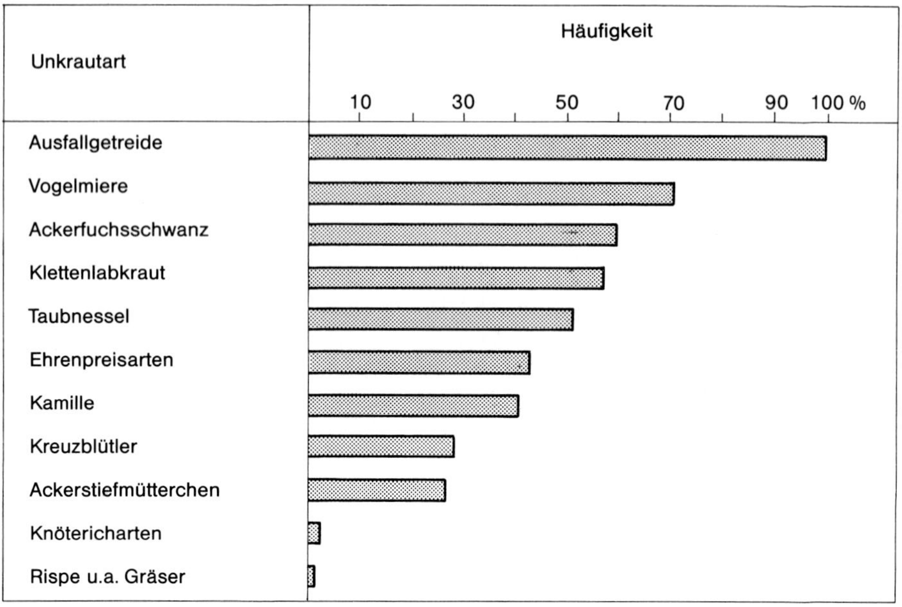

Abb. 58. Häufigkeit der in Winterrapsversuchen (1981 bis 1983) vorkommenden Unkrautarten. 35 Versuche in Baden-Württemberg.

Schadwirkung von Unkräutern und Ungräsern in Winterraps

Schaden	**Unkrautarten** (Beispiele)
Ertragsminderung	Ackerfuchsschwanz, Ausfallgetreide, Klettenlabkraut, Kamille, Vogelmiere
Ernteerschwernisse	Klettenlabkraut, Kamille
Erhöhung der Kornfeuchte	Klettenlabkraut, Kamille
Fremdbesatz im Erntegut	Ausfallgetreide, Klettenlabkraut
Frühblühende Unkräuter	Ehrenpreis-, Taubnesselarten
Hoher Nährstoffentzug	Vogelmiere, Ausfallgetreide
Stärkere Folgeverunkrautung	Klettenlabkraut, Kamille, Ackerfuchsschwanz
Übertragung von Krankheiten	Ausfallgetreide, Kreuzblütler

fuchsschwanz und bei reduzierter Bodenbearbeitung auflaufendes Ausfallgetreide aus der Vorfrucht - in den meisten Fällen Wintergerste - vor. Die genannten Ungräser und Unkräuter sind als besonders bekämpfungswürdig anzusehen. Andere herbstkeimende Arten, wie z. B. Taubnessel, Ehrenpreisarten, Hirtentäschel, Hellerkraut und Ackerstiefmütterchen spielen im allgemeinen eine untergeordnete Rolle. Starkem Unkrautbesatz kann der Raps aufgrund seiner langsamen Jugendentwicklung nur wenig Widerstand leisten, so daß eine Ausschaltung der Unkrautkonkurrenz vor Winter vorrangiges Ziel der acker- und pflanzenbaulichen Maßnahmen sein muß.

4.2.2.2 Mechanische Unkrautbekämpfung

Zu den vorbeugenden Maßnahmen einer nachhaltigen Unkrautbekämpfung gehört zunächst ein sorgfältig hergerichtetes, feinkrümeliges und gut abgesetztes Saatbett, um einen gleichmäßigen Aufgang der Saaten zu erreichen und dem auflaufenden Raps einen Wachstumsvorsprung zu sichern. Dies ist außerdem Voraussetzung für eine gute Wirkung und Verträglichkeit der Bodenherbizide. Für die Saatbettbereitung stehen geeignete Gerätekombinationen zur Verfügung.

Um ein frühzeitiges Auflaufen von Ausfallgetreide zu fördern und späteres Durchwachsen weitgehend zu verhindern, ist sofort nach der Ernte eine flache Stoppelbearbeitung empfehlenswert. Bei Trockenheit erreicht man durch Anwalzen eine beschleunigte Keimung des Ausfallgetreides. Durch wiederholte Bodenbearbeitung werden bereits aufgelaufene Konkurrenten für den Raps ausgeschaltet. Diese Maßnahmen sind jedoch bei später Ernte der Vorfrucht und früher Rapssaat nicht immer erfolgversprechend und müssen deshalb in der Regel durch einen Herbizideinsatz ergänzt werden. Mechanische Maßnahmen, beispielsweise Striegeln des Rapses, sind unter heutigen Anbaubedingungen keine Alternativen zu herbiziden Behandlungen. Nach Aussaat in doppeltem Getreideabstand kann durch Einsatz von Scharhackgeräten eine ausreichende Unkrautkontrolle erreicht werden.

4.2.2.3 Chemische Unkrautbekämpfung

Ein Schadensschwellenkonzept als Entscheidungshilfe für die Beurteilung der Notwendigkeit von Herbizidmaßnahmen befindet sich zur Zeit in Erprobung. In Abb. 59 ist ein von Küst, Heitefuss und Wahmhoff (1990) vorgeschlagenes Verfahren dargestellt, bei dem nicht nur Art und Ausmaß der Verunkrautung, sondern auch die Konkurrenzkraft der Kultur und der Auflauftermin von Kultur und Unkraut erfaßt und beurteilt wird. Auf der Grundlage einer genügend großen Stichprobenzahl ($30 \times 0{,}1\ m^2$ je ha) läßt sich errechnen, ob eine Bekämpfung wirtschaftlich sinnvoll ist oder nicht. Für Klettenlabkraut wird ein vorläufiger Schwellenwert von 0,2 Pflanzen/m^2 angenommen. Wegen der eingeschränkten Mittelpalette müssen die Bekämpfungsentscheidungen gestaffelt von der Aussaat bis zum Wiederergrünen des Rapses im Frühjahr unter Berücksichtigung der in Abb. 60 genannten Kriterien getroffen werden.

Die Wahl des richtigen Herbizides und Verfahrens hängt von folgenden Überlegungen ab: vorwiegend auftretende Unkrautarten, Wirkungsspektrum, Mittelkosten, Wasserschutzgebietsauflagen, Nachbaubeschränkungen bei vorzeitigem Umbruch. Entscheidend sind auch arbeitswirtschaftliche Gegebenheiten und die regionalen Erfahrungen für den Standort. Da alle Rapsherbizide Wirkungslücken haben, ist die Herbizidwahl nach den Leitunkräutern Klettenlabkraut und Kamille sowie Ausfallgetreide und Ungräser auszurichten. Vogelmiere,

	Anzahl Unkräuter									
Stichproben-nummer	Ackerfuchsschwanz und/oder Windhalm	Vogelmiere	Kamillearten	Taubnesselarten	Acker-stiefmütterchen	Ackerver-gißmeinnicht	Hirtentäschel-kraut	sonstige	Kletten-labkraut	
1										
2										
3										
4										
29										
30										
Summe										
errechnete Anzahl/m²										← Pflanzen/m² = $\frac{\text{Summe} \times 10}{\text{Anzahl Stichproben}}$
× Schadfaktor	0,08	0,3	0,05	0,03	0,03	0,03	0,03	0,03		
Produkt									= Summe = ____	
Kulturzustand (Wüchsigkeit) (Lückigkeit)	sehr gut = 0,5 gut = 1 mittel = 1,2 schlecht = „2"								___ × [ ] = ____	
Auflaufzeitpunkt der Unkräuter im Vergleich zur Kultur	gleichzeitig = 1 ≈ 10 Tage später = 0,6 ≈ 20 Tage später = 0,3								___ × [ ] = ____	
Erwarteter Ertrag? ____ dt/ha: 100 = 0. ____									___ × [ ] = ____	
Voraussichtlicher Produktpreis (inkl. MwSt.) +"00"-Zuschlag									___ × [ ] = Verlust DM/ha	
Behandlungskosten je ha (Ausbringungs- und Mittelkosten)									___ × [ ] = Kosten DM/ha	
Herbizidbehandlung, wenn – Verluste größer als Kosten – mehr als 0,2 Pfl./m² Klettenlabkraut										

Abb. 59. Erfassung und Beurteilung der Verunkrautung in Raps unter Berücksichtigung von Schadensschwellen (nach Küst, Heitefuss und Wahmhoff 1990).

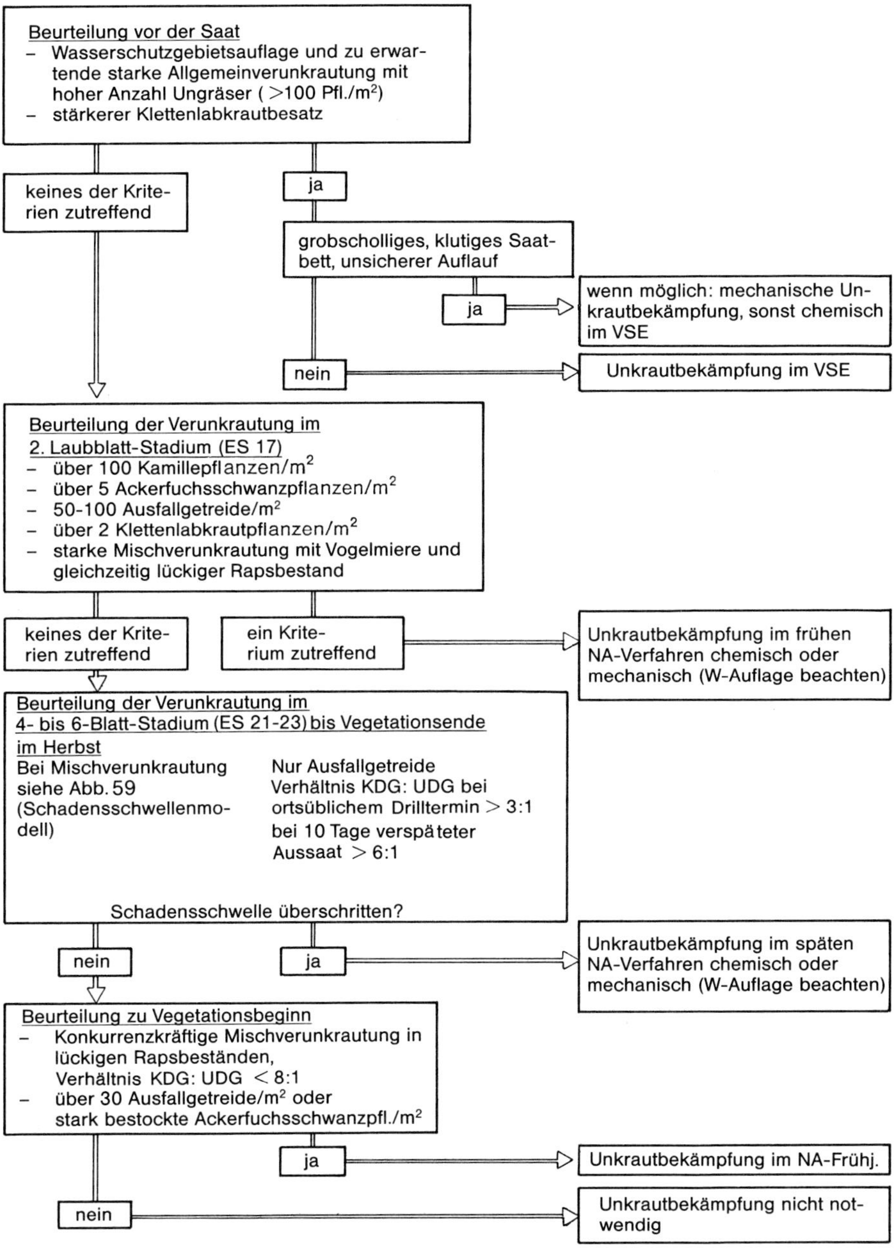

VSE = Vorsaateinarbeitung KDG = Kulturdeckungsgrad

NA = Nachauflauf UDG = Unkrautdeckungsgrad

Abb. 60. Gezielte Unkrautbekämpfung in Winterraps (nach KÜST, HEITEFUSS und WAHMHOFF 1990, verändert).

Taubnessel und Ehrenpreis werden dabei miterfaßt. Eine orientierende Übersicht über Stärken und Schwächen der gebräuchlichsten Rapsherbizide bzw. Herbizidkombinationen gibt die Tab. 58.

Vorauflaufverfahren

Eine vorbeugende Unkrautbekämpfung im Vorsaat- und Vorauflaufverfahren sollte vorrangig auf Schlägen mit zu erwartender starker Verunkrautung, innerhalb von Wasserschutz- und Heilquellenschutzgebieten und in Hanglagen erfolgen. Die Vorsaateinarbeitung von Elancolan oder Demeril 480 EC bei Klettenlabkraut-Vorkommen bzw. Devrinol auf Kamille-Standorten hat sich bei sachgemäßer Anwendung als sicherstes Verfahren erwiesen. Butisan S (W-Auflage beachten) und Traton, die unmittelbar nach der Saat (ohne Einarbeitung) eingesetzt werden, zeigen ebenfalls eine gute Kamillewirkung. Gegen Klettenlabkraut ist Butisan S bei ausreichender Bodenfeuchtigkeit besser wirksam als Traton. Bei beiden Herbiziden ist auf eine sorgfältige Saatbettbereitung und gleichmäßige Bedeckung des Saatgutes mit Feinerde besonderen Wert zu legen.

Bei breiter Verunkrautung, insbesondere Mischverunkrautung von Klettenlabkraut **und** Kamille sind Fertigpräparate, wie z. B. Elancolan K, Devrinol Kombi oder Comodor T und vor allem die Tankmischung von Elancolan und Devrinol (je 2 l bzw. kg/ha) hinreichend wirksam. Ausfallgetreide wird jedoch nicht sicher erfaßt. Eine gute Breitenwirkung wird auch mit Spritzfolgen in Vorsaateinarbeitung (z. B. Elancolan) und im Vorauflauf (z. B. Lasso, Traton oder Butisan S) mit jeweils reduzierten Aufwandmengen erzielt.

Bei allen im Vorsaat- (VSE) oder Vorauflaufverfahren (VA) einzusetzenden Rapsherbiziden ist eine befriedigende Wirkung und ausreichende Kulturpflanzenverträglichkeit nur dann zu erwarten, wenn die Behandlung auf ein feinkrümeliges und gut abgesetztes Saatbett erfolgt. Für eine gute Wirkung der VSE-Herbizide ist die exakte Einarbeitung und gründliche Durchmischung in oberen Bodenschichten (5 bis 8 cm) entscheidend. Nachlässige Stoppelbearbeitung, schlechte Stroheinarbeitung und ungenügende Strohrotte vermindern die Herbizidwirkung. VA-Herbizide führen zu Pflanzenausdünnung und Wuchshemmungen, wenn sie nach unsachgemäßer Saatbettbereitung angewendet und von starken Regenfällen in die Keimzone eingewaschen werden. Deshalb ist es ratsam, bei ungünstigem Bodenzustand und zusätzlicher Bodentrockenheit außerhalb von Wasserschutzgebieten auf das Vorauflaufverfahren zu verzichten und das Nachauflaufverfahren anzustreben.

Nachauflaufverfahren

Dieses Verfahren ermöglicht, schlagspezifisch je nach Kulturzustand und Unkraut- bzw. Ungrasbesatz, eine gezielte Herbizidwahl, Minimierung von Mittelkosten und des Risikos von Herbizidschäden und Nachbauproblemen. Dies entspricht den Forderungen des integrierten Pflanzenschutzes in besonderem Maße. Allerdings ist das Schadschwellenkonzept auf Rapsschlägen innerhalb von Wasserschutzgebieten nur begrenzt anwendbar, da die meisten Nachauflaufherbizide eine Wasserschutzgebietsauflage haben. Grundsätzlich sind Feldkontrollen notwendig, wobei die vorhandene Verunkrautung zu folgenden Entscheidungsterminen zu erheben ist:

- früher Nachauflauf (Raps: 2. Laubblatt-Stadium)
- später Nachauflauf (Raps: 6-Blatt-Stadium)
- Ende der Vegetationsruhe (etwa Mitte Februar).

Tab. 58. Unkraut- und Ungrasbekämpfung in Winterraps

Mittel-Beispiele	Aufwandmenge (l, kg/ha)	Anwendung	Auflagen	Ausfallgetreide	Ackerfuchsschwanz	Klettenlabkraut	Kamille	Ehrenpreisarten	Rote Taubnessel	Vogelmiere	Preis (DM/ha)
Comodor T	5-6	VSE	B3, 630, 264	+	++	+	+	+	+	++	295,-/246,-
Devrinol	2,5	VSE	B3, 630	-	+	-	++	+	-	++	169,-
Elancolan Demeril 480	2-2,5	VSE	B3, Xn, 264, 630	-	+	++	-	+	+	++	135,-/108,-
Elancolan + Devrinol	2 + 1,75-2	VSE	B3, Xn, 264, 630	-	+	++	+	++	++	++	243,-/226,-
Devrinol Kombi Elancolan K	4-5	VSE	B3, Xn, 264, 630	-	+	+	+	++	++	++	249,-/200,-
Butisan S	2,5-3	VA (NA)	B4, Xn, W	-	++	+	++	++	++	++	275,-/230,-
Traton	7	VA	B3, Xn, 261, 630	+	++	-	++	++	++	++	217,-
Depon Super	2,0	NA	B4, Xi	(+)	++	-	-	-	-	-	105,-
Targa	1,25	NA	B4, Xn, 261, 630	++	++	-	-	-	-	-	130,-
Fervinal Plus	2,5	NA	B4, W 230, 261	++	++	-	-	-	-	-	128,-
Fusilade 2000	1,25	NA	B4, Xi 264, 630	++	++	-	-	-	-	-	130,-
Gallant	1	NA	B4, Xi, W 230, 261	++	++	-	-	-	-	-	115,-
Kerb 50 W	1	NA	B4, 261, 630	++	++	-	-	+	-	+	131,-
Pradone Kombi	3,5	NA	B4, W 263, 630	++	++	+	-	+	++	++	225,-

W : keine Anwendung in Wasserschutzgebieten
B3 : Bienen werden nicht gefährdet aufgrund der durch die Zulassung festgelegten Anwendung des Mittels
B4 : Nicht bienengefährlich
Xi : reizend
Xn : mindergiftig
230/630 : Keine Anwendung auf stärker geneigten Flächen bei Abschwemmungsgefahr in Gewässer. Anwendung nicht in unmittelbarer Nähe (10 m) von Gewässern.
261 : Mittel ist fischgiftig
++ : gute Wirkung
\+ : befriedigende Wirkung
\- : keine hinreichende Wirkung
VSE : Vorsaateinarbeitung
VA : Vorauflaufverfahren
NA : Nachauflaufverfahren

Erst nach Überschreiten der Schwellenwerte (Abb. 60) kommt der Einsatz der nachfolgend genannten Mittel und Verfahren in Frage.

Die Ausschaltung von Frühkonkurrenz ist mit Butisan S im frühen Nachauflauf bis zum 4-Blatt-Stadium des Rapses möglich. Günstige Anwendungsbedingungen sind gegeben, wenn die Unkräuter zum Behandlungszeitpunkt noch im Keimblattstadium stehen und der Boden feucht ist. Unter diesen Voraussetzungen kann - ähnlich wie bei Zuckerrüben - die Aufwandmenge reduziert werden. Gegen neu auflaufende Unkräuter ist ggf. eine gezielte Folgespritzung notwendig. Diese Splitting-Anwendungen in den Auflauf der Unkräuter - unabhängig vom Kulturstadium - sind mit verminderten Herbizidmengen ohne Einschränkung der Kulturpflanzenverträglichkeit und Wirkungssicherheit möglich. Wichtig ist, daß die Behandlung im Keimblattstadium der auflaufenden Unkrautwellen (1. NAK; 2. NAK etwa im Abstand von 10 Tagen) erfolgt. Bei starkem Unkraut- und Ungrasbesatz sowie bereits größeren Unkräutern, vor allem Klettenlabkraut mit zwei und mehr ausgebildeten Blattquirlen, ist nur mit normalen Aufwandmengen eine hinreichende Wirkung zu erzielen. Das Risiko von Pflanzenschäden nimmt damit zu.

Mit Pradone Kombi besteht eine sichere Möglichkeit zur gezielten Unkrautbekämpfung im späten Nachauflauf. Es ist gut wirksam gegen Klettenlabkraut und Ungräser; gegen bereits bestockte Ausfallgerste und vor allem schon größere Kamillepflanzen ist die Wirkung unbefriedigend. Als bester Spritztermin hat sich die Anwendung im Spätherbst in möglichst gleichmäßig entwickelten Rapsbeständen erwiesen. Die Behandlungen dürfen wegen möglicher Kulturschäden erst dann erfolgen, wenn der Raps sechs bis acht echte Blätter und eine Wurzellänge von etwa 15 cm hat. Die Anwendung kann bis zum Ende der Vegetationsruhe auch auf gefrorenem Boden erfolgen.

Die Bekämpfung von Klettenlabkraut und Vogelmiere während der Winterruhe ist mit Galtak möglich, das spezifisch gegen diese beiden Unkräuter wirkt. Da es sich um eine relativ teuere Maßnahme handelt, ist die Behandlung nur bei entsprechender Verunkrautung als »Feuerwehrmaßnahme« zu empfehlen. Das Mittel besitzt eine Wasserschutzgebietsauflage und kommt somit für die Anwendung in Wasserschutzgebieten nicht in Frage.

Häufig ergeben sich Probleme mit Ausfallgetreide, insbesondere bei pflugloser Rapsbestellung, das die Jugendentwicklung des Rapses empfindlich stören kann und ein »Reservoir« für das Gelbverzwergungsvirus darstellt. In wintergetreidestarken Fruchtfolgen kommen Ackerfuchsschwanz oder Windhalm hinzu. Ob ein Herbizideinsatz notwendig ist, muß spätestens zu den in Abb. 60 genannten Terminen entschieden werden. Bei Überschreiten der Schadensschwellen ist der Einsatz der in der Tab. 58 genannten Spezialherbizide empfehlenswert. Die Gräserherbizide werden unabhängig vom Entwicklungsstadium des Rapses eingesetzt, sobald die Ungräser vollständig aufgelaufen sind und die Masse sich im 2- bis 4-Blatt-Stadium befindet. Warme, wüchsige Witterung begünstigt die Wirkung, während Trockenheit und Kälte die Wirkung verlangsamen. Unter günstigen Anwendungsbedingungen lassen sich die Aufwandmengen geringfügig reduzieren. Depon Super, Fervinal plus und Fusilade 2000 können auch noch im Frühjahr nach Vegetationsbeginn zur Bekämpfung von Ausfallgetreide eingesetzt werden. Die Herbstanwendung führt aber wegen allgemein günstigeren Bedingungen in der Regel zu besseren Bekämpfungserfolgen als die Frühjahrsbehandlung. Im Spätherbst bei Temperaturen unter 10 °C kann Kerb 50 W eingesetzt werden, das neben grasartigen Unkräutern, einschließlich Ausfallgetreide, auch Vogelmiere und Ehrenpreis erfaßt.

Nachbaubeschränkungen

Bei vorzeitigem Umbruch des Rapses im Frühjahr, beispielsweise wegen Auswinterung, ergeben sich bei einigen Herbiziden aufgrund der langen Abbauzeit der Wirkstoffe im Boden Nachbauschwierigkeiten. Keine Beschränkungen bestehen nach Anwendung von Butisan S oder Gräserherbiziden. Bei allen anderen Herbiziden können mehr oder weniger große Probleme hinsichtlich der Folgekultur und den vorgeschriebenen Bodenbearbeitungsmaßnahmen bestehen. Auf auswinterungsgefährdeten Standorten sollte deshalb solchen Herbiziden Vorrang gegeben werden, bei denen keine Nachbaubeschränkungen bestehen. Vor dem Umbruch ist in jedem Fall zu prüfen, ob die Bestände noch eine ausreichende Bestandesdichte aufweisen. Voreilige Entscheidungen sind abzulehnen.

Tab. 59. Nachbaumöglichkeiten bei vorzeitigem Umbruch von Winterraps

Mittel	S-Gerste S-Weizen	Hafer	Mais	S-Raps	Kartoffeln	Rüben	Körner-Leguminosen
Butisan S	+		+	+	+	+	Erbsen
Comodor T	(Gerste)	-		+	+	-	+
Devrinol	-	-	(+)	+	+	-	Erbsen
Demeril 480 Elancolan	(+)	-		+	+	-	+
Devrinol Kombi Elancolan K	(Weizen)	-		+	(+)	-	Erbsen
Fervinal Plus	+	+	+	+	+	+	+
Fusilade 2000	+	+	+	+	+	+	+
Gallant	+	+	+	+	+	+	+
Galtak	+	+	+	+	+	+	
Kerb 50 W	-	-	(+)	(+)	(+)	-	(+)
Pradone Kombi	(+)[2]	(+)[2]	(+)[1]	(+)[1]	(+)[2]	(+)[2]	(+)[1]
Targa	+	+	+	+	+	+	+
Traton	-	-	+	+	+	-	+

- = Nachbau nicht möglich
\+ = Nachbau nach guter Bodendurchmischung möglich
(+) = Nachbau nach tiefer Pflugfurche möglich
(+)[1] = Nachbau möglich nach einer Wartezeit von 2 Monaten nach der Behandlung
(+)[2] = Nachbau möglich nach einer Wartezeit von 3 Monaten nach der Behandlung und nach tiefer Pflugfurche

4.2.3 Krankheiten

Raps kann vom Auflaufen bis zur Ernte von pilzlichen Schaderregern befallen und geschädigt werden. Zwischen den einzelnen Rapsjahren ergeben sich dabei jedoch beachtliche Unterschiede, da das Krankheitsgeschehen von regionalen Anbauverhältnissen, Fruchtfolge, Kulturmaßnahmen und in erster Linie vom Witterungsverlauf des jeweiligen Anbaujahres beeinflußt wird.

Wurzelhals- und Stengelfäule *(Phoma lingam)*
Sie ist in allen Rapsanbaugebieten als Folge der zunehmenden Anbauausweitung bekannt. Der Pilz beeinträchtigt die Ertragsbildung durch Zerstörung der Leitungsbahnen am unteren Stengelteil. Kranke Pflanzen stagnieren im Wuchs und sterben – vor allem bei frühem, starkem Befall – vorzeitig ab oder knicken um. Erste Infektionen können, wenn auch meist unsichtbar, bereits im Herbst auftreten. Häufiger ist die Krankheit im Frühjahr zu beobachten. Typische Schadsymptome sind Einschnürungen am Wurzelhals und Stengelgrund, die zunehmend verkorken und vermorschen. Spätbefall ist meist an den grau-braun-violetten Verfärbungen am Stengelgrund zu erkennen. Der Pilz kann auch Blätter infizieren und erzeugt dort kreisrunde, bleigraue Blattflecken mit winzig kleinen, schwarzen Punkten (= Pyknidien) in der Innenzone. Verletzungen der Pflanze, z. B. durch Frostrisse oder Stengelschädlinge, sind günstige Eintrittspforten für den Pilz.

Als wichtigste Infektionsquellen gelten der Pilzbesatz sowohl am Saatgut als auch an Ernterückständen, so daß während der gesamten Vegetationsperiode Infektionen erfolgen können. Deshalb ist Rapssaatgut bereits in einem Spezialverfahren mit fungiziden Wirkstoffen behandelt, um einen Schutz der jungen Rapspflänzchen vor Befall mit samen- und bodenbürtigen Pilzkrankheiten zu gewährleisten. Die Dauerwirkung ist jedoch begrenzt.

Der Rapsanbauer muß in erster Linie anbautechnische Maßnahmen zur Minderung des Phomabefalls nutzen. Dazu zählen
- Wahl und Anbau von geringer anfälligen Rapssorten,
- Schaffung optimaler Wachstumsbedingungen (dünne Saat) und somit eine bessere Widerstandskraft der Rapspflanze gegen den Pilz,
- großräumige Vernichtung von Pflanzenresten und Ausfallraps, um Fruchtkörperbildung und Ascosporenflug zu unterbinden,
- vorjähriges Rapsstroh rechtzeitig sauber unterpflügen,
- konsequente Bekämpfung von Rapserdfloh und Stengelschädlingen.

Vorbeugende Fungizidmaßnahmen (einschl. Saatgutbehandlung mit thiramhaltigen Mitteln) sind wegen der langandauernden Infektions- und Befallszeit von der Saat bis zur Ernte nicht effektiv. Fungizidspritzungen zu verschiedenen Terminen erwiesen sich als nicht rentabel oder brachten allenfalls nur einen Teilerfolg, wenn zufälligerweise ein Infektionsschub unterbrochen wurde. Nach neueren Untersuchungen (Schramm 1988; Hoffmann und Schramm 1987) ist frühen Herbstinfektionen besondere Bedeutung beizumessen. Eine rezeptartige Terminierung ist aber nicht möglich. Die Entwicklung eines praxisreifen Prognoseverfahrens wäre für die integrierte Bekämpfung sehr zu wünschen. Für befallsmindernde Maßnahmen ist Folicur im Herbst ab 6-Blatt-Stadium bis Mitte Oktober und im Frühjahr kurz vor der Blüte ausgewiesen.

Weißstengeligkeit oder Rapskrebs *(Sclerotinia sclerotiorum)*
Es ist eine ausgesprochene Fruchtfolgekrankheit, die vor allem in engen Rapsfolgen und unter besonderen Witterungsbedingungen erhebliche Schäden verursachen kann. Die wirtschaftliche Bedeutung ist in den einzelnen Rapsanbaugebieten sehr unterschiedlich. Größere Schäden traten in Süddeutschland bei anfälligen Sorten bisher nur regional in einzelnen Jahren auf. Unter maritimen Klimabedingungen Norddeutschlands tritt Rapskrebs häufiger auf.

Schadsymptome der Krankheit sind handbreite, bleichgelbe bis weißliche Stellen, die ab Anfang Juni zur beginnenden Abreife meist stengelumfassend an Haupt- und Seitentrieben (Handgriffkrankheit) auftreten. Im Inneren des Stengels sind graue, später schwarze kornartige Dauerorgane (= Sklerotien) des Pilzes zu finden. Vergilbung und vorzeitiges Abreifen des Fruchtstandes (Notreife) infolge der Zerstörung der Leitungsbahnen führen zu Kümmerkorn, vorzeitigem Platzen der Schoten und letztlich Ertragsverlusten.

Der Pilz überdauert in den Sklerotien im Boden und kann über mehrere Jahre lebensfähig bleiben. Die Infektionsquellen für die Sporulation, die millimetergroßen schüsselförmigen Fruchtkörper (= Apothezien) sind im Mai - in Einzelfällen auch im Herbst - nur bei intensiver Überprüfung zu finden. Für Auftreten, Krankheitsverlauf und letztlich Schadausmaß sind folgende Faktoren ausschlaggebend:

- Infektionsquellen
  Bei enger Rapsfolge sind genügend Dauerorgane des Pilzes vorhanden, da zahlreiche Unkräuter und selbst Kulturpflanzen dem Pilz als Wirtspflanzen (insgesamt mehr als 300 Pflanzenarten) dienen.
- Witterungsbedingungen
  Entscheidend ist die Witterung vor allem zur Rapsblüte. Wechselhaftes, d. h. regnerisches und sonniges Wetter begünstigen die Krankheit, während Trokkenheit oder Dauerregen die Infektion verhindern. Diese witterungsbedingten Wechselwirkungen machen praktikable Prognoseverfahren über Sporenflug und Infektionsbedingungen äußerst schwierig.
- Anbaulage
  Gebiete mit hoher Luftfeuchtigkeit, z. B. Waldlagen, Nebelgebiete und Täler oder windgeschützte Lagen sind besonders gefährdet.
- Entwicklungsstadium
  In der Vollblüte fallen die ersten Blütenblätter ab und bleiben auf den Blattspreiten und Blattachseln hängen. Die welkenden Blütenblätter sind ein wichtiger »Nährboden« für die Pilzsporen, ohne die kein erfolgreicher Infektionsprozeß erfolgen kann.

Zur Abwehr der Krankheit üben pflanzenbauliche Maßnahmen wie Fruchtfolge, Reihenweite und Bestandesdichte keinen wesentlichen Einfluß aus. Unterschiede in der Resistenz der Rapssorten gegenüber Rapskrebs sind auch bei den neuen glucosinolatfreien Sorten nur schwach vorhanden. Wünschenswert wäre, daß es der Züchtung gelänge, geeignete resistente Sorten zur Verfügung zu stellen. Sorgfältige Bodenbearbeitung und Unkrautbekämpfung halten die Verseuchung des Bodens mit Sklerotien in Grenzen. Tallagen mit hoher Luft- und Bodenfeuchtigkeit sind nach Möglichkeit zu meiden.

Die direkte Bekämpfung des Pilzes kann sich entweder mit Kalkstickstoff gegen die Entwicklung der Fruchtschüsselchen aus den Dauerkörpern oder mit Fungiziden gegen die Keimung der Sporen auf den Pflanzen richten. Die Kalkstickstoffanwendung im Frühjahr - mit 5 bis 6 dt/ha ab Ende Februar bei

1988 - 1990 ($\bar{x}$ = 14 Versuche)
Kornerträge

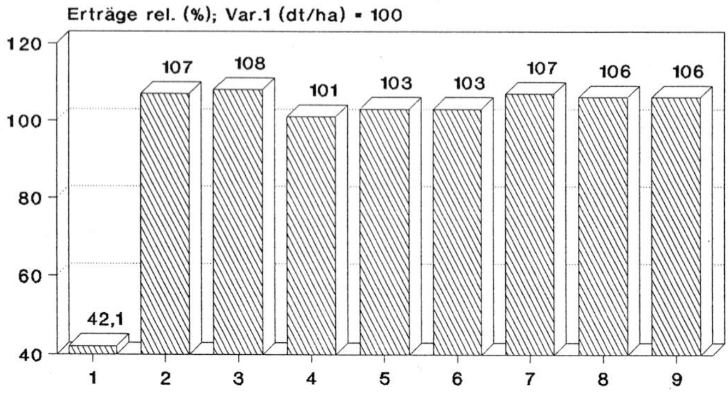

Wirtschaftlichkeit 1988/1989

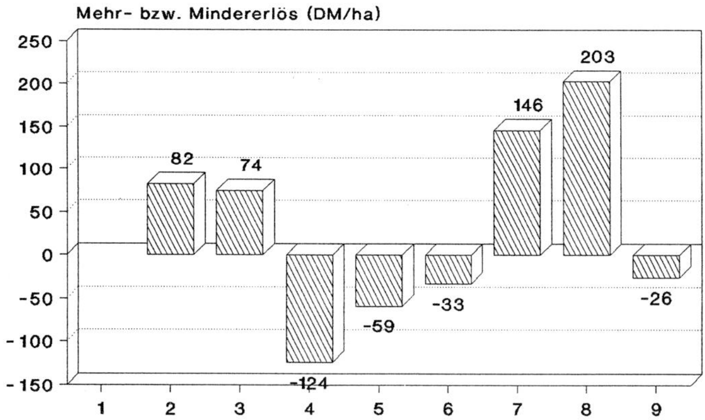

Wirtschaftlichkeit 1990

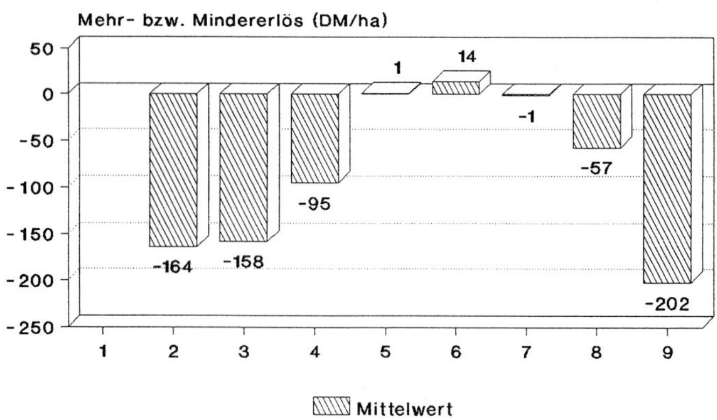

Versuchsplan

Var. Nr.	Mittel	Aufwand kg, l/ha	Anwendung
1	Unbehandelt	-	-
2	Sportak Verisan	1,5 3,0	Herbst, ab EC 21-23 EC 63
3	Sportak Verisan	1,5 3,0	Frühjahr, EC 30 EC 63
4	Sportak	1,5	EC 51-55
5	Verisan	3,0	EC 51-55
6	Sportak	1,5	EC 63
7	Sumisclex WG	1,0	EC 63
8	Verisan	3,0	EC 63
9	Verisan Verisan	3,0 3,0	Herbst, ab EC 21-23 EC 63

Abb. 61. Fungizideinsatz in Winterraps.

trockenen Pflanzen und feuchtem Boden ausgebracht - hat unter günstigen Bedingungen eine befallsmindernde Wirkung. Behandlungen mit den derzeit ausgewiesenen Fungiziden Folicur, Ronilan Fl, Rovral, Sportak, Sumisclex WG und Verisan lassen einen besseren Bekämpfungserfolg erwarten. Eine sichere Prognose existiert wegen der komplizierten epidemiologischen Bedingungen des Pilzes noch nicht. Deshalb sollte nur bei regelmäßigem Auftreten von Rapskrebs und hoher Infektionswahrscheinlichkeit eine Fungizidbehandlung erfolgen. Warndienst beachten! Optimaler Behandlungstermin ist das Stadium der Vollblüte des Rapses (ES 61 bis 65), wenn die ersten Blütenblätter abfallen. Bei Einsatz vor der Rapsblüte (evtl. in Kombination mit Insektizidbehandlungen) sind die Fahrspurverluste zwar geringer, meist werden aber auch geringere Wirkungsgrade - oft nur 50% des Optimums - erzielt.

Die bisher in Baden-Württemberg mit Fungiziden erzielten Ergebnisse schwanken sowohl in der Befallsminderung als auch im Mehrertrag und folglich der Rentabilität der Maßnahme. Die Ursache liegt in der geringen Vorhersehbarkeit der Infektionswahrscheinlichkeit. Kostendeckende Mehrerträge wurden nur dann erzielt, wenn durch den Fungizideinsatz gleichzeitig »Zufallstreffer« gegen Phoma und Rapsschwärze gelungen sind. Unter diesen Voraussetzungen wurde in 14 Versuchen (1988 bis 1990) ein durchschnittlicher Mehrertrag von 3 bis 8% erzielt. Einzelne Behandlungen brachten in den Jahren 1988 und 1989 aufgrund starken Befalls von Rapsschwärze oder Phoma eine Ertragssteigerung bis 15%.

Die Wirtschaftlichkeit des Fungizideinsatzes muß wegen der verfahrenstechnischen Schwierigkeiten und Fahrspurverluste kritisch geprüft werden. Unter Berücksichtigung eines Ertragsausfalls von 5% (wegen Fahrspuren) sowie der Kosten für Mittel und Ausbringung müssen bei einer Ertragserwartung von 30 bis 40 dt/ha folglich mindestens 3 bis 4 dt mehr geerntet werden, wenn Fungizide rentabel sein sollen. Die Wirtschaftlichkeit wird aber nur bei stärkerem Krankheitsbefall (mehr als 20%) erreicht. Auf dieser Berechnungsgrundlage waren in den genannten Versuchen nur etwa 20 von insgesamt 112 Fungizidbehandlungen kostendeckend.

Für die in diesem Zusammenhang interessierende Frage der Einsatzmöglichkeiten von Wachstumsreglern muß noch viel Versuchsarbeit geleistet werden. Ob und wie aussichtsreich der Einsatz sein wird, bleibt abzuwarten.

Rapsschwärze *(Alternaria brassicae)*
Verluste durch Rapsschwärze sind vor allem aus süddeutschen Anbaugebieten bekannt. Zur Zeit der beginnenden Abreife werden zuerst auf den Haupt- und Seitentrieben, später auf den Blüten- und Fruchtständen schwarze Punkte und Striche sichtbar. Später verfärbt sich das umliegende Gewebe, die Schoten schrumpfen und platzen vorzeitig auf. Bei feuchter Witterung bildet sich auf dem befallenen Gewebe ein schwärzlicher, samtartiger Pilzrasen. Der Pilz überdauert an befallenen Pflanzenresten und Saatgut. Alle Kreuzblütler sind Wirtspflanzen. Mit einem epidemischen Auftreten der Krankheit und wirtschaftlich bedeutsamen Ertragsverlusten ist in ausgesprochen feuchten Sommermonaten, und zwar bei häufigen Niederschlägen zwischen Blüte und Reife, zu rechnen. Günstige kleinklimatische Bedingungen in einzelnen Anbaulagen (z. B. Flußniederungen, geschlossene Waldlagen) fördern das Auftreten der Krankheit.

Der Bekämpfung der Rapsschwärze mit Fruchtfolge- oder anbautechnischen Maßnahmen sind enge Grenzen gesetzt, da die Pilzsporen vom Wind verbreitet werden. Zwischen den einzelnen Sorten bestehen geringe Unterschiede in der Anfälligkeit. Durch Vernichtung des Rapsstrohs und Saatgutbehandlung läßt sich vorhandenes Infektionspotential reduzieren. Gülle und hohe Stickstoffgaben wirken befallsfördernd. Fungizide können nur vorbeugend eingesetzt werden, da der Zeitpunkt eines epidemischen Auftretens nicht vorhersehbar ist und außerdem sehr spät liegt. Die Notwendigkeit ist aufgrund örtlicher Erfahrungen zu beurteilen. Zur Bekämpfung ist Verisan und Folicur zugelassen. Erfahrungen zeigen, daß gelegentlich auch mit anderen Fungiziden zur Rapskrebsbekämpfung Nebenwirkungen gegen Rapsschwärze zu erzielen sind.

Für eine nachhaltige direkte Bekämpfung sind Mehrfachbehandlungen erforderlich; diese sind jedoch aus Rentabilitätsgründen (Kornverluste in den Fahrspuren) nicht gerechtfertigt. Eine vorgezogene Ernte stark befallener Bestände kann notwendig werden, um Ertragsausfälle durch vorzeitiges Platzen der Schoten zu mindern.

Grauschimmelfäule *(Botrytis cinerea)*
Die Krankheit kann zwar in allen Rapsanbaugebieten auftreten, war aber bislang nur sporadisch an Einzelpflanzen oder in feuchten Jahren örtlich begrenzt zu finden. Nur bei starkem Befall ist mit wirtschaftlichen Ertragseinbußen zu rechnen. Der Pilz verursacht ein dem Rapskrebs sehr ähnliches Erscheinungsbild mit weißgrauen bis graubraunen Flecken. Bei ausreichender Feuchtigkeit sind die unteren Stengelpartien von einem graubraunen, stäubenden Schimmelrasen bedeckt. Bei frühem Befall bleiben die Pflanzen im Wachstum zurück, die Schoten schrumpfen und platzen vorzeitig auf.

Sonstige Rapskrankheiten
Neben den genannten Krankheiten sind gelegentlich **Falscher Mehltau** *(Peronospora parasitica)* und **Echter Mehltau** *(Erysiphe cruciferarum)*, die beide vorwie-

gend im Herbst vorkommen, sowie **Typhula-Fäule** *(Typhula gyrans)* in Form von Auswinterungserscheinungen zu beobachten. Sie beeinflussen die Ertragsbildung im allgemeinen wenig. Die **Kohlhernie** *(Plasmodiophora brassicae)* mit ihren klumpfußartigen Wucherungen an den Wurzeln hat aufgrund der Anbauausweitung örtlich Bedeutung erlangt.

Viel Beachtung wird derzeit »neuen« Rapskrankheiten geschenkt, die als Folge der zunehmenden Anbauintensität in manchen Gebieten (vorwiegend Schleswig-Holstein, Niedersachsen und Westfalen) ertragsschädigend auftreten. Es handelt sich dabei um sog. **Cylindrosporiosen**, die von *Cylindrosporium concentricum* oder *Pyrenopeziza brassicae* verursacht werden, und den Komplex der sog. **krankhaften Abreife**, an dem mehrere Stengelkrankheiten u. a. *Phoma lingam* und vor allem *Verticillium dahliae* beteiligt sind.

Cylindrosporiosen
Ab Spätfrühjahr treten kreisförmige weiße Flecken auf der Blattunter- und -oberseite in Erscheinung. Die Krankheit wird daher auch als Weißfleckigkeit bezeichnet. Im weiteren Verlauf entstehen auf der Epidermis der Haupt- und Seitentriebe weißliche bis fahlgraue Risse. Sichelförmige Blätter nach Vegetationsbeginn und Mißbildungen der Schoten deuten ebenfalls auf Infektionen. Bei starkem Befall verbräunen die Knospen und Samenanlagen. Für die Krankheitsentwicklung sind milde Wintermonate und längere Regenperioden im Frühjahr ideal; Trockenheit und stärkerer Frost wirken hemmend.

Rapswelke und Stengelfäule *(Verticillium dahliae)*
Der bodenbürtige Pilz kann den Raps bereits im Herbst infizieren; er breitet sich in den Leitbahnen der Rapspflanze aus und verursacht Rapswelke und Stengelfäule mit Ertragsminderungen von 10 bis 50% (Kümmerkorn). Die Schadsymptome sind denen anderer Stengelfäuleerreger (z. B. *Phoma lingam, Sclerotinia sclerotiorum)* ähnlich. Auffallend ist, daß sich gegen Ende der Rapsentwicklung im Bestand nesterweise vorzeitige Abreifeerscheinungen zeigen. Die Unterscheidungsmerkmale zu *Phoma* bestehen darin, daß an befallenen Pflanzen auch die Seitenwurzeln abgefault und Mikrosklerotien im Gewebe zu finden sind. Diese Dauerorgane, die im Boden mehrere Jahre lebensfähig sind, lassen den Pilz zu einer bedeutenden Fruchtfolgekrankheit werden.

Zur Bekämpfung der Cylindrosporiosen und krankhaften Abreife sind vorbeugende acker- und pflanzenbauliche Maßnahmen am wichtigsten. Sorgfältige Einarbeitung von befallenem Rapsstroh oder Ausfallraps nach der Ernte und Förderung der Verrottung der Ernterückstände sowie Aussaat nur gebeizten Saatgutes wirken vorbeugend. Auf eine ausgeglichene Nährstoffversorgung (keine N-Überdüngung) ist zu achten. Der Raps sollte nicht zu üppig in den Winter gehen. *Verticillium dahliae* erhält als Fruchtfolgeparasit mit zunehmendem Rapsanbau bessere Lebensbedingungen. Auf eine weitgestellte Fruchtfolge ist deshalb besonderen Wert zu legen, zumal derzeit keine ausreichenden Abwehrmöglichkeiten durch Anbau resistenter Sorten oder durch chemische Bekämpfung bestehen. Erfahrungen aus Norddeutschland zufolge war bei Ausbringung von Fungiziden gelegentlich der Befall mit Cylindrosporiosen bzw. die Anzahl krankhaft abreifender Rapspflanzen geringer (Hornig 1987; Krüger 1989; Paul 1988). Terminspritzversuche und spezielle Untersuchungen zu diesem Schaderreger-Komplex sind nötig, um der Praxis konkrete Empfehlungen für vorbeugende und direkte Abwehrmaßnahmen geben zu können.

4.2.4 Tierische Schädlinge

Durch den konzentrierten und intensiven Anbau wird eine Vielfalt von tierischen Schädlingen gefördert. In der Abfolge der Vegetation sind dies vor allem

- Frühschädlinge im Herbst,
- Stengelschädlinge im zeitigen Frühjahr,
- Knospen- und Blütenschädlinge,
- Schotenschädlinge während der Samenbildung.

Bei entsprechend starkem Auftreten können die Schädlinge erhebliche wirtschaftliche Schäden verursachen. Schwierig ist die Kontrolle der Schädlinge und die sichere Beurteilung der Befallssituation. Da der Warndienst nur großräumige Informationen geben kann, muß jeder Rapsanbauer die Befallsverhältnisse in seinem Bestand selbst aufmerksam beobachten. Die für die Kontrolle der Rapsschädlinge erforderlichen Hilfsmittel und Methoden wurden bereits im Kapitel 2.1.2, Seite 58 genannt. Wichtig ist das rechtzeitige Erkennen der Schaderreger.

Rapserdfloh *(Psylloides chrysocephala)*
Verschiedene Erdfloharten können bei warmer, trockener Herbstwitterung die jungen Rapspflanzen erheblich schädigen. Die länglich-ovalen, schwarz-blau glänzenden oder gelbgestreiften Käfer fressen rundliche Löcher in die Blätter, bei denen die obere oder die untere Blatthaut erhalten bleibt (Fensterfraß). Durch den Minierfraß der Erdflohlarven in den Blattstielen und Trieben werden die Pflanzen geschwächt und Auswinterungsschäden verursacht, weil Wasser in die Gänge eindringt.

Zur Förderung eines befallsfreien Auflaufs der jungen Rapspflänzchen ist das Rapssaatgut in der Regel mit Saatschutzmitteln gegen Befall mit tierischen (und pilzlichen) Schädlingen gebeizt, die eine Dauerwirkung etwa bis Mitte September sicherstellen. Zur Vermeidung von Vogelvergiftungen ist unbedingt darauf zu achten, daß das Saatgut (auch auf dem Vorgewende) ausreichend mit Erde abgedeckt ist. Nachlassende Wirkung der in den Saatschutzmitteln enthaltenen insektiziden Wirkstoffe kann zu schädigenden Blattverlusten führen. Warndienst beachten und Schläge aufmerksam kontrollieren! Nur bei Überschreiten der wirtschaftlichen Schadensschwellen (Tab. 15) ist eine Bekämpfung mit Insektiziden sinnvoll. Ziel der Maßnahme muß eine gute Sofortwirkung sein, um das Eindringen der Erdflohlarven zu verhindern und die Gefahr der Auswinterung zu mindern. Insektizidspritzungen gegen vorhandenen Larvenfraß sind zwecklos. In diesem Fall ist es besser, das Wachstum der Pflanze durch entsprechende Düngung anzuregen.

Schwarzer Kohltriebrüßler *(Ceutorhynchus picitarsis)*
Dieser, dem Gefleckten Kohltriebrüßler sehr ähnlich sehende Rapsschädling, wurde bisher in Süddeutschland nur auf einzelnen Rapsfeldern beobachtet. Die Besonderheit und damit auch die wirtschaftliche Bedeutung des Schädlings liegt darin, daß er bereits im Herbst die Rapsbestände besiedelt und die Larven – ähnlich wie beim Rapserdfloh – Triebe zerfressen, Frosteinwirkungen begünstigen und das Pflanzenwachstum hemmen. Das weitere Auftreten des schwarzen, bis 3 mm großen Rüsselkäfers muß aufmerksam beobachtet werden, um ggf. geeignete Abwehrmaßnahmen empfehlen zu können.

Ackerschnecken *(Deroceras*-Arten*)*
Schnecken sind mittlerweile zu einem wirtschaftlich bedeutsamen Dauerschädling in Rapsfruchtfolgen geworden, da Raps besonders attraktiv wirkt. Feuchte Witterungsverhältnisse und feuchte Anbaulagen begünstigen das Auftreten. Beachtliche Ausfälle können bereits bei der Keimung der Rapssaat entstehen, so daß nicht selten ein Umbruch erforderlich wird.

Zur Minderung des Schneckenfraßes ist vor der Bestellung auf eine Rückverfestigung des Saatbettes, z. B. durch Walzen oder Krumenpacker, zu achten. Ein guter Bodenschluß mindert den Befall, da Schnecken feuchte, schattige Hohlräume benötigen. Sofort nach der Saat sind auf dem gesamten Rapsschlag intensive Befallskontrollen durch Auslegen von feuchten Säcken, Brettern oder Schneckenfolie durchzuführen. Dabei muß auf silbrig glänzende Schleimspuren geachtet und unter Erdkluten und den ausgelegten Materialien nach versteckten, oft winzigen Schnecken aufmerksam kontrolliert werden. Bei Befall ist umgehend Schneckenkorn auszustreuen. Die Flächen sind auch nach der Behandlung zu beobachten.

Auf Flächen, die erfahrungsgemäß stark mit Schnecken befallen werden, ist die Beimischung eines kleinkörnigen Schneckenkorns zum Rapssaatgut empfehlenswert. Bei diesem sog. Beidrillverfahren muß Saatgut und Schneckenkorn im Drillkasten wiederholt umgerührt werden, damit keine Entmischung erfolgt. Das Schneckenkorn kann auch zusammen mit Kalkammonsalpeter im Düngerstreuer ausgebracht werden. Randbehandlungen reichen oft aus.

Gefleckter Kohltriebrüßler *(Ceutorhynchus quadridens)*
Großer Rapsstengelrüßler *(Ceutorhynchus napi)*
Sie sind die ersten ernst zu nehmenden Rapsschädlinge im Frühjahr. Der Gefleckte Kohltriebrüßler, ein etwa 2,5 bis 3,5 mm großer Käfer mit weiß-grau gefleckten Flügeln, ist in allen Rapsanbaugebieten zu finden. Er besiedelt etwa ab Mitte März bis Mai die Rapsschläge; er ist meistens vor und spätestens mit dem Rapsglanzkäfer bewegungsaktiv. Der Große Rapsstengelrüßler hat vor allem im Süden und in der Mitte der Bundesrepublik Bedeutung. Seine Verbreitung ist aber nicht mehr nur auf klimatisch günstige Anbaugebiete beschränkt. Mit dem Erstanflug des etwa 3 bis 4 mm großen, gräulich gefärbten Rapsstengelrüßlers ist an den ersten warmen, sonnigen Vorfrühlingstagen zu rechnen, sobald die Bodentemperaturen über 6 °C liegen. Durch das Anstechen der Stengel bildet sich gallenartiges Gewebe; der Haupttrieb verdreht sich und platzt auf.

Die Schadwirkung beider Schädlinge beruht auf der Fraßtätigkeit der Larven im Mark von Stengeln und Blattstielen. Je nach Befallsausmaß kommt es zu einer Zerstörung der Leitungsbahnen und Beeinträchtigung des Stofftransportes in der Pflanze, unter entsprechenden Witterungsbedingungen zu Wachstumsstockungen, verminderter Standfestigkeit und mehr oder minder schlechter Samenausbildung. Die von den Larven verursachten »Verletzungen« (z. B. die Ein- und Ausbohrlöcher) an der Pflanze sind häufig Infektionsquellen für Pilzkrankheiten (z. B. *Phoma*). Die Bedeutung der Stengelschädlinge dürfte bisher unterschätzt worden sein.

Die Bekämpfung der beiden Stengelschädlinge ist in der Regel in jedem Jahr vorzunehmen, weil noch keine Prognosemöglichkeiten bestehen. Die Terminierung der Behandlungen erfolgt nach Gelbschalenfängen und Schwellenwerten. Nach Überschreiten der wirtschaftlichen Schadensschwellen (Tab. 15) sollte eine Insektizidbehandlung erfolgen. Rüßlerlarven, die sich bereits in den Stengel

Tab. 60. Mittel zur Bekämpfung von Rapsschädlingen

Mittel-Beispiele	Aufwand-menge/ha	Auflagen	Anwen-dungs-termin	Bemerkungen	Preis (DM/ha)
Rapserdfloh und andere Erdfloharten					
Oftanol T	40 g/kg Saatgut	B3, T, 264	Vor der Saat	Saatgutbehandlung; Saatgut in der Regel behandelt	4,-
Parathion-Mittel	0,21	B1, T+, 264, 630	Befallsbeginn	Flächenspritzung bei Massen-	6,-
Karate	0,1	B2, Xn, 230, 264		auftreten	12,-
Rapsstengelrüßler, Kohltriebrüßler			Große Rosette	Schadensschwelle beachten!	
Ambush	0,12	B1, Xn, 230, 264		Warndienst!	21,-
Cymbush	0,3	B2, Xn, 261, 630			21,-
Karate	0,2	B2, Xn, 230, 264			24,-
Rapsglanzkäfer			Knospen-	Schadensschwelle	
Ambush	0,06	B1, Xn, 230, 264	stadium	beachten!	8,-
Baythroid 50	0,3	B1, Xn, 264		Nur Knospensta-	11,-
Cymbush	0,3	B2, Xn, 261, 630		dium des Rapses	21,-
Decis flüssig	0,3	B2, Xn, 264, 630		gefährdet; andere	21,-
Karate	0,2	B2, Xn, 230, 264		Rapsschädlinge	22,-
Ribinol	0,12	B1, Xn, 230, 264		werden z. T. mit-	35,-
Ripcord 10	0,3	B2, Xn, 230, 264		erfaßt; bei großen	21,-
Gusathion K forte	0,9	B1, T, 230, 264		Flächen Randbehandlung meist	24,-
Ultracid 40	0,6	B1, T, 264, 630		ausreichend.	41,-
Torak	0,6	B4, T, 230, 261	Ab Blüh-	Nicht bienen-	51,-
Rubitox fl.	3,0	B4, Xn, 230, 264	beginn	gefährlich!	81,-
Kohlschotenrüßler Kohlschotenmücke			Blütezeit	Schadensschwelle beachten!	
Torak	0,6	B4, T, 230, 261		Nicht bienen-	51,-
Thiodan 35 fl.	1,2	B4, T, 230, 264		gefährlich!	46,-
Beosit 35 fl.	1,2				
Baythroid 50	0,3	B1, Xn, 264		Bienengefährlich!	21,-
Decis flüssig	0,3	B2, Xn, 264, 630			22,-

W : keine Anwendung in Wasserschutzgebieten
B1 : Bienengefährlich
B2 : Bienengefährlich, ausgenommen bei Anwendung nach dem täglichen Bienenflug bis 23.00 Uhr
B4 : Nicht bienengefährlich
T : giftig
Xn : mindergiftig
230/630 : Keine Anwendung auf stärker geneigten Flächen bei Abschwemmungsgefahr in Gewässer. Anwendung nicht in unmittelbarer Nähe (10 m) von Gewässern.
261 : Mittel ist fischgiftig
264 : Mittel ist giftig für Fische und Fischnährtiere

eingebohrt haben, werden mit derzeit zugelassenen Mitteln nicht mehr bekämpft. Ertragsergebnisse und praktische Erfahrungen bestätigen, daß Bekämpfungsmaßnahmen sofort oder wenige Tage nach Besiedlung der Rapsbestände und bei anhaltendem Zuflug eine zweite Spritzung nach etwa 14 Tagen am besten abschneiden. Mit solchen Spritzfolgen werden auch schon vorhandene Rapsglanzkäfer oder Kohlschotenrüßler erfaßt. Frühzeitige und fortlaufende Beobachtungen des Besiedlungsverlaufes nach bereits erfolgter Behandlung sind deshalb unabdingbar.

Rapsglanzkäfer *(Meligethes aeneus)*
Er ist ein wirtschaftlich bedeutsamer und der am meisten verbreitete Rapsschädling. Die bläulich bis schwarz glänzenden Käfer besiedeln ab 10 °C die Rapsschläge. Bei wechselnden Witterungsbedingungen erscheinen die Käfer meist in Schüben. Sie zerfressen die Kelch- und Blütenblätter der noch geschlossenen

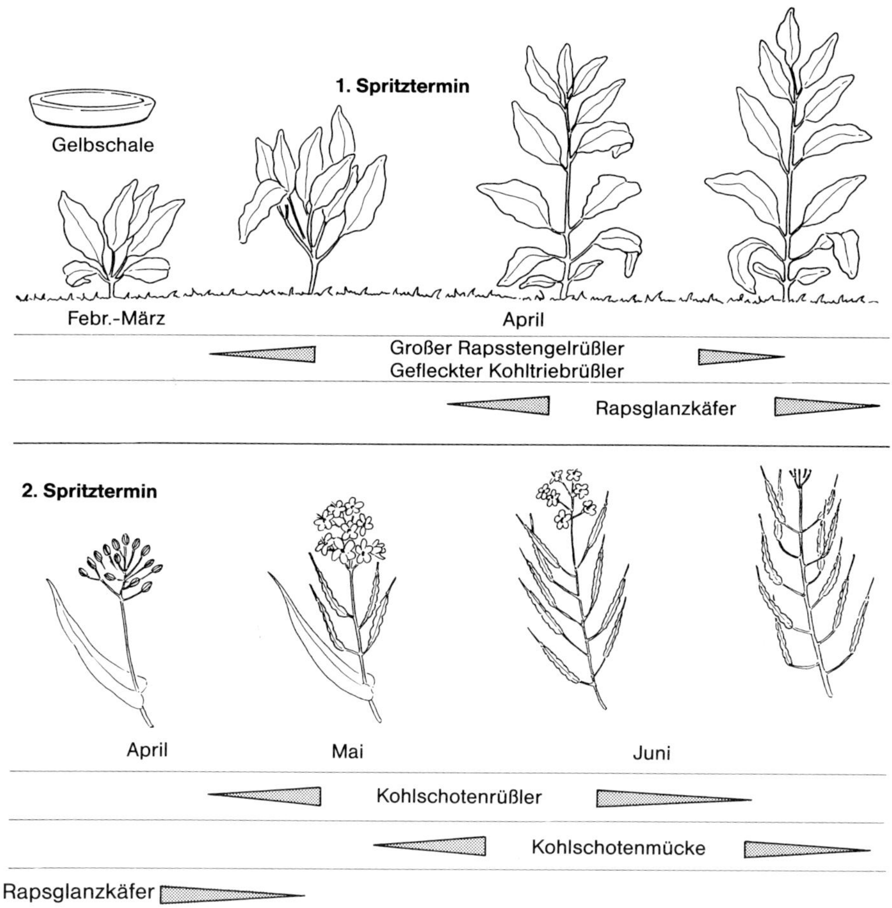

Abb. 62. Bekämpfung von Rapsschädlingen im Frühjahr.

Knospen und zerstören die Blütenorgane. Der Schotenansatz wird vermindert. Typisches Schadbild sind die leeren Stielchen am Blütenstand.

Von großer Bedeutung für das Schadausmaß ist der Entwicklungsstand des Rapses. Wirtschaftlich spürbare Schäden sind dann zu erwarten, wenn sehr früh ein massiver Zuflug einsetzt, ungünstige Witterungsbedingungen das Knospenstadium verlängern und die Aufblühphase des Rapses verzögern. Der Schaden ist in schwachen, ausgedünnten Beständen größer als bei optimalem Pflanzenbestand. Bei geöffneten Blüten richten die pollenfressenden Käfer kaum noch Schaden an.

Insektizidmaßnahmen sind rechtzeitig und gezielt bei Erreichen der Schadensschwellen (Tab. 15) einzuleiten. Behandlungen sind aber nur während des Knospenstadiums sinnvoll. Es stehen verschiedene Mittel zur Verfügung. Wirkstoffe aus der Gruppe der synthetischen Pyrethroide haben sich durch ihre Wirkungssicherheit bewährt. Die Ursache gelegentlich vermuteter Minderwirkung einzelner Wirkstoffe ist auf »Verdünnungseffekte« zurückzuführen, die sich bei rasantem Massenwachstum des Rapses und explosionsartigem Ansteigen der Schädlingspopulation nicht vermeiden lassen. Normalerweise ist mit einer Wirkungsdauer dieser Wirkstoffe bis zu 14 Tagen zu rechnen.

Ein Problem ist die meist schubweise in Abhängigkeit von den Temperaturbedingungen erfolgende Besiedlung der Rapsbestände durch den Glanzkäfer. Bei frühzeitiger Zuwanderung und frühem Insektizideinsatz sind bei großen Schlägen u. U. Randbehandlungen ausreichend. Bei anhaltendem Zuflug und witterungsbedingt verzögerter Aufblühphase kann jedoch in solchen Beständen eine nochmalige Behandlung kurz vor der Blüte oder in die beginnende Blüte notwendig werden. Auf Einhaltung der Bienenschutz-Verordnung ist zu achten!

Kohlschotenrüßler *(Ceutorhynchus assimilis)*
Kohlschotenmücke *(Dasineura brassicae)*
In intensiven Rapsanbaugebieten sind dies häufig anzutreffende Schädlinge. Das maximale Auftreten des Kohlschotenrüßlers liegt meist bei Blühbeginn des Rapses, kann aber bereits vor der Blüte erfolgen. Der Anflug der ersten Generation der Kohlschotenmücke (winzige, langbeinige, braune Mücke) setzt meist erst bei beginnender Schotenbildung ein und kann über mehrere Wochen andauern.

Der Kohlschotenrüßler - ein mit dem Triebrüßler verwechselbarer schwarzgrauer Rüsselkäfer - bohrt ein Loch in die Schotenwand und legt ein Ei in die Schote ab. Die nach wenigen Tagen ausschlüpfende Larve verursacht einen im allgemeinen tolerierbaren Schaden an der Samenanlage, da die Larve die Schote bald wieder verläßt. Gefährlicher sind ihre »Schrittmacherdienste« für die Kohlschotenmücke, welche die Bohrlöcher der Schotenrüßler bzw. der Käferlarven für ihre Eiablage nutzt. Die aus den zahlreich abgelegten Eiern schlüpfenden weißen Larven der Schotenmücke saugen an den Schotenwänden und Samenanlagen. Befallene Schoten sind gelb aufgetrieben und platzen auf. Der wirtschaftliche Schaden durch die Schotenmücke ist im allgemeinen größer als durch den Schotenrüßler.

Bei frühem Zuflug werden die ersten zuwandernden Schotenrüßler bei der Rapsglanzkäferbekämpfung miterfaßt. Die Hauptbesiedlung findet jedoch erst zu Blühbeginn statt. Die gezielte Bekämpfung der Schotenschädlinge bereitet erhebliche Schwierigkeiten, ist aber bei sachgerechter Befallskontrolle durchaus möglich. Für gezielte Behandlungen während der Rapsblüte kommen nur nichtbienengefährliche Insektizide in Frage. Da die Wirkungsdauer dieser Präparate kurz ist und das Befahren der blühenden Rapsbestände große Fahrspurverluste verursacht, sollten sich derlei Maßnahmen aus Rentabilitätsgründen nur auf Anbaulagen mit regelmäßig starkem Schotenausfall beschränken. Eine Randbehandlung zu Beginn der Blüte ist ausreichend, wenn Rüßler **und** Mücken die in der Tabelle 15 genannten Schadensschwellen (siehe Seite 52) überschreiten. Flächenbehandlungen in der Vollblüte sind nur in Ausnahmefällen und dort zweckmäßig, wo flächenhaftes Auftreten auch in der Schlagmitte festgestellt wird. Gegebenenfalls ist auch eine Kombination mit Fungizidmaßnahmen denkbar.

Wegen der nicht immer eindeutigen Befallsverhältnisse ist gegen tierische Schädlinge in Raps folgende Strategie zu empfehlen: In der Praxis muß eine gezielte Bekämpfung sowohl der Stengelschädlinge als auch des Rapsglanzkäfers durchgeführt werden. Je nach Befall sind im allgemeinen zwei Spritzungen ausreichend:

- Kontrolle des Erstauftretens der Schädlinge mit Gelbschalen ab Mitte Februar.
- Entscheidend ist die erste Insektizidspritzung, sobald die ersten Stengelschädlinge in den Gelbschalen gefangen werden.
- Die zweite Behandlung richtet sich vorwiegend gegen den Rapsglanzkäfer bei Massenbesiedlung der Bestände. Erfaßt werden gleichzeitig neu zugewanderte Triebrüßler und erste Schotenrüßler.
- Insektizideinsatz gegen Schotenmücke ist nur in bestimmten Befallslagen rentabel.

5 Ackerbohnen und Erbsen

Der Anbau von Körnerleguminosen hat in den vergangenen Jahren aus betriebs- und marktwirtschaftlichen Überlegungen Interesse gefunden. In der Bundesrepublik Deutschland betrug die Anbaufläche 1989 etwa 70 000 ha. Für den Anbau sprechen folgende Gründe:

- gute Mechanisierbarkeit und geringe Arbeitsbelastung,
- Auflockerung der getreideintensiven Fruchtfolgen,
- Kosteneinsparung bei der Stickstoffdüngung,
- Erhaltung und Verbesserung der Bodenfruchtbarkeit,
- Verbesserung der Eiweißversorgung,
- Minderung der Überschußprobleme bei Getreide.

Ertrag und Qualität unterliegen in den einzelnen Jahren mehr oder weniger starken Schwankungen, die meist auf witterungsbedingte Einflüsse und Anbaufehler zurückzuführen sind. Voraussetzung für das Gelingen des Erbsen- und Ackerbohnenanbaues ist deshalb eine ausgefeilte Produktionstechnik. Zahlreiche Pflanzenschutzprobleme lassen sich mangels geeigneter Pflanzenschutzmittel nur mit sinnvoller Kombination von acker- und pflanzenbaulichen Maßnahmen lösen. Diese haben somit als **vorbeugende Pflanzenschutzmaßnahmen** besondere Bedeutung.

5.1 Anbautechnische Maßnahmen

5.1.1 Standortansprüche

Erbsen und Ackerbohnen stellen hohe Ansprüche an die Wasserversorgung des Bodens. Optimal sind mittelschwere, tiefgründige, durchlässige Böden im neutralen pH-Bereich. Alle bindigen, schweren Böden mit guter Wasserversorgung vor allem während der Blühphase sind für Ackerbohnen besser geeignet als für Erbsen. Auf leichteren, durchlässigen Böden in trockenen Lagen sind Körnererbsen vorzuziehen. Staunässe und niedrige pH-Werte (< 5,5) beeinträchtigen die Aktivität der Knöllchenbakterien.

5.1.2 Fruchtfolge

Körnerleguminosen werden in der Regel nach Getreide angebaut. Die eingeschränkten Möglichkeiten der Herbizidanwendung machen es nötig, Schläge mit geringerem Unkrautdruck auszuwählen oder bereits in der Vorfrucht eine intensive Unkrautbekämpfung vorzunehmen.

Wegen der geringen Selbstverträglichkeit sollen Erbsen erst nach fünf bis sechs Jahren und Ackerbohnen nach einer Anbaupause von mindestens vier Jahren auf demselben Schlag folgen, um die Ausbreitung von Keimlings-, Fuß- und Welkekrankheiten sowie von Stengelälchen nicht zu fördern. Dies gilt auch für Leguminosen-Zwischenfrüchte.

Körnerleguminosen haben aufgrund der Bodenstrukturverbesserung, Stickstoffanreicherung (30 bis 50 kg/ha) und krankheitsmindernden Wirkung einen hohen Vorfruchtwert, insbesondere für getreidereiche Fruchtfolgen. Wegen der besseren Ausnutzung des Stickstoffs sind überwinternde Arten (Winterweizen) besonders geeignet. Erbsen gelten als Überträger verschiedener *Fusarium*-Pilze und *Sclerotinia sclerotiorum*, so daß Sonnenblumen und Raps nicht nachgebaut werden sollten.

5.1.3 Bodenbearbeitung

Die Erntereste der Vorfrucht müssen gleichmäßig in den Boden eingebracht werden. Eine mittlere bis tiefe Herbstfurche ist zu empfehlen. Die Saatbettbereitung ist wie bei Sommergetreide durchzuführen. Mit der Bearbeitung ist zwar frühzeitig, aber erst bei gut abgetrocknetem Boden zu beginnen. Bodenverdichtungen müssen unbedingt vermieden werden. Auf Trockenstandorten möglichst nur reduzierte Bodenbearbeitung vornehmen, um Wasser zu sparen. Eine sorgfältige Bodenbearbeitung ist wichtig, da zahlreiche boden- und samenbürtige Pilze besonders jene Bestände schädigen, deren Wachstum durch Nässe, schlechte Bodenstruktur, Verschlämmung oder Verdichtung des Bodens beeinträchtigt ist. Das Saatbett sollte »Zuckerrübenqualität« haben.

5.1.4 Aussaat

Die Ertragsbildung der Körnerleguminosen wird von Saatzeit, Saatverfahren und Saatmenge entscheidend beeinflußt. Bei Ackerbohnen und Erbsen ist eine möglichst frühe **Saatzeit** anzustreben, um die Winterfeuchtigkeit besser zu nutzen und das vegetative Wachstum zu fördern. Im Normaljahr fällt sie mit der

Saat von Zuckerrüben und Sommergerste zusammen. Um Infektionsgefahren durch Bodenpilze bei langsamer Keimung gering zu halten, sollten mittlere Tagestemperaturen von > 5 °C abgewartet werden. Schäden durch Spätfröste werden rasch wieder überwachsen, da Ackerbohnen und Körnererbsen verhältnismäßig wenig frostempfindlich sind. Saatbettbereitung und Aussaat darf nie bei nassem Boden erfolgen, da Erbsen auf jede Bodenverdichtung (Schlepperspuren) empfindlich mit verringertem Wachstum und verstärktem Krankheitsbefall reagieren.

Als richtige **Saattiefe** sind bei Ackerbohnen 7 bis 8 cm und bei Körnererbsen 4 bis 6 cm anzustreben. Diese relativ tiefe Ablage ist zur sicheren Deckung des hohen Keimwasserbedarfs, für eine gute Seitenwurzelbildung, bessere Standfestigkeit und zum Schutz vor Vogelfraß nötig. Nach der Saat der Erbsen muß der Acker eben sein, um die Ernteverluste der meist lagernden Bestände gering zu halten. Gegebenenfalls sind Schollen und Steine nach der Bestellung einzuwalzen oder abzusammeln.

Der Ertrag der Körnerleguminosen ist von der Bestandsdichte abhängig. Die Pflanzendichte wird durch die **Saatmenge** reguliert, da sich die Körnerleguminosen nicht bestocken. Für Ackerbohnen sind dabei je nach Standort (die untere Grenze gilt für günstige, die obere Grenze für ungünstige Standorte) 30 bis 50 keimfähige Körner je m^2, für Erbsen 70 bis 90 keimfähige Körner je m^2 optimal. Da die Tausendkorngewichte je nach Sorte und Jahr erheblich schwanken können, ist die optimale Aussaatstärke genau zu berechnen.

Der **Reihenabstand** beträgt bei Ackerbohnen etwa 30 cm, bei Erbsen genügt der normale Getreideabstand. Erbsen können mit herkömmlichen Getreidedrillmaschinen gesät werden, die empfohlene Ablagetiefe muß dabei allerdings exakt eingehalten werden. Für die Ackerbohnensaat hat sich die Einzelkornablage mit Spezialsägeräten bewährt, die eine gleichmäßige Verteilung und einheitliche Tiefenablage ermöglichen. Bei optimalen Standraumverhältnissen entwickeln sich die Pflanzen besser, zeigen besseren Blüten- und gleichmäßigen Hülsenansatz, sind weniger krankheitsanfällig und lagergefährdet, haben eine stärkere Konkurrenzkraft gegenüber Unkräutern, reifen gleichmäßig ab und sind problemlos zu ernten. Die größere Reihenentfernung schafft zudem optimale Voraussetzungen für mechanische Maßnahmen zur Unkrautbekämpfung.

Bei der **Sortenwahl** sollte man sich an den Ergebnissen der regionalen Sortenprüfungen orientieren. Neben einer guten Ertragsleistung ist auf eine geringe Lagerneigung, gleichmäßige und frühe Abreife sowie geringe Krankheitsanfälligkeit zu achten. **Zertifiziertes Saatgut** mit garantierter Mindestkeimfähigkeit ist die beste Voraussetzung für raschen Feldaufgang und gleichmäßige Bestände. Eine Impfung des Saatgutes mit Knöllchenbakterien ist nicht notwendig. Das Saatgut wird in der Regel gegen Auflaufkrankheiten gebeizt bzw. gegen Bodenschädlinge gepudert ausgeliefert.

5.1.5 Pflanzenernährung

Stickstoffdüngung ist zu Körnerleguminosen im allgemeinen nicht notwendig. Staunässe, verdichtete, naßkalte Böden und kühle Frühjahrswitterung beeinträchtigen jedoch den biologischen Prozeß der stickstoffbindenden Knöllchenbakterien und eine ausreichende N-Fixierung, so daß unter solchen Bedingungen eine Startgabe von 20 bis 30 kg/ha N angebracht ist. Auch bei zu niedriger Versorgung mit **Phosphat, Kali, Magnesium** und **Spurennährstoffen** ist die Stickstoffbindung eingeschränkt. Grundlage einer bedarfsgerechten Düngung sind Bodenuntersuchungen.

Auf gute **Kalkversorgung** des Bodens und optimale pH-Werte zwischen 6,5 und 7,2 ist bei allen Leguminosen zu achten. Bei niedrigeren pH-Werten ist die Tätigkeit der Wurzelknöllchen vermindert. Bei Bedarf ist nach der Ernte der Vorfrucht vor dem Pflügen aufzukalken.

5.1.6 Erntetechnik

Saatgutvermehrungsbestände sind äußerst schonend mit verringerter Trommeldrehzahl und weit geöffnetem Dreschkorb zu ernten, da mechanische Beschädigungen (Risse, Brüche usw.) die Keimfähigkeit der Saatware mindern. Dieser Forderung ist auch bei allen Trocknungs-, Reinigungs- und Transportvorgängen von der Ernte bis zur Aussaat Rechnung zu tragen.

Das Erntegut muß nach dem Dreschen sofort getrocknet werden, um Qualitätsverluste durch Schimmelbildung zu verhindern. Saatgut muß schonend getrocknet und aufbereitet werden. Ernterückstände und aufgelaufene Ausfallleguminosen sind flach einzuarbeiten, um die Verrottung von vor allem mit Pilzen befallenen Pflanzenteilen zu fördern.

5.2 Integrierte Abwehr- und Bekämpfungsmaßnahmen

5.2.1 Nichtparasitäre Schäden

Auf schlechte **Bodenstruktur** und **Bodenverdichtungen** infolge zu nasser Saatbettbereitung reagieren die Körnerleguminosen sehr empfindlich; sie begünstigen das Befallsgeschehen von samen- und bodenbürtigen Pilzkrankheiten. Bei Erbsen und Ackerbohnen sind vor allem auf verdichteten Bodenstellen bald nach dem Auflaufen zögerndes Wachstum und nesterweise Vergilbungs- und Welkeerscheinungen festzustellen. Die Wurzeln sind bräunlich bis schwarz verfärbt. Direkte Bekämpfungsmaßnahmen gegen die pilzlichen Schaderreger sind nur begrenzt wirksam, so daß die sachgemäße Bodenbearbeitung und Saatbettbereitung eine wichtige Maßnahme der Pflanzenhygiene darstellt.

Die Forderung nach möglichst früher Saat bringt gelegentlich die Gefahr von **Frostschäden** an Jungpflanzen mit sich. Ackerbohnen sind weniger frostempfindlich als Erbsen. Schäden durch Spätfröste werden relativ schnell überwachsen.

Durch **Abtrift** mit wuchsstoffhaltigen Herbiziden können bei allen Körnerleguminosen erhebliche Schäden entstehen. In der Nähe von empfindlichen Kulturen ist deshalb besondere Sorgfalt geboten.

5.2.2 Unkräuter

5.2.2.1 Notwendigkeit der Bekämpfung

Erbsen und Ackerbohnen werden in der Regel so früh gesät, daß vor allem frühkeimende, sommeranuelle Unkräuter und Ungräser Probleme bereiten und unter Umständen bis zum Reihenschließen Konkurrenz bieten. Der Schaden ergibt sich nicht nur durch Nährstoffkonkurrenz, sondern auch durch Qualitätseinbußen. Viele Unkräuter sind Wirtspflanzen für Schadorganismen, schaffen durch kleinklimatische Einflüsse günstige Infektionsbedingungen für Pilzkrank-

Tab. 61. Feldkontrollen in Ackerbohnen und Erbsen

Zeitpunkt	Kontrolle auf	Methode	Abwehr- und Bekämpfungsmaßnahmen	Erläuterungen
Vor der Saat	Stock- und Stengelälchen	Bodenuntersuchung im Labor	Anbaupausen (Fruchtfolge); Hygienemaßnahmen	Seite 259
	Unkräuter Ungräser	Erfahrungen der Vorjahre auf dem Schlag	mechanische Bodenbearbeitung; Vorsaatherbizide	Seite 250 251
Nach der Saat	Unkräuter Ungräser	Erfahrungen der Vorjahre auf dem Schlag	Blindstriegeln (insbesondere Ackerbohnen!); Vorauflaufanwendung von Herbiziden	Seite 250 Seite 251
Zum Auflaufen	Auflaufkrankheiten	Augenscheinliche Kontrolle der aufgelaufenen Kultur	optimale Saatbettbereitung; gesundes Saatgut verwenden; Saatgutbehandlung	Seite 254
Nach dem Auflaufen	Blattrandkäfer	Augenscheinliche Kontrolle	Pflanzenwachstum fördern; Insektizidbehandlung nur bei starken Schäden (Schadensschwelle!)	Seite 258
	Fußkrankheiten	Entwicklung des Bestandes beobachten	Anbaupausen; optimale Saatbettbereitung; Saatgutbehandlung	Seite 254
Während Blüte und Hülsenbildung	Blattläuse	Augenscheinliche Kontrolle der Blätter und Hülsen	Insektizidbehandlung bei Massenbesiedlung; Bienenschutzverordnung beachten!	Seite 258
	Erbsenwickler	Überwachung des Falterfluges mit Pheromonfallen	Warndienst beachten; Insektizide nur für Saatgutvermehrung empfehlenswert	Seite 259
	Brennfleckenkrankheit	Augenscheinliche Kontrolle der Blätter und Hülsen (Lupe!)	keine Fungizide ausgewiesen, deshalb vorbeugende Maßnahmen für nächstes Jahr vormerken; Ernterückstände unterpflügen	Seite 255
	Schokoladenfleckigkeit an Ackerbohnen	Kontrolle der Blätter und Hülsen (Lupe)	keine Fungizide ausgewiesen; Ernterückstände unterpflügen;	Seite 256
	Grauschimmelfäule an Erbsen	Witterungsverlauf beobachten	Fungizidbehandlung nur bei starkem Infektionsdruck rentabel	Seite 256

heiten und erschweren das gleichmäßige Abreifen bzw. Abtrocknen der Bestände. Ackerbohnen unterdrücken mit fortgeschrittener Entwicklung die Verunkrautung sehr gut. Erbsen werden dagegen während der Abreife von einer Spätverunkrautung, beispielsweise mit Klettenlabkraut und Kamille überwuchert, wenn bessere Lichtverhältnisse und feuchter Boden das Unkrautwachstum erneut anregen. Dies trifft ganz besonders für »halbblattlose« Formen zu. Um Ertragsverluste und Ernteerschwernisse zu vermeiden, muß der Erbsenbestand unkrautfrei gehalten werden. Ackerbohnen tolerieren im allgemeinen einen höheren Unkrautbesatz als Erbsen.

5.2.2.2 Mechanische Unkrautbekämpfung

Körnerleguminosen stellen an Bodenbearbeitung und Saatbettbereitung hohe Ansprüche. Alle Maßnahmen müssen deshalb so erfolgen, daß eine zügige Keimpflanzenentwicklung und ein ungestörtes Wachstum möglich ist. Zur vorbeugenden Unkrautbekämpfung zählen daher alle wachstumsfördernden Maßnahmen. Es sind alle konventionellen Bearbeitungsverfahren oder Verfahren der Minimalbodenbearbeitung geeignet, wenn sie die genannten Voraussetzungen gewährleisten. Die Saatbettherrichtung darf erst erfolgen, wenn der Boden gut befahrbar ist und keine Bodenverdichtungen verursacht werden.

Mechanische Maßnahmen zur Ausschaltung unerwünschter Pflanzen werden in Form des Hackens und Striegelns wieder verbreitet durchgeführt. Aufgrund der Einschränkungen in Wasserschutzgebieten sind diese Verfahren von besonderer Bedeutung. Sie eignen sich vor allem für Ackerbohnen, während in Körnererbsen zumindest das Hacken bei den derzeit üblichen Säverfahren (Getreideabstand) fast bedeutungslos ist. Versuchs- und Praxiserfahrungen bestätigen die gute Unkrauttoleranz der Ackerbohnen, so daß schwache bis mittlere Verunkrautung ohne weiteres toleriert und mechanische Verfahren gut praktiziert werden können. Dafür eignen sich Netzegge, Hackstriegel oder Hackmaschinen mit Gänsefußschar, wenn der Abstand zwischen den Reihen (evtl. Doppelreihensystem) 30 bis 40 cm beträgt.

Zwischen Aussaat und Auflaufen der Ackerbohnen keimen viele Unkrautsamen, die durch das Blindstriegeln an die Oberfläche geholt und vernichtet werden. Geräte mit vermindertem Federdruck oder hochklappbaren Striegelzinken lassen sich besonders kulturschonend einsetzen. Die beste Wirkung wird mit dem Striegel dann erzielt, wenn die Unkräuter noch klein sind. Blindstriegeln ist auch in Körnererbsen möglich, wenn das Saatgut tiefer als 5 cm abgelegt wurde. In Ackerbohnen werden mit Scharhackgeräten bei mittlerer Verunkrautung mit zwei Arbeitsgängen bis 30 cm Wuchshöhe der Bohnen meist ausreichende Bekämpfungserfolge erzielt. Bei entsprechender Rahmenhöhe ist die Unkrauthacke sogar bis kurz vor Blühbeginn möglich. Auch Wurzelunkräuter (Distel, Quecke) werden durch Gänsefußschare ausreichend erfaßt. Auf zur Verschlämmung neigenden Böden wirkt sich das Brechen der Kruste und die bessere Erwärmung und Durchlüftung des Bodens positiv aus.

Bei Schlechtwetterperioden und fehlender Schlagkraft bereiten mechanische Verfahren Probleme. Erosionsgefährdete Flächen oder flachgründige und schwere Böden sind nicht oder nur bedingt zum Hacken geeignet. Wünschenswert wäre deshalb die Entwicklung bzw. Zulassung geeigneter Nachauflaufherbizide, damit die Hack- und Bandspritztechnik – ähnlich wie in anderen Reihenkulturen – fortentwickelt und das Risiko unkontrollierten Unkrautaufwuchses minimiert werden kann.

5.2.2.3 Chemische Unkrautbekämpfung

Zur chemischen Unkrautbekämpfung stehen die in der Tab. 62 genannten Herbizide zur Verfügung. Je nach Verunkrautung muß die Herbizidwahl aufgrund der eingeschränkten Wirkung und Anwendungsmöglichkeiten (Wasserschutzgebietsauflage) sehr sorgfältig erfolgen. Die vorhandenen Unkrautprobleme sind nicht immer befriedigend zu lösen.

Unkräuter und Ungräser

Gegen Ackerfuchsschwanz und breitblättrige Unkräuter ist die Anwendung von Tribunil oder Stomp SC unmittelbar nach der Saat empfehlenswert. Klettenlabkraut wird von Tribunil nicht und von Stomp SC nur unter optimalen Bedingungen erfaßt, so daß bei stärkerem Auftreten von Klettenlabkraut eine Nachbehandlung mit Basagran oder Herbenta fl. erforderlich ist. Igran 500 fl. und Terbutryn flüssig sind im Vorauflaufverfahren nur in Erbsen einsetzbar. Die Mittel entsprechen im Wirkungsspektrum dem Tribunil und befriedigen nicht immer wegen der Klettenlabkrautschwäche. Voraussetzung für eine gute Wirkung dieser Bodenherbizide ist ein feuchter Boden.

In Erbsen sind für eine gezielte Bekämpfung von breitblättrigen Unkräutern, insbesondere Klettenlabkraut und Kamille, nur die bentazonhaltigen Mittel Basagran und Herbenta fl. (nicht in Ackerbohnen) ausgewiesen. Die Mittel werden bei einer Höhe der Erbsen von 5 bis 10 cm gespritzt, solange die Unkräuter die kleine Rosette (4-Blatt-Stadium) nicht überschritten haben. Eine gute Herbizidwirkung und Verträglichkeit garantieren nur optimale Anwendungsbedingungen (Gebrauchsanleitung beachten). Durch Spritzfolgen von jeweils 2 l/ha im Abstand von etwa sieben Tagen lassen sich bessere Wirkungsgrade und Kulturverträglichkeiten erzielen.

In Ackerbohnen sind im Nachauflaufverfahren derzeit keine Mittel ausgewiesen. Es stehen somit nur die genannten Vorauflaufherbizide und Afalon zur Verfügung, das vorwiegend gegen flachkeimende, breitblättrige Samenunkräuter - außer Klettenlabkraut - wirkt. Unter solchen Voraussetzungen sind die Möglichkeiten der Maschinenhacke sorgfältig zu prüfen und eine Vergrößerung des Reihenabstandes anzustreben. In Problemfällen sollte man nach Möglichkeit auf Schläge mit geringerem Unkrautdruck ausweichen.

Bei Vorkommen von ausschließlich grasartigen Unkräutern, wie z. B. Ackerfuchsschwanz oder Flughafer, ist der Einsatz von Spezialherbiziden ratsam. In Vorsaateinarbeitung kommt das preisgünstige Avadex BW in Frage. Im Nachauflaufverfahren können Fervinal plus, Fusilade 2000 und Illoxan eingesetzt werden. Illoxan ist nur gegen Flughafer und Hirsearten wirksam. Die Anwendung der blattwirksamen Herbizide sollte erfolgen, wenn sich die Hauptmasse der Ungräser im 2- bis 4-Blatt-Stadium befindet und warme, wüchsige Witterung herrscht.

Wasserschutzgebiete

Einige Herbizide haben Wasserschutzgebietsauflagen und dürfen in Wasserschutzgebieten nicht angewendet werden. Als Alternative gegen Unkräuter bleiben Stomp SC, Igran 500 fl., Terbutryn fl. oder mechanische Maßnahmen. Damit ergeben sich gravierende Lücken bei der Bekämpfung vor allem des Klettenlabkrautes und der Kamille, aber auch von Ehrenpreis- und Knöterícharten. Gegen Ungräser können Avadex BW oder Illoxan in Ackerbohnen und Targa in Erbsen zur Anwendung kommen. Targa ist jedoch für dieses Anwendungsgebiet von der Biologischen Bundesanstalt nicht ausgewiesen; der Einsatz erfolgt daher auf eigenes Risiko.

Tab. 62. Unkraut- und Ungrasbekämpfung in Erbsen und Ackerbohnen

Mittel-Beispiele	Aufwandmenge (l, kg/ha)	Anwendung	Auflagen	Einsetzbar in Ackerbohnen	Einsetzbar in Erbsen	Ackerfuchsschwanz	Flughafer	Klettenlabkraut	Kamille	Franzosenkraut	Vogelmiere	Ehrenpreisarten	Weißer Gänsefuß	Knötericharten	Taubnessel	Preis (DM/ha)
Afalon	1,5–2,0	VA	B4, Xn, 630	×	×	-	-	-	++	++	++	+	++	+	+	212,- bis 283,-
Stomp SC	5,0	VA	B4, Xn 630, 264	×	×	+	-	(+)	(+)	-	++	++	++	+	++	186,-
Terbutryn fl. Igran 500 fl.	3,0	VA	B4 630, 264	-	×	+	-	-	+	++	++	+	++	+	+	95,-
Tribunil[1)]	3,0–4,0	VA	B4 W, 630	×	×	+	-	-	+	++	++	+/-	++	+	-	95,- bis 127,-
Basagran Herbenta fl.	4,0	NA	B4, Xi W	-	×	-	-	++	++	++	++	+/-	+/-	+	+	238,-

W : keine Anwendung in Wasserschutzgebieten
B4 : Nicht bienengefährlich
Xi : reizend
Xn : mindergiftig
630 : Keine Anwendung auf stärker geneigten Flächen bei Abschwemmungsgefahr in Gewässer. Anwendung nicht in unmittelbarer Nähe (10 m) von Gewässern.
261 : Mittel ist fischgiftig
264 : Mittel ist giftig für Fische und Fischnährtiere

++ : gute Wirkung
\+ : befriedigende Wirkung
\- : keine hinreichende Wirkung
1) : z. Z. nicht zugelassen
VSE : Vorsaateinarbeitung
VA : Vorauflaufverfahren
NA : Nachauflaufverfahren

Tab. 62. (Fortsetzung)

Mittel-Beispiele	Aufwandmenge (l, kg/ha)	Anwendung	Auflagen	Einsetzbar in Ackerbohnen	Einsetzbar in Erbsen	Ackerfuchsschwanz	Flughafer	Klettenlabkraut	Kamille	Franzosenkraut	Vogelmiere	Ehrenpreisarten	Weißer Gänsefuß	Knötericharten	Taubnessel	Preis (DM/ha)
Avadex BW	3,0	VSE	B4, Xn 630, 264	×	×	++	++	-	-	-	-	-	-	-	-	75,-
Fervinal Plus	2,5	NA	B4, W, 630, 261		×	++	++	-	-	-	-	-	-	-	-	128,-
Fusilade 2000	1,5	NA	B4, Xi W, 630	×	×	++	++	-	-	-	-	-	-	-	-	156,-
Illoxan	3,0	NA	B4, Xi 630	×	×	-	++	-	-	-	-	-	-	-	-	189,-
Targa	1,25	NA	B4, Xn		×	++	++	-	-	-	-	-	-	-	-	130,-

W : keine Anwendung in Wasserschutzgebieten
B4 : Nicht bienengefährlich
Xi : reizend
Xn : mindergiftig
630 : Keine Anwendung auf stärker geneigten Flächen bei Abschwemmungsgefahr in Gewässer. Anwendung nicht in unmittelbarer Nähe (10 m) von Gewässern.
261 : Mittel ist fischgiftig
264 : Mittel ist giftig für Fische und Fischnährtiere

++ : gute Wirkung
\+ : befriedigende Wirkung
\- : keine hinreichende Wirkung
[1]) : z. Z. nicht zugelassen
VSE : Vorsaateinarbeitung
VA : Vorauflaufverfahren
NA : Nachauflaufverfahren

Beim Anbau von Körnerleguminosen innerhalb und außerhalb von Wasserschutzgebieten müssen deshalb die Schläge sorgfältig ausgewählt, alle acker- und pflanzenbaulichen Maßnahmen als vorbeugende Pflanzenschutzmaßnahmen genutzt und die Unkrautbekämpfung mit den zur Verfügung stehenden Herbizid- und mechanischen Maßnahmen rechtzeitig geplant werden.

5.2.3 Krankheiten

Mit der Vergrößerung der Anbaufläche von Erbsen und Ackerbohnen wird die Gefahr durch kulturspezifische Krankheiten infolge der engeren zeitlichen und räumlichen Kulturfolge größer. Hinzu kommt, daß die Jahreswitterung hemmend oder fördernd auf den Krankheitsbefall wirken kann.

Auflaufkrankheiten
An allen Körnerleguminosen können durch sog. **Auflaufkrankheiten** erhebliche Keim- und Auflaufschäden entstehen. An den Keimlingen sind Vergilbungen oder Verbräunungen festzustellen, bei starken Infektionen sterben die Keimlinge beim Auflaufen ab. Der Schaden wird durch verschiedene samen- (z. B. *Ascochyta, Phoma*) und bodenbürtige (z. B. *Fusarium*-Arten, *Pythium, Rhizoctonia*-Arten) Krankheitserreger verursacht. Der Pilzbefall kommt dann voll zum Tragen, wenn boden- und witterungsbedingt ungünstige Wachstumsbedingungen bestehen. Saatgutbehandlungen wirken nur gegen einen Teil des Erregerspektrums.

Fußkrankheiten
Verschiedene der vorgenannten Pilze können unter ungünstigen Witterungs- und Bodenbedingungen als Verursacher der Fuß- und Welkekrankheit an Körnererbsen, weniger häufiger an Ackerbohnen, beträchtliche Ertragsverluste hervorrufen. Die ersten Anzeichen sind oft schon vor der Blüte nester- oder streifenweise sichtbar. Befallene Pflanzen wachsen langsam, zeigen eingerollte Blätter, vergilben und welken. Bei einem anderen Typ der Erbsenwelke zeigen sich die ersten Symptome wegen höherer Temperaturansprüche des Erregers ab Mitte bis Ende Juni (Johanniskrankheit) als Welkeerscheinungen zunächst an den unteren, später auch an den oberen Blättern. An Haupt- und Seitenwurzeln ist eine Verfärbung und mehr oder minder vollständige Zerstörung des Gewebes festzustellen. Die Unterbrechung der Leitungsbahnen behindert Hülsenansatz und -entwicklung und führt zu Notreife. Verursacher dieser Fußkrankheiten ist ein Erregerkomplex, an denen vorwiegend *Fusarium*- und *Rhizoctonia*-Pilze beteiligt sind. Die Pilze schädigen besonders jene Bestände, deren Wachstum durch Nässe oder Kälte, schlechte Bodenstruktur, Verschlämmung oder Verdichtung des Bodens beeinträchtigt ist. Die Erreger sind mit dem Saatgut übertragbar und überdauern im Boden bis zu 10 Jahre. Eine zu dichte Fruchtfolge von Körnerleguminosen kann folglich befallsbegünstigend wirken.

Durch vorbeugende Saatgutbehandlung gelingt es, im Boden vorhandene oder am Saatgut anhaftende keimschädigende Pilze ganz oder teilweise einzudämmen. In Körnerleguminosen sind thiramhaltige Fungizide zugelassen, sowie in Speisebohnen und -erbsen metiramhaltige Beizmittel. Mit diesen Wirkstoffen sind Teilerfolge gegen Auflaufkrankheiten zu erzielen. Da sie aber nicht systemisch wirken, ist mit ihnen eine Bekämpfung des Erregers der Brennfleckenkrankheit (Ascochyta-Komplex) nicht möglich. Obwohl die derzeit zur Verfügung stehenden Beizmittel keinen vollkommenen Saatschutz gewährleisten, kommt der Saatgutbehandlung eine risikomindernde Bedeutung zu und darf besonders in Erbsen keinesfalls versäumt werden. Das Saatgut wird daher meist gebeizt geliefert. Neue Wirkstoffe mit besserer Wirkung sind zu wünschen.

Wegen der beschränkten chemischen Abwehrmöglichkeiten durch Saatgutbehandlung müssen alle acker- und pflanzenbaulichen Maßnahmen optimiert werden. Wichtigste Verhütungsmaßnahmen sind

- Einhaltung einer fünf- bis sechsjährigen Anbaupause; auf Befallsflächen acht Jahre,
- gute Kalk-Humus-Versorgung,
- tätige, gare Böden,
- Saatbettbereitung bei gut abgetrocknetem Boden,
- frühe Saat; bei Erbsen nicht in zu kalten oder feuchten Boden,
- Bodenverdichtungen unbedingt vermeiden,
- nur gesundes und zertifiziertes Saatgut verwenden.

Blattkrankheiten

Brennfleckenkrankheit (*Ascochyta*-Arten)
Die Krankheit tritt an Ackerbohnen und Erbsen verbreitet auf und führt in feuchten Jahren zu spürbaren Schäden. Das Befallsbild wird von mehreren saatgutübertragbaren Pilzen der Gattung *Ascochyta* verursacht: bei Ackerbohnen durch *Ascochyta fabae* und bei Erbsen durch drei verschiedene Erreger (Ascochyta-Komplex) nämlich *Ascochyta pisi, Mycosphaerella pinodes* und *Phoma medicaginis (Ascochyta pinodella).* Je nach vorherrschender Pilzgattung ergeben sich geringfügig abweichende Befallssymptome. Bereits vor der Blüte sind auf den Blättern leicht eingesunkene hellbraune, dunkel umrandete Flecken mit grau-weißem Innenhof und winzig kleinen schwarzen Sporenblättern (Pyknidien) zu erkennen. Auch auf Stengeln sind derartige Symptome zu sehen. Befallene Pflanzen welken und sind häufig fußkrank. Typisch für alle Ascochyta-Infektionen ist, daß befallenes Gewebe auf den Hülsen tief bis auf die Samen einsinkt und »Brennflecken« entstehen. Die Pilze wachsen in die Körner ein und werden mit dem Saatgut in das nächste Anbaujahr übertragen. Die Krankheit kann sich bei kühl-feuchter Witterung (15 bis 20 °C) und hoher Luftfeuchte rasch ausbreiten. Vorrangig erfolgt die Verbreitung aller vier Pilze durch Saatgutübertragung und zweitrangig durch Überdauerung im Boden bei zu dichter Fruchtfolge.

Direkte Bekämpfungsmaßnahmen gegen diesen Schaderreger-Komplex sind wegen fehlender Fungizide nicht möglich. Den fungiziden Wirkstoffen sind aufgrund der Hartschaligkeit des Samens, vor allem aber der langen Infektionszeit der Pilze, wirkungsmäßig Grenzen gesetzt.

Als wichtigste Maßnahme ist die Verwendung von befallsfreiem Saatgut (zertifiziertes Saatgut) zu nennen. Befallene Vermehrungsbestände müssen im Rahmen der Saatenanerkennung streng untersucht und ggf. aberkannt werden. Bei Erbsen liegt der höchstzulässige Brennfleckenbefall bei 13%, bei Ackerbohnen bei 1%. Dieser Ausgangsbefall kann zu erheblichen Ertragseinbußen führen, so daß geringere Werte anzustreben sind. Die Pilze sind in der Lage, an befallenem Erbsenstroh zu überwintern. Folglich muß durch Unterpflügen befallener Ernterückstände, Förderung der Zersetzung von organischer Masse und weitgestellter Fruchtfolge (fünf bis sechs Jahre) einer anhaltenden Bodenverseuchung entgegengewirkt werden. Es sollten Unterschiede in der Anfälligkeit der Sorten genutzt und - trotz der begrenzten Wirkung - nur gebeiztes Saatgut ausgesät werden.

Schokoladen- und Braunfleckigkeit *(Botrytis fabae)*
In regnerischen Jahren sind ab Juli in Ackerbohnen kleine, scharf abgerundete, schokoladenbraune Flecken festzustellen. Bei feuchtwarmer Witterung und ausreichender Blattbenetzung fließen die Flecken zusammen, erscheinen graubraun und lassen die Pflanzen absterben. Infektionen im Bereich der Hülsen und Blüten sind schwerwiegend. Anhaltende Nässe und hohe Luftfeuchte begünstigen die Ausbreitung der Krankheit. Bei frühem Befall kann der Pilz durch Zerstörung der Assimilationsflächen den Ertrag deutlich mindern. In trockenen Jahren erscheinen die Nekrosen erst während der Abreife und sind damit nicht mehr ertragsschädigend.

Zur chemischen Bekämpfung stehen keine geprüften und ausgewiesenen Fungizide zur Verfügung. Saatgutbeizung hat keinen Einfluß. Ackerbauliche Vorbeugemaßnahmen und Fruchtfolgegestaltung können den Befall kaum wirkungsvoll eindämmen. Pflanzenbauliche Maßnahmen, die ein rasches Abtrocknen und eine gute Durchlüftung der Bestände (Unkrautbekämpfung, Drillweite) bewirken, mildern die Schadauswirkungen. Unterversorgung mit Phosphat und Kali und stauende Nässe erhöht die Anfälligkeit der Pflanzen.

Grauschimmelfäule *(Botrytis cinerea)*
Körnererbsen können bei anhaltend feuchter Witterung durch Grauschimmelfäule erheblich geschädigt werden. Befallenes Pflanzengewebe zeigt hellbraune Flecken, die teilweise mit einem grauen, schimmelartigen Sporenbelag (Grauschimmel) bedeckt sind. Befallsbeginn ist meist während der Vollblüte, wenn die ersten Blütenblätter abfallen. Bevorzugte Infektionsstellen entstehen dort, wo die welkenden Blütenblätter liegen bzw. an den noch kleinen Hülsen haften bleiben. Stengel- und Hülseninfektionen haben für mögliche Ertragseinbußen größere Bedeutung als Blattinfektionen.

Vorbeugend sind dieselben acker- und pflanzenbaulichen Maßnahmen zu treffen, wie bei der Schokoladenfleckenkrankheit der Ackerbohnen. Halbblattlose oder blattlose Sorten trocknen im Bestand schneller ab und sind für die Entwicklung des Pilzes weniger günstig.

Eine Bekämpfung des Botrytis-Pilzes ist mit Sumisclex WG ab Beginn der Vollblüte bis zum Ende der Blüte möglich. In mehrjährigen Versuchen wurden in Baden-Württemberg auf verschiedenen Standorten zwar unterschiedliche Einzelergebnisse, im Durchschnitt aber drei bis sieben Prozent Mehrertrag erzielt. Frühe Anwendungen zur Mitte der Blüte brachten die besten Mehrerträge und geringsten Mindererlöse. Bei starkem Infektionsdruck können auch Doppelbehandlungen notwendig werden. Der Fungizideinsatz in dichten Beständen hat jedoch technische Schwierigkeiten, da in den Fahrspuren erhebliche Pflanzenverluste entstehen. Es gibt noch keine Prognosemethoden, um den Pilzbefall abschätzen und den Fungizideinsatz gezielt vornehmen zu können. Die Rentabilität der Maßnahme leidet unter diesen Unzulänglichkeiten, obwohl der Pilz chemisch gut zu erfassen ist.

Rost und Mehltau
Rostkrankheiten *(Uromyces-*Arten*)* an Ackerbohnen und Erbsen sowie Echter *(Erysiphe pisi)* und Falscher Mehltau *(Peronospora pisi)* an Erbsen waren bisher

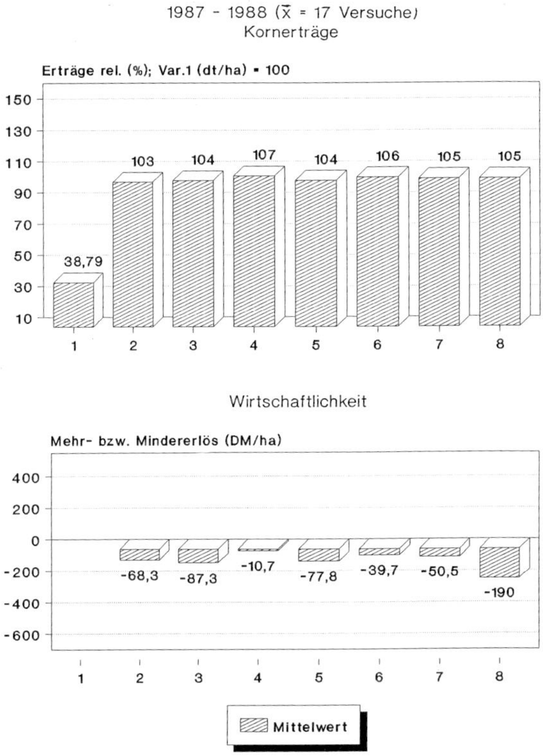

Versuchsplan Var. Nr.	Mittel	Aufwand kg, l/ha	Anwendung
1	Unbehandelt	–	–
2	Euparen WP[1)]	2,0	ab 50 % Deckungsgrad bis vollend. Belaubung
3	Sumisclex WG	1,0	ab 50 % Deckungsgrad bis vollend. Belaubung
4	Sportak[1)]	1,2	ab 50 % Deckungsgrad bis vollend. Belaubung
5	Euparen WP	2,0	Mitte Blüte
6	Sumisclex WG	1,0	Mitte Blüte
7	Sportak[1)]	1,2	Mitte Blüte
8	Euparen WP[1)]	2,0	ab 50 % Deckungsgrad bis vollend. Belaubung
	und Sumisclex WG	1,0	Mitte Blüte

[1)] nicht zugelassen

Abb. 63. Fungizideinsatz in Futtererbsen.

nur vereinzelt zu beobachten. Vorbeugende Maßnahmen, wie z. B. Verwendung von gesundem Saatgut, Saatgutbeizung, Vermeidung von Spätsaat, sorgfältiges Unterpflügen von befallenen Pflanzenresten und Maßnahmen, welche die Ernterückstände rasch verrotten lassen, reichen normalerweise aus, um stärkeren Befall zu verhüten. Fungizide sind nicht ausgewiesen.

Viruskrankheiten
Virosen können sowohl an Erbsen (z. B. Blattrollkrankheit) als auch an Ackerbohnen (z. B. Mosaikvirus) auftreten, blieben aber bislang unbedeutend. Die Symptome reichen von Vergilben und Blattrollen über mosaikartige Scheckung der Blätter bis zu Kräuselungen und Stauchungen der Pflanzen. Die Virosen werden hauptsächlich durch Blattläuse und Blattrandkäfer übertragen, so daß deren rechtzeitiges Ausschalten eine wichtige vorbeugende Maßnahme ist.

5.2.4 Tierische Schädlinge

Die zunehmende Anbauintensität bei Körnerleguminosen hat nicht nur vermehrt Probleme mit pilzlichen Schaderregern zur Folge, sondern führt auch zu einer deutlichen Vermehrung spezieller tierischer Schädlinge. Die »Anmarschwege« zu den einzelnen Schlägen sind kleiner geworden, so daß von Jahr zu Jahr mit unterschiedlichem Befall gerechnet werden muß.

Blattrandkäfer *(Sitona lineatus)*
Während der Jugendentwicklung – mitunter bereits im April – sind an Erbsen und Ackerbohnen die etwa 4 mm langen, grauen Rüsselkäfer anzutreffen, die rittlings auf den Blatträndern sitzend bogenförmige Ausschnitte in die Blätter fressen (Sägeblatt). Der Blattverlust ist nur bei hoher Befallsdichte an noch jungen Pflanzen und bei stockendem Wachstum der Pflanzen zum Zeitpunkt des Auflaufens kritisch. Gefährlicher ist die Fraßtätigkeit der Käferlarven an den Bakterienknöllchen im Wurzelbereich. Derart geschädigte Pflanzen bleiben im Wachstum zurück, da die Stickstoffversorgung der Pflanzen beeinträchtigt wird.

Insektizidbehandlungen sind als ertragssichernde Maßnahme nicht zweifelsfrei nachgewiesen. Deshalb sollte zunächst durch Frühsaat und allgemein wachstumsförderliche Kulturmaßnahmen einem nennenswerten Fraßschaden der Käfer und Larven vorgebeugt werden. Meist können die Pflanzen der Käferzuwanderung »davonwachsen«.

Befallskontrollen sind im frühen Jugendstadium der Ackerbohnen und Erbsen zweckmäßig. Abwehrmaßnahmen sind erst bei einem Befall lohnend, wenn etwa 10% der assimilierenden Blattfläche aufgefressen sind (Tab. 15) oder zwei Käfer pro m^2 gezählt werden und vor allem, wenn bei kühler Witterung das Wachstum junger Pflanzen stockt. Für den Insektizideinsatz sind parathionhaltige Mittel oder Pyrethroide geeignet.

Blattläuse
Durch Saugtätigkeit verschiedener **Blattlausarten** und der damit verbundenen Honigtau- und Rußtaubildung kann es vor allem in Ackerbohnen zu schweren Schäden kommen. Die Kolonien der **Schwarzen Bohnenlaus** *(Aphis fabae)* auf den Triebspitzen der Ackerbohnen sind während der langen Blühphase nicht zu übersehen. Die **Grüne Erbsenblattlaus** *(Acyrthosiphon pisum)* hingegen, die erst gegen Blühende an Stengeln und Blättern der Erbsen und an den ersten

angelegten Hülsen auftritt, ist weniger gut zu finden. An stark befallenen Pflanzen sind die Triebe gestaucht und verkrüppelt, der Blüten- und Hülsenansatz im Bereich der Kolonien stark vermindert. Die Blattläuse - ausgenommen Schwarze Bohnenlaus - sind Überträger von Viruskrankheiten.

Als vorbeugende Maßnahmen gegen Blattläuse ist eine frühe Aussaat empfehlenswert. Bei starkem Blattlausbefall sind Insektizidbehandlungen die wichtigsten bestandserhaltenden und rentabelsten Pflanzenschutzmaßnahmen. Voraussetzung für einen gezielten Einsatz sind regelmäßige Kontrollen ab Ende Mai. Sobald sich die Blattläuse ausbreiten, muß ein nicht-bienengefährliches Mittel, beispielsweise das nützlingsschonende Pirimor-Granulat angewendet werden. Die Behandlung sollte frühzeitig, am besten kurz vor Blühbeginn erfolgen. In diesem Fall ist der Bestand u. U. mit einer Randbehandlung während der gesamten Blühdauer blattlausfrei zu halten, so daß nur geringe oder keinerlei Fahrspurverluste entstehen.

Erbsenwickler *(Laspeyresia nigricana)*
Dieser Schädling spielt bislang nur regional eine Rolle, kann sich aber bei intensivem Erbsenanbau rasch einbürgern. Bei trockenwarmer Witterung wird er zu einem gefährlichen Schädling, der das Erntegut minderwertig oder unbrauchbar macht und Ernteverluste bis 30% verursacht. Der während der Samenbildung zu beobachtende Fraß von etwa 8 bis 10 mm langen gelblichen Raupen an den Erbsensamen wird von den Larven des ab Ende Mai erscheinenden bräunlichen, unscheinbaren Falters (Flügelspannweite etwa 12 bis 16 mm) verursacht. Zurück bleiben angefressene, mit Gespinst und Kot verschmutzte Körner. Ein- und Ausbohrlöcher sind günstige Infektionsstellen für Pilzkrankheiten. Falterflug, Eiablage, Entwicklung und Verpuppung der Raupen sind stark witterungsabhängig.

Weite Stellung der Erbsen in der Fruchtfolge sowie tiefes Pflügen und Eggen, das die Larven des Wicklers abtötet, bringen eine Befallsminderung. Die Maßnahmen sind aber nur erfolgversprechend, wenn sie großräumig durchgeführt und die Erbsen im Folgejahr mindestens 2,5 km vom alten Erbsenschlag entfernt angebaut werden. Frühe Aussaat zur Verhinderung des zeitlichen Zusammentreffens von Hauptfalterflug und Blüte wirken befallsreduzierend.

Die chemische Bekämpfung ist sehr schwierig, da sich einerseits Eiablage und Schlupf der Larven witterungsbedingt sehr verzetteln können und andererseits Insektizide nur wirksam sind, bevor sich die Räupchen in die Hülsen bohren. Wegen dieser Unzulänglichkeit werden Insektizidmaßnahmen vorerst nur für Saatgutvermehrungsbestände empfohlen. Für eine bessere Terminbestimmung wird derzeit eine Prognosemethode (Tab. 15) unter gleichzeitiger Flugüberwachung des Falters mit Pheromonfallen erprobt. Die ersten Ergebnisse sind vielversprechend, so daß über den regionalen Warndienst künftig zu gezielten Bekämpfungsmaßnahmen aufgerufen werden kann. Die Bekämpfung muß nach bisherigen Erfahrungen während der Erbsenblüte erfolgen, folglich sind die Vorschriften zum Bienenschutz einzuhalten.

Stock- und Stengelälchen *(Ditylenchus dipsaci)*
Körnerleguminosen, insbesondere Ackerbohnen, werden nach Untersuchungen von Schreiner (1987) von pflanzenparasitären Nematoden befallen. Diesem schwierig zu lösenden Fruchtfolgeproblem ist bisher in der Praxis zu wenig Beachtung geschenkt worden, obwohl auf verseuchten Flächen in nassen Jahren

deutliche Ertrags- und Qualitätsminderungen entstehen. Problematisch ist ferner, daß die Fruchtfolgeparasiten infolge der Übertragbarkeit durch Samen in befallsfreie Gebiete und Betriebe verschleppt werden und auch anfällige Folgekulturen (z. B. Rüben) schädigen. Befallene Pflanzen vergilben nesterweise und wachsen nur kümmerlich, reagieren mit Stauchungen, Verdickungen und Verdrehungen des Stengels und haben letztlich einen schlechten Hülsenansatz. Die Älchen können bis in die Samenanlagen vordringen, Nekrosen an den Samenschalen verursachen (mit Pilzbefall zu verwechseln) und im Samen in einer Trockenstarre lange lebensfähig bleiben.

Chemische Abwehrmaßnahmen sind nicht möglich, ebenso sind keine nematodenresistenten Leguminosensorten bekannt. Den Vorsorgemaßnahmen ist deshalb besondere Beachtung zu schenken. Wichtigste Maßnahme ist die Verwendung von befallsfreiem Saatgut, da die Nematoden mit dem Samen übertragen werden können. Daher wird bei der Saatgutproduktion und Anerkennung von zertifiziertem Saatgut weitgehende Nematodenfreiheit gefordert. In gefährdeten Gebieten dürfen Ackerbohnen und Erbsen nicht in einer Rübenfruchtfolge stehen. Durch sorgfältige Unkrautbekämpfung, insbesondere der Wirtspflanzen Vogelmiere, Knötericharten und Franzosenkraut, läßt sich der Befall reduzieren.

Samenkäfer

In erntereifen Beständen von Ackerbohnen und Erbsen sind gelegentlich an Hülsen kreisrunde Ausbohrlöcher und an Samen runde, tiefreichende Löcher zu finden. Es handelt sich um den Schaden der beiden sehr ähnlich aussehenden **Samenkäfer**, nämlich des **Großen Erbsenkäfers** *(Bruchus pisorum)* und des **Ackerbohnenkäfers** *(Bruchus rufimanus)*. Die etwa 4 bis 5 mm großen Käfer mit bräunlichen Deckflügeln besiedeln die Leguminosenfelder gegen Ende der Blüte und legen zahlreiche Eier auf die sich entwickelnden Hülsen ab. Die Larven bohren sich durch die Hülsenwand in die Samen, in der sich die Entwicklung bis zum Käfer vollzieht. Teilweise verlassen die Käfer schon um die Erntezeit ihre »Brutstätte«, ein Teil der Käfer gelangt jedoch ins Lager oder wird mit dem Saatgut wieder ausgesät. Der Schaden kann infolge Gewichts- und Qualitätsverluste beträchtlich sein. Bei Saatgut wird die Keimfähigkeit und Triebkraft herabgesetzt. Die Einbohrlöcher der Larven in die Hülsen sind häufig Infektionsstellen für die Erreger der Brennfleckenkrankheiten.

Die Bekämpfung der Samenkäfer war bislang nicht lohnend. Zudem gestaltet sie sich wegen des relativ späten und meist auch ungleichmäßigen Auftretens der Käfer äußerst schwierig. Als vorbeugende Maßnahme ist zur Bekämpfung auf dem Feld ein tiefes Unterpflügen der ausgefallenen Leguminosensamen empfehlenswert. Frühblühende Sorten sind meist weniger gefährdet als spätblühende.

Sonstige Schädlinge

Weitere Schädlinge, wie z. B. **Erbsengallmücke** *(Contarinia pisi)* oder **Ackerthrips** *(Thrips angusticeps)* an Erbsen und Ackerbohnen, treten nur vereinzelt schädigend auf. Durch ihre Fraß- bzw. Saugtätigkeit zerstören sie die Blatt- und Blütenanlagen. Eine Bekämpfung bringt keine wirtschaftlichen Vorteile.

6 Kartoffeln

Die Anbaufläche der Kartoffeln nimmt laufend ab. 1970 wurden rund 600 000 ha, 1987 nur noch 200 000 ha angebaut. Dennoch bleibt der Pflanzkartoffel- und Konsumkartoffelanbau für spezialisierte Betriebe eine wichtige Einnahmequelle.

6.1 Anbautechnische Maßnahmen

6.1.1 Standortansprüche

Die Kartoffel gedeiht besonders gut auf lockeren, humosen Böden des lehmigen Sandes oder sandigen Lehms. Diese siebfähigen Böden ermöglichen auch am besten die Mechanisierung der Pflanzung, Pflege und Ernte. Pflanzkartoffeln sollen in Gesundlagen möglichst geschlossen angebaut werden, um die Gefahr der Virusübertragung zu vermindern.

6.1.2 Fruchtfolge

An die Fruchtfolge stellt die Kartoffel keine besonderen Ansprüche. Sie kann nach Winterung und Sommerung stehen oder am besten nach stickstoffsammelnden Hülsenfrüchten wie Klee oder Kleegras. Als Vorfrucht ist die Kartoffel für alle Kulturpflanzen von hohem Wert. Sie hinterläßt einen gut gelockerten Boden.

Nach sich selbst darf die Kartoffel wegen der Virus- und Nematodengefahr, aber auch wegen Rhizoctonia- und Schorfbefall höchstens in dreijährigem, Pflanzkartoffeln in vierjährigem Wechsel, angebaut werden. Zudem sind »Unkrautkartoffeln« in anderen Kulturpflanzen bei enger Fruchtfolge häufig Überträger von Viren, Krankheiten (Kraut- und Knollenfäule) und Schädlingen (Nematoden), weil ihre Bekämpfung Probleme bereiten kann.

6.1.3 Bodenbearbeitung

Die Bodenbearbeitung sollte auf schwereren Böden und zur Einbringung des organischen Düngers mit der Herbstfurche beginnen. Im Frühjahr ist kurz vor der Pflanzung der genügend abgetrocknete Acker einzuebnen. Eine gute Krümelung ist Voraussetzung für eine leichte Siebbarkeit der Dämme bei der Ernte.

Klutenbildung ist zu vermeiden, weil es keine Trenneinrichtungen für harte und trockene Kluten gibt.

6.1.4 Pflanzung

Die Pflanzzeit richtet sich danach, wann die Bodentemperatur etwa 10 °C erreicht hat. Bei zu frühem Legen in kalten Boden keimt die Kartoffelknolle nur langsam und ist damit den Krankheiten und Bodenschädlingen länger ausgesetzt. Gleiches gilt für zu tiefes Pflanzen von 5 bis 6 cm unter der Deckschicht und Knollenbeschädigungen beim Legen durch unzulängliche Geräte. Vorgekeimte Frühkartoffeln können durchaus schon Ende März bis Anfang April ausgepflanzt werden.

6.1.5 Pflanzenernährung

Düngungsfehler wirken sich auf Ertrag, Qualität und Förderung der Anfälligkeit gegenüber Krankheiten aus. In erster Linie sind dafür zu hohe und einseitige Nährstoffmengen, meistens zu einem falschen Zeitpunkt verabreicht, verantwortlich. Im Durchschnitt entziehen 300 dt/ha Knollen und Kraut dem Boden etwa 150 kg N, 45 kg P_2O_5, 180 kg K_2O, 15 kg CaO und bis zu 30 kg MgO. Von den Mikronährstoffen werden 120 g Bor, 180 bis 540 g Mangan und 90 g Kupfer verbraucht. Die zu verabreichenden Düngermengen richten sich nach dem Entzug, unter Berücksichtigung der standortspezifischen Nachlieferung des Bodens. Organischer Dünger ist für die Kartoffel wegen seiner günstigen Auswirkung auf die Bodenstruktur und Ertragssteigerung zu bevorzugen. Zwischenfrüchte sollten wegen ihrer stickstoffkonservierenden Wirkung möglichst erst im Frühjahr untergepflügt werden. Zusätzlicher mineralischer Stickstoffdünger ist vor dem Pflanzen oder spätestens nach dem Legen auf die flachen Legedämme zu verabreichen. Zu hohe N-Düngung führt zu Braun- und Hohlherzigkeit, höherer Phytophthora-Anfälligkeit sowie zur Kochdunkelung, Rohbreifärbung, Abreifeverzögerung, mangelnder Schalenfestigkeit und schlechter Lagerfähigkeit.

Phosphat verbessert die Qualität und wirkt sich positiv auf Geschmack, Größensortierung, Schalenfestigkeit, Lagerfähigkeit und Abreife aus.

Kalium erhöht die Trockenresistenz, verbessert den Geschmack, vermindert die Gefahr der Blaufleckigkeit und Kochdunkelung. Magnesium wirkt ähnlich wie Kalium und ist bei der Düngung entsprechend zu berücksichtigen.

Wegen der Schorfbegünstigung sollen auf leichten Böden keine Kalkgaben direkt vor dem Pflanzen gegeben werden.

6.2 Integrierte Abwehr- und Bekämpfungsmaßnahmen

6.2.1 Nichtparasitäre Schäden

Die Kartoffel wird von zahlreichen nichtparasitären Krankheiten befallen, die im allgemeinen ohne große wirtschaftliche Bedeutung sind. Nur in Einzelfällen und in bestimmten Jahren können sie größere Schäden verursachen.

Die **Knöllchensucht** tritt nach zu warmer Winterlagerung auf, oder wenn die Kartoffeln in zu kaltem Boden gepflanzt wurden. Anstatt der Sprosse bilden sich kleine Knöllchen. Es entstehen Fehlstellen im Bestand. Eine geeignete Lagerung der Pflanzkartoffeln und rechtzeitiges Vorkeimen verhindert diese Krankheit. Bei der **Kindelbildung** und beim **Durchwuchs** oder **Kettenwuchs** wird das Wachstum der ersten Knolle durch Trockenheit eingestellt. Erst nach ausreichender Feuchtigkeit keimen die Augen aus, und es bilden sich Nebenknollen. Die erste Knolle ist im Innern meist glasig, da die Stärke in die neugebildeten Knollen ausgelagert wurde.

Ebenfalls durch starke Feuchtigkeitsschwankungen gegen Ende des Sommers kommt es zur **Schalenrissigkeit** der Kartoffelknolle. Das Kraut gibt nur wenig Wasser ab, so daß die schon verkorkte Schale reißt.

Zu reichliche Stickstoffgaben und zu weiter Pflanzabstand kann zur **Hohlherzigkeit** bei größeren Knollen führen. Im Innern der Knolle bilden bucklige Innenflächen einen verkorkten Hohlraum.

Durch die Vollerntemaschinen haben sich die **Schwarzfleckigkeit** und **Blaufleckigkeit** stärker ausgebreitet. Im Innern der Kartoffeln entstehen durch Schlag, Druck oder Stoß aber auch durch große Hitze schwarze bis graue, unscharf begrenzte Partien. Beim Kochen treten diese Flecken noch deutlicher hervor. Ausreichende Kalidüngung, gutes Abreifen der Knollen und sorgfältige Ernte wirken dieser Krankheit entgegen. Ebenso dürfen die Kartoffeln nicht bei niedrigen Temperaturen bewegt werden.

Sowohl Hohlherzigkeit als auch Schwarz- und Blauflecken vermindern die innere Qualität, so daß diese Partien nicht zur Produktion von Chips o. ä. verwendet werden können.

Mangelkrankheiten

Magnesiummangel tritt sowohl auf sauren als auch auf basischen Böden nach dem Wachstumshöhepunkt auf. Durch Trockenperioden können sich die hellgelben, später sich braun verfärbenden Flecken zwischen den Blattrippen noch verstärken. Die Blattränder bleiben im Gegensatz zum Kalimangel meistens grün. Ältere Blätter verfärben sich zuerst. Mit einer Zusatzdüngung mit Magnesium kann dem Mangel abgeholfen werden.

Phosphatmangel zeigt sich selten, aber dann vor allem auf strukturschwachen Böden, wobei die Stauden klein bleiben, die Pflanzen einen »starren« Eindruck machen (Starrtracht) und die Blätter dunkelgrün gefärbt sind.

Ebenfalls bei schlechter Bodenstruktur oder auf umgebrochenem Grünland können **Kalimangel**-Symptome an Kartoffeln auftreten. Die Blätter sind bronzeartig verfärbt und zeigen braune Randnekrosen. Auch die Knolle reagiert auf Kalimangel mit stärkerer Neigung zur Blaufleckigkeit.

Auf basischen Böden kann **Bormangel** auftreten. Die Blätter werden zwischen den Blattrippen rötlich-braun bis hin zum Blattrand. Bei leichtem Befall rollen sich die Blätter über die Längsachse ein. Die Knollen sind hohlherzig mit einem verkorkten Rand und einer unregelmäßigen Oberfläche.

Manganmangel ist auf leichten Böden anzutreffen. Über das gesamte Blatt sind gesprenkelte, kleine braune Flecken verteilt.

Frostschäden

Frostschäden treten an der Knolle schon unter +5 °C auf. Die Kartoffeln bekommen einen süßlichen Geschmack, weil Stärke in Zucker umgewandelt wird. Kurzzeitige Temperaturen über 10 °C beheben diesen Mangel. Sinkt die Lagertemperatur unter 0 °C ab, treten nicht rückgängig zu machende Schäden auf. Die Knolle ist saftig-weich oder »gummiartig-weich«, es treten Ringnekrosen oder »Frostdellen« auf.

6.2.2 Unkräuter

Wichtige Unkräuter sind Klettenlabkraut, Weißer Gänsefuß, Franzosenkraut, Vogelmiere, Nachtschatten, Ackerhohlzahn, Knötericharten, Ackerwinden, Flughafer, Hirsearten und Quecke.

Die Kartoffel ist wegen ihrer langsamen Jugendentwicklung bis zum Reihenschließen sehr konkurrenzschwach gegen Unkräuter. Die Unkrautbekämpfung ist deshalb schon ab 5 Pflanzen/m^2 wirtschaftlich gerechtfertigt, um Ertragsverluste zu vermeiden, die vollautomatische Ernte nicht zu behindern und die Qualität durch Verschmutzung nicht zu verschlechtern.

6.2.2.1 Mechanische Unkrautbekämpfung

In keiner anderen Ackerbaukultur hat sich die mechanische Unkrautbekämpfung so lange behauptet wie in den Kartoffeln. Derzeit werden etwa 70% der Anbaufläche mit Herbiziden behandelt. In Getreide sind es vergleichsweise 95%. Durch die nicht immer hinreichende Wirkung der Herbizide in trockenen Jahren und die zunehmend erteilten Wasserschutzgebietsauflagen erhöht sich das Interesse an der mechanischen Unkrautbekämpfung besonders auf leichten und mittleren Böden zusehends. Technisch verbesserte Hack- und Häufelgeräte und Neuentwicklungen von Bodenbearbeitungsgeräten erhöhen den Bekämpfungserfolg.

Nach dem Legen und vor dem Auflaufen wird mit Flachhäuflern und angehängten Gliedereggen mehrmals ein schützender Damm geformt, der durch die Gliedereggen sofort wieder herabgezogen wird. Eine gute Unkrautwirkung wird auch durch den Schnellhäufler erzielt. Nach dem Auflaufen können mit Hackgeräten die ein- und mehrjährigen Unkräuter bekämpft und gleichzeitig der Boden gelockert werden. Die Hackmesser sind flach einzustellen, um Wurzelbeschädigungen zu vermeiden. Neuerdings werden auch rotierende Bürsten verwendet. Kurz vor Reihenschluß werden großvolumige und stabile Dämme mit den Dammformern endgültig aufgehäufelt. In Pflanzkartoffelbeständen ist nach dem Auflaufen wegen der möglichen Virusübertragung von Y-, X- und A-Virus die mechanische Unkrautbekämpfung einzustellen.

6.2.2.2 Chemische Unkrautbekämpfung

Auf schweren, nicht immer befahrbaren Böden und in Pflanzkartoffelbeständen ist der Herbizideinsatz der mechanischen Unkrautbekämpfung überlegen. Bei der Anwendung von Herbiziden sind eine Reihe von Kriterien zu beachten:

- Im Vorauflauf sind Herbizide auf Standorten mit Humusgehalten zwischen 2,0 und 3,5% nach dem Abschlußhäufeln auf die erdfrischen Dämme auszubringen. Der Zeitpunkt des Schlußhäufelns richtet sich nach dem einzusetzenden Herbizid. Racer (Fluorochloridon) soll zehn Tage nach der Pflanzung, Aresin (Monolinuron), Basta (Glufosinate Ammonium), Patoran (Metobromuron) und Sencor WG (Metribuzin) kurz vor dem Auflaufen der Kartoffeln und Basagran bis 10 cm Krauthöhe angewandt werden. Die Aufwandmenge richtet sich nach Bodenart oder Humusgehalt.
- Eine spätere Bodenbearbeitung zerstört den Herbizidfilm und damit den Bekämpfungserfolg.
- Nur flachkeimende Unkräuter und Ungräser werden bekämpft, nicht mehrjährige Wurzelunkräuter.
- Einige Mittel sind auf bestimmte Reifegruppen beschränkt.
- Trockene Frühjahrswitterung mindert den Bekämpfungserfolg.
- Auf durchlässigen leichten Böden und auf humosen Standorten sollen Herbizide nur im Nachauflauf eingesetzt werden.
- Sortenunverträglichkeit bei einigen Herbiziden ist zu beachten (Tab. 63).

Bei der Unkrautbekämpfung in Kartoffeln spielt das Klettenlabkraut die wichtigste Rolle. Bekämpfungsmöglichkeiten bestehen mit Racer im Vorauflauf auf mineralischen Böden mit Humusgehalten zwischen 1,0 und 4,0%. Auf Standorten mit leichten oder stark humosen Böden hat sich Basagran + Patoran (Bentazon + Metobromuron) unmittelbar nach dem Durchstoßen der Kartoffel bewährt, wobei bereits kurz nach dem Kartoffellegen der endgültige Damm geformt wird, damit das Klettenlabkraut auflaufen kann. In Vermehrungsbeständen ist Racer

Tab. 63. Anwendungsbedingungen für Herbizide in Kartoffeln

Mittelbeispiel	Aufwand (l, kg/ha)	Bodenbedingungen	Anwendung	Reifegruppe	Bemerkungen
Aresin	2,5 3,0 4,0	leichte Böden mittlere Böden anmoorige Böden	vor dem Auflaufen der Kartoffeln auf die fertigen Dämme spritzen, Boden soll feucht sein	II–IV	
Patoran	3,5 4,0 5,0	leichte Böden mittlere Böden schwere Böden			
Racer	2,5 3,0	leichter Boden oder Böden mit weniger als 2 % Humus mittlerer Boden oder Böden mit 2–4 % Humus	10 Tage nach Pflanzung, kein Einsatz ab beginnendem Wurzelwachstum. Nachbau beachten!	III–IV	Nicht in Vermehrungsbeständen, weil Virussymptome kaschiert werden können.
Sencor WG	0,75 1,0 0,5	leichte Böden mittlere Böden leichte u. mittlere Böden	Kurz vor Durchstoßen der Kartoffeln beim Auflaufen bis 5 cm Höhe	I–IV	Sortenverträglichkeit beachten! Frühkartoffeln nicht über 0,5 kg/ha
Patoran + Basagran	3,0–4,0 2,0–3,0		Spritzfolge! kurz vor Durchstoßen der Kartoffeln (Patoran!) Bei 10 cm Krauthöhe (Basagran!)	II–IV	Nicht bei Temperaturen über 25 °C behandeln!
Racer + Patoran	2,0–2,5 +1,5–2,0	siehe Racer			
Depon Super	3,0		Nach Auflaufen der Kartoffeln, Ungräser im 2- bis 4-Blatt-Stadium Quecke: 15–20 cm hoch		
Fervinal Plus	2,5				
Focus Ultra					
Fusilade 2000	1,25				
Fusilade 2000	3,0				

wegen Überdecken möglicher Virussymptome nicht anzuwenden. Basagran darf in Wasserschutzgebieten nicht eingesetzt werden.

Bekämpfungsprobleme bereiten nach wie vor die mehrjährigen Unkräuter wie Ackerwinden, Distelarten, Ackerziest u. a. Gegebenenfalls sind diese Unkräuter in anderen Kulturen zu bekämpfen oder der Kartoffelanbau ist auf diesen Flächen einzustellen.

Tab. 64. Unkraut- und Ungrasbekämpfung in Kartoffeln

Mittelbeispiel (Wirkstoff)	Aufwand (kg, l/ha)	Auflagen	Klettenlabkraut	Weißer Gänsefuß	Hohlzahn	Windenknöterich	Vogelmiere	Nachtschatten	Franzosenkraut	Flughafer	Hühnerhirse	Preise (DM/ha)
Aresin (Monolinuron)	2,0–4,0	W, Xn B4 230	-	++	+	+	++	+	++	-	+	96,- bis 190,-
Basta (Glufosinate A.)	3,0	Xn B4	+	+	+	+	+	+	+	+	+	150,-
Patoran (Metobromuron)	3,5–5,0	Xi, B4 230	-	+	+	+	++	-	++	-	+	140,- bis 200,-
Racer (Fluorochloridon)	2,5–3,0	Xn, B3 230, 261	+	++	+	++	++	++	++	-	-	142,- bis 171,-
Sencor WG (Metribuzin)	0,5–1,0	W B4 230	-	++	+	+	++	+	++	-	-	66,- bis 132,-
Basagran + Patoran (Bentazon + Metobromuron)	2,0+2,5	W Xi, B4 230	++	++	+	+	++	+	++	-	+	214,-
Racer + Patoran	2,0+2,0	Xn Xi, B1 230, 261	++	++	+	+	++	+	++	-	+	194,-

Fortsetzung Tab. 64.

Mittelbeispiel (Wirkstoff)	Aufwand (kg, l/ha)	Auflagen	Kletten-labkraut	Weißer Gänsefuß	Hohlzahn	Winden-knöterich	Vogelmiere	Nachtschatten	Franzosenkraut	Flughafer	Hühnerhirse	Preise (DM/ha)
Depon Super (Fenoxapropeth.)	2,0	Xi, B1 230, 264	-	-	-	-	-	-	-	++	++	105,-
Fervinal Plus (Sethoxydim)	2,5	W B4 230, 261	-	-	-	-	-	-	-	++	++	125,-
Focus Ultra (Cycloxydim)	2,0	Xi, B4	-	-	-	-	-	-	-	++	++	
Fusilade (Fluazifopbutyl)	1,25 3,0 Quecke	W Xi, B4 230, 261	-	-	-	-	-	-	-	++	++	125,- 300,-

B3 : Bienen werden nicht gefährdet aufgrund der durch die Zulassung festgelegten Anwendung des Mittels
B4 : Nicht bienengefährlich aufgrund einer amtlichen Prüfung
230/630 : Keine Anwendung auf stärker geneigten Flächen bei Abschwemmungsgefahr in Gewässer. Anwendung nicht in unmittelbarer Nähe (10 m) von Gewässern.
261 : Mittel ist fischgiftig
263 : Mittel ist giftig für Fischnährtiere
264 : Mittel ist giftig für Fische und Fischnährtiere
W : Keine Anwendung in Wasserschutzgebieten

Xi : reizend
Xn : mindergiftig
++ : gute Wirkung
\+ : befriedigende Wirkung
\- : keine hinreichende Wirkung

Flughafer und Hirsearten sind auf manchen Standorten wichtige Leitunkräuter. Im Nachauflauf (10 bis 15 cm Krauthöhe) können sie mit Herbiziden wie Depon plus (Fenoxaprop-m), Fervinal plus (Sethoxydim) oder Fusilade 2000 (Fluazifop-m) bekämpft werden. Die beiden letzten Mittel wirken auch gegen Quecke, wobei Fusilade 2000 mit 3 l/ha (Preis!) angewandt wird (Tab. 64).

In Wasserschutzgebieten verbleiben nur Patoran, Racer und Depon plus zur Unkrautbekämpfung. Kaum Einsatzmöglichkeiten für Herbizide bestehen deshalb auf leichten oder sehr humusreichen Standorten und in Vermehrungsbeständen. Die Quecken müssen in anderen Kulturen bekämpft werden.

6.2.2.3 Kombinierte Unkrautbekämpfung

Reicht die alleinige mechanische Unkrautbekämpfung wirkungsmäßig nicht aus, kann mit Herbiziden vor allem die Dauerwirkung verbessert werden. Durch mehrmaliges Häufeln mit der angehängten Gliederegge werden die auflaufenden Unkräuter und Ungräser herausgerissen und verschüttet. Die Herbizide werden nach dem letzten Häufeln ausgebracht. In manchen Gebieten hat man gute Erfahrungen gemacht, indem erst vor Schließen der Reihen letztmalig angehäufelt wird, so daß keimende Unkräuter nochmals bekämpft werden und weiteres Auflaufen durch das dichte Kartoffelkraut weitgehend unterdrückt wird.

6.2.2.4 Spätverunkrautung

In Bestandeslücken oder auf den Dammkronen können konkurrenzstarke, meist wärmeliebende Unkräuter wie Weißer Gänsefuß, Melde und Ackerwinden auflaufen.

Mit Reglone (Deiquat) kann die Krautabtötung in Pflanz- und Speisekartoffeln durchgeführt werden. Nur jedes vierte Jahr darf Reglone auf dieselbe Fläche ausgebracht werden, weil der Wirkstoff im Boden festgelegt und nur in sehr geringem Maße abgebaut wird.

Auch der Krautschläger wird zunehmend eingesetzt, um das Kartoffelkraut und das Unkraut abzuschlegeln und somit die Ernte zu erleichtern.

Die Kombination von Reglone mit reduzierter Aufwandmenge (3 l/ha) und Krautschläger hat eine gute Wirkung.

6.2.3 Krankheiten

Durch verschiedene Krankheiten werden die Kartoffeln geschädigt. Dabei ist nicht nur der Ertragsausfall zu bedenken, sondern auch die Qualitätsminderungen bei den Knollen auf dem Feld und auch bei der Lagerung.

Kraut- und Knollenfäule *(Phytophthora infestans)*

Diese Krankheit verursacht durch frühzeitiges Absterben des Kartoffelkrauts Ertragsausfälle bis zu 50% und durch die Feldinfektionen der Knollen hohe Qualitätseinbußen und Ausfälle im Lager. Die Gefährlichkeit dieser Krankheit wird durch ihre explosionsartige Ausbreitung bei feuchtem Wetter deutlich. Die Sporen des Pilzes benötigen für die Keimung tropfbar flüssiges Wasser und Temperaturen um 18 bis 20 °C (Treibhauswetter). Befallene Blätter sind anfangs ölartig fleckig und verfaulen bzw. vertrocknen je nach Witterung von der Spitze her, wobei sich dunkelbraune Stellen bilden. Das Kartoffelkraut kann innerhalb weniger Tage vorzeitig absterben. Die Sporen werden von den Blättern abgewaschen, in den Boden geschwemmt und infizieren die Knolle. Auf dem Lager sind leicht eingesunkene, schmutzig bleigraue Flecken sichtbar, die sich auch ins Knolleninnere als rötlich-braun verfärbte korkige Partien fortsetzen. Diese Braunfäule zerstört die Kartoffel, wobei in der Regel durch die feinen Risse noch Bakterien in die Knolle eindringen und die bekannte Naßfäule verursachen.

Diese gefährliche Krankheit muß jedes Jahr bekämpft werden, obwohl die Resistenzzüchtung bisher durchaus gute Fortschritte erzielt hat. Hierfür eignen sich anbautechnische Maßnahmen und schwerpunktmäßig die Anwendung von Fungiziden.

Zu hohe Stickstoffversorgung verstärkt die Anfälligkeit der Kartoffel gegen die Krankheit. Deshalb sollen N-Gaben nach Bedarf bemessen und vor dem Pflanzen gegeben werden. Organischer Dünger ist wegen seiner günstigen Auswirkung auf die Bodenstruktur und Ertragssteigerung zu bevorzugen. Durch eine ausreichende Phosphor- und Kalidüngung wird die Widerstandsfähigkeit gegen die Naßfäule deutlich verbessert und die Lagerfähigkeit gesteigert.

Selbstverständlich ist für die vorbeugende Bekämpfung die Verwendung gesunden Pflanzguts, damit die Krankheit nicht mit infizierten Knollen aus dem Lager auf das Feld verschleppt wird und eine »Primärinfektion« erzeugt. Ebenso muß auf »Unkrautkartoffeln« in anderen Kulturen als Krankheitsüberträger geachtet werden. Ihre Bekämpfung ist nicht ganz leicht.

Die Anwendung von Fungiziden ist die derzeit wirksamste Waffe gegen diese Krankheit. Die genaue Festlegung des Beginns und des Endes der Behandlungen ist ausschlaggebend für den gezielten und wirtschaftlichen Einsatz von Pflanzenschutzmitteln. Mit der Negativprognose (Ullrich und Schrödter 1966) wird seit 1966 durch Witterungsdaten die befallsfreie Zeit ab Auflauf der Kartoffeln ermittelt. Diese Prognose des Wetterdienstes gibt an, ab wann die Bestände befallsgefährdet sind und deshalb kontrolliert und gegebenenfalls behandelt werden müssen. Leider passen der vorausgesagte und tatsächliche Verlauf der Krankheit in Bayern, Rheinland-Pfalz und Baden-Württemberg in den letzten Jahren nicht immer zusammen. Wahrscheinlich haben sich die Annahmen zum obigen Modell geändert, weil die Lagerung technisch verbessert wurde und damit latent befallene Knollen auf das Feld gelangen, systemische Fungizide eingesetzt werden, die nicht den Spätbefall vollständig verhindern, und zudem seit 1985 mit dem Auffinden des A_2-Typs mit der sexuellen Vermehrung zu rechnen ist. Dadurch ist möglicherweise das primäre Infektionspotential erheblich höher als von Ullrich und Schrödter angenommen.

Im norddeutschen Anbaugebiet hat sich die Negativprognose seit Jahren bewährt, abgesehen von Besonderheiten wie Unterfolien- und Beregnungskartoffeln (Radtke 1989).

Die erste Fungizidbehandlung soll zeitlich dann erfolgen, wenn noch kein Phytophthora-Befall im Bestand vorhanden und das Ende der befallsfreien Zeit erreicht ist. Denn vorhandener Befall kann in der Regel nicht mit Fungiziden eliminiert werden. Behandlungen vor dem tatsächlichen Befallsbeginn belasten die Umwelt und verursachen unnötige Kosten. Deshalb ist der Phytophthora-Warndienst des Pflanzenschutzdienstes zu beachten. Sollte dazu keine Möglichkeit bestehen, dann kann vor dem »Reihenschließen« im Normaljahr erstmalig behandelt werden. Danach ist alle acht bis vierzehn Tage je nach Witterungslage und Fungizid erneut zu bekämpfen. Etwa drei Wochen vor dem Krautschlagen oder Reglone-Einsatz soll die letzte Behandlung erfolgen. Es können die preisgünstigen Kontaktfungizide wie Antracol (Propineb), Brestan 60 (Fentinacetat + Maneb), Maneb-Mittel, Dithane Ultra (Mancozeb), Phytox Super (Metiram) oder

Polyram Combi (Metiram) in Spritzfolge angewandt werden. Unter schwierigen Witterungsbedingungen und hohem Befallsdruck können im Wechsel mit den Kontaktfungiziden die systemischen Mittel wie Ridomil MZ-Super (Mancozeb + Metalaxyl) und Sandofan M (Mancozeb + Oxadixyl) bzw. das tiefenwirksame Ciluan (Cymoxanil + Mancozeb) angewandt werden. Dabei sollen die systemischen Mittel nicht mehr als zweimal im Behandlungszeitraum ausgebracht werden, weil Resistenzerscheinungen beim Pilz gegen die beiden systemischen Mittel nachgewiesen wurden. Ciluanresistente Pilzstämme sind dagegen nicht bekannt (Schöber 1987). Auch sollten die systemischen Fungizide nicht am Schluß der Spritzfolge stehen, weil ältere Pflanzen diese Mittel nicht mehr so gut im Gewebe leiten.

Die heftig diskutierte **Stengel-Phytophthora** wird vermutlich nicht von den systemischen Fungiziden begünstigt. Ihr Auftreten hängt wohl vom Witterungsverlauf ab.

Zur Bekämpfung der *Phytophthora* mit Fungiziden sind beste gerätetechnische Voraussetzungen für die gleichmäßige Verteilung der Fungizide auf allen Blattetagen zu schaffen. Wasseraufwandmengen zwischen 400 und 600 l/ha und ein Arbeitsdruck von 6 bar sollten nicht unterschritten werden. Mehrfaches Fahren in gleichen Spuren bringt vor allem bei nassem Boden Probleme. In Norddeutschland sind das Fahrschachtverfahren und Schlepper, die mit Breitreifen ausgerüstet sind, mit gutem Erfolg eingesetzt worden. Die Ertragsverluste liegen bei nur 2,5%.

Wurzeltöterkrankheit *(Rhizoctonia solani)*

Die Wurzeltöterkrankheit (Pockenkrankheit) ist eine ernste Gefahr für den Kartoffelbau, insbesondere für die Pflanzkartoffelerzeugung. Bei starkem Befall können Pflanzkartoffelbestände aberkannt werden. Der Pilz *Rhizoctonia solani* verursacht drei Schadbilder:

- Ungleichmäßiger Auflauf der Kartoffeln und lückiger Bestand. Kartoffelknollen keimen aus. Keime verfärben sich braun, verkümmern und sterben von der Spitze her ab. Stauden haben oft nur einen Stengel (Einständer).
- Bei späterem Befall verfärben sich die Wipfelblätter gelblich oder rötlichviolett und falten sich (Wipfelrollen). Der Stengelgrund vermorscht und wird bei hoher Luftfeuchtigkeit von grauweißen Pilzfäden umgeben (Weißhosigkeit). Durch Faulstellen wird die Nährstoffzufuhr beeinträchtigt. Dadurch sind Rhizoctonia-Knollen oft mißgestaltet, eckig, eingeschnürt und klein.
- Auf der Knolle befinden sich schwarzbraune Pocken, die mit dem Fingernagel abgekratzt werden können. Diese Pocken sind Dauerformen des Pilzes. Sie können im Boden überwintern und im Frühjahr die Knolle infizieren.

Mit einer weitgestellten Fruchtfolge und gesundem, möglichst vorgekeimtem Pflanzgut wird ein rascher Auflauf und zügiges Wachstum erreicht.

Im Pflanzkartoffelanbau wird die Beizung des Pflanzgutes empfohlen. Zum Einstäuben sind Dithane Ultra (Mancozeb), Risolex (Tolelofos-methyl), Monceren (Pencycuron) und zum Einsprühen Tecto flüssig (Thiabendazol) geprüft und ausgewiesen. Tecto flüssig soll das erste Mal schon bei der Rodung oder Einlagerung im Herbst auf die Knollen mit dem Mafex-Sprühaggregat gesprüht werden. Die zweite Behandlung erfolgt bei der Aufbereitung bzw. Sortierung des Pflanzgutes. Auf die gleichmäßige Mittelverteilung ist beim Sprühen und Stäuben zu achten.

Knollenkrankheiten

Zahlreiche Knollenkrankheiten vermindern die Ertragshöhe und setzen die Qualität entscheidend herab. Verantwortlich sind Pilze, die das Kartoffelkraut befallen und deren Sporen in den Boden eingewaschen werden und die Knolle infizieren wie beim Phytophthora-Pilz. Oder die Infektion erfolgt durch Pilze oder Bakterien vom Boden aus oder im Lager von befallenen Knollen. Die Abwehr- und Bekämpfungsmöglichkeiten sind je nach der Biologie des Pilzes unterschiedlich. Die Knollenfäule, verursacht durch den *Phytophthora*-Pilz, kann durch dessen chemische Bekämpfung auf dem Kartoffelkraut erfolgen. Naßfäule, Schorf und Kartoffelkrebs können nur vorbeugend mit verschiedenen Maßnahmen unterdrückt werden. Auch die *Rhizoctonia*-Krankheit (Pockenkrankheit) und die *Fusarium*-Trockenfäulen sind in erster Linie durch Hygienemaßnahmen zu vermindern, wenn auch mit der Beizung direkte Bekämpfungsmöglichkeiten bestehen (Tab. 65).

Viruskrankheiten

Viren verursachen verheerende Schäden im Kartoffelbau. Die in den Knollen befindlichen verschiedenen Viren sind verantwortlich für den »Kartoffelabbau«, d. h. den fortschreitenden Ertragsrückgang bei ständigem Nachbau der Kartoffeln ohne Pflanzgutwechsel (Tab. 66). Die Symptome der Virosen sind unterschiedlich. Ein »abgebauter Kartoffelbestand« fällt durch zahlreiche hellgrüne Kümmerstauden, Stauden mit gekräuselten und gerollten Blättern sowie durch Fehlstellen auf. Die Ursachen sind verschiedene Virosen, die von den Knollen übertragen werden. Die Krankheitsbilder sind nicht immer eindeutig den verschiedenen Viren zuzuordnen, weil einzelne Viren als Mischinfektion auftreten können und hohe Stickstoffgaben die Virussymptome »maskieren« (Tab. 67).

Die gefährlichsten Viren sind das **Blattrollvirus** und das **Y-Virus** (Strichelkrankheit). In manchen Jahren ist trotz aller Abwehr- und Bekämpfungsmaßnahmen der Virusgehalt in den Knollen so hoch, daß die Aberkennungsrate sehr hoch liegt.

Die Bekämpfung der Viruskrankheiten kann nach verschiedenen Methoden erfolgen. Beim Anbau von Konsumkartoffeln ist die wirksamste Maßnahme ein regelmäßiger Pflanzgutwechsel. Dadurch werden gesundes virusfreies Pflanzgut und Sortenechtheit gewährleistet. Zusätzliche Insektizidbehandlungen sind nicht nötig.

Im Pflanzkartoffelanbau werden wegen der leichten Ausbreitung der Viren und den fehlenden chemischen Bekämpfungsmöglichkeiten hohe Anforderungen an den Vermehrerbetrieb gestellt:

- Der Betrieb muß in einer »Gesundlage« liegen, in der aus klimatischen Gründen nur wenige Blattläuse auftreten.
- Laufende, frühe und gründliche Bereinigung der Kartoffelbestände von erkrankten virösen Stauden vor dem ersten Blattlausflug, damit die von den Winterwirten anfliegenden virusfreien Blattläuse sich nicht infizieren können. Die herausgereinigten Stauden sollten aus dem Bestand entfernt werden. Verbleiben sie auf dem Acker, sind Insektizidbehandlungen notwendig.
- Durch die direkte chemische Bekämpfung der Vektoren (Blattläuse) kann bei den persistenten Viren die Infektionskette (kranke Pflanze - Vektor - gesunde Pflanze) wie beim Blattrollvirus unterbrochen werden. Die Behandlung mit Pirimor (Pirimicarb), Ripcord 10 (Cypermethrin) oder Tamaron (Metamidofos) sollte im Abstand von acht bis vierzehn Tagen mehrmals wiederholt werden.

Tab. 65. Wichtige Knollenkrankheiten an Kartoffeln

Krankheit/ Ursache	Befallsbild	Abwehr- und Bekämpfungsverfahren	Infektionswege
Braunfäule Pilz: *Phytophthora infestans*	bleigraue Flecken auf der Knolle, setzen sich als rötlich-braune korkige Partien ins Knolleninnere fort (Trockenfäule)	Teilresistente Sorten anbauen, keine hohen Stickstoffgaben, gesundes Pflanzgut, Vermeidung der Krautfäule mit Fungiziden	Von befallenen Altknollen wird Kartoffelkraut befallen. Von Kartoffelkraut werden Sporen im Boden auf Knollen geschwemmt
Wurzeltöterkrankheit »Pockenkrankheit« Pilz: *Rhizoctonia solani*	Unregelmäßige schwarzbraune Pocken auf Knolle, lassen sich abkratzen	Gesundes Pflanzgut, Beizung der Knollen im Pflanzkartoffelbetrieb Resistenzzüchtung nicht möglich	Von befallenen Altknollen werden Keimlinge befallen. Durch »Pocken« werden vom Boden aus Knollen befallen
Naßfäule Bacterium: *Erwinia carotovora*	Knolle ist eine weiche, breiige Masse, wird von der Schale zusammengehalten	Knollenbeschädigung bei Ernte vermeiden, trocken einlagern, kühle Lagerung unter Vermeidung von Kondenswasserbildung, chemische Bekämpfung nicht möglich	Von befallenen latent kranken Knollen auf andere im Lager befindliche Kartoffeln
Fusarium-Trockenfäule Pilz: *F. coeruleum F. sulphureum*	Schrumpfungsringe mit weißlichem bis rötlich-violettem Myzel. Im Knolleninneren hell- bis dunkelbraunes, zersetztes Gewebe	Knollenbeschädigung bei Ernte vermeiden, trocken und kühl lagern; Beizung der Knollen direkt am Vollernter bzw. beim Einlagern	Bodenbürtiger Erreger dringt über Wunden in Knolle ein

Den Beginn der Behandlung gibt der Pflanzenschutzdienst durch eine Warnmeldung bekannt.

- Frühzeitiges Abtöten des Kartoffelkrautes (etwa Ende Juli) durch Reglone, damit das Virus nicht mehr in die Knolle gelangen kann. Voraussetzung dafür ist vorgekeimtes Pflanzgut, damit schon im Juli eine ausreichende Knollengröße erreicht wird. Bei kräftigen Beständen hat sich das Splitten, d. h. 2 mal 2,5 l/ha im Abstand von vier Tagen, bewährt. Mit der Ernte soll erst zwei bis drei Wochen nach der Reglonebehandlung begonnen werden, um gute Schalenfestigkeit zu erreichen.

  Der Krautschlegler allein ist nur für mittelspäte und späte Kartoffeln, nicht für frühe Sorten einsetzbar. Gute Ergebnisse wurden mit der Kombination des Krautschleglers und der verminderten Aufwandmenge von Reglone erzielt.

Fortsetzung Tab. 65.

Krankheit/ Ursache	Befallsbild	Abwehr- und Bekämpfungsverfahren	Infektionswege
Schorf Bacterium: *Streptomyces scabies*	Rauhe, korkige Unebenheiten und Risse auf der Schale. Es werden 3 Schorfarten unterschieden: Flachschorf: Schadstellen liegen in einer Ebene mit Schalenoberfläche Tiefschorf: Loch- und grubenartige Eindellungen Buckelschorf: Aufwölbungen Warzen können nicht abgekratzt werden (Gegensatz zu Wurzeltöterkrankheit)	Keine Infektionsgefahr von befallenen Knollen; Anbau resistenter Sorten; keine zu starke Kalkung, Verwendung physiologisch saurer Düngemittel, Gründüngung wirkt sich günstig auf Mikroflora des Bodens aus, Schorferreger wird zurückgedrängt	Befall der Knollen nur im erbsengroßen Stadium; keine Infektionen im Lager
Kartoffelkrebs Pilz: *Synchytrium endobioticum*	Krebsartige Wucherung an Knolle, Stolonen im Stengelgrund	Anbau krebsresistenter Sorten (nicht gegen Pathotyp 1) Krankheit ist meldepflichtig nach Kartoffelkrebsverordnung vom 20. 4. 1972	Befall vom Boden durch Dauersporen des Pilzes

Tab. 66. Knollenertrag von gesundem, virusfreiem zertifiziertem Kartoffelpflanzgut im Vergleich zum 1. bis 4. eigenen Nachbau in Abhängigkeit vom Virusbesatz (nach Oehmichen 1986)

Jahr	Knollenertrag (dt/ha) neues Pflanzgut	Relativ-Ertrag (neues Pflanzgut = 100)				Virus-Besatz (%)			
		1. Nachbau	2. Nachbau	3. Nachbau	4. Nachbau	1. Nachbau	2. Nachbau	3. Nachbau	4. Nachbau
1968	346	100				7			
1969	346	100	62			7	9		
1970	358	75	54	56		65	91	94	
1971	402	35	32	25	29	46	39	48	31
1972	394	67	17	16	18	30	88	89	96
1973	419	100	63	23	27	17	55	87	75
1974	532	100	59	27	11	10	68	94	97
1975	369	79	49	24	11	32	84	90	100
1976	292	76	28	36	24	44	95	96	97
1977	380	59	22	7	7	54	85	99	99
1978	273	76	32	26	13	51	87	90	98
1979	298	32	21	17	14	52	66	85	83
1980	316	27	11	10	12	93	100	98	99
$\bar{x}$	363	71	38	24	17	39	72	88	88

Tab. 67. Wichtige Viruskrankheiten an Kartoffeln

Virus	Befallsbild	Verbreitung
Blattrollvirus	Triebe haben starren Wuchs, Blätter aufgehellt, rötlich-bläulich, kahnförmig nach oben eingerollt	durch Blattläuse, persistentes Virus
Strichelkrankheit (Y-Virus)	Befallsbild von Kartoffelsorte abhängig, Blätter rauh, brüchig, nach unten gekrümmt (»Himbeerblättrigkeit«), schwarze Striche und tintenartige Flecke an Stengeln, Blattstielen, Blattunterseiten und Blattnerven; Blätter vergilben frühzeitig und vertrocknen	mechanisch und durch Blattläuse, nichtpersistentes Virus
Mischinfektion Y-Virus und X-Virus	sehr starker Kümmerwuchs, an Blättern Nekrosen und Kräuselungen	mechanisch und durch Blattläuse
Mosaikkrankheiten X-Virus (leichtes Mosaik) Kräuselmosaik (Virus A)	an Blättern mosaikförmige Hell-Dunkel-Fleckung; Blattnerven erscheinen dunkler Kräuselmosaik ist zudem durch gekräuselte, gewellte und gerollte Blätter gekennzeichnet	X-Virus: bei Verletzungen mit Pflanzensaft, durch Wind und Pflegemaßnahmen übertragen. Kräuselmosaik: mechanisch und durch Blattläuse, nichtpersistentes Virus

6.2.4 Tierische Schädlinge

Kartoffelnematoden *(Globodera pallida* und *Globodera rostochiensis)*
Der Kartoffelnematode ist ein außerordentlich gefährlicher Fruchtfolgeschädling. Die beiden Arten *Globodera pallida* (Weißer Kartoffelnematode) und *Globodera rostochiensis* (Gelber Kartoffelnematode) haben verschiedene Rassen (Pathotypen), was bei der Resistenzzüchtung und beim Anbau resistenter Sorten zu beachten ist.

Im Weibchen, dessen Haut eine feste, anfänglich weiße, später dunkelbraune Hülle bildet, entwickeln sich 50 bis 400 Eier zu Larven. Diese Zysten können bei ungünstigen Verhältnissen bis zu zwölf Jahre lebensfähig bleiben.

Befallene Flächen sind deshalb nur mit langfristigen Konzepten zu sanieren, wobei nicht Befallsfreiheit, sondern in der Regel nur Befallsminderung erreicht werden kann. Damit werden aber die Ertragsausfälle deutlich vermindert. Bei hohem Befall sind Ertragsverluste bis zu 80% zu befürchten, weil die Kartoffelpflanzen nesterweise verkümmern, keine Knollen ansetzen, die Wurzeln struppig sind und die Blätter vergilben.

Zur Abwehr bzw. Bekämpfung des Kartoffelnematoden müssen mehrere sinnvoll aufeinander abgestimmte Maßnahmen ergriffen werden (Lauenstein 1989).

Zur Abwehr auf noch **befallsfreien Flächen:**
- weitgestellte Fruchtfolge mit drei- bis vierjährigen Anbaupausen (»Unkrautkartoffeln« beachten),
- regelmäßige Bodenuntersuchung auf Nematoden vor jedem Kartoffelanbau, um bei erstem Befall sofort Gegenmaßnahmen einzuleiten,
- nur Verwendung von zertifiziertem Pflanzgut, das unter nematodenkontrollierten Bedingungen erzeugt wird,
- keine Verschleppung der Nematoden von befallenen Flächen durch Erde, Ackergeräte, Kartoffelsäcke, Sortierabfälle und Klärschlämme. Nematoden wandern nur 30 bis 50 cm in ihrem Leben.

Zur Bekämpfung auf bereits **befallenen Flächen:**
- Beachtung aller genannten Abwehrmaßnahmen,
- Feststellung der Befallsstärke und -verteilung auf dem Schlag sowie Bestimmung der Pathotypen in Zusammenarbeit mit dem Pflanzenschutzdienst,
- Anbau von resistenten Sorten, wodurch der Befall in der Vegetationszeit um 40 bis 80% zurückgeht. 1990 waren in der jährlich veröffentlichten Liste der Biologischen Bundesanstalt, Braunschweig, 121 Sorten aller Nutzungsrichtungen mit Resistenz gegen einzelne oder mehrere Pathotypen eingetragen (Tab. 68),
- Anwendung von Nematiziden als integrierte Bekämpfungsmaßnahmen im Verbund mit dem Anbau resistenter Sorten und den angeführten Hygienemaßnahmen. Nematizide - soweit noch zugelassen - führen nicht zu dauerhaftem Erfolg. Wasserschutzgebietsauflagen beachten!
- Verbot des Anbaus anfälliger Sorten nach der Kartoffelnematodenverordnung.

Kartoffelkäfer *(Leptinotarsa decemlineata)*
Aus dem einst gefährlichsten Feind des Kartoffelanbaus ist durch seine leichte Bekämpfbarkeit ein mäßig bedeutender Schädling geworden. Er kann wegen seiner Größe von 10 mm, seiner auffälligen gelben Färbung mit schwarzen Längsstreifen auf den Flügeln und durch den von ihm verursachten Kahlfraß an den Kartoffelstauden ohne Lupe festgestellt werden. Selbst die häufchenweise abgelegten orangegelben Eier von je 30 Stück auf der Blattunterseite sind leicht zu finden. Daraus schlüpfen anfangs dunkle, später auffallend gelbrote bis 15 mm große Larven mit einem buckelartigen dicken Hinterleib. Die Larven häuten sich

Tab. 68. Zahl der Kartoffelsorten mit Krebs- und Nematodenresistenz (nach KRÄTZIG 1990)

Zahl der Sorten mit Krebsresistenz			Zahl der Sorten mit Nematodenresistenz		
Gegen Typ 1	=	118 Sorten	Gegen Ro 1	=	116 Sorten
Gegen Typ 2	=	6 Sorten	Gegen Ro 2	=	19 Sorten
Gegen Typ 6	=	6 Sorten	Gegen Ro 3	=	19 Sorten
Gegen Typ 8	=	6 Sorten	Gegen Ro 4	=	41 Sorten
			Gegen Ro 5	=	13 Sorten
			Gegen Pa 2	=	5 Sorten
			Gegen Pa 3	=	2 Sorten

dreimal, wobei L_3 und L_4 (Larvenstadien) sehr gefräßig sind. Im L_4-Stadium befindliche Larven lassen sich zu Boden fallen und verpuppen sich, im Juli erscheinen dann bereits die Jungkäfer, die nach einem Reifungsfraß an Kartoffeln Ende Juli den Boden aufsuchen und in 20 bis 25 cm Tiefe überwintern.

Zur Bekämpfung werden Insektizide wie Decis flüssig (Deltamethrin), Evisect S (Cypermethrin) oder Ripcord 10 (Thiocyclam) eingesetzt. Die Insektizide können mit den Fungiziden zur Kraut- und Knollenfäulebekämpfung gemeinsam ausgebracht werden. Eine Behandlung ist erst erforderlich, wenn etwa 10% der Blattfläche abgefressen ist.

Mechanische »Kartoffelkäferablesegeräte« werden derzeit geprüft.

7 Sonnenblumen

EG-weit wurden 1989 auf 2,07 Mio. Hektar Sonnenblumen angebaut. Der Anteil in der Bundesrepublik lag bei 14 000 ha, davon 6000 ha in Baden-Württemberg (1990 = 11 000 ha). Bei bereits bröckelndem EG-gestütztem Preis, aber guten Erträgen von durchschnittlich 35 dt/ha wird eine zufriedenstellende Wirtschaftlichkeit mit Deckungsbeiträgen von 1700 bis 2000 DM/ha erreicht. Gegenüber Qualitätsweizen, Körnermais, Braugerste und Erbsen sind die Sonnenblumen durchaus wettbewerbsfähig.

7.1 Anbautechnische Maßnahmen

7.1.1 Standortansprüche

Die Sonnenblume stammt aus den ariden bis gemäßigten Gebieten Nord- und Mittelamerikas. Voraussetzung für den Anbau von Sonnenblumen sind deshalb hohe Temperaturen sowie warme und trockene Witterung zur Zeit der Blüte und Ernte (Juli–September).

Die Sonnenblume benötigt für eine optimale Entwicklung bis nach der Blüte ausreichend Wasser und Wärme. Dabei kann sie kürzere Trockenperioden mit ihrem stark entwickelten Wurzelsystem durchaus überstehen, wenn im Untergrund genügend Wasser vorhanden ist.

Gut geeignet sind tiefgründige sandige Lehm- bis lehmige Tonböden mit ausreichendem Wasserspeicherungsvermögen. Auf leichten Böden sollte eine Beregnung zwischen Knospenstadium und Blühende möglich sein, wenn längere Trockenperioden zu befürchten sind.

7.1.2 Fruchtfolge

Die Sonnenblumen werden nur nach Vorfrüchten gestellt, die wenig Stickstoff im Boden hinterlassen. Hohe Stickstoffnachlieferung führt zu schlechter Qualität. Gute Vorfürchte sind deshalb alle Getreidearten und auch der Mais. Zuckerrüben und Kartoffeln sind ebenfalls geeignet. Ausgeschlossen sind alle Leguminosen, die hohe Reststickstoffgehalte im Boden hinterlassen. Durch die Anfälligkeit für die wichtige Sclerotinia-Krankheit kommen Raps, Tabak sowie Bohnen, Erbsen, Klee und Sojabohnen als Vorfrüchte nicht in Frage.

Nach sich selbst können Sonnenblumen wegen der Sclerotinia-Anfälligkeit nicht angebaut werden. Es muß ein Abstand von vier bis fünf Jahren eingehalten werden.

Als Vorfrucht hinterläßt die Sonnenblume einen nährstoffreichen, gut durchwurzelten Boden, in den alle Sommergetreidearten und nach rechtzeitigem sauberen Einarbeiten der anfallenden Stengelmasse auch noch Winterweizen eingesät werden können.

7.1.3 Bodenbearbeitung

Durch die Bodenbearbeitung ist ein feines Saatbett bei größtmöglicher Schonung des Wasserhaushaltes zu schaffen. Verdichtungen im Boden stören die Wurzelentwicklung der noch jungen Pflanzen, die klein und schwach bleiben. Nach der Herbstfurche auf mittleren Böden sollte der Acker mit wenigen Arbeitsgängen nur bis zur Saattiefe von 3 bis 4 cm im Frühjahr bearbeitet werden, um den Anschluß an das Kapillarwasser zu erhalten. Auf leichten Böden ist eine sehr zeitige Frühjahrsfurche möglich, wobei auf abgesetzten Boden bis zur Saat zu achten ist.

7.1.4 Aussaat

Die Saatzeit liegt nach der Zuckerrüben- aber vor der Maissaat (Anfang bis Mitte April). Die Bodentemperatur soll mindestens 8 °C betragen. Bei frühen Sorten ist eine Bestandesdichte von 70 000, bei späten Sorten von 60 000 Pflanzen/ha anzustreben. Ausgesät werden bei einem Feldaufgang von 85 bis 90% etwa 7 bis 8,5 Körner je Quadratmeter mit pneumatischen Einzelkornsägeräten mit speziellen Säscheiben. Mechanische Sägeräte können mit den Abstreifern die Samen verletzen, und Doppelbelegungen sind möglich. Die Saatmenge beträgt je nach

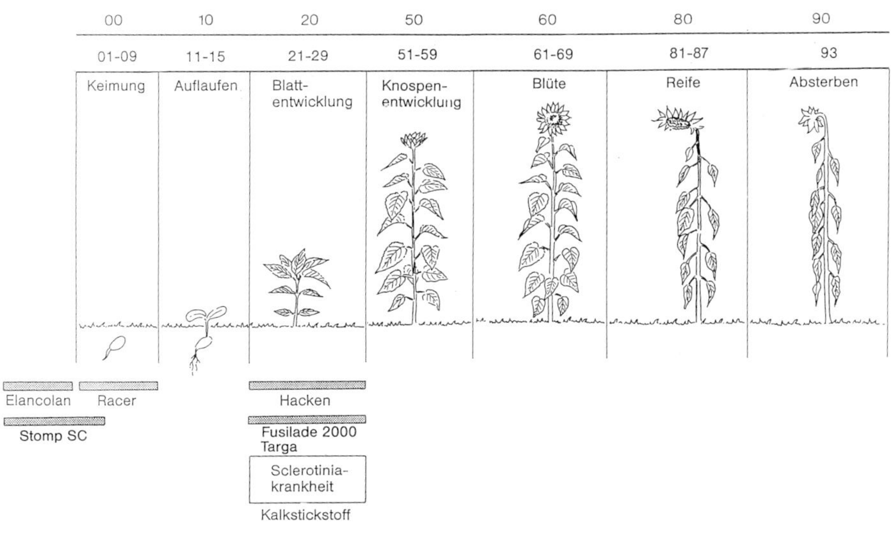

Abb. 64. Pflanzenschutzmaßnahmen in Sonnenblumen.

Tausendkorngewicht von 60 bis 70 g und Feldaufgang von 85 bis 90% im Durchschnitt 5,2 kg/ha (4,2 bis 5,9 kg/ha).

Die Saattiefe liegt zwischen 3 und 5 cm. In der Reihe werden die Samen auf 25 cm abgelegt, bei einem Reihenabstand von 50 bis 60 cm (HUGGER 1989).

7.1.5 Pflanzenernährung

Der Sonnenblume darf nur wenig Stickstoff gegeben werden, weil sonst das vegetative Wachstum stark angeregt, die Vegetationszeit verlängert und der Ertrag an Körnern und Öl vermindert werden. Der höchste Bedarf besteht vom 4-Blatt-Stadium bis zum Beginn der Blüte. Die erste Stickstoffgabe ist deshalb erst im 4-Blatt-Stadium und die zweite Gabe zur Hauptwachstumszeit zu verabreichen, wobei 60 bis 80 kg/ha als Ammonsulfat ausreichend sind. Organische Dünger sind sehr zurückhaltend zu verwenden.

Der Kalibedarf ist mit 200 bis 300 kg/ha hoch. Kali verbessert die Standfestigkeit und begünstigt die Bildung von Kohlehydraten, die Voraussetzung für die Ölproduktion sind. Wird Kali erst im Frühjahr gestreut, dann soll die Sulfatform der Chloridform wegen besserer Kohlehydratproduktion vorgezogen werden.

Im übrigen werden 60 bis 90 kg P_2O_5/ha, 30 bis 60 kg Magnesium/ha und ausreichend Bordünger benötigt (Librel Bor 1 bis 4 l/ha).

7.2 Integrierte Abwehr- und Bekämpfungsmaßnahmen

Integrierte Maßnahmen können nur ergriffen werden, wenn das zeitliche Auftreten der Schadorganismen bekannt ist und rechtzeitig Feldkontrollen vom Landwirt durchgeführt werden (Abb. 64 und Tab. 69).

7.2.1 Nichtparasitäre Schäden

Mangelkrankheiten

Bormangel führt zum Absterben der Vegetationspunkte, die Stengel werden verdickt und brüchig, die Blüten- und Fruchtausbildung ist gehemmt. Die Blätter sind zwischen den Blattnerven zunächst blasig aufgewölbt, dann braunviolett verfärbt, während die Blattnerven grün bleiben.

Bei **Manganmangel** sind zwischen den Blattadern Aufhellungen erkennbar, die sich später zu kleinen nekrotischen Flecken ausbilden.

Unzureichende **Zinkversorgung** führt zum Absterben der Blätter von der Blattspitze her, gleichzeitig sind die Pflanzen gestaucht mit aufgehellten kleineren Blättern.

Kalimangel zeigt sich an Aufhellungen am Blattrand.

Bei **Magnesiummangel** ist das Blatt zwischen den Blattnerven aufgehellt und braunfleckig.

Verschlämmungsschäden

In manchen Jahren »verschwinden« die gerade aufgelaufenen Sonnenblumen ohne ersichtlichen Grund. Offensichtlich reißt sich die auflaufende Pflanze bei Bodenverkrustung selbst ab, wobei die Blätter fest am Boden kleben, so daß der wachsende Stiel die Blätter abreißt. Ein mittelfeines Saatbett vermindert die Verschlämmungsgefahr.

Tab. 69. Feldkontrollen in Sonnenblumen

Zeitpunkt	Kontrolle auf	Methode	Abwehr- und Bekämpfungsmaßnahmen	Erläuterungen
Vor der Saat	Drahtwurm	Kartoffelmethode	Drahtwürmer in Kartoffelstücke, dann Anwendung von Insektiziden	Seite 58 283
	Unkräuter	Erfahrung über Unkrautbesatz auf dem Schlag	Anwendung von Herbiziden	Seite 280
Vor dem Auflaufen	Unkräuter	Erfahrung über Unkrautbesatz auf dem Schlag	Anwendung von Herbiziden in Bandbehandlung	Seite 280
Zum Auflaufen	Vogelfraß Wildverbiß	Augenscheinliche Beurteilung der geschädigten Pflanzen und Fehlstellen	Ablenkungsfütterung Repellentmittel	Seite 282 ff.
	Drahtwürmer		Keine Bekämpfung mehr möglich! (Kartoffelmethode für nächstes Jahr vormerken)	Seite 58 283
	Schnecken	Bretter, Säcke u. a.	Schneckenkorn streuen	Seite 283
Nach dem Auflaufen	Ungräser	Augenscheinliche Kontrolle, Auszählen	Anwendung von Herbiziden	Seite 280
	Blattläuse	Augenscheinlich mit Lupe	Nur in Ausnahmefällen Anwendung von nützlingsschonenden Insektiziden (keine offizielle Ausweisung durch BBA)	Seite 283
	Sklerotiniakrankheit Grauschimmelfäule	Augenscheinlich	Keine Bekämpfung mehr möglich! Vorbeugende Maßnahmen für nächstes Jahr vormerken! (Fruchtfolge, Sortentoleranz u. a.)	Seite 280 282

7.2.2 Unkräuter

Die Sonnenblumen sind gegen Unkraut konkurrenzstark. Eine mittlere bis starke Verunkrautung ist jedoch zu regulieren. Dabei bietet sich die Hackmaschine an. Der erste Hackgang mit Hohlschutzscheiben wird bei 10 cm hohen Sonnenblumen durchgeführt, nach etwa zehn bis vierzehn Tagen der zweite bei etwa 20 bis 30 cm Pflanzenhöhe. Durch das Hacken oder Anhäufeln wurden deutliche Mehrerträge gegenüber dem ausschließlichen Herbizideinsatz ermittelt, weil zusätzlich Stickstoff mineralisiert und der Boden gelockert wird. Zudem wird durch Anhäufeln auch in der Reihe das Unkraut zugeschüttet, so daß mit einer praktisch ausreichenden Unterdrückung der meisten Unkräuter gerechnet werden kann. Allerdings ist besonders beim zweiten Hacken auf die Verletzungsgefahr der Sonnenblumen zu achten (Hohlschutzscheiben).

Bei stärkerem Unkrautbesatz ist eine Kombination von Maschinenhacke und Bandspritzung mit Herbiziden empfehlenswert.

Von den Herbiziden sind Elancolan bzw. Demeril 480 EC (Trifluralin) im Vorsaatverfahren mit Einarbeiten und Stomp SC (Pendimethalin) ebenfalls im Vorsaatverfahren mit Einarbeiten sowie im Vorauflaufverfahren von der Biologischen Bundesanstalt ausgewiesen, ebenso Fusilade 2000 (Fluazifop). Elancolan hat eine gute Wirkung gegen Taubnessel, Vogelmiere, Ehrenpreis und auch gegen das Klettenlabkraut. Nicht hinreichend werden Kamille und Kreuzblütler bekämpft. Durch die Einarbeitung kann die Tiefenablage der Saat ungleichmäßig und damit auch der Auflauf unregelmäßig sein. In Trockengebieten kann Stomp SC (5 l/ha) im Vorsaatverfahren mit sehr flacher Einarbeitung gegen breitblättrige Unkräuter angewandt werden. Im Vorauflaufverfahren sollte das Mittel bis höchstens 5 Tage nach der Saat eingesetzt werden. Mit Fusilade 2000 (Fluazifop) werden Ungräser (außer Einjährige Rispe) im Nachauflaufverfahren bekämpft.

Seit Jahren werden auch die in der Bundesrepublik zugelassenen Herbizide Racer (Fluorochoridon) und Targa (Quizalofop) angewandt, ohne daß sie von der Biologischen Bundesanstalt geprüft und ausgewiesen sind. Der Anwender trägt demnach das gesamte Risiko.

Als Unkraut sind Sonnenblumen in Folgekulturen ein Problem, weil deren Bekämpfung nur im Getreide mit Wuchsstoffmitteln oder Gropper (Metsulforonm) möglich ist. In allen anderen Kulturen ist die chemische Bekämpfung der Sonnenblumen nicht möglich. Die Anwendung von Lontrel 100 (Clopyralid) ist in Rüben gegen Sonnenblumen verboten.

7.2.3 Krankheiten

Sonnenblumen werden von verschiedenen Krankheiten befallen. Die bedeutendsten sind Stengelkrebs *(Sclerotinia sclerotiorum)* und Grauschimmel *(Botrytis cinerea)*. Weitere Krankheiten stehen gleichsam »vor der Tür«. In Frankreich treten *Phomopsis helianthi, Macrophomina phaseoli, Alternaria helianthi, Verticillium dahliae* u. a. auf (HUGGER 1989). Es ist nur eine Frage der weiteren Ausbreitung des Sonnenblumenanbaus, bis auch in der Bundesrepublik diese Krankheiten eine wirtschaftliche Rolle spielen.

Sclerotina-Krankheit *(Sclerotinia sclerotiorum)*
Sclerotinia ist eine gefährliche Krankheit, weil die Dauerkörper des Pilzes (Sklerotien) drei bis fünf Jahre im Boden infektionsfähig bleiben. Zudem hat

Tab. 70. Unkrautbekämpfung in Sonnenblumen

Mittel (Wirkstoff)	Aufwand (l, kg/ha)	Anwendung	Auflagen	Klettenlabkraut	Kamille	Vogelmiere	Knöterich-arten	Flughafer, Hirsearten	Bemerkungen	Preis (DM/ha)
Elancolan, Demeril 480 (Trifluralin)	2,5	Vorsaat mit Einarbeiten	B3, Xn 264, 630	+	-	++	+	-		125,-
Stomp SC (Pendimethalin)	5,0	Vorsaat mit Einarbeiten, Vorauflauf bis	B3, 262, 264, 630	-	-	++	+	-	Schäden möglich	185,-
Fusilade 2000 (Fluazifop)	1,5	5 Tage nach der Saat/Nachauflauf	Xi, B4	-	-	-	-	++		
Racer[1]) (Fluorchloridon)	1,5–2,5 je nach Bodenart	Unmittelbar bis 3 Tage nach der Saat	B3, Xn 230, 261	+	++	++	-	-	Blattaufhellungen, Auflaufverzögerung, Ausdünnung	86,- bis 143,-
Targa[1]) (Quizalofop-Ester)	1,25	Nachauflauf	B4, Xn 261, 230	-	-	-	-	++	nicht mit anderen Herbiziden mischen	125,-

[1]) Von Biolog. Bundesanstalt nicht geprüft und ausgewiesen in Sonnenblumen. Anwendung erfolgt auf eigenes Risiko.
++ : gute Wirkung
\+ : befriedigende Wirkung
\- : keine hinreichende Wirkung
B3 : Bienen werden nicht gefährdet aufgrund der durch die Zulassung festgelegten Anwendung des Mittels
B4 : Nicht bienengefährlich aufgrund einer amtlichen Prüfung
Xi : reizend
Xn : mindergiftig
230/630 : Keine Anwendung auf stärker geneigten Flächen bei Abschwemmungsgefahr in Gewässer. Anwendung nicht in unmittelbarer Nähe (10 m) von Gewässern.
261 : Mittel ist fischgiftig
262 : Mittel ist giftig für Algen
263 : Mittel ist giftig für Fischnährtiere
264 : Mittel ist giftig für Fische und Fischnährtiere

dieser Pilz über 350 Wirtspflanzen, darunter Ackerbohnen, Erbsen, Klee, Raps, Soja, Tabak aber auch zahlreiche Unkräuter wie Klettenlabkraut, Kamille, Hirtentäschel, Taubnessel und Amarant.

Die Schäden durch Sclerotinia an Sonnenblumen zeigen sich an zerstörtem und teilweise verfaultem Gewebe an Stengeln, Blättern und vor allem an den Körben.

Die ersten Befallssymptome sind knapp über dem Wurzelhals als gelbgrüne Flecken zu sehen. Der Pilz wächst im Stengelgewebe aufwärts. Der befallene Stengelteil wird braun, später schwarz und die angesetzten Blätter schlaffen und vertrocknen. Öffnet man den erkrankten Stengel, dann werden die unregelmäßig geformten, schwarzen Sklerotien (Dauerkörper des Pilzes) ohne Lupe z. T. auch am Wurzelhals sichtbar. Die Hauptinfektion erfolgt durch Sporenflug zu Beginn der Blüte, wenn die Blütenteller 40 Stunden lang feucht bleiben. Die Rückseite des Korbes zeigt anfangs hellbraun-weiße Flecken, oft in Dreiecksform, und ist schließlich völlig zerfasert. Die Körner fallen zum größten Teil aus.

Als Abwehrmaßnahme gegen die Frühinfektion hat Kalkstickstoff mit 3 dt/ha bei 30 cm Pflanzenhöhe eine beachtenswerte Wirkung. Die Sclerotinia-anfälligen Unkräuter sind zu bekämpfen, und die Anbauabstände zu Sclerotinia-anfälligen Kulturpflanzen von fünf bis sechs Jahren sind einzuhalten.
Eine wirksame chemische Bekämpfung ist nicht möglich.

Grauschimmel *(Botrytis cinerea)*
Bei anhaltender feuchter Witterung während der Blütenentwicklung und Abreife kann die Krankheit erheblich schädigen. Am Blütenkorb sind bräunliche, im Gegensatz zu Sclerotinia mehr rundliche Flecken erkennbar, die später teilweise naßfaul werden, sich grau verfärben und von einem dunklen Rand umgeben sind. Von hier aus dringt der Pilz in den Bereich der Sonnenblumenkerne ein, die dabei von einem grauen Pilzmyzel eingebettet werden. Durch Wind zerfällt der Blütenkorbboden, wobei zahlreiche Sporen frei werden, aber auch die Kerne ausfallen. Später bildet der Pilz auf der abgestorbenen Pflanzenmasse schwarze Sklerotien (Dauersporen) zum Überwintern. Im Frühjahr wird die junge Pflanze am Stengel befallen, wobei es oberhalb der Befallsstelle zum Stengelbruch kommen kann.

Wirksame Abwehrmaßnahmen gibt es nicht. Frühe Saat, wenig Stickstoff und windoffene Lagen haben eine gewisse vorbeugende Wirkung.

7.2.4 Tierische Schädlinge

Fraßschäden durch Tauben, Fasane und Finkenvögel
Auflaufende Sonnenblumen werden knapp über der Bodenoberfläche von Tauben oder Fasanen abgezwickt. Teilweise werden aber auch die Keimblätter stark gekerbt. Das Schadensausmaß kann bis zum Totalausfall reichen, so daß eine Neueinsaat erforderlich wird. Abwehrmaßnahmen, wie Inkrustierung des Saatgutes mit Vergrämungsmitteln gegen Fraßschäden, haben keine Wirkung, weil nicht der behandelte Samen selbst herausgepickt, sondern die junge Pflanze geschädigt wird. Durch Ablenkungsfütterung mit gequollenem Mais können Fasane – ähnlich wie beim Mais – von den Sonnenblumen ferngehalten werden (Imgraben 1989).

Finkenvögel schädigen durch Fraß der Sonnenblumenkerne an den Feldrändern. Als Abwehrmaßnahme sollten möglichst große bzw. zusammenhängende Anbauflächen angestrebt werden.

Verbißschäden durch Hasen
Etwa 30 cm hohe Sonnenblumen werden von Hasen oder Kaninchen am Vegetationskegel abgebissen. Die Pflanze reagiert mit der Bildung mehrerer Triebe, die teilweise kleine, aber noch erntefähige Körbe ausbilden. Ein gewisser Erfolg gegen die Schäden kann durch die allgemeinen Wildabwehrmittel, wie Arbin-Stinklappen oder Cunitex (4 kg/ha), erreicht werden. Ein Wildschadensausgleich ist nach dem Bundesjagdgesetz für Schäden durch Hasen oder Rabenkrähen nicht vorgesehen. Dagegen müssen Schäden durch Wildkaninchen, Schalenwild oder Fasanen vom Jagdpächter beglichen werden. Entsprechend einer Verordnung muß der geschädigte Landwirt seinen Anspruch innerhalb einer Woche bei der Gemeinde anmelden.

Schnecken *(Deroceras* spp.*)*
Schnecken sind auch für die Sonnenblumen sehr gefährliche Schädlinge. Winzige, unterirdisch lebende Schnecken fressen nachts die Blätter bis auf die Stengel ab. Nur an den Schleimspuren sind die Schädlinge zu erkennen und unter ausgelegten Brettern auf dem Acker zu finden.

Schneckenkorn allein reicht zur Bekämpfung nicht aus. Deshalb müssen vorbeugende und erforderlichenfalls auch noch chemische Mittel kombiniert eingesetzt werden. Ein abgesetztes, feines Saatbett ohne größere Hohlräume ist Voraussetzung für eine erfolgreiche Schneckenbekämpfung. Nach einer positiven Schneckenkontrolle kann kleinkörniges Schneckenkorn auf Methiocarb-Basis eingesetzt werden, das besonders regenbeständig ist.

Weitere Schädlinge
Sonnenblumen können von **Drahtwürmern** erheblich geschädigt werden. Nach einer Kontrolle mit der Kartoffelmethode sind gegebenenfalls Mittel wie Dursban flüssig (Chlorpyrifos), Counter 2 G (Terbufos) einzusetzen, die allerdings von der Biologischen Bundesanstalt in Sonnenblumen nicht geprüft und ausgewiesen sind. Nach dem Auflaufen bestehen keine Bekämpfungsmöglichkeiten.

Blattläuse und auch **Wanzen** saugen an den Blättern, so daß helle bis weiße kleine Flecken und auch Blattkräuselungen entstehen. Bei stärkerem Befall bleiben die Pflanzen klein und die Blütenausbildung wird gehemmt.

Bekämpfungsmaßnahmen gegen Blattläuse sind nur bei starkem Befall erforderlich. Eingesetzt wurde Pirimor (Pirimicarb), das allerdings nicht von der Biologischen Bundesanstalt für dieses Anwendungsgebiet ausgewiesen ist, so daß auch in diesem Falle der Anwender das Risiko trägt.

8 Flachs

Seit der maschinellen Verarbeitung der Baumwollfaser im 19. Jahrhundert wurde der Anbau von Faserlein – abgesehen von kurzzeitigen Erholungsphasen in Kriegszeiten – fast bedeutungslos.

Heute wird auf der Suche nach neuen Einkommensmöglichkeiten für die Landwirtschaft auch der Anbau von Flachs als nachwachsender Rohstoff wieder interessant. Im Jahr 1988 bauten Erzeugergemeinschaften auf 2200 ha Flachs an. Mit neuen Hochtemperatur-Dampfdruck-Verfahren bzw. Tensid-Verfahren soll eine hohe spinntechnische Qualität erzeugt werden, wofür auch noch neue

Ernte- und Entholzungsverfahren entwickelt werden müssen. Erst dann kann der Markt für Leinenmischgarne erschlossen werden.

Der Anbau von Öllein setzt diese hohen Spezialinvestitionen nicht voraus. Das gewonnene Leinöl wird für technische Zwecke verwendet. Derzeit werden etwa 60 000 t Leinöl von der heimischen chemischen Industrie weiterverarbeitet. Bei einem Ölertrag von 6 dt/ha könnten 10 000 ha Öllein angebaut werden (DAMBROTH et al. 1989). Tatsächlich wird in Baden-Württemberg auf 200 ha Öllein angebaut.

8.1 Anbautechnische Maßnahmen

8.1.1 Standortansprüche

Wichtigste Voraussetzung für den Flachsanbau ist eine regelmäßige Wasserversorgung im Mai und Juni. Wassermangel in dieser Zeit verursacht verkürzte Stengel und damit niedrigere Erträge.

An die Bodenart stellt der Flachs nur geringe Ansprüche. Er gedeiht auf fast allen Böden, mit Ausnahme sehr leichter, tonhaltiger oder humusreicher Standorte, weil eine gute Wasserführung nicht gewährleistet ist, die Verkrustung eine zügige Jugendentwicklung verhindert oder die Stickstoffnachlieferung so hoch ist, daß erhöhte Lagergefahr besteht.

Die Ansprüche an Wärme sind mit denen des Sommergetreides vergleichbar.

8.1.2 Fruchtfolge

Flachs stellt an die Vorfrucht keine hohen Ansprüche. Günstig sind alle Kulturen, die wenig Stickstoff im Boden und eine möglichst gute Bodenstruktur hinterlassen. Hafer hat sich neben den anderen Getreidearten in der Bundesrepublik als gute Vorfrucht eingeführt, in Frankreich und Belgien wird Flachs häufig nach Mais gestellt. Hackfrüchte und vor allem Körnerleguminosen sind wegen des hohen Reststickstoffs im Boden ungünstig.

Als Vorfrucht wird Flachs wegen des mäßigen Nährstoffbedarfs, der guten Gare und praktischen Unkrautfreiheit geschätzt.

Mit sich selbst ist der Flachs höchst unverträglich. Krankheiten, Schädlinge und auch toxische Wurzelausscheidungen verursachen die »Bodenmüdigkeit«. Nur alle sechs bis sieben Jahre ist deshalb der Anbau auf gleicher Fläche möglich.

8.1.3 Bodenbearbeitung

Bei der Bodenbearbeitung ist auf ein feines Saatbett bei größtmöglicher Schonung des Wasserhaushaltes zu achten. Eine Herbstfurche ist vorzuziehen. Im Frühjahr ist so früh wie nur möglich der abgetrocknete Boden mit wenigen Arbeitsgängen feinkrümelig herzurichten, wobei nur flach zu bearbeiten ist.

8.1.4 Aussaat

Unmittelbar danach soll die Saat in 1 bis 2 cm Tiefe abgelegt werden, um noch die Bodenfeuchtigkeit für den Feldaufgang zu nutzen. Die Saat soll frühzeitig erfolgen, aber auf keinen Fall in den Boden »eingeschmiert« werden. Auch in höheren Lagen ist frühe Saat möglich, denn das Temperaturminimum liegt bei 3 bis 4 °C. Stroh- und Samenertrag sind bei der Langtagspflanze Flachs eindeutig von der frühen Saatzeit abhängig. Die Reihenentfernung von 7 bis 10 cm bringt eine optimale Bestandesdichte von 1800 Pflanzen/m², so daß bei einem 90%igen Feldaufgang 2000 Körner/m² gedrillt werden müssen. Beim Anbau von Öllein ist eine Bestandesdichte von 700 bis 800 Pflanzen/m² anzustreben. Die Reihenentfernungen von 12 bis 20 cm erfordern einen Saatgutaufwand von 80 bis 100 kg/ha.

8.1.5 Pflanzenernährung

Das schwach ausgebildete Wurzelsystem des Flachses verlangt einen leicht aufnehmbaren Nährstoffvorrat im Boden. Die Stickstoffdüngung ist sehr vorsichtig zu handhaben, weil ein Mangel zu geringem Strohertrag und ein Überschuß zu Qualitätsminderungen führt. Bei Lager kommt es zu katastrophalen Auswirkungen auf Ertrag und Qualität, wie verringerte Langfaserausbeute, verstärkte Verholzung der Faser, weitlumigere dünnwandige Faserzellen mit verringerter Reißfestigkeit und lockerer Faserzellenbündel von ungleicher Größe (Dambroth et al. 1988).

Der Stickstoff ist vor der Saat in Ammoniumform zu geben, und zwar 0 bis 40 kg/ha je nach N_{min}-Wert (N-gesamt max. 70 kg/ha). Auch bei der Phosphatgabe sind die leicht löslichen Superphosphate mit 70 bis 100 kg/ha zu bevorzugen.

Das zur Ausbildung der Leinfaser wichtige Kali wird mit 100 bis 150 kg K_2O/ha gegeben. Dabei ist die Sulfatform der Chloridform wegen positiver Auswirkung auf die Qualität vorzuziehen. Auf hinreichende Magnesiumversorgung ist bei einem Entzug bis zur Blüte von 18 kg Mg/ha zu achten. Gegebenenfalls sind Kalium-Magnesium-Düngemittel zu verwenden. Kalk sollte nicht kurz vor der Saat gegeben werden, ebenso keine wirtschaftseigenen Dünger wegen der unkontrollierten, witterungsabhängigen Stickstoffnachlieferung.

8.2 Integrierte Abwehr- und Bekämpfungsmaßnahmen

8.2.1 Nichtparasitäre Schäden

Mangelkrankheiten

Bormangel äußert sich durch gelbliche Verfärbung der Sproßspitze, gestauchten Wuchs im oberen Teil des Triebes mit rosettenartig verformten und nach unten geneigten Blättern, die absterben können. Die schlecht entwickelten Blütenstände sind meistens taub.

Durch 4 l/ha Librel Bor 1 können diese Mangelerscheinungen behoben werden.

Frost

Durch einen Kälteeinbruch mit Temperaturen unter -3 °C leiden junge Pflanzen. Es kommt zu Rötung des Stengelteils unter den Keimblättern. Dieser Teil kann dann schrumpfen und das Pflänzchen knickt um.

8.2.2 Unkräuter

Durch die jahrzehntelange Anbaupause des Flachses und die bessere Reinigungstechnik sind früher gefürchtete, auf die Kultur spezialisierte Unkräuter ausgestorben oder gelten als verschollen wie die Schmarotzerpflanze Leinseide *(Cuscutum epilinum)*, das Leinkraut *(Camelina alyssum)* und der Leinlolch *(Lolium linicolum)*. Heute schädigen Unkräuter und Ungräser wie Klettenlabkraut *(Galium aparine)*, Weißer Gänsefuß *(Chenopodium album)*, Rote Taubnessel *(Lamium purpureum)*, Knötericharten *(Polygonum* spp.*)*, Ackersenf *(Sinapis arvensis)*, Vogelmiere *(Stellaria media)* und Ackerfuchsschwanz *(Alopecurus myosuroides)*.

Eine mechanische Unkrautbekämpfung ist wegen des feinen, empfindlichen Wurzelwerkes nicht möglich. Da der Flachs im Jugendstadium mit Ertragsminderungen auf eine Verunkrautung reagiert, müssen Herbizide möglichst frühzeitig eingesetzt werden. Bisher sind keine Herbizide für die Anwendung im Flachs von der Biologischen Bundesanstalt geprüft und ausgewiesen, so daß das Risiko der Anwendung allein zu Lasten des Anwenders geht. In zahlreichen amtlichen Versuchen wurden verschiedene Herbizide geprüft, so daß unter Vorbehalt einige Mittel genannt werden können. Allerdings ist auf Schädigungen der Kultur durch fast alle Herbizide hinzuweisen.

Gegen breitblättrige Unkräuter einschließlich Klettenlabkraut können Basagran + Gropper (3,0 + 0,015 kg/ha) im Nachauflauf verwendet werden. Auch Buctril oder Certrol B (1,0 bis 1,5 l/ha) haben eine gute Wirkung, doch ist mit Blattverätzungen zu rechnen. Diese Mittel dürfen auch in Wasserschutzgebieten angewandt werden. Gegen Ungräser und breitblättrige Unkräuter außer Klettenlabkraut ist Dicuran 700 Fl mit 1,5 bis 2,5 l/ha im Vorauflaufverfahren wirksam. Stärkere Schäden traten 1987 in Baden-Württemberg bei Öllein auf.

In Wasserschutzgebieten kann Targa (1,25 l/ha) im Nachauflauf gegen Ungräser – allerdings nicht mit anderen Herbiziden gemischt – eingesetzt werden (Tab. 71).

8.2.3 Krankheiten

Keimlingskrankheiten

Keimlingskrankheiten können besonders bei ungünstigen Bodenverhältnissen, wie Verschlämmung, große Schäden anrichten. Die Keimpflanzen laufen nicht auf oder gehen bald nach dem Auflaufen unter verschiedenartigen Symptomen zugrunde. Diese werden von mehreren Erregern verursacht. Beteiligt sind die samenbürtigen Pilze *Pythium debaryanum* (Wurzelbrand), *Colletotrichum lini* (Brennfleckenkrankheit), *Thielaviopsis basicola* (Wurzelfäule).

Beim Wurzelbrand entstehen glasige Stellen am Wurzelhals, so daß die Pflänzchen abknicken.

Die Wurzelfäule verursacht eine Schwärzung der unterirdischen Teile. Die befallene Pflanze welkt rasch und kann schließlich eingehen.

Das Myzel von *Colletotrichum lini* sitzt in der Schleimepidermis des Leinsamens und kann sogar in das Sameninnere vordringen. Der befallene Samen hat eine matte Oberfläche. Beim Auskeimen bleiben die Wurzeln stecken oder es entstehen eingesenkt orangefarbige Flecken. Später werden sie braun, das Hypokotyl bricht und die Pflänzchen fallen um. Auch Keimblätter können mit dunkelbraunen, scharf abgegrenzten, unregelmäßigen Flecken befallen werden.

Tab. 71. Unkrautbekämpfung in Flachs

Mittel[1)] (Wirkstoff)	Aufwand (l, kg/ha)	Anwendung	Auflagen	Kletten-labkraut	Vogel-miere	Weißer Gänse-fuß	Rote Taub-nessel	Knöte-rich-arten	Acker-fuchs-schwanz	Bemerkungen	Preis (DM/ha)
Basagran + Gropper (Bentazon + Metsulfo-ron-m.)	3,0 +0,015	Nachauflauf	B4, Xi W	++	++	++	++	+	-	Schäden möglich	202,-
Buctril oder Certrol B (Bromoxy-nil)	1,0–1,5	Nachauflauf	B4, Xn 630	++	-	+	+	+	-	Blattverätzun-gen möglich	138,-
Dicuran 700 FL (Chlortolu-ron)	1,5–2,5	Vorauflauf	B3, Xn 630 W	-	+	++	-	+	++	Schäden möglich	65,- bis 108,-
Targa (Quizalo-fop-Ester)	1,25	Nachauflauf	B4, Xn 261, 230	-	-	-	-	-	++	nicht mit anderen Herbiziden mischen	125,-

1) Alle genannten Mittel sind von der Biologischen Bundesanstalt für den Flachs nicht ausgewiesen. Der Anwender trägt das Risiko.
++ : gute Wirkung
\+ : befriedigende Wirkung
\- : keine hinreichende Wirkung
B3 : Bienen werden nicht gefährdet aufgrund der durch die Zulassung festgelegten Anwendung des Mittels
B4 : Nicht bienengefährlich aufgrund einer amtlichen Prüfung
Xi : reizend
Xn : mindergiftig
230/630 : Keine Anwendung auf stärker geneigten Flächen bei Abschwemmungsgefahr in Gewässer. Anwendung nicht in unmittelbarer Nähe (10 m) von Gewässern.
261 : Mittel ist fischgiftig
263 : Mittel ist giftig für Fischnährtiere
264 : Mittel ist giftig für Fische und Fischnährtiere

Die entstehenden Konidien befallen von hier aus alle Pflanzenteile. Ertrag und Qualität leiden unter dem Pilzbefall.

Flachswelke *(Fusarium oyxsporum* f. *lini)*
Die Flachswelke ist eine der bedeutendsten Krankheiten. An jungen Pflanzen macht sie sich als Fußkrankheit bemerkbar, wobei der Stengelteil unterhalb der Keimblätter vermorscht. Ältere Pflanzen werden gelb, einzelne Blätter vergilben und welken im Triebspitzenbereich. Schließlich welkt die ganze Pflanze. Stärker geschädigte Pflanzen können herausgezogen werden. Nach Regen kann die Welke zurückgehen, ohne daß die Pflanze ihre normale Größe erreicht. Hohe Temperaturen über 25 °C und Trockenheit begünstigen das Pilzwachstum und erhöhen den Schaden.
Abwehrmöglichkeiten sind
- weitgestellte Fruchtfolge,
- resistente Sorten,
- gute Saatbettvorbereitung,
- keine direkte Bekämpfung mit Fungiziden.

Leinrost *(Melampsora lini)*
Der Leinrost kann beträchtliche Ausfälle besonders in feuchten Gebieten und in Tälern verursachen. Ab Blühbeginn treten zunächst stecknadelkopfgroße gelbrote Pusteln an Blättern und Kapseln auf. Später bilden sich schwarze Krusten aus Wintersporen auf Stengeln und Ästen. Sie verkleben die Faser und machen sie brüchig und damit wertlos. Auch durch das Rösten können die Krusten nicht entfernt werden und verbleiben als tinten- oder teerspritzerartige Verfärbungen in der Faser.

Der Rostpilz vermehrt sich nur auf dem Lein. Er überwintert als Winterspore auf Flachsstroh- und Stoppelresten. Im Frühjahr erfolgt die Infektion, dann die Bildung von Sommersporen und später im Juli die Wintersporen.
Abwehrmöglichkeiten sind
- frühe Aussaat und Ernte,
- tiefes Unterpflügen von Flachsstroh und Stoppelresten,
- Anbau von resistenten Sorten.

Amerikanische Leinpest oder Pasmo-Krankheit *(Septoria linicola)*
Die aus Südamerika eingeschleppte Krankheit ist ein wirtschaftlich ernst zu nehmender Schaderreger. An den schrumpfig-verkrampften Keimblättern treten grünlichgraue, graubraune Flecken auf, die auch auf den Stengeln als nadelstichartige Punkte sichtbar werden. Der Stengel erscheint buntscheckig.

Der Erreger entwickelt sich am besten in feuchtwarmen Gebieten. Die Infektion kann vom Samen oder von Pflanzenrückständen erfolgen.
Zur Abwehr wird empfohlen
- weitgestellte Fruchtfolge,
- Anbau resistenter Sorten,
- Stoppel- und Strohreste sauber unterpflügen,
- Beizung mit Thiram,
- gesundes Saatgut.

8.2.4 Tierische Schädlinge

Nematoden

Zwei Nematodenarten können den Flachs schädigen, das Wurzelgallenälchen *(Meloidogyne hapla)* und das Stockälchen *(Ditylenchus dipsaci).*

Wurzelgallenälchen verursachen Kümmerwuchs durch Nährstoffentzug. Meistens tritt der Schaden auf leichten Böden in regenarmen Jahren auf. Diese Nematodenart bildet Gallen von etwa Erbsengröße im Wurzelbereich. In diesen Gallen befinden sich die Weibchen.

Stockälchen treten nesterweise auf. Die Flachsstengel verdicken und verbiegen sich bis zur Spiralform. Befallene Pflanzen können sich »bestocken«, so daß drei bis vier verkürzte Triebe entstehen. Die Blätter sind kleiner und dicker.

Als wirtschaftliche Abwehrmaßnahme ist für beide Nematodenarten die weitgestellte (sechs bis sieben Jahre) Fruchtfolge zu empfehlen. Chemische Bekämpfungsmaßnahmen sind nicht möglich.

Leinerdflöhe

Der Lein wird von zwei Erdfloharten geschädigt, dem Dunkelgrauen Flachserdfloh *(Aphthona euphorbiae)* und dem Schwarzen Flachserdfloh *(Longitarsus parvulus).*

Aus ihren Winterquartieren kommend, fressen die Käfer Löcher in die Keimblätter, später auch in die Primärblätter und befressen schließlich die jungen Stengel. Bei schwerem Befall können kleinere Pflanzen eingehen. Größere Pflanzen reagieren mit Stauchungen im Spitzenbereich und Verzweigungen, die die Fasergewinnung benachteiligen. Etwa fünf Larven je Jungpflanze (6 cm hoch) und 15 Larven je 20 cm große Pflanze können zum Absterben führen. Fraßgeschädigter Flachs kann durch Herbizide, die in die Wunden eindringen, noch stärker leiden.

Die Schädlinge überwintern in der Streu von Waldrändern, die sie bei 11 °C in 2 cm Bodentiefe und einer Bodenfeuchtigkeit unter 26% verlassen. Bei etwa 15 °C Lufttemperatur beginnt der Zuflug in die Flachsfelder. Die Weibchen des Dunkelgrauen Flachserdflohs legen in vierzehntägigem Abstand etwa 100 Eier ab. Etwa Mitte Mai erscheinen die ersten Larven, die ersten Jungkäfer im ersten Septemberdrittel.

Abwehrmaßnahmen sind
- frühe Aussaat,
- Saatgutinkrustierung,
- Insektizidbehandlungen (Randstreifen).

Leinblasenfüße *(Trips* spp.*)*

Der Frühjahrs-Ackerblasenfuß *(Thrips angusticeps)* ist ein gefährlicher Schädling, der Ertrag und Qualität erheblich mindern kann. Nicht so weit verbreitet ist der Flachsblasenfuß *(Thrips linarius).*

Der Frühjahrs-Ackerblasenfuß im kurzflügeligen Stadium schädigt bereits die Keimpflanzen durch Besaugen. Die befallenen Pflanzen färben sich gelb und braun und gehen zugrunde. Dieser große Schaden tritt besonders an den Randstreifen eines Feldes auf. Zum Feldinnern hin schwächen sich die Schäden ab. Das Schadbild ist durch verzweigte Pflanzen mit geminderter Qualität gekennzeichnet. Später verursachen Blasenfüße und ihre Larven durch starkes Saugen silbrig erscheinende Flecken zwischen Hauptadern und Blattrand sowie am Stengel. Durch das Weiterwachsen der ungeschädigten Gewebeteile entstehen bei den Blättern und Triebspitzen Verdrehungen und Krümmungen. Blätter und auch Triebe vertrocknen. Die Saugschäden an den Stengelteilchen beeinträchtigen die Faserqualität, da an diesen Stellen die Fasern bei der Aufbereitung brechen.

Die langflügeligen Ackerblasenfüße besaugen die älteren Pflanzen, die mit »schwarzen Köpfen« und verunstalteten Kapseln reagieren. Der Frühjahrs-Ackerblasenfuß befällt neben Flachs auch Erbsen, Klee, Luzerne, Bohnen, Gerste und Weizen. Im zeitigen Frühjahr verläßt das Insekt den Boden vor Auflaufen des Flachses. Das Weibchen legt bis zu 50 Eier an die jungen Spitzenblätter. Etwa Mitte Mai schlüpfen Larven aus den Eiern. Sie wandern in die obere Bodenschicht ab, wo sie ein Ruhestadium durchmachen. Die geflügelte Form erscheint Ende Mai bis Anfang Juni etwa zur Flachsblüte. Hohe Luftfeuchtigkeit und Temperaturen bis 20 °C erhöhen die Flugaktivität zu den Feldern.

Der Flachsblasenfuß *(Thrips linarius)* schädigt ab Mitte Mai nur den Flachs. Die Pflanzen weisen starke Saugschäden im Trieb- und Spitzenbereich auf, die ebenfalls zu den »schwarzen Köpfen« wie beim Frühjahrs-Ackerblasenfuß führen. Die Faserqualität und die Blütenausbildung werden behindert. Unreife Kapseln fallen infolge starker Saugschäden ab.

Der Thrips überwintert im Boden und erscheint erst im Mai auf den Feldern. Die Larven schlüpfen Anfang Juli und halten sich bis zur Erntezeit am Flachs auf.

Die Bekämpfung ist bei beiden Arten in erster Linie über die Fruchtfolge möglich, da die Tiere im Boden überwintern. Insektizidmaßnahmen sind bei Auftreten der Thripse und Sichtbarwerden des Schadens möglich.

9 Sojabohnen

In der EG hat der Anbau von Sojabohnen von 16 000 ha (1982) auf geschätzte 615 000 ha im Jahre 1989 mit einer Produktion von 1,765 Mio. t zugenommen. In Baden-Württemberg wurden 1988 erstmals 400 ha Sojabohnen angebaut, 1990 waren 750 ha in der Bundesrepublik Deutschland mit Soja eingesät. Die Erträge schwanken noch zwischen 20 dt/ha und 40 dt/ha. Bei 100 DM/dt und 30 dt/ha Ertrag wird eine Marktleistung von 3000 DM/ha und ein Deckungsbeitrag von etwa 1600 DM/ha erzielt. Bei diesem Ertrag wird die Sojabohne weder von Getreide noch von Raps in der Wettbewerbsfähigkeit übertroffen.

Aus der Sojabohne wird Sojaöl extrahiert und die Rückstände der Ölgewinnung wie Sojaschrot, Sojakuchen und Sojamehl sind wertvolle Nahrungsmittel und Kraftfutter.

9.1 Anbautechnische Maßnahmen

9.1.1 Standortansprüche

Die Sojabohne stammt aus den subtropischen Gebieten Asiens, wo sie seit 4700 Jahren in China angebaut wird. Ihr Wärmeanspruch ist noch höher als der von Sonnenblumen. Sie ist je nach Sorte am ertragreichsten, wo Maissorten mit einer FAO-Zahl von 250 bis 300 noch sicher abreifen. Kaltluftgebiete und

Spätfrostlagen sind ungeeignet, weil niedrige Temperaturen um 8 °C zum Blühzeitpunkt zum Abstoßen der Blüten führen.

Die besten Erträge werden auf leichten, sich schnell erwärmenden Böden erzielt. Schwere Böden sind wegen der hohen Stickstoffnachlieferung weniger geeignet, weil die Sojabohne leicht ins Lager gehen kann oder uneinheitlich abreift. Wichtig ist gerade auf den leichten, kiesigen Böden die regelmäßige Wasserversorgung ab der Blüte bis zur Samenbildung (Juni–September). Wassermangel verursacht späten Blütenansatz, Blütenabfall und schlechten Kornansatz. In den meisten Fällen dürfte eine Beregnung auf leichten Böden notwendig und wirtschaftlich sein.

9.1.2 Fruchtfolge

Sojabohnen werden von der Sclerotinia-Krankheit befallen. Als Vorfrüchte kommen deshalb die anfälligen Kulturen wie Sonnenblumen, Erbsen, Bohnen, Tabak und Raps nicht in Frage. Wegen Triazinempfindlichkeit ist auch der Mais wenig geeignet. So bleibt nur Getreide mit möglichst wenig Stickstoffreserve im Boden übrig.

Nach sich selbst soll die Sojabohne nur alle vier bis fünf Jahre angebaut werden. Als Vorfrucht hinterläßt sie einen sehr nährstoffreichen, garen und gut durchwurzelten Boden, der mit dem Grubber für die nächste Saat vorbereitet werden kann.

9.1.3 Bodenbearbeitung

Auf den leichten Böden müssen alle Maßnahmen auf die Wasserschonung ausgerichtet sein. Eine frühe Sommerfurche oder trockene Herbstfurche und die Bereitung eines möglichst ebenen Saatbetts sind Voraussetzung für eine gute Ernte. Durch ein unebenes Saatbett kann der Mähdreschertisch bei der Ernte nicht tief genug eingestellt werden, so daß bis zu 10% der Hülsen auf dem Feld bleiben. Walzen kann auf leichten Böden hilfreich sein, verstärkt aber den Unkrautdruck. Auf schweren Böden besteht dadurch Verschlämmungsgefahr.

Fahrspuren durch die Bodenbearbeitung sollen auf das unbedingt notwendige Maß beschränkt werden, weil die Sojabohne auf Verdichtungen mit schwachen Pflanzen und auf eingeschränkten Gasaustausch mit verminderter Knöllchenbildung reagiert.

9.1.4 Aussaat

Der Boden muß zur Saat gut abgesetzt sein. Die Saatzeit wird durch die Bodentemperatur von 8 bis 10 °C bestimmt. Es soll Ende April bis Anfang Mai, spätestens jedoch bis zum 20. Mai, gesät werden. Die Saattiefe liegt je nach Bodenart zwischen 2 und 4 cm. Ein optimales Saatbett oder feuchter Boden lassen eine Ablage auf 2 bis 3 cm zu, ein trockener Standort verlangt 4 bis höchstens 5 cm Saattiefe. Mit Drillmaschinen, besser mit Einzelkornsägeräten, können die Samen gleichmäßig tief abgelegt werden. Pneumatische Einzelkornsägeräte mit einer Ansaugöffnung von 2,8 bis 3,5 mm Durchmesser beschädigen den unter der dünnen Samenschale liegenden Embryo am wenigsten und zeigen sich den mechanischen Geräten deutlich überlegen. Drillmaschinen haben einen höheren Saatgutbedarf.

Der Reihenabstand von 15 bis 35 cm erlaubt einen weiteren Abstand der Pflanzen in den Reihen und damit eine geringere Konkurrenz untereinander. Auf dem Hektar sollen 50 000 bis 60 000 Pflanzen stehen, die bei einer Keimfähigkeit von 80% 65 bis 70 ausgesäte Körner je m^2 bei einem TKG von 150 g verlangen.

Die Impfung der Böden mit dem nicht heimischen Bakterium *Rhizobium japanicum* ist beim ersten Sojaanbau auf einer Fläche unumgänglich.
In der Praxis haben sich zwei Methoden eingeführt:

1. Kontaktimpfung des Saatgutes,
2. Bodenimpfung mit Mikroorganismen.

Im ersten Anbaujahr empfiehlt sich eine Kontakt- und Bodenimpfung. Bei der Kontaktimpfung wird mit den Bakterienstämmen das angefeuchtete Saatgut in einer Beiztrommel oder im absolut sauberen Betonmischer vermischt. Wegen der Lichtempfindlichkeit der Bakterien muß das geimpfte Saatgut innerhalb von zwei bis drei Stunden ausgesät sein.

Die Bodenimpfung mit Mikrogranulaten des Bakteriums wird mit einem Granulatstreuer gleichzeitig zur Saat durchgeführt.

Bei flacher Saat und trockenem Boden kann die Impfung wirkungslos bleiben. In schwachsauren bis neutralen Böden hält sich *Rhizobium* mehrere Jahre, so daß bei Nachbau von Soja keine oder nur eine einfache Impfung erforderlich wird.

9.1.5 Pflanzenernährung

Stickstoff wird bei ausreichendem Impferfolg zu 60 bis 90% durch die Knöllchenbakterien produziert. Der Rest wird vom Boden nachgeliefert, zumal die Mineralisierung temperaturbedingt hoch ist.

Eine zusätzliche N-Düngung ist nur bei unzureichendem Impferfolg zu vertreten, wenn 20 Tage nach dem Auflaufen noch keine Knöllchen an den Wurzeln vorhanden sind. In diesem Falle darf die N-Düngung nicht zur Saat, sondern erst zur Jugendentwicklung (60%) und zum Ende der Blüte (40%) gegeben werden. Durch die Stickstoffdüngung besteht die Gefahr der Rohproteinsenkung im Sojakorn und ist damit ein erheblicher Qualitätsmangel.

Auf der Basis von 30 dt/ha werden 85 kg P_2O_5/ha, 170 kg K_2O/ha, 65 kg CaO/ha und 52 kg MgO/ha entzogen, die über die Düngung ersetzt werden müssen (Hugger 1990).

9.2 Integrierte Abwehr- und Bekämpfungsmaßnahmen

9.2.1 Unkräuter

Die Sojabohne ist anfänglich wenig konkurrenzstark. Aufgelaufene Unkräuter und Ungräser müssen deshalb bekämpft werden. Nach österreichischen Erfahrungen können Unkräuter durch die Hackegge ab 4-Blatt-Stadium bis 10 cm Pflanzenhöhe unterdrückt werden. Im badischen Anbaugebiet hat sich eine zweimalige Maschinenhacke im Abstand von acht bis zehn Tagen durchaus bewährt (Imgraben 1990). Bei der ersten Maschinenhacke sollen die Unkräuter die Kleine Rosette und die Hirse das 2-Blatt-Stadium nicht überschritten haben. Durch die Hackarbeiten darf der Boden nicht uneben werden, weil dann die tiefsitzenden Hülsen nicht geerntet werden können.

Tab. 72. Unkrautbekämpfung in Sojabohnen

Mittel[1]) (Wirkstoff)	Aufwand (l, kg/ha)	Anwendung	Auflagen	Kletten-labkraut	Knöterich-arten	Weißer Gänse-fuß	Fran-zosen-kraut	Ama-rant	Hirse-arten	Bemerkungen	Preis (DM/ha)
Afalon (Linuron)	1,0	Vorauflauf	B4, Xn W	-	+	++	++	+	-	Schäden möglich	70,–
Basagran (Bentazon)	2,0 oder 1,5+1,5	Nachauflauf Splitting	B4, - W	++	+	++	++	+	-	Splitting in 8tägigem Abstand	120,–
Stomp SC + Basagran (Pendimethalin + Bentazon)	2,5 +1,5	Vorauflauf Nachauflauf	B4, Xi, Xn 230, 264, 630, W	+	+	+	+	+	+	Schäden möglich	145,–
Targa (Quizalofop-Ester)	1,25	Nachauflauf	B4, Xn 230, 261	-	-	-	-	-	++	Nicht mit anderen Herbiziden mischen. Schäden möglich	125,–

[1]) Alle genannten Herbizide sind von der Biologischen Bundesanstalt für Sojabohnen nicht ausgewiesen. Der Anwender trägt das Risiko.

++ : gute Wirkung
+ : befriedigende Wirkung
- : keine hinreichende Wirkung
W : keine Anwendung in Wasserschutzgebieten
B3 : Bienen werden nicht gefährdet aufgrund der durch die Zulassung festgelegten Anwendung des Mittels
B4 : Nicht bienengefährlich aufgrund einer amtlichen Prüfung
Xi : reizend
Xn : mindergiftig

230/630 : Keine Anwendung auf stärker geneigten Flächen bei Abschwemmungsgefahr in Gewässer. Anwendung nicht in unmittelbarer Nähe (10 m) von Gewässern.
261 : Mittel ist fischgiftig
263 : Mittel ist giftig für Fischnährtiere
264 : Mittel ist giftig für Fische und Fischnährtiere

Herbizide für die Anwendung in Sojabohne sind von der Biologischen Bundesanstalt nicht ausgewiesen. Das Risiko liegt demnach beim Landwirt. Gegen Unkräuter in der Reihe, wie Klettenlabkraut und Weißer Gänsefuß, sind Herbizide notwendig. Um den Herbizideinsatz auf ein Minimum zu reduzieren, ist eine Bandspritzung, kombiniert mit der Maschinenhacke, wirksam und wirtschaftlich.

Die Wahl der Herbizide wird neben der Wirksamkeit besonders von der Kulturpflanzenverträglichkeit, auch Sortenverträglichkeit, bestimmt. Trotz jahrelanger Versuche sind dennoch Wirksamkeits- und Verträglichkeitsprobleme nicht auszuschließen.

Gegen breitblättrige Samenunkräuter einschließlich Klettenlabkraut ist Basagran im Nachauflauf-Splitting ab den ersten echten Sojablättern mit achttägigem Abstand mit 1,5 + 1,5 l/ha oder einmalig 2 l/ha ab des ersten Sojafiederblattes wirksam. Die beste Wirkung wird bei kleinen Unkrautstadien erzielt. Das Herbizid darf nicht in Wasserschutzgebieten angewendet werden.

Stomp SC (2,5 l/ha) kann auch in Wasserschutzgebieten gegen die Samenunkräuter, außer Klettenlabkraut, eingesetzt werden. Bei starken Niederschlägen können Schäden entstehen. Auf keinen Fall darf die angegebene Aufwandmenge überschritten werden. Schon die Überlappung der Spritzbahnen führt zu Schäden.

Zur Ungräserbekämpfung, einschließlich der Hirsebekämpfung im 3-Blatt-Stadium, eignet sich auch in Wasserschutzgebieten Targa (1,25 l/ha) im Nachauflaufverfahren. Targa darf mit anderen Pflanzenschutzmitteln nicht gemischt werden, der Abstand zur Ausbringung anderer Mittel soll acht Tage betragen (Tab. 72).

9.2.2 Krankheiten

In ausländischen Hauptanbaugebieten wird die Sojabohne von zahlreichen Krankheitserregern befallen.

Zu den bedeutendsten Krankheiten zählt *Sclerotinia sclerotiorum*. An den Stengeln ist weißes Pilzgeflecht sichtbar, aus dem schwarze Dauerkörper, die Sclerotien, entstehen. Gegen diese Krankheit ist nur ein vier- bis fünfjähriger Anbauabstand zu anfälligen Wirtspflanzen wie Sonnenblumen, Raps, Erbsen, Bohnen und Tabak zu empfehlen.

Braune, eckige, von den Adern begrenzte Flecken auf den Blättern werden von *Septoria glycines* verursacht. Später vergilben die Blätter und können abfallen. Auch Stengel und Hülsen können verbräunen. Der Pilz überwintert auf Pflanzenrückständen, kann aber vermutlich auch mit dem Saatgut übertragen werden.

Durch *Ascochyta sojaecola* entstehen runde, hellbraune Zonen auf Blättern, Stengeln und Hülsen. Auch Keimblätter können schon befallen werden und absterben, weil der Pilz über die Samen verbreitet wird.

Die samenübertragbare Brennfleckenkrankheit *(Colletotrichum glycines)* zeigt sich mit eingesenkten, scharf umrandeten Flecken an Blättern, Stengeln und Hülsen.

Die Beizung des Saatgutes ist die einzige Möglichkeit zur Reduzierung dieser samenübertragbaren Krankheiten.

Die bodenbürtigen Erreger wie *Pythium debaryanum, Rhizoctonia solani, Phytophthora*-Arten, *Fusarium oxysporum, Verticillium alboatrum* und *Sclerotinia sclerotiorum* können nur durch eine vier- bis fünfjährige Anbaupause in ihrer Gefährlichkeit eingeschränkt werden.

Virosen
Das **Kräuselmosaik** (Sojabohnenmosaik-Virus) verursacht hohe Ertragsausfälle bei frühem Auftreten vor der Blüte. Die Blätter sind gekräuselt, der Blattrand ist abwärts gebogen und die Spitze zeigt wechselnde Aufhellungen mit Adernchlorosen. Blätter und Pflanzen bleiben klein und die Hülsenentwicklung ist kümmerlich.

Das Virus ist samenübertragbar. Offensichtlich bestehen Sortenunterschiede bei der Anfälligkeit. Auch von Blattläusen kann das nichtpersistente Virus übertragen werden.

Als Abwehrmaßnahme wird die Verwendung virusfreien Saatgutes empfohlen. Kleine und gesprenkelte Samen sind als befallsverdächtig auszulesen. Vermehrungsbestände werden bei Blattlausgefahr mit nützlingsschonenden Insektiziden behandelt. Soweit vorhanden sollten resistente Sorten angebaut werden.

9.2.3 Tierische Schädlinge

Die **Gemeine Spinnmilbe** *(Tetranychus urticae)* tritt meist im warmen Spätsommer auf. Durch die Saugtätigkeit entstehen helle Flecken, die zusammenfließen und braun werden und später vertrocknen.

Acarizide sind von der Biologischen Bundesanstalt nicht geprüft und ausgewiesen. Versuchsergebnisse liegen derzeit nicht vor.

Schnecken und **Drahtwürmer** können auch bei Soja Bestandsausdünnungen verursachen.

Auch durch Wildverbiß (Hasen, Kaninchen, Rehe) entstehen Pflanzenausfälle. Gelegentlich ist Blattrandkäferfraß vor allem an Feldrändern aufgetreten.

Technik und Einsatz der Feldspritzgeräte

1 Anforderungen

Zur guten fachlichen Praxis gehört der Einsatz von einwandfrei funktionierenden Feldspritzgeräten zum Ausbringen der hochwirksamen Pflanzenschutzmittel. Wie genau eine Feldspritze arbeiten muß, sieht man am Beispiel des Herbizids Gropper (Metsulforon-methyl), bei dem die Aufwandmenge von nur 8 g Wirkstoff auf 10 000 m^2 in 400 l Wasser gleichmäßig verteilt werden muß. Auf 1 m^2 gelangen 0,0008 g Wirkstoff in 40 ml Wasser (2 Schnapsgläser voll). Nur wenn dies gelingt, sind die Voraussetzungen dafür geschaffen, daß
- die erwartete biologische Wirkung gegen den Schadorganismus eintritt,
- keine Schäden an der Kulturpflanze entstehen,
- die nachfolgende Kultur nicht durch verbleibende Wirkstoffreste geschädigt wird,
- das Agroökosystem (Boden, Wasser, Lebewesen) nicht über das unumgängliche Maß beeinträchtigt wird,
- keine Rückstandsprobleme auf Lebensmittel entstehen,
- durch Abtrift Nachbarkulturen bzw. die Nachbarschaft nicht beeinträchtigt bzw. belästigt werden.

Der Landwirt muß deshalb Aufbau, Funktion sowie Einsatzbedingungen der Feldspritzgeräte kennen und die Wartungsanforderungen beachten.

Beim Kauf oder Verkauf von Pflanzenschutzgeräten sind rechtliche Bestimmungen vorgegeben. Seit 1. Juli 1988 dürfen nach dem Pflanzenschutzgesetz Pflanzenschutzgeräte nur dann in den Verkehr gebracht werden, wenn sie keine schädlichen Auswirkungen auf die Gesundheit von Mensch und Tier und auf das Grundwasser sowie keine sonstigen schädlichen Auswirkungen, insbesondere auf den Naturhaushalt haben, die nach dem Stande der Technik vermeidbar sind. Deshalb müssen für alle Pflanzenschutzgeräte - außer Kleingeräten - vor dem erstmaligen Inverkehrbringen vom Hersteller, Vertriebsunternehmer oder Importeur der Biologischen Bundesanstalt schriftliche »Erklärungen« abgegeben werden, daß der Gerätetyp den o. g. Anforderungen entspricht. In einer Geräteliste werden die »erklärten« Gerätetypen im Bundesanzeiger veröffentlicht.

Der Landwirt muß vor dem Kauf eines Gerätes auf diese Erklärung achten, weil sonst bei einem eventuellen Wiederverkauf die fehlende Erklärung durch den Landwirt bei der Biologischen Bundesanstalt mit allen notwendigen Unterlagen beantragt werden muß, was praktisch wegen mangelnder gerätetechnischer Kenntnisse kaum möglich ist.

Nicht erklärte Geräte, die noch vor dem 1. Juli 1988 in Verkehr gebracht wurden, dürfen bisher als Gebrauchtgeräte nur dann verkauft werden, wenn sie eine Gerätekontrolle erfolgreich durchlaufen haben und mit einer Kontrollplakette versehen sind.

2 Bauteile

Die wichtigsten Bauteile sind Pumpe, Behälter mit Rührwerk, Filter, Armaturen und Spritzgestänge mit Düsen (Abb. 65).

Pumpe

Für Feldspritzgeräte sind die preisgünstigen Membran- und Kolbox-Pumpen mit einer Druckleistung von 20 bar geeignet. Die teureren Kolben-Pumpen zeichnen sich durch besondere Leistungsfähigkeit (bis 60 bar) und hohe Lebensdauer aus. Sie werden bei jährlich hohen Hektarleistungen verwendet. Die erforderliche Fördermenge der Pumpe wird aus der Arbeitsbreite und der Leistung für das hydraulische Rührwerk berechnet. Je Meter Spritzgestänge muß die Pumpe 5 l/min fördern und zusätzlich 5% des Behältervolumens für das hydraulische Rührwerk.

Behälter und Rührwerk

Der Flüssigkeitsbehälter muß glattwandig, stabil, korrosionsfest für Pflanzenschutzmittel, leicht zu reinigen und mit einer Füllstandsmarkierung versehen sein. Auf eine große Einfüllöffnung mit tiefem Einfüllsieb und einer Ablaßöffnung im Behälterboden ist zu achten. Die Behältergröße richtet sich nach der Schlepperstärke und der Größe der zu behandelnden Fläche.

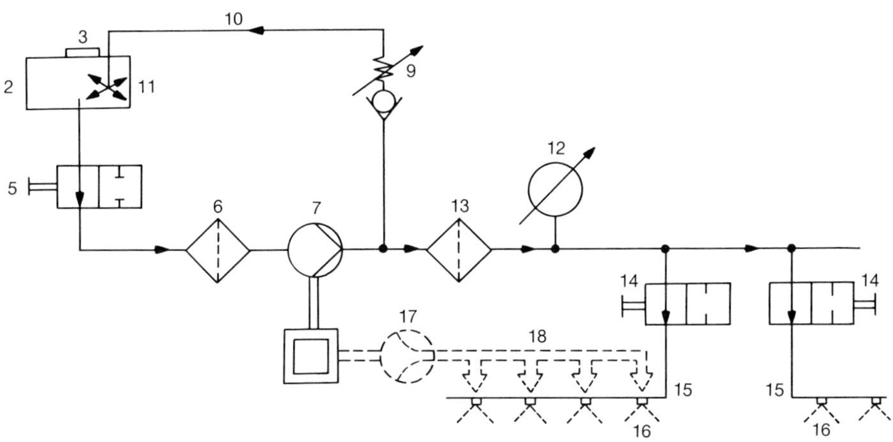

Abb. 65. Funktionsschema eines Feldspritzgerätes. Funktionsbeschreibung: Die Spritzflüssigkeit wird von der Pumpe (7) über Absperrventil (5) und Saugfilter (6) aus dem Behälter (2) angesaugt und unter Druck über Druckfilter (13) und Teilbreitenschaltung (14) den am Gestänge (15) befestigten Düsen (16) zugeführt. Die Druckeinstellung erfolgt mittels Druckregler (9), die Kontrolle des Spritzdruckes durch Manometer (12). Das hydraulische Rührwerk (11) wird über die Rückleitung (10) vom Druckregler versorgt. Der Einsatz des Ventilators (17) für die Erzeugung des Trägerstromes (18) zur Unterstützung des Tropfentransportes wird bei Feldspritzgeräten derzeit noch sehr selten angewandt. Dies ist bei Raumsprühgeräten generell üblich und somit das wesentliche Unterscheidungsmerkmal.

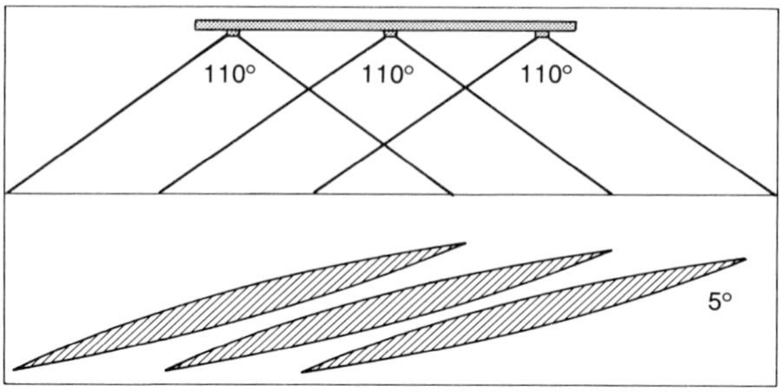

Abb. 66. Flachstrahldüsen (110°). Mehrfach überlappte Spritzfächer (Seitenansicht und Aufsicht).

Hydraulische Rührwerke sind wegen ihrer einfachen und kostengünstigen Bauweise weit verbreitet. Sie werden vom Rücklauf der Pumpe, selten über eine separate Druckleitung versorgt.

Pneumatische Rührwerke arbeiten durch Einblasen von Luft. Obwohl auch sie einfach und kostengünstig sind, werden sie wegen der Schaumbildung selten verwendet.

Weil sie teurer sind, werden mechanische Rührwerke in der Regel nur in Großgeräte eingebaut. Sie haben eine sehr gleichmäßige, gute Rührwirkung.

Spritzgestänge und Düsen

Spritzgestänge müssen ausreichend steif sein und Bodenunebenheiten ohne größere Schwankungen überstehen. Ihre parallele Führung zum Boden wird durch eine Pendelaufhängung erreicht, die Anpassung an die Bestandeshöhe durch die Höhenverstellung von 2 m. In hängigem Gelände ist ein Hangausgleich erforderlich. Mindestens drei einzeln abschaltbare Zuleitungen (Teilbreiten) sollen vorhanden sein.

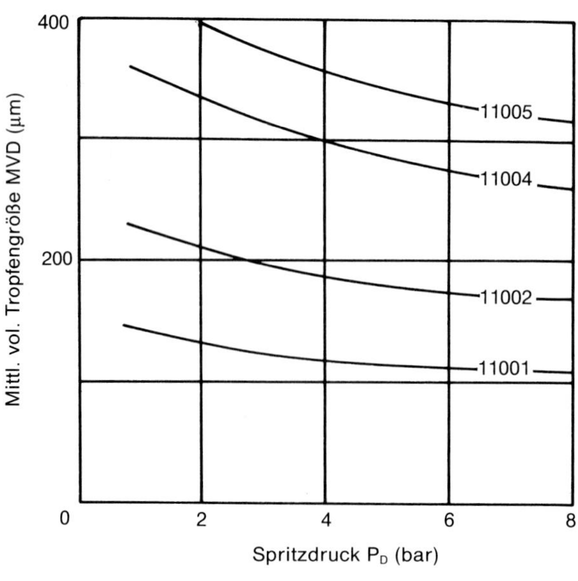

Abb. 67. Mit zunehmendem Druck erhöht sich der Anteil kleiner Tröpfchen.

Die Düsen werden in Düsenstöcken am Gestänge im Abstand von 50 cm montiert. Mit Mehrfachdüsenstöcken oder Bajonettkappen ist ein schneller Düsenwechsel möglich.

Im Ackerbau werden meist Schlitzdüsen (Flachstrahldüsen) verwendet. Sie spritzen im 110° bis 120° Winkel, werden mit einer Einstellehre um 5° bis 10° zum Spritzgestänge verdreht und ihr Spritzfächer wird mehrfach überlappt (Abb. 66). Flachstrahldüsen bestehen aus verschiedenen Materialien, wobei das seither verwendete Messing zunehmend durch preisgünstigen Kunststoff oder verschleißfesten, aber teureren Edelstahl ersetzt wird.

Flachstrahldüsen werden mit 2 bis 4 bar gefahren. LP-Flachstrahldüsen erreichen schon bei 1 bar eine gute Querverteilung und sind durch die relativ großen Tröpfchen abtriftarm (LP = Low pressure = niedriger Druck). Ähnliche Eigenschaften haben die Mehrbereichsdüsen (LU bzw. XR) oder die »Anti-Drift«-Düsen. Voraussetzung für die Verwendung dieser Düsen sind Manometer mit 0,2 bar Teilung.

Durch die Erhöhung des Druckes wird die Durchflußmenge durch die Düse erhöht. Soll die Durchflußmenge beispielsweise verdoppelt werden, ist der Spritzdruck zu vervierfachen. Mit erhöhtem Druck nimmt die Tröpfchengröße ab (Abb. 67). Kleine Düsenöffnungen erzeugen meist kleine Tröpfchen. Die verschiedenen Düsen werden zunehmend standardisiert und farblich gekennzeichnet (Tab. 73).

Tab. 73. Kennzeichnung ausgewählter Düsen (AID)

Hersteller Düsentyp	Erläuterung	empfohlener Druckbereich (bar)
Lechler		
517-06	517 = EDV-Code; 0,6 Gallonen/min = 2,3 l/min bei 3 bar	2–5
LU 120 04	Lechler-Universal; 120°-Spritzwinkel; 0,4 Gallonen/min = 1,5 l/min bei 3 bar	1–4
AD 12004	Lechler Anti-Drift;	1,5–5
Tee Jet	120°-Spritzwinkel; 0,4 Gallonen/min	
110 06	110°-Spritzwinkel; 0,6 Gallonen/min = 2,3 l/min bei 3 bar	2–5
LP 110 03	Low Pressure = Niederdruckdüse; 110°-Spritzwinkel; 0,3 Gallonen/min = 1,2 l/min bei 1 bar = 1,8 l/min bei 3 bar	1–3
XR 110 05	Extended range = erweiterter Druckbereich; 110°-Spritzwinkel; 0,5 Gallonen/min = 1,8 l/min bei 3 bar	1–4
Hardi		
4110-20	Düsenreihe 4; 110°-Spritzwinkel; 20 = Codierung für Volumenstrom	1–4

1 Gallone = 3,7852 l

Filter

Für störungsfreies Arbeiten sind nötig:
- Einfüllsieb,
- Saugfilter,
- Düsenzentralfilter (Druckfilter),
- Düsenfilter mit Rückschlagventil.

Eine erste grobe Filterung erfolgt im Einfüllsieb. Saug- und Druckfilter ermöglichen eine weitere Filterung der Behandlungsflüssigkeit, um ein Verstopfen der Düsen zu vermeiden. Ihre Maschenweite muß kleiner sein als die Öffnung der kleinsten verwendeten Düsen.

Armaturen

Alle Armaturen werden vom Fahrersitz aus bedient und überwacht. Die wichtigsten Elemente sind zentrale Abstellung, Druckregler oder Mengenteiler, Manometer, Druckfilter und Teilbreitenschaltung (Tab. 74).

Tab. 74. Feldspritzen-Armatursysteme (nach OSTARHIELD 1989)

Funktionen	Bedienung und Wirkungsweise			
	mechanisch		elektrisch	
	Hand	Fern-Hand	Motor	Magnet
A. Grundfunktionen				
Druckeinstellung und Überdrucksicherung	Handrad		Motor	
Druckkontrolle	Manometer			
Öffnen und Schließen der Düsen	Handhebel	Bowdenzug	Motor	Magnet
B. Verfeinerte Grundfunktionen				
Druckeinstellung:				
- Druckeinstellung durch Querschnittsveränderung (»l/ha-Automatik«)	Handrad		Motor	
- Druckeinstellung mit federbelastetem Ventil (»Tropfengrößen-Automatik«)	Handrad		Motor	
Druckkontrolle:				
- Sollanzeiger am Manometer	Handeinstellung			
- Düsentabellen am Manometer (Dosierkompaß)	Handeinstellung			
Öffnen und Schließen der Düsen:				
- Zentralabstellhebel	Hand	Bowdenzug	Motor	Magnet
- Rücksaugen, Tropfstopp, Druckentlastung	Hand	Bowdenzug	Motor	Magnet
- Einfache Teilbreitenventile	Hand			
- Gleichdruck-Teilbreitenventile	Hand	Bowdenzug	Motor	Magnet
C. Zusatzfunktionen				
Druckfilter:				
- Druckfilterspülung	Verstellung			
Sonstige Anschlüsse (»Nebenverbraucher«):				
- Füllinjektor-Speisestromanschlüsse	Hand			
- Kanister-Spülventile	Hand			
- Einzelventile für Spritzpistolen	Hand			

Fortsetzung Tab. 74.

Funktionen	Bedienung und Wirkungsweise elektronisch Sensoren	Anzeige	Aktoren
D. Ermitteln, Anzeigen, Verarbeiten und Übermitteln von Daten			
Durchflußmessung:			
- Düsenausstoß	Durchflußmesser	l/min	
- Gesamtverbrauch	Durchflußzähler	Liter	
Weg- und Flächenmessung, Geschwindigkeit:			
- Geschwindigkeit	Impulsgeber	km/h	
- Weg und Behandlungsfläche	Impulsgeber	ha	
- Leerfahrt-Wegmessung	Impulsgeber	km	
Kombination von Mengen- und Flächenmessung (»Monitore«)	Durchflußmesser und Impulsgeber		
Selbstregelnde Dosierelektroniken	Durchflußmesser und Impulsgeber	l/min km/h	Druckeinstellventil
Mehrzweck-Bordcomputer für mehrere Geräte und Datentransfer auf stationäre Computer (Schlagkartei)	Durchflußmesser und Impulsgeber	l/min km/h	Druckeinstellventil

Die Zentralabstellung ermöglicht das gemeinsame Ein- und Ausschalten aller durch die Teilbreitenschaltung geöffneten Teilbreiten.

Die Einstellung des Spritzdruckes erfolgt über Druckregler - hierbei wird der Druck bei geringen Drehzahländerungen der Pumpe annähernd konstant gehalten - oder über Mengenteiler. Dabei ändert sich die Durchflußmenge bei geringer Drehzahländerung entsprechend der Fahrgeschwindigkeitsänderung, so daß die Aufwandmenge konstant bleibt.

Die Teilbreitenschaltung ermöglicht das Ein- und Ausschalten von Teilen des Spritzgestänges, um sowohl schmale als auch spitz auslaufende Flächen zu behandeln. Die Teilbreitenschaltung sollte deshalb möglichst mit einer Gleichdruckeinrichtung versehen sein. Diese gewährleistet einen von der Anzahl der geschalteten Teilbreiten unabhängigen konstanten Spritzdruck.

3 Einsatzbedingungen

3.1 Einstellen des Flüssigkeitsaufwandes

Die richtige Dosierung ist Grundvoraussetzung für eine hinreichende Wirkung der Pflanzenschutzmittel. Zum Einstellen der Geräte liefern die Hersteller Tabellen mit brauchbaren Anhaltswerten. Auf das Auslitern mit sauberen Düsen und Filtern, mindestens einmal im Jahr vor Vegetationsbeginn, kann dennoch nicht verzichtet werden.

Windtrift

Thermiktrift

3.2 Füllen der Behälter

Beim Füllen der Behälter muß mit großer Vorsicht und Umsicht gearbeitet werden, damit Pflanzenschutzmittel nicht in offene Gewässer, in das Wasserleitungsnetz oder auf den Boden gelangen. Das Gerät darf während des Befüllens nicht unbeaufsichtigt bleiben.

Aus oberirdischen Gewässern dürfen Feldspritzgeräte nicht direkt mit der Pumpe des Gerätes ohne wasserrechtliche Genehmigung befüllt werden. Zudem ist das Wasser meistens verunreinigt und könnte zu Düsenverstopfungen führen. Es ist deshalb zweckmäßig, die Behälter aus der Trinkwasserleitung zu füllen. Dabei darf der Füllschlauch keine Verbindung mit dem Behälterinhalt haben, da sonst bei Unterdruck in der Wasserleitung Spritzflüssigkeit in das Leitungsnetz gelangen kann. Eine besondere Anordnung des Einfüllschlauches oder spezielle Einfüllschleusen verhindern das Rücksaugen (siehe Abb. 79). Durch die Zugabe von schaumbremsenden Stoffen wird das Überschäumen vermieden. Für größere Betriebe hat sich das Befüllen der Feldspritze auf dem Feld aus einem mitgeführten großen Wassertank bewährt. Dadurch entfallen die Fahrten mit der gefüllten Feldspritze auf öffentlichen Straßen. Die Leerfahrten und Rüstzeiten werden geringer und die Flächenleistung je Zeiteinheit höher.

Die abgemessenen oder abgewogenen Pflanzenschutzmittel werden folgendermaßen in den Behälter mit einer bestimmten Wassermenge eingebracht:

- flüssige Mittel werden mit dem Wasserstrahl eingespült (Meßzylinder bzw. Behälter mit dem Wasserstrahl säubern),
- pulverförmige Mittel und wasseremulgierende Granulate mit Wasser und einem Schneebesen in einem Eimer anteigen, auf gute Löslichkeit achten, mit Wasserstrahl in Behälter einspülen und Eimer säubern,
- Mittel in wasserlöslicher Folie direkt in wassergefüllten Behälter einbringen,
- neuere Geräte besitzen anwender- und umweltfreundliche Einspülsysteme für die Pflanzenschutzmittel,
- bei der Neuentwicklung des Direkteinspeisungsverfahrens »Agroinject« ist ein Abmessen und Einspülen des Pflanzenschutzmittels in den Behälter nicht notwendig; für das Spülen der leeren Mittelbehälter ist eine Spüleinrichtung vorhanden.

Verdunstungstrift

Abb. 68. Formen der Abtrift.

3.3 Ausbringen der Pflanzenschutzmittel

Die Ausbringung der Mittel muß sehr sorgfältig und zuverlässig erfolgen. Unter- und Überdosierungen sind zu vermeiden. Für die Dosierung und Verteilgenauigkeit sind die Armaturen im Zusammenspiel mit Pumpe und Düse von großer Bedeutung. Mit Dosierarmaturen wird der Druck nach der Fahrgeschwindigkeit, der Wasseraufwandmenge je Hektar und der Arbeitsbreite für die erforderliche Düsenausstoßmenge in Liter je Minute eingestellt. Mit dem Manometer wird dieser Druck überwacht. Das Öffnen und Schließen der Düsen auf der ganzen Arbeitsbreite oder auf Teilbreiten erfolgt ebenfalls durch die Feldspritzarmaturen. Bei den neuen Entwicklungen für die verschiedenen Funktionen stehen Dosierautomaten mit elektronischer Datenerfassung und -verarbeitung im Vordergrund.

3.3.1 Abtrift minimieren

Als Abtrift bezeichnet man den Teil der ausgebrachten Pflanzenschutzmittel, die nicht die Zielfläche während der Applikation erreichen, sondern ungewollt in die Luft oder auf Nachbarflächen gelangen. Abtrift kann technisch und praktisch nicht vermieden, aber auf ein Minimum reduziert werden. Dies ist notwendig, um Nachbarkulturen nicht zu schädigen oder mit Rückständen zu belasten. Auch ist Abtrift oft der Grund für nachbarliche Streitigkeiten. Die Zulassungsbehörde reagiert auf die Abtriftgefährdung verschiedener Applikationsverfahren in Feld- und Raumkulturen, indem durch Auflagen bestimmte Mittel nur in einem Abstand von 10 m, 20 m oder 50 m von Oberflächengewässern ausgebracht werden dürfen. In besonderen Fällen wird bei nicht zu vertretender Gefährdung der Fischnährtiere bzw. der Fische ein Mittel nicht zugelassen, wenn das Applikationsverfahren mit großer Abtrift verbunden ist.

Da Abtrift hauptsächlich durch Wind, Thermik und Verdunstung, aber auch durch falsche Düsenwahl entsteht, müssen diese Faktoren bei der Ausbringung berücksichtigt werden (Abb. 68).

Durch Wind werden die aus den Düsen austretenden Tröpfchen verweht. Über 3 m/sec Windgeschwindigkeit ist der Anteil so hoch, daß die Applikation auf dem Feld eingestellt oder erst gar nicht aufgenommen werden soll (Tab. 75). Diese

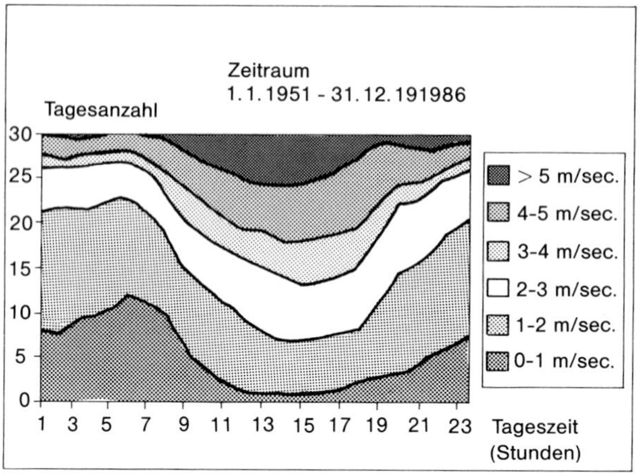

Abb. 69 Durchschnittlicher Tagesgang des Windauftretens im Mai (Standort Geisenheim/Rhein). Es ist abzulesen, an wieviel Tagen des Monats im Durchschnitt welche Windgeschwindigkeit um eine bestimmte Uhrzeit herrschte (Deutscher Wetterdienst).

Abtrift wird noch verstärkt, wenn niedrige Wassermengen unter 200 l/ha mit zwangsläufig kleinen Düsenöffnungen ausgebracht werden. Dabei muß praktische Windstille herrschen. Diese Voraussetzungen sind aber an nur wenigen Tagen im April und Mai zu erwarten, wobei die frühen Morgenstunden wesentlich besser sind als die Tageszeit und die Abendstunden (Abb. 69). Taunasse Bestände oder Unkräuter können am Morgen behandelt werden, wenn die Behandlungsflüssigkeit nicht abläuft und kein Niederschlag vor dem Antrocknen zu erwarten ist. In der Regel wird der Bekämpfungserfolg dadurch sogar verbessert; allerdings dürfen einige wenige Mittel, insbesondere Herbizide, nur auf

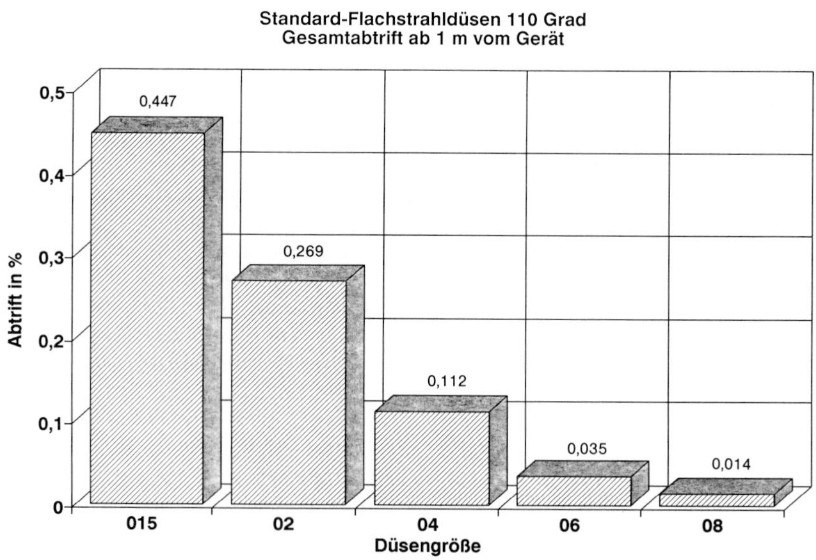

Abb. 70. Abhängigkeit der Abtrift von der Düsengröße bzw. der Wassermenge je Hektar. Die Abtrift durch die 02-Düse (etwa 105 l Wasser/ha) ist bei 3 bar etwa doppelt so hoch wie bei der 04-Düse (etwa 300 l Wasser/ha).

trockene Bestände wegen Kulturpflanzenschädigung ausgebracht werden. Im Rübenbau hat sich die Wasseraufwandmenge von 200 l/ha zur Unkrautbekämpfung mit reduzierten Herbizidmengen bewährt. Bei geringer Wassermenge erhöht sich die Abtrift schneller. Wird beispielsweise der Wasseraufwand von 300 l/ha halbiert, dann steigt die abgetriftete Mittelmenge auf das Doppelte an (Abb. 70). Auch der Abstand zwischen Düsen und Zielfläche soll die vorgeschriebenen 50 cm nicht überschreiten, weil dann die Abtrift sofort vergrößert wird (Abb. 71). Die Fahrgeschwindigkeit beeinflußt ebenfalls die Abtriftgefahr. Bei über 6 km/h können die Tröpfchen durch den Fahrtwind weniger gut in den Bestand eindringen und sind deshalb anfälliger für den Horizontalwind.

Neben der direkten Abtrift muß der Landwirt auf die Verdunstungstrift achten. Diese entsteht bei hohen Temperaturen und Sonneneinstrahlung. Bei über 25 °C verdampfen besonders kleine Tröpfchen, und die Mittel werden in die Atmosphäre getragen. Einmal fehlen diese Mittelmengen auf den Zielflächen und zum anderen können schwere Schäden sogar an kilometerweit entfernten empfindlichen Kulturen, wie etwa Reben, durch vertriftete Wuchsstoffmittel entstehen. Meistens besteht unter diesen Witterungsverhältnissen auch noch Thermiktrift, d. h. bei starker Erwärmung des Erdbodens und der unteren Luftschichten steigt die erwärmte Luft nach oben und nimmt feine Tröpfchen mit. Unter diesen Witterungsbedingungen muß der Landwirt die Ausbringung von Pflanzenschutzmitteln unterbrechen.

Für die Minimierung witterungsabhängiger Abtrift ist zu beachten:
- Wasseraufwand von 250 bis 400 l/ha mit möglichst großen Tropfen ausbringen,
- Arbeit abbrechen, wenn die Windgeschwindigkeit 3 m/sec öfters überschreitet,
- nicht bei Temperaturen über 25 °C und Thermik Pflanzenschutzmittel ausbringen,
- Düsen höchstens 50 cm über der Zielfläche führen,
- Fahrgeschwindigkeit soll nicht über 6 km/h liegen, damit die Tropfen in den Bestand eindringen können und nicht der Luftbewegung ausgesetzt sind.

Gegen entstehende Abtrift auch bei sachgerechter Ausbringung können Vorkehrungen getroffen werden, wie
- Sicherheitsabstand zu gefährdeten Objekten (Gärten, Gewässer, Häuser, Spielplätze) einhalten,
- gefährdete Kulturen im Garten mit Folie abdecken,
- Folien am Gartenrand aufstellen,
- Anpflanzung dicht belaubter Hecken.

Tab. 75. Einteilung der Windstärke nach Beaufort

Windstärke nach Beaufort		m/sec	Auswirkungen des Windes
0	Windstille	0 -0,2	Rauch steigt gerade empor
1	leichter Zug	0,3–1,5	Windrichtung nur durch Rauch erkennbar
2	leichte Brise	1,6–3,3	Wind im Gesicht fühlbar, Blätter säuseln
3	schwache Brise	3,3–5,4	Blätter und dünne Zweige bewegen sich

3.3.2 Restebeseitigung

Erstes Prinzip muß sein: Keine Restmengen entstehen lassen. Deshalb ist bei der letzten Fahrt einer Bekämpfungsmaßnahme die Behandlungsflüssigkeit knapper zu bemessen, so daß etwa 100 bis 200 m² als »Spritzfenster« nicht mehr behandelt

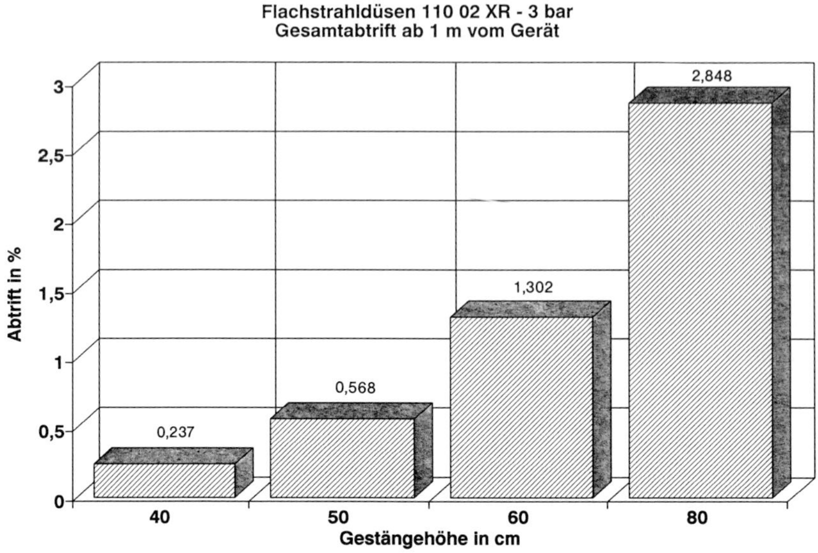

Abb. 71. Abhängigkeit der Abtrift von der Gestängehöhe über Bestand.

werden. Damit befinden sich keine Reste im Behälter und zudem kann die Wirkung der Maßnahme am unbehandelten Spritzfenster beurteilt werden. Technisch unvermeidbare Restmengen bleiben allerdings in Schläuchen und in der Pumpe. Neuere Geräte haben Spülwasserbehälter, die die Verdünnung der wenigen, technisch unvermeidbaren Reste mit Wasser im Verhältnis von mindestens 1:10 ermöglichen. Diese verdünnten Reste können auf die bereits behandelte Fläche oder auf die unbehandelte Fläche ausgebracht werden. Damit werden auch die technisch unvermeidbaren Reste entsorgt. Die leeren Behälter sind sorgfältig zu spülen und können ab 1. 1. 1993 dem Handel oder Hersteller zurückgegeben werden (Verpackungs VO vom 12. 6. 1991).

3.4 Wartung und Pflege

Die ständige Pflege und Wartung eines Pflanzenschutzgerätes ist eine wichtige Voraussetzung für die sachgerechte Ausbringung der Pflanzenschutzmittel und sichert die langjährige Nutzung des Gerätes.

Wartungs- und Pflegearbeiten an Pflanzenschutzgeräten sollten unbedingt nach den Vorschriften des Geräteherstellers (Gebrauchsanleitung) durchgeführt werden.

Pflanzenschutzgeräte sind nach jedem Gebrauch mit viel Wasser innen und außen, eventuell unter Zusatz von Soda oder Spülmittel, gründlich zu reinigen. Zur Reinigung von Pumpe, Armaturen und Schläuchen ist Wasser in den Behälter einzufüllen und das Gerät kurzzeitig in Betrieb zu setzen. Hierbei sollten alle Armaturen mehrfach betätigt werden.

Düsen und Filter sind besonders sorgfältig zu reinigen, evtl. zu demontieren, und auf Beschädigung und Verschleiß zu überprüfen.

Wenn das Gerät längere Zeit nicht benutzt wird, sind die korrosionsempfindlichen Metallteile einzuölen.

3.4.1 Ein -und Auswintern

Um ein Pflanzenschutzgerät vor Frostschäden während des Winters zu schützen, müssen nach der besonders sorgfältigen und gründlichen Reinigung aller Geräteteile sämtliche Wasserreste völlig entfernt werden.

Düsen entfernen, reinigen (mit Bürsten, jedoch niemals harte Gegenstände verwenden) und geschützt aufbewahren. Filter ausbauen, reinigen und auf Beschädigungen kontrollieren. Sämtliche Metallteile reinigen und leicht mit Korrosionsschutzöl einölen.

Pumpe und Geräteteile können mit einer Mischung aus Frostschutzmitteln (mit Korrosionsschutzwirkung) und Wasser entsprechend den zu erwartenden Temperaturen gefüllt werden. Die Mischung ist im Frühjahr abzulassen und zu sammeln. Sie kann wiederverwendet werden.

Pflanzenschutzgeräte sollten in einem frostgeschützten, trockenen Raum abgestellt werden. Im Freien sind sie mit einer Plane abzudecken.

Im Frühjahr Ölstand der Pumpe kontrollieren, Gelenke und Gelenkwelle einfetten, demontierte Teile montieren, sämtliche Hebel, Schalter und Armaturen testen.

3.4.2 Kontrolle der Feldspritzgeräte

Dem Grundsatz der guten fachlichen Praxis folgend soll jeder Anwender mit seinen Pflanzenschutzgeräten im zweijährigen Abstand an der Gerätekontrolle teilnehmen. Auch Geräte, die den neuen gesetzlichen Vorschriften entsprechen, unterliegen der Alterung und während des Einsatzes einem gewissen Verschleiß, der bei der Gerätekontrolle festgestellt wird. Durch Behebung der festgestellten Mängel behält das Gerät seinen Wert und der Landwirt hat die Gewähr dafür, daß

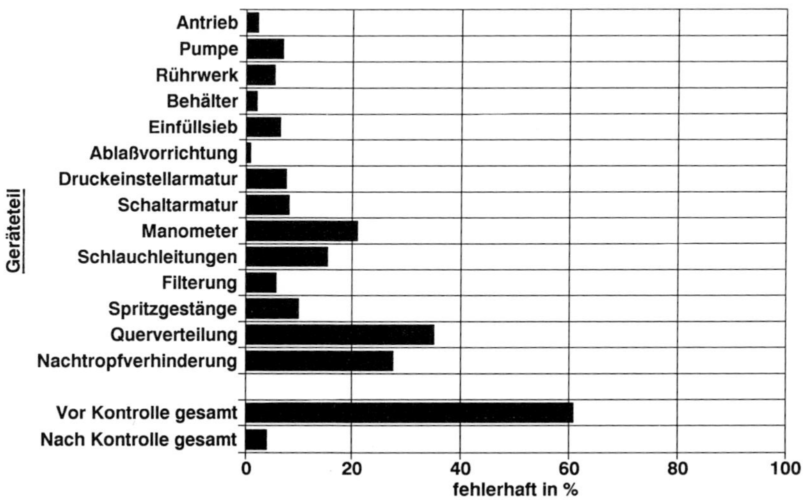

Abb. 72. Feldspritzgeräte-Kontrolle. Ergebnisse im Durchschnitt von 1985 bis 1989.

er mit einem vorschriftsmäßigen Gerät die Pflanzenschutzmittel sachgerecht und sparsam ausbringt.

Die Kontrolle von in Gebrauch befindlichen Pflanzenschutzgeräten wird derzeit noch auf freiwilliger Basis durchgeführt. Im Jahre 1992 soll bundesweit eine pflichtmäßige Kontrolle eingeführt werden. In Baden-Württemberg bestehen derzeit über 300 amtlich anerkannte Kontrollbetriebe, die nach einer einheitlichen Kontrollordnung arbeiten und deren Kontrollpersonal ständig weitergebildet wird. Dies ergibt für die Feldspritzgeräte ein flächendeckendes Netz an Kontrollbetrieben, so daß der einzelne Landwirt keine allzu großen Anfahrtwege in Kauf nehmen muß.

Im Jahre 1990 wurden in Baden-Württemberg insgesamt 2905 Feldspritzgeräte kontrolliert, das sind nur etwa 10% des Bestandes. Im Bundesdurchschnitt beteiligten sich 1990 etwa 21% der Gerätehalter an der Kontrolle.

Wie groß der Nutzen der Gerätekontrolle tatsächlich ist, zeigt die Häufigkeit der Mängel an den verschiedenen Geräteteilen. Es stimmt bedenklich, daß nur etwa 40% der Geräte in Ordnung waren und mit einer Kontrollplakette versehen wurden. Bei den anderen waren Nachbesserungen oder Reparaturen notwendig, die meist an Ort und Stelle durchgeführt wurden. Letztendlich konnten immerhin 92% der Geräte die Kontrolle als »in Ordnung« verlassen (Abb. 72).

Für jeden Landwirt muß die Kontrolle seines Gerätes zur Selbstverständlichkeit werden. Nur mit einem einwandfrei funktionierenden Feldspritzgerät ist bei sparsamem Mittelverbrauch eine hinreichende Wirksamkeit zu erwarten und sind Pflanzenschäden zu vermeiden. Zum Integrierten Pflanzenschutz gehört ein modernes Feldspritzgerät.

Umgang mit Pflanzenschutzmitteln

1 Rechtsvorschriften

Unsachgemäße Anwendungen von Pflanzenschutzmitteln geben immer wieder Anlaß zu öffentlicher Kritik. Der Gesetzgeber hat deshalb im Pflanzenschutzgesetz vom 15. 9. 1986 den Schutz des Naturhaushaltes gleichrangig neben den Schutz der Kulturpflanzen gestellt. Aus der Zweckbestimmung (§ 1) in Verbindung mit § 6 des Pflanzenschutzgesetzes ergibt sich **die** zentrale Forderung für die Anwendung von Pflanzenschutzmitteln. Danach gilt: »Pflanzenschutzmittel dürfen nur nach **guter fachlicher Praxis** angewandt werden. Zur »guten fachlichen Praxis« gehört auch, daß die Grundsätze des Integrierten Pflanzenschutzes berücksichtigt werden. Pflanzenschutzmittel dürfen nicht angewandt werden, wenn der Anwender damit rechnen muß, daß ihre Anwendung schädliche Auswirkungen auf die Gesundheit von Mensch und Tier oder auf das Grundwasser oder sonstige erhebliche schädliche Auswirkungen, insbesondere auf den Naturhaushalt hat.«

Diese Grundsätze sollen gewährleisten, daß die Pflanzenschutzmittel gezielt, bestimmungsgemäß, sachgerecht und umweltschonend angewandt werden. Die Leistungsfähigkeit des Naturhaushaltes, die Pflanzen- und Tierwelt sowie die Vielfalt, Eigenart und Schönheit von Natur und Landschaft als Lebensgrundlage des Menschen sind damit nachhaltig gesichert.

Die allgemein anerkannten Regeln der »guten fachlichen Praxis« beinhalten Normen (Reschke 1987), die

- in Übereinstimmung mit Rechtsvorschriften stehen,
- in der Wissenschaft als gesichert gelten,
- aufgrund praktischer Erfahrungen als geeignet, angemessen und notwendig anerkannt sind,
- von der amtlichen Beratung empfohlen werden und
- jedem gut ausgebildeten Landwirt bekannt sind.

Jedem Anwender obliegt beim Umgang mit Pflanzenschutzmitteln eine besondere Verantwortung und Sorgfaltspflicht. Bei Beachtung der gesetzlichen Normen und anerkannten Regeln sind nach dem Stand der wissenschaftlichen Erkenntnisse keine Gefahren für Mensch, Tier und Naturhaushalt gegeben.

2 Vorbereitende Maßnahmen und Ausbringung

2.1 Auswahl der Pflanzenschutzmittel

Grundsätzlich dürfen nur zugelassene Pflanzenschutzmittel in den dafür ausgewiesenen Anwendungsgebieten und unter Beachtung der Auflagen der Gebrauchsanleitung eingesetzt werden. Abweichungen von den in der Gebrauchsanleitung vorgesehenen Anwendungsbereichen kommen nur in Betracht, wenn eine Abstimmung mit dem amtlichen Pflanzenschutzdienst erfolgt ist sowie die Wirksamkeit und der Schutz des Anwenders, Verbrauchers und Naturhaushaltes sichergestellt sind. Die Einfuhr von nicht zugelassenen Mitteln - auch in kleinen Mengen - ist verboten (Ordnungswidrigkeit).

Bereits bei der Mittelwahl ist auf Sicherheitsauflagen und Anwendungsbeschränkungen zu achten. Generell ist geringer giftigen, selektiv wirkenden, nützlingsschonenden, nicht bienengefährlichen Pflanzenschutzmitteln und Mitteln ohne besondere Auflagen, insbesondere Wasserschutzgebietsauflagen - soweit möglich - der Vorzug zu geben. Wichtige Kriterien für die Auswahl des am besten geeigneten Mittels sind aber auch Überlegungen hinsichtlich Preiswürdigkeit, Wirkungsbreite, Handhabung und Mischbarkeit. Um Resistenzprobleme und einseitige Selektion zu vermeiden, muß auf Wirkstoffwechsel geachtet werden.

2.2 Ausbringung der Pflanzenschutzmittel

Die gewissenhafte und sorgfältige Beachtung der Gebrauchsanleitung sowie der allgemeinen Vorsichtsmaßnahmen beim Umgang mit Pflanzenschutzmitteln sind Grundvoraussetzung für jede Pflanzenschutzmaßnahme. Die Gebrauchsanleitung enthält alle einschlägigen Informationen, die für eine sachgerechte Ausbrin-

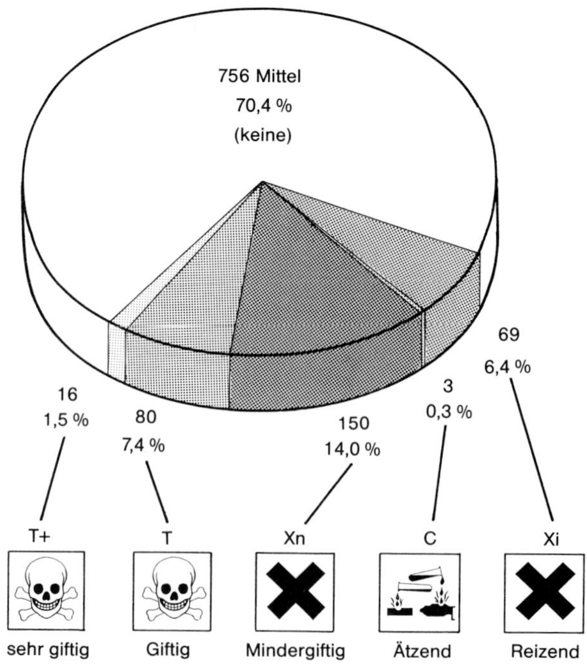

Abb. 73. Gefahrenbezeichnungen und Einstufung von Pflanzenschutzmitteln.

gung der Pflanzenschutzmittel entscheidend sind. Sie gibt Auskunft über Wirkungsweise des Mittels, Schutz des Anwenders, des Verbrauchers und des Naturhaushaltes.

Der Einsatz der Pflanzenschutzmittel darf nur erfolgen, wenn dieser aufgrund der Befallssituation unbedingt notwendig ist. Die Anwendung muß zum richtigen Termin (Warndienst, Prognosen- und Schadensschwellen beachten), unter Einhaltung der vorgeschriebenen Aufwandmenge und mit der richtigen Anwendungstechnik erfolgen. In jedem Einzelfall ist zu prüfen, ob nicht eine Teilflächenbehandlung, beispielsweise eine Rand- oder Bandbehandlung, möglich ist, oder ob die Aufwandmenge reduziert werden kann.

Um unerwünschte oder schädliche Nebenwirkungen bestimmter Wirkstoffe zu verhindern, sind Verbote und Beschränkungen bei der Anwendung von Pflanzenschutzmitteln einzuhalten. Enthält die Gebrauchsanleitung sog. Anwendungsbestimmungen der Biologischen Bundesanstalt, so dürfen diese Mittel nur entsprechend diesen Anwendungsbestimmungen angewandt werden. Die Verordnung über Anwendungsverbote und -beschränkungen für Pflanzenschutzmittel (Pflanzenschutz-Anwendungsverordnung) vom 22. 3. 1991 verbietet die Anwendung bestimmter Stoffe und Präparate ganz oder teilweise bzw. beschränkt den Einsatz auf bestimmte Anwendungsgebiete.

Außerhalb von landwirtschaftlich, forstwirtschaftlich oder gärtnerisch genutzten Flächen sowie an und in Gewässern ist der Pflanzenschutzmitteleinsatz verboten bzw. nur nach Ausnahmegenehmigung gestattet. (Siehe Kap. 3.4 Umweltschutz und Artenschutz, Seite 317.)

3 Besondere Schutzbestimmungen

3.1 Schutz des Anwenders

Bestimmte Pflanzenschutzmittel können für Menschen und Haustiere durch Einwirkung auf die Haut oder nach Aufnahme durch die Atmungsorgane und den Mund giftig wirken. Dies trifft nicht generell, sondern nur für Substanzen mit gewissen toxischen Eigenschaften zu. Solche Mittel unterliegen daher hinsichtlich Vertrieb, Lagerung und Anwendung den Vorschriften der Gefahrstoffverordnung vom 26. 8. 1986 und sind in der Gebrauchsanleitung durch Gefahrensymbole und Kennbuchstaben gekennzeichnet (Abb. 73). Davon sind derzeit etwa 30% aller Pflanzenschutzmittel betroffen.

Zum persönlichen Schutz des Anwenders sind beim Umgang mit dem Konzentrat, Ansetzen der Behandlungsflüssigkeit und während der gesamten Pflanzenschutzarbeit die vorgeschriebenen Kennzeichnungsauflagen, Schutz- und Vorsichtsmaßnahmen auf der Gebrauchsanleitung genau zu beachten. Je nach Formulierung des Wirkstoffes und in Abhängigkeit von akuten und chronischen gesundheitlichen Risiken enthält die Gebrauchsanleitung folgende konkrete Hinweise zum Anwenderschutz:

- Jeden unnötigen Kontakt mit dem Mittel vermeiden. Mißbrauch kann zu Gesundheitsschäden führen.
- Beim Umgang mit dem unverdünnten Mittel Standardschutzanzug (Pflanzenschutz), festes Schuhwerk (z. B. Gummistiefel), Universal-Schutzhandschuhe

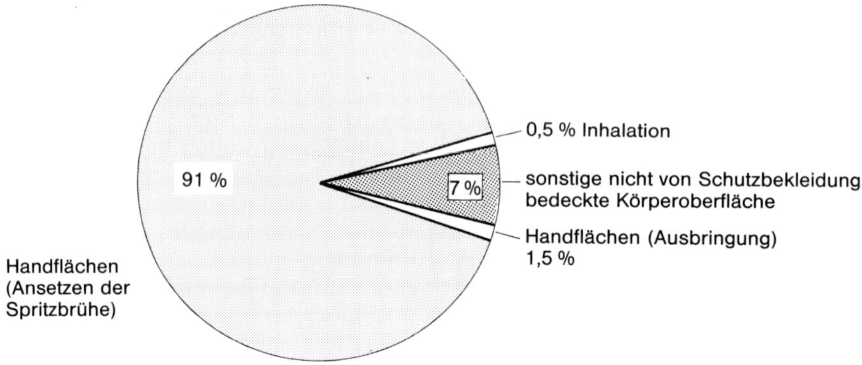

Abb. 74. Hautkontakt (Prozentuale Verteilung) beim Ansetzen und Ausbringen von Spritzflüssigkeit (nach Industrieverband Agrar e. V.).

(Pflanzenschutz), Gummischürze und genau abschließende Schutzbrille tragen.
- Bei Ausbringung/Handhabung des anwendungsfertigen Mittels Standardschutzanzug (Pflanzenschutz), festes Schuhwerk (z. B. Gummistiefel), Universal-Schutzhandschuhe (Pflanzenschutz) und Kopfbedeckung aus festem Stoff mit breiter Krempe tragen.

Abb. 74 zeigt Art und Ausmaß des Kontaktes eines Anwenders beim Ansetzen einer Spritzflüssigkeit mit einer flüssigen Formulierung und bei der Ausbringung in einer Feldkultur. Die Handflächen sind der Pflanzenschutzmittelbelastung (Gesamtexposition 99%) am stärksten ausgesetzt. Der Schutz der Hände beim Ansetzen der Spritzbrühe ist daher die wichtigste Körperschutzmaßnahme. Bei **allen** Arbeiten mit **jedem** Pflanzenschutzmittel (nicht nur mit Gefahrensymbolen) ist daher das Tragen der in Abb. 75 genannten Schutzausrüstung zu empfehlen. Damit ist gewährleistet, daß der Hautkontakt mit chemischen Präpa-

	Ansetzen	Ausbringen in Flächenkulturen ohne geschlossener Schlepperkabine	Ausbringen in Flächenkulturen mit geschlossener Schlepperkabine
Schutzanzug	ja	ja	ja
Handschuhe	ja	⇦	
Kopfbedeckung	⇦	ja	
Fußbekleidung	ja	ja	ja
Schutzbrille	⇦	⇦	
Atemschutz	⇦	⇦	⇦

⇦ = Hinweise in der Gebrauchsanleitung beachten

Abb. 75. Körperschutz beim Umgang mit Pflanzenschutzmitteln. Ansetzen und Ausbringen der Spritzflüssigkeit.

raten möglichst gering bleibt. Spezielle Hinweise in der Gebrauchsanleitung auf zusätzliche Schutzausrüstung, wie z. B. Atemschutz in Form von Halbmasken mit Gas-, Partikel- oder kombinierten Filtertypen sind unbedingt einzuhalten.

Der Anwenderschutz kann auch durch gerätetechnische Zusatzausrüstungen (z. B. Füllschleusen, Einspülvorrichtungen usw.) und Verwendung anwenderfreundlicher Formulierungen verbessert werden.

Im weiteren Sinne zählen auch folgende Maßnahmen des Anwenderschutzes zur guten fachlichen Praxis:

- Behandlungsflüssigkeit oder Köder nach Möglichkeit im Freien ansetzen oder zubereiten; diese Arbeit keineswegs in bewohnten Räumen, Küchen oder Ställen durchführen.
- Zur Herstellung von Behandlungsflüssigkeiten, Ködern u. a. nur für diese Zwecke bestimmte, besonders gekennzeichnete Behälter und Geräte (Meßzylinder, Waage, Eimer mit Litereinteilung) benutzen; keine Küchengeräte oder Futterkübel verwenden.
- Benutzte Behälter und Geräte sofort nach Gebrauch gründlich reinigen und im Lagerraum bzw. -schrank aufbewahren. Spülwasser der Behandlungsflüssigkeit zusetzen.
- Angesetzte Behandlungsflüssigkeit, zubereitete Köder, unverbrauchte Pflanzenschutzmittel, ungereinigte Behälter und Geräte nicht unbeaufsichtigt lassen. Kinder sowie Haustiere fernhalten.
- Während der Arbeit nicht essen, trinken oder rauchen.
- Bei der Arbeit Spritzschleier, Nebel- oder Staubwolken meiden. Benetzung von Augen, Haut und Schleimhäuten verhüten.
- Spritzer auf die Haut sofort mit Wasser und Seife abwaschen.
- Verstopfte Düsen, Schläuche und andere mittelführende Teile nicht mit dem Mund ausblasen.
- Nach der Arbeit Gesicht und Hände gründlich waschen.
- Mit Behandlungsflüssigkeit benetzte Kleidung sofort wechseln.
- Bei ersten Anzeichen von Unwohlsein die Arbeit abbrechen und sofort für ärztliche Behandlung sorgen, möglichst Gebrauchsanleitung des angewandten Pflanzenschutzmittels mitnehmen.

3.2 Schutz des Verbrauchers

Zum Schutz des Verbrauchers vor unzulässigen Rückständen chemischer Pflanzenschutzmittel in oder auf Nahrungsmitteln pflanzlicher oder tierischer Herkunft ist die Pflanzenschutzmittel-Höchstmengenverordnung erlassen worden. Die Verordnung schreibt für jeden Wirkstoff sog. Toleranzwerte (= duldbare Höchstmengen an Rückständen, gemessen in ppm.) vor. Lebensmittel und Futtermittel, die diese Grenzwerte überschreiten, dürfen nicht in den Verkehr gebracht werden. Wer Pflanzenerzeugnisse, die dieser Verordnung nicht entsprechen, vorsätzlich oder fahrlässig in den Verkehr bringt, macht sich strafbar.
Der Erzeuger kann diese Toleranzforderungen erfüllen, wenn er

- nur zugelassene Pflanzenschutzmittel verwendet,
- diese nur in den durch die Zulassung ausgewiesenen Anwendungsgebieten einsetzt,

- die höchstzulässige Aufwandmenge oder Konzentration und Anzahl der maximal vorgesehenen Anwendungen nicht überschreitet,
- die amtlich vorgeschriebene, in der Gebrauchsanleitung angegebene Wartezeit einhält.

Die richtige Dosierung hängt auch von der sicheren Funktion des Spritzgerätes und von fachgerechter Spritztechnik ab. Eine vorschriftsmäßige Anwendung der Mittel bietet Gewähr dafür, daß die gesetzlich festgelegten Höchstmengen nicht überschritten werden.

Zum Verbraucherschutz zählt auch, daß Abtrift auf Nachbargrundstücke vermieden wird. Dies gilt besonders für angrenzende Wohn- und Gartengebiete sowie erntereife Produkte in ein- und mehrjährigen Kulturen. Windgeschwindigkeit, Temperatur und Düsentyp sind zu berücksichtigen. Gegebenenfalls sind Sicherheitsabstände zu sog. gefährdeten Objekten einzuhalten, um Schäden oder Überschreitungen der Höchstmengen zu vermeiden oder Konflikten mit den Nachbarn vorzubeugen. Bei Abtrift sind die Nutzungsberechtigten zu informieren.

3.3 Schutz des Oberflächen- und Grundwassers

Oberflächengewässer und Grundwasser sind vielfältigen Gefahren, z. B. auch durch Eintrag von Pflanzenschutzmitteln, ausgesetzt. Zum Schutz des lebensnotwendigen Wassers machen daher Wasserhaushaltsgesetz, Pflanzenschutzgesetz, Pflanzenschutz-Anwendungsverordnung, Trinkwasserverordnung und verschiedene Schutzbestimmungen auf Landesebene (z. B. die Schutzgebiets- und Ausgleichsverordnung des Landes Baden-Württemberg) Vorgaben, um schädliche Verunreinigungen des Wassers mit Pflanzenschutzmitteln zu vermeiden. Bei der Anwendung von Pflanzenschutzmitteln in der Nähe von Oberflächengewässern und in Wasserschutzgebieten muß der Landwirt die nachfolgend genannten Vorschriften beachten. Verstöße können mit einer Geldbuße geahndet werden oder strafrechtliche Folgen haben.

Pflanzenschutzmittel dürfen nicht in oder unmittelbar an **oberirdischen Gewässern und Küstengewässern** angewandt werden. Die Grenze ist die Böschungsoberkante. Bei zahlreichen Mitteln ist zudem ein in der Gebrauchsanleitung genannter Sicherheitsabstand (Auflage 230, 630, 631) zur Böschungsoberkante einzuhalten. Entsprechend gekennzeichnete Mittel dürfen auch auf stärker

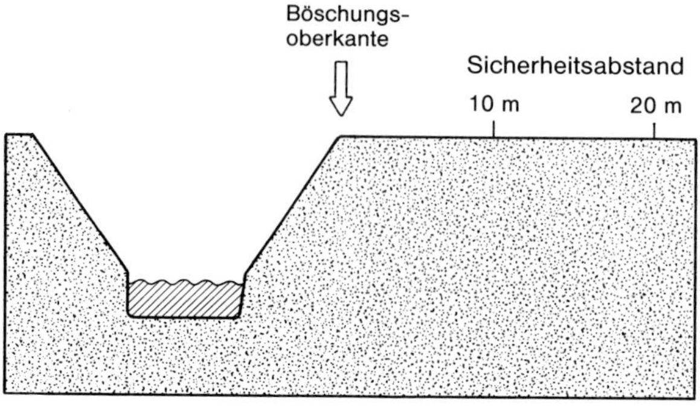

Abb. 76. Anwendung von Pflanzenschutzmitteln an Oberflächengewässern.

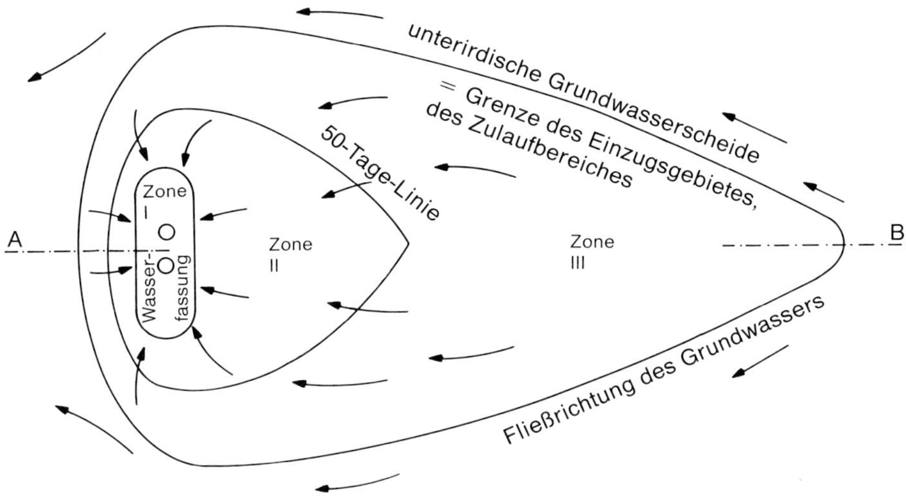

Abb. 77. Grundriß eines Wasserschutzgebietes (aus HARMUTH 1990).

geneigten Flächen, von denen die Gefahr einer Abschwemmung in Gewässer durch Niederschläge zu befürchten ist, nicht angewandt werden. Nach »guter fachlicher Praxis« sind alle Pflanzenschutzmaßnahmen so durchzuführen, daß keine Behandlungsflüssigkeit direkt oder indirekt (Abtrift, Erosion, Drainage) und keine Spritzbrühereste in Gewässer gelangen.

In **Wasserschutzgebieten** gelten zum Schutz des Grundwassers besondere Schutzbestimmungen. Anwendungen von Wirkstoffen mit wassergefährdeten Eigenschaften, d. h. alle Pflanzenschutzmittel mit einer sog. Wasserschutzgebietsauflage, sind in Wasserschutzgebieten (Zone I, II und III) und in Heilquellenschutzgebieten verboten. Dadurch wird sichergestellt, daß nur Pflanzenschutzmittel ohne Wasserschutzgebietsauflage angewendet werden. Solche Mittel sind im Boden wenig mobil, bauen rasch ab und gefährden somit nach derzeitigem Kenntnisstand nicht das Grundwasser. Auch bei diesen Mitteln sollte - trotz eingeschränkter Alternativlösungen - auf einen Wirkstoffwechsel geachtet werden, um den Boden nicht einseitig zu belasten.

In Baden-Württemberg muß die Auswahl der notwendigen Mittel nach Maßgabe des Positivkatalogs in der Schutzgebiets- und Ausgleichsverordnung erfolgen. Entsprechende Mittelempfehlungen werden in den jährlich vom Pflanzenschutzdienst herausgegebenen Merkblättern veröffentlicht. Die Wasserschutzgebietsauflagen sind unbedingt einzuhalten; Zuwiderhandlungen stellen eine Ordnungswidrigkeit dar.

Eine sorgfältige und rechtzeitige Planung der üblicherweise notwendigen Bekämpfungsmaßnahmen nach den Grundsätzen des Integrierten Pflanzenschutzes ist besonders in Wasserschutzgebieten bedeutsam. Der Anwender muß sich über die Grenzen und flächenmäßige Ausdehnung der Schutzgebiete und sonstige wasserschutzrechtlichen Einschränkungen für den Umgang mit Pflanzenschutzmitteln informieren. Auskünfte erteilen die »unteren Wasserbehörden«.

Umgang mit Pflanzenschutzmitteln	Zone I	Zone II	Zone III A	Zone III B
Anwendung von Pflanzenschutzmitteln	STOP	STOP		STOP
		für Wirkstoffe in den Anlagen 2 und 3 der Pflanzenschutz-Anwendungsverordnung		
	STOP			
		für Wirkstoffe im „Positivkatalog" (in Baden-Württemberg)		
Ablagern und Lagern von Resten von Pflanzenschutzmitteln	STOP	STOP		STOP
Befüllen von Pflanzenschutzgeräten außerhalb der Hofstelle	STOP	STOP		

Abb. 78. Hinweise zur Anwendung von Pflanzenschutzmitteln in Wasserschutzzonen.

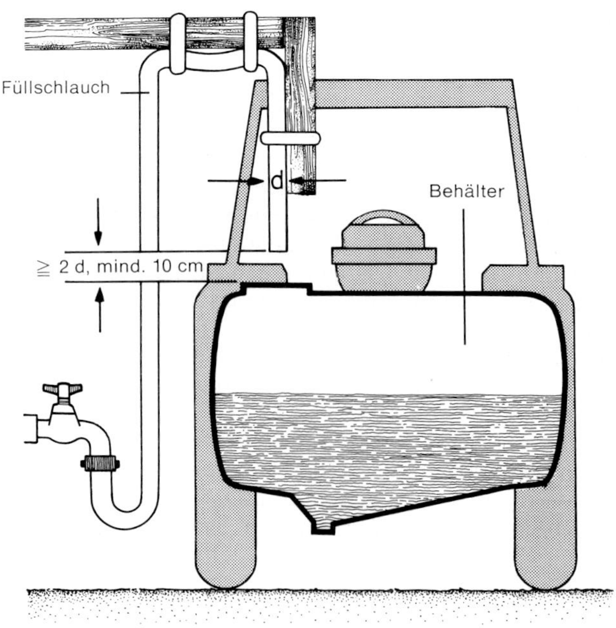

Abb. 79. Anordnung zum vorschriftsmäßigen Befüllen eines Pflanzenschutzgerätes.

Bei der **Wasserentnahme** aus oberirdischen Gewässern oder aus der Wasserleitung ist besondere Vorsicht geboten. Der Vorgang des Befüllens ist stets zu beaufsichtigen. Die Wasserentnahme sollte vorzugsweise aus dem Leitungsnetz der öffentlichen Wasserversorgung und nur ausnahmsweise aus oberirdischen Gewässern erfolgen. In der Wasserschutzzone I und II dürfen Pflanzenschutzgeräte nicht außerhalb der Hofstelle befüllt werden. Mittels technischer Einrichtungen ist ein Rücklaufen der Flüssigkeit aus dem Behälter (siehe Abb. 79) zu verhindern. Behandlungsflüssigkeit und Spritzbrühereste dürfen keinesfalls in Oberflächengewässer oder Kanalisationen gelangen.

3.4 Umweltschutz und Artenschutz

Nach den Bestimmungen des Pflanzenschutzgesetzes (§ 6 Abs. 2) dürfen »Pflanzenschutzmittel auf Freilandflächen nur angewandt werden, soweit diese landwirtschaftlich, forstwirtschaftlich oder gärtnerisch genutzt werden. Sie dürfen jedoch nicht in oder unmittelbar an oberirdischen Gewässern und Küstengewässern angewandt werden.« Diese weitreichende Einschränkung wurde zum Schutz des Naturhaushaltes, aber auch zum Erhalt natürlicher Gegenspieler von Schadorganismen eingeführt. Nicht bewirtschaftete Freilandflächen haben als Lebensstätten für viele wildwachsenden Pflanzen und wildlebenden Tiere zunehmende Bedeutung erlangt, weil die Lebensbedingungen dieser Arten auf intensiv genutzten Flächen ständig ungünstiger geworden sind. Zum Schutz der Umwelt und der gefährdeten Arten soll die Anwendung auf solchen Flächen möglichst vermieden werden.

Wege und Wegränder einer Gemarkung, Böschungen und Feldraine sowie unbewirtschaftete Flächen (Brachland) dürfen nicht mit Pflanzenschutzmitteln behandelt werden. Die Feldspritze ist ggf. bereits einige Meter vor dem Feldende abzuschalten. Auch die Hofstelle gehört nach der derzeitigen Rechtsauffassung zur nicht zu behandelnden Freilandfläche. Ausnahmen sind nur mit Genehmigung unter eng umgrenzten Voraussetzungen möglich. Die nach Landesrecht zuständigen Behörden und der amtliche Pflanzenschutzdienst erteilen dazu Auskünfte. Nicht genehmigte Anwendungen sind eine Ordnungswidrigkeit und können mit einer Geldbuße geahndet werden.

Dieselbe Zielsetzung verfolgt auch die Pflanzenschutz-Anwendungsverordnung vom 22. 3. 1991. Alle Pflanzenschutzmittel, die aus einem in dieser Verordnung aufgeführten Stoff bestehen oder einen solchen enthalten, dürfen in Naturschutzgebieten, Nationalparks und Naturdenkmälern sowie auf Flächen, die aufgrund des § 20 c des Bundesnaturschutzgesetzes landesrechtlich geschützt sind, nicht angewandt werden.

Anerkannte Regel der »guten fachlichen Praxis« ist es auch, die besonderen Auflagen in der Gebrauchsanleitung zum Schutz von Bienen, Fischen, Vögeln und sonstigen freilebenden Tieren strikt einzuhalten. Dies bedeutet im konkreten Fall:

- Bienengefährliche Pflanzenschutzmittel nicht in blühenden Kulturpflanzenbeständen einsetzen, auch nicht bei blühenden Unterkulturen und Unkräutern. Abtrift auf blühende Nachbarkulturen vermeiden. Bienenschutzverordnung beachten!
- Fischgiftige Mittel in der Nähe von Oberflächengewässern mit besonderer Vorsicht (Sicherheitsabstand) einsetzen. Durch einen Sicherheitsabstand ist

sicherzustellen, daß Fische und Fischnährtiere keinen Schaden erleiden.
- Bei der Aussaat von inkrustiertem Mais- oder Rapssaatgut, Rüben, Granulatanwendung auf sorgfältige Bodenabdeckung achten, so daß es nicht zu Vogelvergiftungen kommen kann.
- Giftgetreide und Köder gegen Mäuse und Ratten nur verdeckt auslegen.
- Abtrift auf Nachbargrundstücke vermeiden.

4 Pflanzenschutzgeräte und Ausbringungstechnik

Neben der Wahl des richtigen Mittels, der Beachtung der Gebrauchsanleitung und der Einhaltung der einschlägigen Rechtsvorschriften ist die Geräte- und Ausbringungstechnik von besonderer Bedeutung für eine sachgerechte Anwendung. Zur »guten fachlichen Praxis« gehört deshalb auch, daß Pflanzenschutzgeräte
- störungsfrei arbeiten und präzise funktionieren,
- regelmäßig gewartet, gepflegt und kontrolliert sowie
- von sachkundigen Personen bedient werden.

Besonderes Augenmerk ist darauf zu richten, daß durch geeignete Geräteausstattung und sachgerechten Einsatz der Spritzgeräte das Risiko der Abtrift und damit die Beeinträchtigung des Naturhaushaltes minimiert wird. Einzelheiten dazu werden auf Seite 296 ff ausgeführt.

5 Transport und Lagerung

5.1 Transport von Pflanzenschutzmitteln und Behandlungsflüssigkeit

Beim innerbetrieblichen Transport von konzentrierten Präparaten in Verpackungen oder verdünnten Pflanzenschutzmitteln im Spritzbehälter ist größte Vorsicht walten zu lassen, damit keine schädlichen Auswirkungen auf Mensch, Tier und Naturhaushalt eintreten. Pflanzenschutzmittelpackungen sowie deren Verschlüsse müssen dicht sein und dürfen nicht lecken. Behälter sind sorgfältig und sicher, getrennt von Fahrer und Mitfahrern und nicht gemeinsam mit Lebens- und Futtermitteln, zu befördern. Mit Behandlungsflüssigkeit befüllte Spritzbehälter müssen vor dem Transport auf Dichtheit aller Schläuche und Verschlüsse usw. überprüft werden.

5.2 Aufbewahrung und Lagerung von Pflanzenschutzmitteln

Für die Aufbewahrung und Lagerung von Pflanzenschutzmitteln im landwirtschaftlichen Betrieb sind Giftigkeit, Brennbarkeit und Wassergefährlichkeit eines Mittels von Bedeutung. Einschlägige Vorschriften macht die Gefahrstoffverordnung. Eine sorgfältige Aufbewahrung der Pflanzenschutzmittel gehört zur »guten fachlichen Praxis«.

Pflanzenschutzmittel sind stets getrennt von Lebens- und Futtermitteln in einem separaten, von festen Wänden umschlossenen, frostsicheren, kühlen und gut belüftbaren Raum aufzubewahren. Bei geringem Lagerumfang ist auch ein entsprechender Schrank oder eine Kiste geeignet. Die Mittel müssen in jedem Fall unter sicherem Verschluß und unerreichbar für Unbefugte oder Haustiere gelagert werden, um Mißbrauch zu verhindern. Abstellflächen und Regale ermöglichen ein übersichtliches Einsortieren der Gebinde beispielsweise nach Mittelgruppen. Auf der Außenseite der Tür des Lagerraumes ist das Anbringen einer Warnaufschrift, beispielsweise »Vorsicht – Pflanzenschutzmittel« empfehlenswert. Für nach dem Chemikaliengesetz eingestufte bzw. kennzeichnungspflichtige Pflanzenschutzmittel gelten bei der Lagerung größerer Mengen spezielle Sicherheitsbestimmungen.

Pflanzenschutzmittel sind in den Originalpackungen zu belassen und dürfen wegen möglicher Verwechslungsgefahr mit u. U. tödlichen Folgen **niemals** in andere Behälter umgefüllt werden. Angebrochene Packungen sind dicht zu verschließen, um Verschütten oder Austreten giftiger Dämpfe zu vermeiden. Leere Behälter sofort unbrauchbar machen. Eine übertriebene Vorratshaltung ist wegen begrenzter Haltbarkeit der Mittel und eventuellen Anwendungsverboten nicht sinnvoll.

5.3 Beseitigung von Pflanzenschutzmittelbehältnissen und Pflanzenschutzmittelresten

Leere Mittelbehälter und Restmengen von Pflanzenschutzmitteln sind umweltschonend zu entsorgen. Dabei darf das Wohl der Allgemeinheit nicht beeinträchtigt, die Gesundheit von Mensch und Tier nicht gefährdet werden und der Naturhaushalt keine schädlichen Auswirkungen erleiden. Zur »guten fachlichen Praxis« zählen daher folgende Vorsorgemaßnahmen:

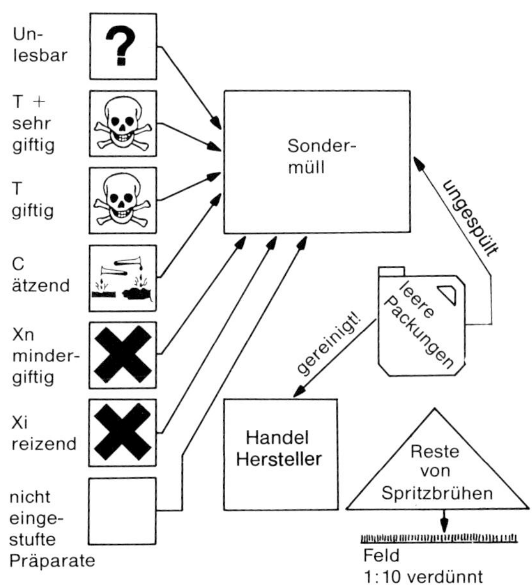

Abb. 80. Beseitigung der Reste von Pflanzenschutzmitteln und der gebrauchten Verpackungen.

- Präparatebehälter vollständig entleeren und sorgfältig mit Wasser ausspülen. Das Spülwasser ist der Spritzbrühe beizugeben und nicht in Kanalisation oder Entwässerungsgräben zu leiten. Behälter nicht anderweitig verwenden. Gründlich ausgespülte Leergebinde können ab 1. 1. 1993 dem Handel oder Hersteller zur Wiederverwendung oder Beseitigung zurückgegeben werden. Ungespülte Kanister oder Verpackungen mit Mittelresten müssen als Sonderabfall entsorgt werden.
- Grundsätzlich sollte dafür Sorge getragen werden, daß keine Restmengen entstehen. Bei der letzten Behälterfüllung ist die Spritzflüssigkeit etwas knapper anzusetzen als flächenmäßig erforderlich. Verbleiben dennoch Reste der Behandlungsflüssigkeit, können diese entweder auf einer unbehandelten Teilfläche oder nach Verdünnung mit Wassser und mit höherer Fahrgeschwindigkeit auf der bereits behandelten Fläche ausgebracht werden.
- Spritzbrühereste und Spülflüssigkeiten dürfen keinesfalls am Wegrand, auf Brachland und sonstigen unbewirtschafteten Flächen ausgespritzt oder in Wasser und Straßengräben eingeleitet werden (Anwendungsverbot). Verschiedene Gerätehersteller bieten technische Lösungen an, mit denen sich unvermeidbare Restmengen minimieren und umweltgerecht beseitigen lassen.
- Unbrauchbar gewordene, alte Pflanzenschutzmittel müssen fachgerecht entsorgt werden. Die Mittel sind direkt bei regionalen Schadstoffsammelstellen zur weiteren Entsorgung anzuliefern. Die Abgabe bei Sondermüllsammlungen der Landkreise und Gemeinden ist zu nutzen. Unter Umständen nehmen auch Handel und Hersteller unbrauchbar gewordene Präparate zurück. Jede unkontrollierte Ablagerung von Pflanzenschutzmitteln ist verboten.

Die beste Entsorgung ist immer noch die Vermeidung von Pflanzenschutzmittelresten, indem nur soviel Mittel gekauft und nur soviel Behandlungsflüssigkeit angesetzt wird, wie unbedingt benötigt wird.

Literaturverzeichnis

Agrarbericht: Deutscher Bundestag - 11. Wahlperiode, Drucksache 11/6387, 1990.

AHLERS, D.: Integrierter Pflanzenschutz bei Pilzkrankheiten im Winterraps. Ges. Pflanzen 41, 306-311, 1989.

AHLERS, D.: Weißstengeligkeit - erste Ansätze einer Prognose. Pflanzenschutz-Praxis 2, 26-28, 1986.

AID: Integrierter Pflanzenschutz. Nr. 32, 1986.

ALVENSLEBEN, VON: Landwirtschaft in Beweisnot. DLG-Mitt. 3, 139-140, 1990.

BARNIKOL, H.: Fusariumtoxine kommen häufiger in heimischem Getreide vor. Württ. Wochenblatt f. Landwirtsch. 156, 22, 19-20, 1989.

BASEDOW, TH., BAUERS, CH., LAUENSTEIN, G.: Ergebnisse vierjähriger Untersuchungen zur gezielten Bekämpfung der Getreideblattläuse im intensiven Winterweizenanbau: optimaler Termin und Bekämpfungsschwellen. Mitt. Biol. Bundesanstalt 254. Verlag Paul Parey, Berlin und Hamburg 1989.

Biologische Bundesanstalt für Land- und Forstwirtschaft: Pflanzenschutzmittel-Verzeichnis 1990, Teil 1, 1990, 38. Aufl.

BOGUSLAWSKI, E. VON: Ackerbau. Grundlagen der Pflanzenproduktion. DLG-Verlag, Frankfurt/M. 1981.

BOSCH, J.: Wirkungen von Feldhecken auf die Arthropodenfauna und die Erträge angrenzender Ackerflächen. Mitt. Biol. Bundesanstalt 232, 308, 1986.

BOSCH, J.: Einfluß einiger Ackerunkräuter auf Nutz- und Schadarthropoden. Z. f. PflKrankh. u. PflSchutz 4, 4, 1987.

BOSCH, J.: Integrierter Pflanzenschutz, Trainingsprogramm der Landesanstalt für Pflanzenschutz, Stuttgart 1990 (unveröffentlicht).

BÖTTCHER, O.:Niedrigere Aufwandmengen in geringerer Persistenz. VDL-Journal 3, 1990.

BROCKERHOFF, M.: Vorzüge der Mulchsaat überwiegen. Württ. Wochenblatt f. Landwirtsch. 25, 16-17, 1990.

BUHL, C., SCHÜTTE, F.: Prognose wichtiger Pflanzenschädlinge in der Landwirtschaft. Verlag Paul Parey, Berlin und Hamburg 1971.

DAMBROTH, M., SEEHUBER, R.: Flachs. Verlag Eugen Ulmer, Stuttgart 1988.

DEBRUCK, J., FISCHBECK, G., KAMPE, W.: Getreidebau aktuell. BLV-Verlagsgesellschaft, München 1981.

DIEHL, T., FEHRMANN, H.: Weizenfusariosen - Einfluß von Infektionstermin, Gewebeschädigung von Blattläusen auf Blatt- und Ährenbefall. Z. f. PflKrankh. u. PflSchutz 96, 393-407, 1989.

DIERCKS, R.: Alternativen im Landbau. Verlag Eugen Ulmer, Stuttgart 1986, 2. Aufl.

DIERCKS, R., HEITEFUSS, R.: Integrierter Landbau. BLV Verlagsgesellschaft, München, Wien, Zürich 1990.

DINGEBAUER, G.: Untersuchung zur tolerierbaren Verunkrautung in Winterrapskulturen. Z. f. PflKrankh. u. PflSchutz, Sonderh. XII, 313-328, 1990.

DOMSCH, K. H., et al.: An ecological concept for the assessment of sideeffects of agrochemicals on soil microorganism. Residue Rev. 86, 65–105, 1983.

DOMSCH, K. H.: Wirkungen pflanzenbaulicher Produktionstechniken auf das Bodenleben. Integr. Pflbau 4, 100–105, 1988.

EL TITI, A.: Zum ökonomischen Nutzen von Ackerunkräutern im integrierten Pflanzenschutz, dargestellt am Zuckerrübenanbau. Proc. EWRS Symposium Economic Weed Control, 209–216, 1986.

EL TITI, A.: Nützlingsschonende Bodenbearbeitung und ihre Folgewirkung auf einige Schadorganismen der Zuckerrüben im integrierten Pflanzenschutz. Schriftenr. des BML, Angewandte Wissenschaft 365, 284–299, 1988.

EL TITI, A.: Welche Struktur der Agarlandschaft ist anzustreben? ... aus agrarökologischer Sicht? Tagungsberichte des Dachverbandes Veterinär- und Umweltforschung e. V. Bonn, 6. 12. 1988. Agrarspectrum, Schriftenreihe 15, 1989.

EL TITI, A.: Integrierter Pflanzenschutz – Modellvorhaben Ackerbau Lautenbacher Hof. Broschüre der Landesanstalt für Pflanzenschutz, Stuttgart 1989.

ESTLER, M., WISTUBA: Thema Mulchsaat: Welche Zwischenfrucht, welches Bestellungsverfahren? Mais 3, 10–12, 1990.

FISCHER, J., POHLMANN, J. M.: HERBIDEX, ein Expertensystem zur frühzeitigen Erkennung von Unkräutern. Z. f. PflKrankh. u. PflSchutz, Sonderh. XII, 157–162, 1990.

FORRER, H. R., AMIET, J.: Erfahrungen mit EPIPRE und HORDEPROG in der Schweiz. Landwirtschaft Schweiz Band 2, (1–2), 11–20, 1989.

FRANK, H. K.: Schimmelige Lebensmittel: Wie weit sind sie gesundheitsschädlich? forum mikrobiologie 3, 1981.

FÜHR, F., et al.: Pflanzenschutzmittel: Gift in Boden und Grundwasser. Jahresbericht, Kernforschungsanlage Jülich, 1989.

GARVERT, U., WAGNER, J., KOCHS, H. J., HEYLAND, K. U., STEETS, R.: HERBEXPERT – ein computergestütztes System zur schlagspezifischen Herbizidberatung im Getreidebau. Z. f. PflKrankh. u. PflSchutz, Sonderh. XII, 191–195, 1990.

GEROWITT, B., HEITEFUSS, R.: Unkrautbekämpfung im Getreide. DLG-Merkblatt 264, 1988.

GLENZ, M.: SEP-Wintergerste + HERBY – zwei Programme als Entscheidungshilfe bei der Unkrautbekämpfung im Wintergetreide. Z. f. PflKrankh. u. PflSchutz, Sonderh. XII, 171–177, 1990.

GÖTZ, A., KONRAD, J.: Landwirtschaftliches Lehrbuch 1 – Pflanzenbau. Verlag Eugen Ulmer, Stuttgart 1987, 6. Aufl.

GOLISCH, G.: Einen Weizenbestand richtig führen. DLG-Mitt. 101, 17, 1986.

GROSSE-WICHTRUP: Populationsdynamik von Getreideblattläusen und ihren Antagonisten in Winterweizen mit Untersaat. Dissertation, Universität Tübingen 1984.

HÄNI, F., et al.: Integrierter Pflanzenschutz im Ackerbau. Landwirtschaftliche Lehrmittelzentrale, Zollikofen 1987.

HANF, M.: Die Ackerunkräuter und ihre Keimlinge. Herausg. BASF, Ludwigshafen 1972.

HANF, M.: Pflanzenschutz in diesem Jahrhundert: Viele Wirkstoffe entdeckt. Die Pflanzen schützen – den Menschen nützen. Bintz-Verlag, Offenbach 1987.

HARMUTH, P., WENG, W.: Gezielter Pflanzenschutz in Winterweizen mit dem Prognose-Verfahren EPIPRE. Ges. Pflanzen 39, 408–415, 1987.

HARMUTH, P., et al.: Sachkundennachweis Pflanzenschutz. Verlag Eugen Ulmer, Stuttgart 1990.

HEITEFUSS, R., KÖNIG, K., OBST, A., RESCHKE, M.: Pflanzenkrankheiten und Schädlinge im Ackerbau. DLG-Verlag, Frankfurt/Main 1987.

HEYDEMANN, B.: Aufbau von Ökosystemen im Agrarbereich und ihre langfristigen Veränderungen. Daten und Dokumente zum Umweltschutz. Sonderreihe Umwelttagung 35. Dokumentationsstelle Universität Hohenheim, 53–83, 1983.

HEYDEMANN, B., MEYER, H.: Auswirkungen der Intensivkulturen auf die Fauna in den Agrarbiotopen. Schriftenr. Dtsch. Rat Landespflege 84, 245–261, 1983.

HOFFMANN, G. M., SCHMUTTERER, H.: Parasitäre Krankheiten und Schädlinge an landwirtschaftlichen Kulturen. Verlag Eugen Ulmer, Stuttgart 1983.

HOFFMANN, G. M., SCHRAMM, H.: Zum Auftreten der Phoma-Wurzelhals- und Stengelfäule an Winterraps in Bayern. Raps 5, 190–193, 1987.

HORNIG, H.: Weitere Untersuchungen und Erkenntnisse zur krankhaften Abreife. Raps 5, 24–29, 1987.

HUGGER, H.: Sonnenblumen. Verlag Eugen Ulmer, Stuttgart 1989.

HUGGER, H.: Sojaanbau - Probleme und Chance. Württ. Wochenblatt f. Landwirtsch. 157, 4, 17–18, 1990.

HURLE, K., KEMMER, A.: Wiederbelebung von Hacke und Striegel? Pflanzenschutz-Praxis, 2, 36–41, 1987.

HURLE, K., et al.: Auswirkungen unterlassener Pflanzenschutz- und Düngungsmaßnahmen auf die Unkrautflora. Z. f. PflKrankh. u. PflSchutz, Sonderheft XI, 175–188, 1988.

HURLE, K., KEMMER, A.: Berichte aus dem Fachgebiet Herbologie der Universität Hohenheim. Gemeinschaftsversuche Baden-Württemberg, H. 21, 25–59, 1980. Gemeinschaftsversuche Baden-Württemberg, H. 25, 31–50, 1983. Gemeinschaftsversuche Baden-Württemberg, H. 29, 53–64, 1988. Gemeinschaftsversuche Baden-Württemberg, H. 30, 61–78, 1990.

IMGRABEN, H.: Pflanzenschutz in Soja 1990. Bad. Bauernzeit. 16, 26–29, 1990.

Industrieverband Agrar e. V.: Anwenderschutz beim Umgang mit Pflanzenschutzmitteln. Folienserie und Begleittext, 1989.

KÄMPF, R.: Fruchtfolgegestaltung im spezialisierten Betrieb. DLG-Verlag, Frankfurt/Main 1976.

KÄMPF, R., PETZOLD, K.: Erfolgreicher Zuckerrübenbau. BLV-Verlagsgesellschaft, München 1980.

KEES, H.: In Mais-Mulchsaaten Unkräuter bekämpfen. Pflanzenschutz-Praxis 1, 47–51, 1990.

KEES, H.: Unkrautbekämpfung in Mais – die aktuelle Situation. Pflanzenschutz-Praxis 2, 10–13, 1990.

KEES, H., et al.: So bekämpft man Unkraut auf Acker- und Grünland. DLG-Verlag, Frankfurt/Main 1984.

KEMMER, A., HURLE, K.: Untersuchungen zur Reduzierung des Herbizidaufwandes bei der Unkrautbekämpfung in Getreide. Mitt. Biol. Bundesanst. Berlin-Dahlem 266, 377, 1990.

KLAPP, E.: Lehrbuch des Acker- und Pflanzenbaus. Verlag Paul Parey, Berlin und Hamburg 1967.

KLINGAUF, F.: Problematik der Zulassung von Pflanzenschutzmitteln und Möglichkeiten alternativer biologischer Verfahren. In: KOCH, W., WALTER, W., SAUERBORN, J.: PLITS 8, (2), 35–42, Stuttgart 1990.

KNAB, W., HURLE, K.: Einfluß der Grundbodenbearbeitung auf die Verunkrautung. - Ein Beitrag zur Prognose der Verunkrautung. Proc. EWRS Symposium Economic Weed Control, 309-316, 1986.

KNAB, W.: Auswirkung wendender und nichtwendender Grundbodenbearbeitung auf die Verunkrautung in Abhängigkeit von Fruchtfolge und Unkrautbekämpfung. Diss., Universität Hohenheim 1988.

KNAUER, N., SCHRÖDER, H.: Die Bedeutung der Hecken in Agroökosystemen. Schriftenr. des BML., Angewandte Wissenschaft 365, 3-30, 1988.

KOCH, H.: Viel Wind und kleine Tropfen. Pflanzenschutz-Praxis 2, 13-15, 1989.

KOCH, W., HURLE, K.: Grundlagen der Unkrautbekämpfung. Verlag Eugen Ulmer, Stuttgart 1977.

KRÄTZIG, P.: Die Sorten zur Anerkennung von Pflanzgut in der Bundesrepublik. Der Kartoffelbau 4, 136-138, 1990.

KRÜGER, W.: Einfluß der Bodenbearbeitung auf die Tierwelt der Felder. Z. f. Acker- und Pflanzenbau 5, 261-302, 1952.

KRÜGER, W.: Die wichtigsten Wurzel- und Stengelkrankheiten des Rapses in Deutschland. Ges. Pflanzen 28, 4, 1976.

KÜST, G., HEITEFUSS, R., WAHMHOFF, H.: Ein vorläufiges Modell zur Unkrautbekämpfung nach Schadensschwellen in Winterraps. Z. f. PflKrankh. u. PflSchutz, Sonderh. XII, 339-346, 1990.

KUHLMANN, J., HEITEFUSS, R.: Höchste Intensität - höchster Deckungsbeitrag? Pflanzenschutz-Praxis 2, 30-33, 1987.

LANGENBRUCH, A.: Mähdrescher contra Maiszünsler. Mais 3, 8-9, 1989.

LAUENSTEIN, G.: Kartoffelnematoden integriert bekämpfen. Pflanzenschutz-Praxis 4, 41-45, 1989.

LOHNER, E.: Durch Herbstzeitlose vergiftet. top agar 5, 24-25, 1989.

MEINERT, G., KEMMER, A., WENG, W.: Tankmischung von Herbiziden und Flüssigdüngern zur Bekämpfung von Unkräutern in Winterweizen. Ges. Pflanzen 36, 69-75, 1984.

MENGEL, K.: Ernährung und Stoffwechsel der Pflanze. VEB Gustav Fischer Verlag, Jena 1968, 3. Aufl.

MERZ, R.: Art und Bedeutung der Unkrautkonkurrenz in Möhren unter besonderer Berücksichtigung des Möhrenanbaus in Baden-Württemberg. Diss., Universität Hohenheim 1975.

MITTNACHT, A.: Blattlausbekämpfung in Getreide. Ges. Pflanzen 38, 186-189, 1986.

MITTNACHT, A.: Wie wirksam sind Zusatzstoffe? Württ. Wochenblatt f. Landwirtsch. 157, 6, 15-16, 1990.

OEHMICHEN, J.: Pflanzenproduktion, Bd. 2. Verlag Paul Parey, Berlin und Hamburg 1986.

OESAU, A.: Ackerrandstreifen. Gewa-Druck, Bingen 1987.

OSTARHILD, H.: Verfeinerte Dosiertechnik. Agrar praxis 1, 44-47, 1989.

PAUL, W. D.: Ökologische Auswirkungen von Maßnahmen des integrierten Pflanzenschutzes auf die epigäische Bodenfauna. Unters. im Rahmen eines Forschungsvorhabens 1985-1987 bei der Landesanstalt für Pflanzenschutz, Stuttgart 1988.

PAUL, V. H.: Krankheiten und Schädlinge des Rapses. Verlag Th. Mann, Gelsenkirchen-Buer 1988.

PAUL, V. H.: Cylindrosporiose breitet sich aus. Württ. Wochenblatt f. Landwirtsch. 156, 37, 21-24, 1989.

PESTEMER, W., GOTTESBÜREN, B.: Anwendungsmöglichkeiten des Expertensystems HERBASYS. Z. f. PflKrankh. u. PflSchutz, Sonderh. XII, 179–190, 1990.

Pflanzenschutzdienst Baden-Württemberg: Merkblatt Pflanzenschutzmittel und Gewässerschutz 1988. Pflanzenschutzmaßnahmen im Ackerbau 1990.

PHILIPP, W.-D.: Biologische Bekämpfung von Pflanzenkrankheiten. Verlag Eugen Ulmer, Stuttgart 1988.

POEHLING, H. M: Nützlinge schonen - aber wie? Pflanzenschutz-Praxis 2, 14–19, 1987.

POEHLING, H. M.: Zur Nutzung reduzierter Aufwandmengen von Insektiziden bei der integrierten Bekämpfung von Schadinsekten am Beispiel von Getreideläusen. Schriftenr. des BML, Angewandte Wissenschaft 365, 142–156, 1988.

RADTKE, W.: Ohne gut geplante Spritzfolge keine Krautfäulebekämpfung. Pflanzenschutz-Praxis 2, 21–24, 1989.

RESCHKE, M., et al.: Gute fachliche Praxis im Pflanzenschutz. Ges. Pflanzen 39, 497-509, 1987.

RIEDER, G.: Der Einfluß des Schwemmistes auf die Keimfähigkeit von Unkrautsamen. Z. f. PflKrankh. u. PflSchutz, 669-683, 1966.

RIEPKE, F.: Pflanzenschutzamt Hannover, 1989 (unveröffentlicht).

SCHÄFER, A.: Entomofauna alter und neugepflanzter Feldhecken. Diss., Universität Tübingen 1987.

SCHÄUFELE, W. R.: Schädlinge und Krankheiten der Zuckerrübe. Verlag Th. Mann, Gelsenkirchen-Buer 1982.

SCHÖBER, B.: Resistenz von *Phytophthora infestans* de Bary gegen systemische Fungizide. Jahresbericht d. BBA, Sonderh. 21, 1987.

SCHRAMM, H.: Entscheidungskriterien für eine Herbstbekämpfung von *Phoma lingam* an Winterraps. Mitt. Biol. Bundesanst. Berlin-Dahlem 245, 145–146, 1988.

SCHREINER, U.: Nematodenprobleme bei Körnerleguminosen. Ges. Pflanzen 38, 367–370, 1986.

SCHNUG, E.: Rapsanbau für Könner. Top agrar extra, 46–52, 1989.

STECKMANN, D.-H., ZWÖLFER, D.: Die Bedeutung von Hecken für Nutzarthropoden in Agrarökosystemen. Schriftenr. des BML, Angewandte Wissenschaft 365, 31-55, 1988.

STEINER, H., EL TITI, A., BOSCH, J.: Integrierter Pflanzenschutz im Ackerbau: Das Lautenbach-Projekt. I. Das Versuchsprogramm. Z. f. PflKrankh. u. PflSchutz 93, 1, 1986.

STOY, V.: Assimilatbildung und -verteilung als Komponenten der Ertragsbildung bei Getreide. Angew. Botanik 47, 17–26, 1973.

TEICHMANN, R., BAUER, H.: Die »hohe Schule« bei Zuckerrüben. DLG-Mitt. 104, 166–169, 1989.

TIENHOVEN, A. v.: Zum Einsatz von Bodenbearbeitungsmaßnahmen in Baden-Württemberg unter besonderer Berücksichtigung des Einflusses der Maßnahmen zwischen Ernte und Neubestellung auf die Verunkrautung. Diss., Universität Hohenheim 1986.

ULRICH, J., SCHÖDTER, H.: Das Problem der Vorhersage des Auftretens der Kartoffelfäule *(Phytophthora infestans)* und die Möglichkeit seiner Lösung durch eine »Negativprognose«. Nachrichtenbl. Deutsch. Pflanzenschutzd. (Braunschweig) 18, 33–40, 1966.

WAHL, S., HURLE, K.: Einfluß langjähriger pflanzenbaulicher Maßnahmen auf die Verunkrautung - Ergebnisse aus dem Lautenbach-Projekt. Z. f. PflKrankh. u. PflSchutz, Sonderh. XI, 109–119, 1988.

Wahmhoff, W.: Voraussetzungen, Kontrollaufwand und Sicherheit von Bekämpfungsentscheidungen im integrierten Pflanzenschutz. Ges. Pflanzen 41, 95–98, 1989.

Wahmhoff, W.: Unkrautbekämpfung in Winterraps - Auswertung von Herbizidversuchen aus den Jahren 1971 bis 1988. Z. f. PflKrankh. u. PflSchutz, Sonderh. XII, 329–338, 1990.

Weihofen, U., Siebrasse, G., Fehrmann, H.: Die Wetterstation im Winterweizen. Pflanzenschutz-Praxis 1, 6–9, 1987.

Weinmann, J., Heitefuss, R.: Getreidekrankheiten mit Gülle zurückdrängen. Pflanzenschutz-Praxis 1, 14–16, 1990.

Welling, M., et al.: Förderung von Nutzinsekten durch Wildkräuter im Feld und im Feldrain als vorbeugende Pflanzenschutzmaßnahme. Schriftenr. des BML, Angewandte Wissenschaft 365, 56–82, 1988.

Wetzel, Th.: Integrierter Pflanzenschutz gegen Schadinsekten des Getreides - Lösungen und Aufgaben. Nachrichtenbl. Deutsch. Pflanzenschutzd. (Braunschweig) 37, 65–71, 1985.

Zeddies, J., Jarosch, J.: Unter welchen Voraussetzungen und in welchem Maße können ökologische Leistungen einzelbetrieblich angeboten werden? Agrarspectrum 15, Verlagsunion Agrar, 1989.

Zeddies, J., Jung, G., El Titi, A.: Integrierter Pflanzenschutz im Ackerbau: Das Lautenbach-Projekt. II. Ökonomische Auswirkungen. Z. f. PflKrankh. u. PflSchutz 93, 449, 1986.

Sachregister